全国高职高专院校药学类与食品药品类专业“十三五”规划教材

化学基础与分析技术

（供食品药品类、药学类专业用）

主　编　林　珍　潘志斌
副主编　孙兰凤　衷友泉　陈　文
编　者　（以姓氏笔画为序）
王代芳（福建生物工程职业技术学院）
孙兰凤（辽宁医药职业学院）
狄敬旭（江苏省常州技师学院）
张学红（山西药科职业学院）
陈　文（中国药科大学）
林　珍（山西药科职业学院）
赵玉文（山东药品食品职业学院）
郝晶晶（山西药科职业学院）
郝瑞峰（盐城卫生职业技术学院）
衷友泉（江西中医药大学）
潘志斌（福建生物工程职业技术学院）

中国健康传媒集团
中国医药科技出版社

内容提要

本教材是全国高职高专院校药学类与食品药品类专业“十三五”规划教材之一，是依照教育部教育发展规划纲要等相关文件要求，根据《化学基础与分析技术》教学大纲的基本要求和课程特点编写而成。

全书的特点是以分析技术为中心，化学基础理论服务于实训技能的原则编排了教学内容。内容涵盖了分散体系、化学反应速率与化学平衡、物质结构、定量分析基础、四大平衡原理及四大滴定分析、常用分析仪器、化学分析方法的技能训练等内容。教材中穿插了知识拓展、课堂互动，可以开阔视野增强学习的积极性。每章配有目标检测及对应的实训内容，起到了理论联系实际的作用。本书具有突出职业性、注重知识应用性及理实一体化的特点。

本教材主要供全国高职高专院校食品药品类相关专业教学使用，也可作为相关专业的培训和自学用书。

图书在版编目（CIP）数据

化学基础与分析技术 / 林珍，潘志斌主编 . —北京：中国医药科技出版社，2017. 1

全国高职高专院校药学类与食品药品类专业“十三五”规划教材

ISBN 978-7-5067-8809-0

Ⅰ. ①化… Ⅱ. ①林… ②潘… Ⅲ. ①化学分析—高等职业教育—教材 Ⅳ. ①O65

中国版本图书馆 CIP 数据核字（2016）第 304639 号

美术编辑 陈君杞
版式设计 锋尚设计

出版 **中国健康传媒集团**|中国医药科技出版社
地址 北京市海淀区文慧园北路甲 22 号
邮编 100082
电话 发行：010-62227427 邮购：010-62236938
网址 www. cmstp. com
规格 787×1092mm 1/16
印张 16 1/2
彩插 1
字数 362 千字
版次 2017 年 1 月第 1 版
印次 2020 年 9 月第 4 次印刷
印刷 北京市密东印刷有限公司
经销 全国各地新华书店
书号 ISBN 978-7-5067-8809-0
定价 39. 00 元

全国高职高专院校药学类与食品药品类专业“十三五”规划教材

出版说明

全国高职高专院校药学类与食品药品类专业“十三五”规划教材（第三轮规划教材），是在教育部、国家食品药品监督管理总局领导下，在全国食品药品职业教育教学指导委员会和全国卫生职业教育教学指导委员会专家的指导下，在全国高职高专院校药学类与食品药品类专业“十三五”规划教材建设指导委员会的支持下，中国医药科技出版社在2013年修订出版“全国医药高等职业教育药学类规划教材”（第二轮规划教材）（共40门教材，其中24门为教育部“十二五”国家规划教材）的基础上，根据高等职业教育教改新精神和《普通高等学校高等职业教育（专科）专业目录（2015年）》（以下简称《专业目录（2015年）》）的新要求，于2016年4月组织全国70余所高职高专院校及相关单位和企业1000余名教学与实践经验丰富的专家、教师悉心编撰而成。

本套教材共计57种，其中19种教材配套“医药大学堂”在线学习平台。主要供全国高职高专院校药学类、药品制造类、食品药品管理类、食品类有关专业［即：药学专业、中药学专业、中药生产与加工专业、制药设备应用技术专业、药品生产技术专业（药物制剂、生物药物生产技术、化学药生产技术、中药生产技术方向）、药品质量与安全专业（药品质量检测、食品药品监督管理方向）、药品经营与管理专业（药品营销方向）、药品服务与管理专业（药品管理方向）、食品质量与安全专业、食品检测技术专业］及其相关专业师生教学使用，也可供医药卫生行业从业人员继续教育和培训使用。

本套教材定位清晰，特点鲜明，主要体现在如下几个方面。

1.坚持职教改革精神，科学规划准确定位

编写教材，坚持现代职教改革方向，体现高职教育特色，根据新《专业目录》要求，以培养目标为依据，以岗位需求为导向，以学生就业创业能力培养为核心，以培养满足岗位需求、教学需求和社会需求的高素质技能型人才为根本。并做到衔接中职相应专业、接续本科相关专业。科学规划、准确定位教材。

2.体现行业准入要求，注重学生持续发展

紧密结合《中国药典》（2015年版）、国家执业药师资格考试、GSP（2016年）、《中华人民共和国职业分类大典》（2015年）等标准要求，按照行业用人要求，以职业资格准入为指导，做到教考、课证融合。同时注重职业素质教育和培养可持续发展能力，满足培养应用型、复合型、技能型人才的要求，为学生持续发展奠定扎实基础。

3.遵循教材编写规律，强化实践技能训练

遵循“三基、五性、三特定”的教材编写规律。准确把握教材理论知识的深浅度，做到理论知识“必需、够用”为度；坚持与时俱进，重视吸收新知识、新技术、新方法；注重实践技能训练，将实验实训类内容与主干教材贯穿一起。

4.注重教材科学架构，有机衔接前后内容

科学设计教材内容，既体现专业课程的培养目标与任务要求，又符合教学规律、循序渐进。使相关教材之间有机衔接，坚持上游课程教材为下游服务，专业课教材内容与学生就业岗位的知识和能力要求相对接。

5.工学结合产教对接，优化编者组建团队

专业技能课教材，吸纳具有丰富实践经验的医疗、食品药品监管与质量检测单位及食品药品生产与经营企业人员参与编写，保证教材内容与岗位实际密切衔接。

6.创新教材编写形式，设计模块便教易学

在保持教材主体内容基础上，设计了“案例导入”“案例讨论”“课堂互动”“拓展阅读”“岗位对接”等编写模块。通过“案例导入”或“案例讨论”模块，列举在专业岗位或现实生活中常见的问题，引导学生讨论与思考，提升教材的可读性，提高学生的学习兴趣和联系实际的能力。

7.纸质数字教材同步，多媒融合增值服务

在纸质教材建设的同时，本套教材的部分教材搭建了与纸质教材配套的“医药大学堂”在线学习平台（如电子教材、课程PPT、试题、视频、动画等），使教材内容更加生动化、形象化。纸质教材与数字教材融合，提供师生多种形式的教学资源共享，以满足教学的需要。

8.教材大纲配套开发，方便教师开展教学

依据教改精神和行业要求，在科学、准确定位各门课程之后，研究起草了各门课程的《教学大纲》(《课程标准》)，并以此为依据编写相应教材，使教材与《教学大纲》相配套。同时，有利于教师参考《教学大纲》开展教学。

编写出版本套高质量教材，得到了全国食品药品职业教育教学指导委员会和全国卫生职业教育教学指导委员会有关专家和全国各有关院校领导与编者的大力支持，在此一并表示衷心感谢。出版发行本套教材，希望受到广大师生欢迎，并在教学中积极使用本套教材和提出宝贵意见，以便修订完善，共同打造精品教材，为促进我国高职高专院校药学类与食品药品类相关专业教育教学改革和人才培养作出积极贡献。

中国医药科技出版社
2016年11月

教材目录

序号	书 名	主 编	适用专业
1	高等数学（第2版）	方媛璐 孙永霞	药学类、药品制造类、食品药品管理类、食品类专业
2	医药数理统计*（第3版）	高祖新 刘更新	药学类、药品制造类、食品药品管理类、食品类专业
3	计算机基础（第2版）	叶 青 刘中军	药学类、药品制造类、食品药品管理类、食品类专业
4	文献检索△	章新友	药学类、药品制造类、食品药品管理类、食品类专业
5	医药英语（第2版）	崔成红 李正亚	药学类、药品制造类、食品药品管理类、食品类专业
6	公共关系实务	李朝霞 李占文	药学类、药品制造类、食品药品管理类、食品类专业
7	医药应用文写作（第2版）	廖楚珍 梁建青	药学类、药品制造类、食品药品管理类、食品类专业
8	大学生就业创业指导△	贾 强 包有或	药学类、药品制造类、食品药品管理类、食品类专业
9	大学生心理健康	徐贤淑	药学类、药品制造类、食品药品管理类、食品类专业
10	人体解剖生理学*△（第3版）	唐晓伟 唐省三	药学、中药学、医学检验技术以及其他食品药品类专业
11	无机化学△（第3版）	蔡自由 叶国华	药学类、药品制造类、食品药品管理类、食品类专业
12	有机化学△（第3版）	张雪昀 宋海南	药学类、药品制造类、食品药品管理类、食品类专业
13	分析化学*△（第3版）	冉启文 黄月君	药学类、药品制造类、食品药品管理类、食品类专业
14	生物化学*△（第3版）	毕见州 何文胜	药学类、药品制造类、食品药品管理类、食品类专业
15	药用微生物学基础（第3版）	陈明琪	药品制造类、药学类、食品药品管理类专业
16	病原生物与免疫学	甘晓玲 刘文辉	药学类、食品药品管理类专业
17	天然药物学△	祖炬雄 李本俊	药学、药品经营与管理、药品服务与管理、药品生产技术专业
18	药学服务实务	陈地龙 张 庆	药学类及药品经营与管理、药品服务与管理专业
19	天然药物化学△（第3版）	张雷红 杨 红	药学类及药品生产技术、药品质量与安全专业
20	药物化学*（第3版）	刘文娟 李群力	药学类、药品制造类专业
21	药理学*（第3版）	张 虹 秦红兵	药学类，食品药品管理类及药品服务与管理、药品质量与安全专业
22	临床药物治疗学	方士英 赵 文	药学类及食品药品类专业
23	药剂学	朱照静 张荷兰	药学、药品生产技术、药品质量与安全、药品经营与管理专业
24	仪器分析技术*△（第2版）	毛金银 杜学勤	药品质量与管理、药品生产技术、食品检测技术专业
25	药物分析*△（第3版）	欧阳卉 唐 倩	药学、药品质量与安全、药品生产技术专业
26	药品储存与养护技术（第3版）	秦泽平 张万隆	药学类与食品药品管理类专业
27	GMP 实务教程*△（第3版）	何思煌 罗文华	药品制造类、生物技术类和食品药品管理类专业
28	GSP 实用教程（第2版）	丛淑芹 丁 静	药学类与食品药品类专业

序号	书 名	主 编	适用专业
29	药事管理与法规*（第 3 版）	沈 力 吴美香	药学类、药品制造类、食品药品管理类专业
30	实用药物学基础	邸利芝 邓庆华	药品生产技术专业
31	药物制剂技术*（第 3 版）	胡 英 王晓娟	药学类、药品制造类专业
32	药物检测技术	王文洁 张亚红	药品生产技术专业
33	药物制剂辅料与包装材料△	关志宇	药学、药品生产技术专业
34	药物制剂设备（第 2 版）	杨宗发 董天梅	药学、中药学、药品生产技术专业
35	化工制图技术	朱金艳	药学、中药学、药品生产技术专业
36	实用发酵工程技术	臧学丽 胡莉娟	药品生产技术、药品生物技术、药学专业
37	生物制药工艺技术	陈梁军	药品生产技术专业
38	生物药物检测技术	杨元娟	药品生产技术、药品生物技术专业
39	医药市场营销实务*△（第 3 版）	甘湘宁 周凤莲	药学类及药品经营与管理、药品服务与管理专业
40	实用医药商务礼仪（第 3 版）	张 丽 位汶军	药学类及药品经营与管理、药品服务与管理专业
41	药店经营与管理（第 2 版）	梁春贤 俞双燕	药学类及药品经营与管理、药品服务与管理专业
42	医药伦理学	周鸿艳 郝军燕	药学类、药品制造类、食品药品管理类、食品类专业
43	医药商品学*△（第 2 版）	王雁群	药品经营与管理、药学专业
44	制药过程原理与设备*（第 2 版）	姜爱霞 吴建明	药品生产技术、制药设备应用技术、药品质量与安全、药学专业
45	中医学基础△（第 2 版）	周少林 宋诚挚	中医药类专业
46	中药学（第 3 版）	陈信云 黄丽平	中药学专业
47	实用方剂与中成药△	赵宝林 陆鸿奎	药学、中药学、药品经营与管理、药品质量与安全、药品生产技术专业
48	中药调剂技术*（第 2 版）	黄欣碧 傅 红	中药学、药品生产技术及药品服务与管理专业
49	中药药剂学（第 2 版）	易东阳 刘 葵	中药学、药品生产技术、中药生产与加工专业
50	中药制剂检测技术*△（第 2 版）	卓 菊 宋金玉	药品制造类、药学类专业
51	中药鉴定技术*（第 3 版）	姚荣林 刘耀武	中药学专业
52	中药炮制技术（第 3 版）	陈秀瑷 吕桂凤	中药学、药品生产技术专业
53	中药药膳技术	梁 军 许慧艳	中药学、食品营养与卫生、康复治疗技术专业
54	化学基础与分析技术	林 珍 潘志斌	食品药品类专业用
55	食品化学	马丽杰	食品类、医学营养及健康类专业
56	公共营养学	周建军 詹 杰	食品与营养相关专业用
57	食品理化分析技术△	胡雪琴	食品质量与安全、食品检测技术、食品营养与检测等专业用

* 为“十二五”职业教育国家规划教材，△为配备“医药大学堂”在线学习平台的教材。

全国高职高专院校药学类与食品药品类专业“十三五”规划教材

建设指导委员会

前 言

PREFACE

为深入贯彻落实《国务院关于加快发展现代职业教育的决定》以及《现代职业教育体系建设规划（2014-2020 年）》精神，更好地适应我国高等职业教育教学改革的需求，促进教学质量和人才培养质量的不断提高，根据教育部 2015 年 10 月新颁布的《普通高等学校高等职业教育（专科）专业目录（2015 年）》的新要求，坚持“以就业为导向、全面素质为基础、能力为本位”的现代职业教育教学改革方向，体现高等职业教育的属性，以增强学生就业创业能力为核心，以职业能力培养为根本，并做到对应相应职业类别、衔接中职相应专业、接续本科相关专业，科学规划、准确定位化学基础与分析技术课程及教材。

本课程教学内容的选取原则以“必需、够用、实用”为主。注重基础知识、基本理论的阐述，简化理论难度，让微观世界与宏观物质相结合，联系实际体现知识的应用，赋予理论知识一定的生机。化学基础与分析技术课程将无机化学和分析化学两门课程进行整合，减少了教学中的重复和脱节现象，有利于学与教。通过本课程的系统学习，有利于学生掌握化学学科的基础知识和分析化学的基本技能，为后续课程的学习奠定基础。

本教材为全国高职高专院校药学类与食品药品类专业“十三五”规划教材之一。教材的编写，按照全套教材编写的总体原则和要求，以市场需求和岗位特点设置教学内容，以学生特点和课程结构设计课程体系。本教材主要有以下特点：

1. 内容编排循序渐进　针对学生的基础，以“由浅入深、过度自然、由易到难”的思路编排教学内容，前后章节顺序安排符合教学规律，体现循序渐进的原则，以满足学生专业知识和技能训练的需要。本教材以分散体系、化学平衡及物质结构为基础，进入核心内容酸碱平衡、沉淀平衡、配位平衡、氧化还原平衡及四大平衡对应的滴定分析方法的学习，通过电化学分析法、光谱法及色谱法的学习使学生了解食品药品的现代分析技术。

2. 强化实践技能训练，理实一体化突显职业性　理论知识适度，把握化学学科理论的深度与广度，充分体现化学基础知识为分析技术做铺垫。注重实践技能训练，将实训内容与理论知识贯穿一起，体现理实一体化。项目训练以就业为导向，注重基本操作、基本技能，与后续课程、工作岗位及职业资格证书考核相衔接。

3. 强化知识应用性　各章节内容的表述，力求达到通俗易懂，联系实际，尽量贴近生活、接近职业。教材中以“案例”导入新知识，并设计了“课堂互动”“知识拓展”“重点小结”“目标测试”等栏目，满足教学互动需求，提升教材的可读性、趣味性和适当增加信息量，以提高学习者的兴趣，感受知识的魅力，为学生后续学习和发展打下良好的基础。

本教材由林珍、潘志斌担任主编。全书共十一章，具体分工如下（按章节先后顺序排列）：林珍编写绪论和第三章，张学红编写第一章，赵玉文编写第二章，孙兰凤编写第四章，王代芳编写第五章，潘志斌编写第六章，衷友泉编写第七章，陈文编写

第八章，郝瑞峰编写第九章，郝晶晶编写第十章，狄敬旭编写第十一章。每位编者完成本章实训内容的编写。

本教材主要供全国高职高专院校食品药品专业教学使用，也可作为相关专业的培训和自学用书。

本教材编写过程中，得到了各位编者及有关院校专家的大力支持和帮助，在此表示衷心的感谢。

由于编者水平有限，教材中难免有不足之处，敬请各位同行和读者给予批评指正。

编　者

2016 年 10 月

目录

CONTENTS

绪　论

一、化学研究的对象

化学是一门自然科学，它是研究物质的组成、结构、性质、应用及其变化规律的基础学科。众所周知，人类从衣食住行到高科技太空探险、从纸笔墨砚到迅速发展的计算机、能源的开发与利用、环境保护与改善、新材料的研发与应用、食品的生产与加工、药品的研制与应用等，社会各界普遍关注的热点问题，其产生、发展乃至最终解决，都离不开化学，化学在社会进步中扮演着重要的角色。

二、化学在药学和食品中的应用

（一）化学在食品中的应用

食品是人类赖以生存的必需物质。食品的化学组成可分为天然成分和非天然成分，食品中固有的物质：水分、碳水化合物、蛋白质、脂类、矿物质元素、维生素、色素、激素、风味成分、有害成分属于天然成分；食品加工过程中的添加剂（天然或人工合成食品添加剂）和污染物（加工过程或环境污染物）属于非天然成分。化学应用于食品中，主要是改善食品品质、开发食品新资源、革新食品加工工艺和贮运技术、科学调整膳食结构、改进食品包装、加强食品质量与安全控制及提高食品原料加工和综合利用，让食品向着加强营养、保健、安全和享受性方向发展。

食品与化学密不可分。众所周知，人们每天都要摄入一定量的盐，一方面可以增加口味，另一方面是人的机体需要，Na^+主要存在于细胞外液，是维持细胞外液渗透压和容量的重要成分。大家熟知的食品添加剂，是食品生产、加工、储存过程中，为了改良食品品质及其色香味，防止食品氧化、腐败、变质而加入的化学合成物质或天然物质。大多数食品添加剂，只要在其无毒副作用范围内都可以放心使用。例如，制作火腿、腊肉及香肠，必须加入的亚硝酸钠，对人体有一定的危害，但至今没有理想的代用品，目前仍然允许限量使用；甜味剂糖精、食品着色剂等对人体也有致癌作用，所以，含有此类添加剂的食品应该尽量少用或少食。

（二）化学在药学中的应用

药学是连接健康科学和化学科学的医疗保健行业，它承担着确保药品的安全和有效使用的职责。药学主要研究药物的来源、炮制、性状、作用、分析、鉴定、调配、生产、保管和寻找（包括合成）新药等。主要任务是不断提供更有效的药物和提高药物质量，保证用药安全，使人类能更好地同病害作斗争。人体的基本营养物质是糖类、脂肪、蛋白质、无机盐等，这些物质在体内的代谢遵循着化学的基本原理和规律。目前，人们可以从分子水平认识药物的作用机制，调节、控制药物作用机理，不断研发出具有良好治疗效果的各种新药和特药。

三、化学基础与分析技术课程的学习内容

化学是一门实用性、创造性的学科，也是一门历史悠久而富有活力的学科。化学的研究范围十分广泛，根据研究对象和研究目的不同，一般将化学分为无机化学、有机化学、分析化学、物理化学、高分子化学等不同的分支学科。随着人类的进步、科学的发展，化学与其他学科相互交叉、相互渗透，逐渐成为一门“中心学科”，衍生了多门应用化学的新分支，如生物化学、药物化学、食品化学、环境化学、海洋化学、材料化学等。因此，化学是一门实用性很强的学科，是人类认识和改造物质世界的主要方法和手段，是当代科学技术和人类物质文明迅猛发展的基础和动力，已成为国民经济的重要支柱。

无机化学和分析化学是高职类院校食品药品类专业关系密切的两门基础课程。根据高职教育的特点，本着“必需、够用”的原则，依后续专业课程所需，化学基础与分析技术课程将无机化学和分析化学两门课程进行整合，减少了教学中的重复和脱节现象，有利于学与教。本课程学习的化学基本原理和概念主要是分散系、化学平衡、物质结构、定量分析基础、四大平衡原理及四大滴定分析；分析技术是与理论知识相结合的化学分析方法的技能训练。通过本课程的学习，掌握化学学科的基础知识和分析化学的基本技能，为后续课程的学习奠定基础。

四、 化学基础与分析技术课程的学习要求

化学基础与分析技术是食品药品类相关专业的一门重要专业基础课。它是在高中化学的基础上，进一步学习化学的基本理论和基本知识，掌握分析化学的基本技能。学习本课程时，应该注意以下几点：

1. 了解课程特点 化学基础与分析技术课程理论性强，涉及的概念多，学习中要准确、牢固地掌握化学的基本概念、基本知识和基本理论。加强“三基”的理解和记忆，即在理解的基础上记忆，在记忆的基础上加深理解，让知识灵活贯穿于理论和实践中，达到理论指导下的科学实验。

2. 自觉主动学习 知识的获取，需要良好的学习态度和正确的学习方法。课前必须预习，了解所学知识的重点、难点，做到心中有数，课堂才能有的放矢，关注学习知识的重心；课后及时归纳总结、完成目标检测，进一步巩固知识。因此，自觉主动地学习，才能最大限度地获取知识，达到学有所获、学以致用。

3. 培养实事求是的良好作风 化学是一门以实验为基础的学科，许多化学理论和规律都从实践中总结出来。必须重视实训操作，准确记录实验现象和实验数据，用理论知识分析、解释实验现象，对实验结果进行科学处理，得出正确的结论。通过化学实训，加深理解、巩固所学的基本理论和知识，提高操作技能，培养独立工作的能力、实事求是的良好科学作风以及严谨的科学态度。

4. 关注学科前沿 知识更新日新月异，科学发展突飞猛进。学习本课程的同时，利用图书、杂志、课外读物、网络等途径，了解本学科近年来出现的最新理论知识、高新技术，关注学科发展的新成果，拓宽化学视野，提高学习兴趣，为今后的学习打下良好的基础。

（林 珍）

第一章

分散体系

学习目标

知识要求 **1. 掌握** 分散体系的特点；溶液浓度的表示方法；渗透产生的条件；渗透浓度及渗透压在医学上的应用；胶体的性质、稳定的因素及聚沉方法；影响表面张力大小的主要因素。

2. 熟悉 溶液浓度的换算及渗透压的计算；不同电解质对胶体的聚沉能力；实验室基本要求。

3. 了解 胶体、乳浊液及表面活性剂在食品和药品中的应用；表面活性剂的结构。

技能要求 1. 掌握常用玻璃仪器的操作技能，熟练配制溶液的方法。

2. 学会选用化学试剂及实验室用水，能进行各种溶液浓度的计算。

案例导入

案例： 临床上常用的生理盐水浓度为0.9%、葡萄糖注射液浓度为5%；实验室购进的浓硫酸为18mol/L、浓盐酸是12mol/L；75%乙醇用来皮肤消毒等。科学实验和生活中会遇到不同浓度的溶液。

讨论： 1. 溶液的浓度如何表示？

2. 如何配制不同浓度的溶液？

人体内有相当多的物质以溶液的形式存在，如血液、唾液、组织液、淋巴液等。食物的消化与吸收，营养物质的转化与运输，代谢物质的排泄等都离不开溶液。许多试剂和药物必须配成溶液才能使用。因此，溶液与人们的生活密切相关。

第一节　分散体系

一、 分散体系

一种或几种物质的微粒分散在另一种物质中所形成的体系称为分散体系，简称分散系。其中被分散的物质称为分散相（或分散质）；容纳分散相的物质称为分散剂或分散介质。如生理盐水是氯化钠分散在水中形成的氯化钠水溶液；碘酒是碘单质分散在乙醇中形成的；泥土分散在水中形成了泥浆。其中氯化钠、碘单质、泥土是分散相；水、乙醇是分散介质。

（一） 分散系的分类及特点

按照分散相微粒的大小，分散系分为三类，即分子或离子分散系、胶体分散系和粗分散系。生理盐水、布洛芬口服混悬液、鱼肝油乳等均为分散系。三类分散系的特点见表1-1。

表 1–1　三类分散系的特点

分散体系		分散相粒子	粒子直径	特点
粗分散体系	悬浊液	固体微粒	>100nm	非均相，不均匀，不稳定，不透明，不能透过滤纸和半透膜
	乳浊液	液体微粒		
胶体分散体系	溶胶	由多个分子聚合成的胶粒	1～100nm	非均相，不均匀，相对稳定，能透过滤纸，不能透过半透膜
	高分子溶液	单个高分子		均相，均匀，透明，稳定，能透过滤纸，不能透过半透膜
分子或离子分散体系	真溶液	低分子或离子	<1nm	均相，均匀，稳定，透明，能透过滤纸和半透膜

分散相微粒是分子或离子的聚合体，微粒直径大于100nm的分散系称为粗分散系。不溶性固体微粒分散在液体介质中，形成的粗分散系称为悬浊液（或悬浮液）；分散相微粒是液体的粗分散系称为乳浊液。油与水混合剧烈振荡后形成的体系属于乳浊液。

粗分散系中分散相粒子的颗粒比较大，不可能产生扩散和渗透现象，在重力作用下易产生沉降现象；对光的散射也十分微弱。因此，粗分散体系不均匀、不稳定、不透明，在食品、药品、化妆品等行业有着广泛的用途。

（二）乳浊液

一定条件下，液体以极小的液滴形式均匀地分散在不相溶的液体介质中，形成的液–液分散系称为乳浊液。被分散成液滴的相称为内相（即分散相），连续的液态分散介质称为外相。乳浊液分散粒直径大于100nm，具有较大的界面，属于不稳定分散系，有乳化剂（自然形成或人工加入）才能稳定存在。乳化剂所起的作用称为乳化作用。例如，食物中的油脂在体内经过乳化后，分散成极小的液滴，有利于肠壁的吸收，体内的胆汁酸盐也是乳化剂。

1. 乳浊液的类型　乳浊液由油和水两相组成，主要有两种类型：极性小的油（有机液体）分散到极性大的水中形成的分散系称为水包油型乳浊液，用O/W型表示，如图1–1（a）所示，如牛奶、雪花膏等；极性大的水分散到极性小或非极性的油中形成油包水型，用W/O型表示，如图1–1（b）所示，如原油、香脂等。此外，还有一种O/W型或W/O型分散到水或油中，形成复合型（或多重乳浊液），用W/O/W型或O/W/O型表示。

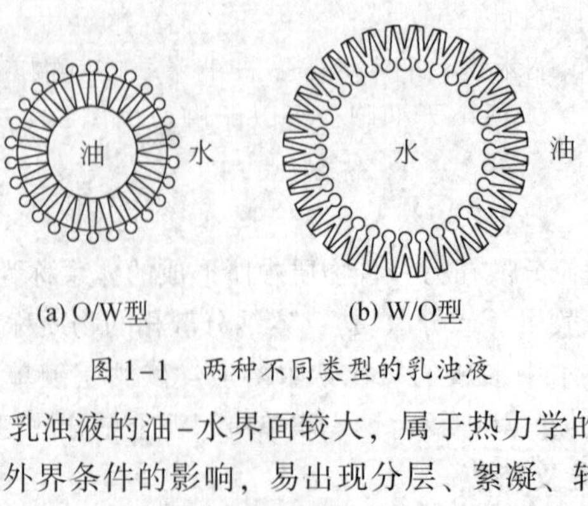

(a) O/W型　　(b) W/O型

图 1–1　两种不同类型的乳浊液

2. 乳浊液的稳定性　乳浊液的油–水界面较大，属于热力学的不稳定体系。放置过程中，稳定性受自身性质和外界条件的影响，易出现分层、絮凝、转型、合并、破裂或酸败等现象。要制备稳定的乳浊液，必须加入乳化剂。

（1）乳化剂一般分为天然乳化剂和人工合成乳化剂两类。亲水性的高分子化合物属于天然乳化剂，用于制备 O/W 型乳浊液，如阿拉伯胶、磷脂、卵黄、果胶等；胆固醇常用来制备 W/O 型乳浊液。人工合成的乳化剂有非离子型乳化剂（如吐温、司盘、脂肪酸甘油酯等）、阴离子型乳化剂（如肥皂类、硫酸化物等）、纤维素衍生物类乳化剂（如甲基纤维素、羧甲基纤维素钠、羟丙基纤维素等）。

（2）乳浊液的破坏需要经过分层、转相和破乳等不同阶段。油、水两相分离的过程为破乳。破坏乳浊液稳定性的试剂称为破乳剂。破乳剂有很强的表面活性，能使乳化状的液体结构破坏，以达到乳浊液中各相分离的目的。破乳方法可分为物理机械法和物理化学法。破乳后的化妆品、食品添加剂等失去使用性能，并产生副作用。

（3）乳化剂对乳浊液具有稳定作用，表现在降低表面张力、形成界面膜和双电层等。乳浊液有较高的界面能量，乳化剂被牢牢吸附在界面上，降低了油、水间的界面张力，形成稳定性高、强度好的界面膜。界面膜包裹着小液滴，阻止其合并变大，使乳浊液保持稳定。乳浊液通常具有双电层结构，当分散相液滴相互靠近时，双电层产生排斥作用，增加了液滴间凝聚的阻力，使乳浊液稳定存在。乳化剂在溶液中形成的晶型如图 1-2 所示。

(a)球形　(b)圆盘形　(c)棒形　(d)层状　(e)泡(囊)

图 1-2　乳化剂在溶液中形成的晶型

拓展阅读

纳米微粒分散制剂

纳米技术是单个原子、分子制造（或将大分子物质加工）成粒子直径 1 ~ 100nm的技术。人们习惯把微粒直径在 1 ~1000nm的多相分散体系称为纳米微粒制剂，其中包含了粒子大小在 100nm以上的亚微米粒子。严格的讲，纳米微粒制剂的微粒应该小于 100nm。

药剂学领域纳米粒的研究早于“纳米技术”概念的提出，20 世纪 70 年代已经有纳米脂质体、聚合物纳米囊、纳米球等多种纳米载体制剂的研究报道。这种超微小的球型药物载体，体积小于细胞，可以促进药物溶解、改善药物吸收、提高药物靶向性、有效性，容易被细胞与组织吸收，经加工后可以对组织或器官定向给药。

3. 乳浊液的应用　乳浊液是食品饮料常见的形式之一，主要成分有蛋白质、油脂、乳化剂和多糖等。食品乳浊液的不稳定性是加工中经常遇到的问题，失稳现象严重影响食品的外观和质量。例如，牛奶是奶油与水的乳化体系，奶油以细微的小滴分散于水中，长期静置后，由于界面张力的作用，长大凝聚成团，浮于水面。若加入乳化剂如单脂肪酸甘油酯（简称单甘酯），亲油基与奶油结合，奶油微滴表面形成一层保护膜，可以阻止油滴相互聚集。

医药行业常用的乳浊液有药用鱼肝油乳、松节油搽剂、脂肪乳输液以及乳膏等。为了加大用药剂量，用W/O型注射乳化剂，在乳浊液降解时药物缓慢地被机体吸收。

二、溶液

分散相微粒的直径小于1nm的分散系属于分子或离子分散系，具有均一、稳定、透明的性质，又称真溶液，简称溶液。溶液的浓度是指一定质量或一定体积溶液中所含溶质的量。

（一）溶液的组成及表示方法

1. 物质的量浓度 单位体积溶液中所含溶质的物质的量，用符号c_B或c（B）表示。即溶质的物质的量（n_B）与溶液的体积（V）之比：

$$c_B = \frac{n_B}{V} \qquad (1-1)$$

式（1-1）中，$n = \frac{m}{M}$，m、M表示溶质的质量及摩尔质量。c_B常用单位为mol /L或mmol/L。

【例1-1】 临床上，1L生理盐水中含氯化钠9.0g，计算此生理盐水的物质的量浓度。

解：溶质氯化钠的物质的量：$n = \frac{m}{M} = \frac{9.0}{58.5} = 0.154(\text{mol})$

氯化钠注射液的物质的量浓度：$c = \frac{n}{V} = \frac{0.154}{1} = 0.154(\text{mol/L})$

即生理盐水的物质的量浓度为0.154mol/L。

2. 质量浓度 溶质的质量（m_B）与溶液体积（V）之比，用表示ρ_B。即：

$$\rho_B = \frac{m_B}{V} \qquad (1-2)$$

SI单位制中，ρ_B单位是kg/m^3。一般常用单位是g/L、mg/L及ug/L。

【例1-2】 临床上，常用0.9%的氯化钠注射液和5%的葡萄糖注射液，求两种溶液的质量浓度。

解：氯化钠注射液的质量浓度：$\rho = \frac{m}{V} = \frac{0.9}{0.1} = 9$（g/L）

葡萄糖注射液的质量浓度：$\rho = \frac{m}{V} = \frac{5}{0.1} = 50$（g/L）

即氯化钠和葡萄糖注射液的质量浓度分别是：9g/L和50g/L。

【例1-3】 矿泉水中Ca^{2+}的浓度为25.8mg/L，计算1000ml矿泉水中Ca^{2+}的质量。

解：根据质量浓度公式：$\rho_B = \frac{m_B}{V}$得：$m_B = \rho_B V$

Ca^{2+}的质量为：$m=\rho V=25.8\times1=25.8$（mg）

即1000ml矿泉水中含Ca^{2+}是25.8mg。

3. 质量分数 溶质的质量（m_B）与溶液的质量（m）之比，用ω_B表示。即：

$$\omega_B = \frac{m_B}{m} \qquad (1-3)$$

ω_B无量纲，习惯称为百分比浓度，常用%表示。如37%的盐酸溶液，表示100g盐酸溶液中含有37g的HCl。

4. 体积分数 溶质的体积V_B与溶液体积V之比，用φ_B表示。即：

$$\varphi_B = \frac{V_B}{V} \qquad (1-4)$$

φ_B 无量纲，也可以用% 表示。实际工作中，φ_B 应用比 ω_B 方便，如 95% 乙醇，表示 100ml 乙醇溶液中含乙醇 95ml。

5. 比例浓度 溶液浓度要求不太准确，一般用比例浓度表示。常用的比例浓度有溶质与溶剂之比和溶质与溶液之比两种。

（1）溶质与溶剂之比是特定溶液 V_1 与纯水 V_2 混合，或两种溶液分别以 V_1、V_2 混合。习惯用体积比例浓度（V_1+V_2）表示，它是无量纲的量。

例如，用原子吸收分光光度法测定食品中钙的含量，所用混合酸试剂“硝酸+高氯酸=4+1”，表示 4 体积的硝酸和 1 体积的高氯酸混合；盐酸溶液（1+2），表示 1 体积盐酸（密度 1. 19g/L）与 2 体积水混合。实际应用中，不需注明水溶剂。

（2）药典中常用的比例浓度，在溶液后标示“1→x”等符号，表示固体溶质 1. 0g 或液体溶质 1. 0ml，加溶剂配制使成 $x$ml 的溶液，称为溶质与溶液之比。如（1→10）是指将 1. 0g 固体溶质或 1. 0ml 液体溶质加水配制成 10ml 的溶液。没有特别说明，均指水溶液。

例如，药用碳酸钙含量测定时，加酒石酸溶液（1→5）2ml，表示将 1. 0g 酒石酸固体加水配制成 5ml 的溶液，取其中 2ml。这种方法简单明了，易于配制。

课堂互动

请说明下列符号的含义。

(1) % (g/g)　(2) % (g/ml)　(3) % (ml/g)　(4) % (ml/ml)

（二）溶液的配制

食品、药品及化学实验等方面，溶液的配制得到了广泛的应用。配制溶液主要是将固体试剂配制成溶液，或将浓度大的稀释为浓度小的溶液。针对溶液的使用要求，选择不同纯度的试剂及不同类型的仪器配制溶液。

1. 由固体试剂配制溶液 根据配制溶液的浓度、体积，首先计算所需固体试剂的质量，然后称量试剂、溶解、定容，将配好的溶液保存于试剂瓶中，贴好标签备用。以配制 1000ml 、0. 1mol/L NaOH 溶液为例，讨论溶液配制的步骤。

（1）计算配制 1000ml、0. 1mol/L NaOH 溶液所需 NaOH 的质量。

$$m = c_{NaOH}\ V_{NaOH}\ M_{NaOH} = 0.1 \times 1 \times 40 = 4\ (g)$$

（2）用洁净干燥的表面皿，在托盘天平上称取 4g 氢氧化钠。

（3）将称好的氢氧化钠置于 100ml 烧杯中，加适量的水溶解。

（4）溶解的 NaOH 溶液转入 1000ml 量筒中，用少量的水冲洗烧杯 2 ~ 3 次，洗液一并倒入量筒，加水至量筒刻度线附近，改用胶头滴管至刻度线，搅拌均匀即可。

（5）将配制好的 0. 1mol/L NaOH 溶液转入试剂瓶，贴好标签，备用。

若需准确配制一定浓度的溶液，用分析天平称量、容量瓶进行定容配制。

2. 溶液的稀释 浓溶液中加入一定量的溶剂，配制成所需浓度稀溶液的操作过程称为溶液的稀释。实际工作中，先配成浓溶液，根据需要再进行稀释。如市售浓硫酸、浓盐酸等，使用时加入水稀释成所需浓度的溶液即可。

稀释过程是将溶剂加入定量的溶液中，因此稀释前后溶质的质量（或物质的量）不变。若浓溶液的浓度和体积为 c_1、v_1，稀释后溶液的浓度和体积为 c_2、v_2。则：

$$c_1 \times v_1 = c_2 \times v_2 \tag{1-5}$$

式（1-5）称为稀释定律。应用公式时，必须注意等号两边的单位保持一致。

课堂互动

1. 用易水解的盐、易被氧化或还原的试剂配制溶液时，应采取哪些措施，以保证配制溶液的质量？

2. 苛性碱溶液能否保存在玻璃试剂瓶中？应该选择哪种容器？

【例 1-4】 用1mol/L 的 HCl 溶液，如何配制 0.05mol/L 的盐酸溶液 500ml？

解：根据稀释定律 $c_1V_1 = c_2V_2$ 得：

所需 1mol/L HCl 溶液的体积：$V_1 = \frac{c_2}{c_1}V_2 = \frac{0.05 \times 500}{1} = 25\ (\text{ml})$

量取 1mol/L HCl 溶液 25ml，加水稀释至 500ml，搅拌均匀，转入试剂瓶，贴好标签，即可。

浓硫酸密度大（1.84g/ml），遇水放出大量的热。因此，浓硫酸稀释时，应将浓硫酸缓缓倒入水中，慢慢搅拌，并在烧杯中进行。

3. 溶液混合 将两种溶质相同、浓度不同的溶液按一定比例混合，得到所需浓度的溶液称为溶液的混合。混合前后溶质的总量不变。

设同一溶质、不同浓度的两种溶液，浓度分别为 c_1、c_2，体积分别为 V_1、V_2，混合后溶液的浓度及体积分别为 c、V，混合后溶液的总体积为 $V = V_1 + V_2$。则：

$$c_1V_1 + c_2V_2 = cV \tag{1-6}$$

【例 1-5】 用浓度 2.8mol/L 与 0.28mol/L 的 HCl 溶液，配制成 0.56mol/L HCl 溶液 500ml。

解：设需浓溶液、稀溶液的体积分别为 V_1、V_2。根据公式（1-6）得：

$$2.8V_1 + 0.28V_2 = 0.56 \times 500$$

$$V_1 + V_2 = 500$$

所以：$V_1 = 55.6\ (\text{ml})$，$V_2 = 444.4\ (\text{ml})$

配制时，量取 HCl 溶液 2.8mol/L 为 55.6ml、0.28mol/L 为 444.4ml，混合并搅拌均匀，即得所需浓度的溶液。

第二节 非电解质稀溶液的依数性

溶液由溶质和溶剂组成，溶液的性质通常取决于溶质的性质，如溶液的颜色、密度、导电性等。溶液的某些性质只与溶质微粒数有关，如溶液蒸气压下降、沸点升高、凝固点降低及溶液的渗透压等。这类只与溶质微粒数有关而与溶质本性无关的性质称为稀溶液的依数性。只有难挥发非电解质的稀溶液（≤0.2mol/kg），依数性才有明显的规律。本章主要讨论难挥发非电解质稀溶液的依数性。

一、溶液蒸气压的下降

（一）溶剂的蒸气压

一定温度下，将溶剂置于密闭的容器中，由于分子的热运动，液面上能量较高的分子逸出液面，扩散到容器内形成气态分子，这一过程称为蒸发。同时，处于气态的蒸气分子接触液面又重回液态中，这一过程称为凝聚。开始蒸发速度较快，随着蒸气分子数的增多，凝聚速度不断加快，当蒸发与凝聚速度相等时，气-液两相达到平衡状态，液面上蒸气的压力称为溶剂在此温度下的饱和蒸气压，简称蒸气压。

蒸气压的大小与物质的本性和温度有关。一般温度越高，蒸气压越大。固体的蒸气压比较小，273K 时，冰的蒸气压只有 0.61kPa。本章只考虑纯溶剂的蒸气压，忽略难挥发溶质的蒸气压。

（二）**溶液蒸气压的下降**

纯溶剂中加入少量难挥发的非电解质形成稀溶液，进入溶剂中的溶质分子占据溶液中的部分液面，单位体积内溶剂分子数减少，逸出液面的分子数也会减少。当溶液上方溶剂分子蒸发与凝聚速度相等时，溶剂在较低的气压下与蒸气达到平衡，溶液的蒸气压低于纯溶剂的蒸气压，即溶液的蒸气压下降。如图 1-3 所示。

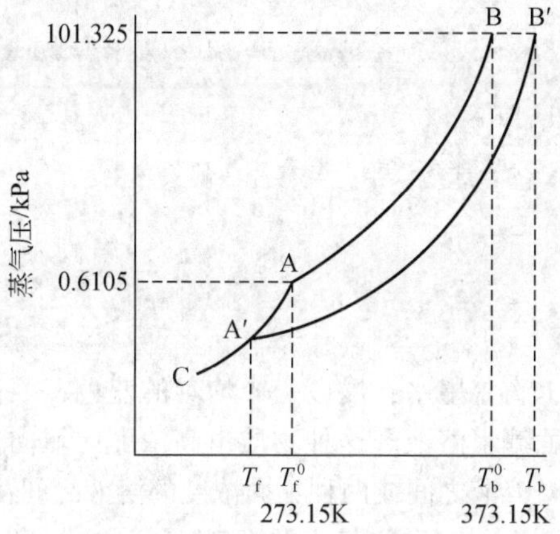

图 1-3　稀溶液蒸气压下降、凝固点降低、沸点升高

曲线 AC、AB、A′B′分别表示冰的蒸气压下降、水的蒸气压下降和稀溶液的蒸气压下降

显然，溶液的浓度越大，蒸气压下降得越多。溶液蒸气压下降，是引起溶液其他物理性质发生变化的根本原因。

二、溶液沸点的升高

（一）**溶剂的沸点**

液体的饱和蒸气压与温度有关，温度越高，饱和蒸气压越大。一定的压强下，液体加热，其蒸气压与大气压相等时，气-液两相达到平衡，液体沸腾的温度称为沸点。

沸点主要与外界压强有关，外压越大，沸点越高。101.3kPa（标准大气压）下，液体的沸点称为正常沸点。如水的沸点 373K、乙醇的沸点 351.2K。因此，一定的大气压下，纯溶剂的沸点是一常数。

（二）**溶液沸点的升高**

水中加入难挥发的非电解质，溶液的蒸气压下降。常压下，水溶液加热至 373K，其蒸气压低于标准大气压，不能沸腾。继续加热，当溶液的蒸气压与大气压相等时才能沸腾。因此，溶液的沸点高于纯溶剂的沸点。溶液浓度越大，其蒸气压越低，沸点越高。

三、溶液凝固点的降低

（一）**溶剂的凝固点**

一定的大气压下，纯液体与其固相蒸气压相等时，固-液两相平衡的温度称为该液体的凝固点。如果固-液两相的蒸气压不相等，则蒸气压大的相自动向蒸气压小的相转变。

例如，标准大气压下，水的凝固点是 273K，蒸气压为 0.61kPa。当体系温度低于 273K 时，冰的蒸气压小于 0.61kPa，水将结成冰；反之，冰的蒸气压大于 0.61kPa，冰则融化为水。

（二）**溶液凝固点的降低**

一定的外压下，溶液的蒸气压与固相纯溶剂的饱和蒸气压相等时，固-液平衡共存的温度称为溶液的凝固点。当溶剂中加入少量的难挥发非电解质，溶液的蒸气压低于纯溶剂的蒸气压，只有降低温度才能建立新的固-液平衡。因此，溶液的凝固点低于纯溶剂的凝固点。溶液的浓度越大，其蒸气压越低，其凝固点越低。

医学及生物学实验利用凝固点降低原理，测定溶质的相对分子质量；冬天在结冰的路面上撒融雪剂或汽车水箱中加入乙二醇（或甘油），可以降低溶液的凝固点，防止水溶液结冰。

课堂互动

将冰分别放在 273K 的水或盐水中，各有什么现象发生？

四、溶液的渗透压

（一）**渗透压**

盛有水的烧杯中滴入 1 滴蓝墨水，慢慢变成均匀的蓝色；蔗糖溶液上层小心的加入清水，最终成为浓度均匀的蔗糖水溶液。这种物质由高浓度区域向低浓度区域定向迁移的过程称为扩散。任何纯溶剂与溶液之间或两种不同浓度的溶液之间都存在着扩散现象。

1. 渗透现象 半透膜是一种只允许较小的溶剂分子通过，溶质大分子不能通过的薄膜，如生物细胞膜、动物肠衣、血管壁以及人工制造的羊皮纸等均属于半透膜。

用半透膜将纯溶剂与蔗糖溶液隔开，并使膜两侧液面相平。半透膜只允许溶剂水分子通过，由纯溶剂进入溶液的过程称为渗透现象，简称渗透。如图 1-4 所示。渗透达平衡后，半透膜两侧液面出现高度差，膜两侧溶液产生的压力称为渗透压。或者说，为了阻止溶剂水分子透过半透膜进入溶液，使渗透现象不发生，需要在液面上施加的压力。

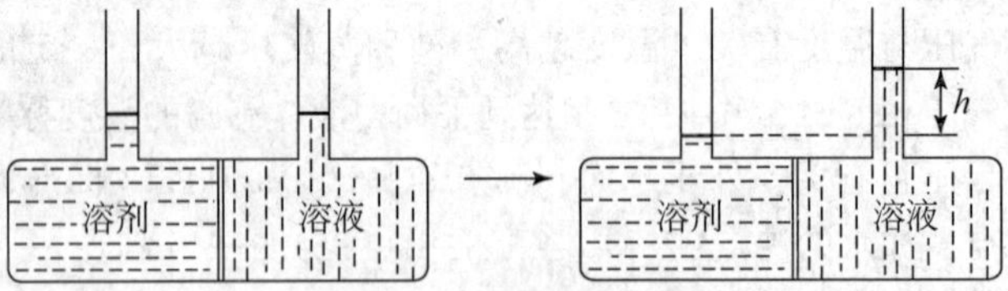

图 1-4 稀溶液的渗透

渗透现象的产生必须具备两个条件：其一，有半透膜存在；其二，半透膜两侧溶液存在浓度差。渗透方向是溶剂分子从纯溶剂向溶液或由稀溶液向浓溶液的方向进行。

2. 渗透压的计算 1886 年荷兰物理学家范特荷夫（Van't Hoff）根据实验结果，总结出稀溶液的渗透压 π 与溶液的浓度 c_B、温度 T 之间的关系为：

$$\pi = c_B RT \tag{1-7}$$

式（1-7）中，R 是摩尔气体常数，8.31kPa·L/（mol·K）。

对于稀溶液，物质的量浓度近似地等于质量摩尔浓度，渗透压的公式表示为：

$$\pi V = nRT \tag{1-8}$$

相同温度下，非电解质稀溶液的渗透压只与溶液的浓度有关，而与溶质的本性无关。如 310K 时，0.3mol/L 的葡萄糖溶液与 0.3mol/L 蔗糖溶液的渗透压均为 772.8kPa。

强电解质在溶液中全部电离，单位体积内溶质的微粒数多于同浓度的非电解质，计算渗透压需引入校正因子 i，即：

$$\pi = icRT \tag{1-9}$$

式（1-9）中，校正因子 i 与电解质的类型有关。强电解质 AB 型，$i=2$；A_2B 或 AB_2 型，$i=3$；AB_3 或 A_3B 型 $i=4$。

【例 1-6】 计算 310K 时，9g/L 的 NaCl 溶液和 50g/L 的葡萄糖溶液的渗透压。

解：NaCl 的摩尔质量为 58.5g/mol，葡萄糖的摩尔质量为 180g/mol。

9g/L 的 NaCl 溶液的物质的量浓度：$c=\frac{\rho}{M}=\frac{9}{58.5}=0.154\ (\text{mol/L})=154\ (\text{mol/m}^3)$

其渗透压：$\pi = icRT = 2\times154\times8.31\times310 = 793.44\ (\text{kPa})$

50g/L 的葡萄糖溶液的物质的量浓度：$c=\frac{\rho}{M}=\frac{50}{180}=0.278\ (\text{mol/L})=278\ (\text{mol/m}^3)$

渗透压：$\pi = cRT = 278\times8.31\times310 = 716.16\ (\text{kPa})$

课堂互动

下列现象均与渗透有关，你有同感吗?

(1)淡水鱼和海水鱼不能互换生活环境

(2)人们运动后出汗过多会感到口渴

(3)淡水中游泳时间较长会感到眼球发涨有疼痛感

（二）渗透压在食品医药行业的应用

1. 渗透压在食品加工中的应用 在不影响食品质量的前提下，提高食品的渗透压，可抑制微生物生长，增加食品的安全贮运时间。食物经过干制、干燥、盐腌等可以提高渗透压，细胞内的盐分浓度增加或蛋白质变性，不利于微生物生长繁殖，因而便于贮存和运输。食盐和蔗糖是形成不同渗透压的主要物质，其浓度越大，渗透压越高。因此，食品加工中以干制、盐腌、糖渍等为主，既可以满足大众口感，又能达到贮运的目的。

2. 渗透压在医学上的应用

（1）渗透浓度 人体液中含有多种电解质与非电解质，这些物质在体液中都能产生渗透效应。体液中产生渗透效应的各种粒子的总浓度称为渗透浓度。医学上常用渗透浓度间接表示渗透压的大小。如 9g/L 的生理盐水的渗透浓度为 308mmol/L，50g/L 的葡萄糖溶液的渗透浓度为 278mmol/L。

（2）低渗、高渗、等渗 一定的温度下，渗透压相等的两种溶液互为等渗溶液。当两种溶液的渗透压不同时，则渗透压高的称为高渗溶液，反之为低渗溶液。

正常人的血浆渗透浓度平均值为 303.7mmol/L。临床上，渗透浓度在 280 ~ 320mmol/L 的溶液称为等渗溶液；渗透浓度低于 280mmol/L 的溶液称为低渗溶液；渗透浓度高于 320mmol/L 的溶液称为高渗溶液。

等渗溶液在医学上具有很重要的意义。临床上，患者输液必须使用等渗溶液，以维持正常的血浆渗透压，使红细胞保持正常的形态。如果体内有低渗溶液进入，血浆被稀释，渗透压降低，水分子透过细胞膜向细胞内渗透，致使红细胞膨胀甚至破裂，这种现象称为溶血现象；若体内有高渗溶液进入，血浆浓度升高，渗透压增大，红细胞内的水分子向外渗透，致使红细胞皱缩，这种现象称为胞浆分离。皱缩的红细胞容易聚集在一起形成团块，堵塞小血管形成血栓。基于某种治疗需要，输入少量高渗溶液也是允许的，如低血糖病人输入少量的500g/L葡萄糖溶液，随着血液循环少量的高渗溶液会被稀释，并逐渐被组织细胞利用而降低浓度，因而不会出现细胞皱缩等现象。红细胞在不同溶液中的形态如图1-5所示。

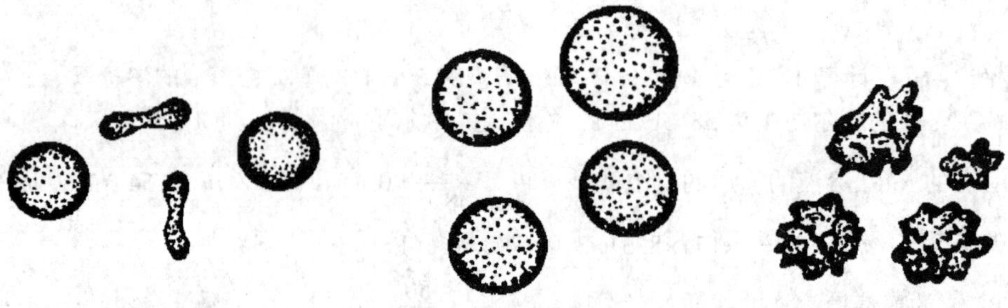

图1-5 红细胞在各种溶液中的形态

（3）晶体渗透压与胶体渗透压 人体血浆中既有大量的无机盐也有各种大分子物质，血浆总的渗透压是由两类物质共同产生的，由无机盐离子产生的渗透压称为晶体渗透压，约为729.5kPa；各种大分子蛋白质产生的渗透压称为胶体渗透压，约为40.5kPa。由于血浆中的无机盐离子数比大分子蛋白质的数量多，因而晶体渗透压大于胶体渗透压。

生物半透膜（如细胞膜）控制不同的物质进出细胞，导致晶体渗透压与胶体渗透压具有不同的生理功能。晶体渗透压是决定细胞内液与细胞间液水分子转移的主要原因。例如，人体由于某种原因失水，细胞外液的无机盐浓度相对高于细胞间液，晶体渗透压增大，细胞内液中的水分子减少向外渗透造成细胞萎缩；反之，如果体液中水量增加过多，细胞外液的无机盐浓度相对低于细胞间液，水分子则通过细胞膜从细胞外渗透到细胞内，从而造成细胞膨胀。胶体渗透压虽小，但在维持毛细血管内外水分子的平衡中起着重要作用。如果血液中蛋白质含量降低，胶体渗透压较低，则水分子以及小离子将会透过毛细血管壁向组织液中渗透，严重时会造成水肿。临床治疗中，因失血造成血浆渗透压降低的患者，不仅需要补充盐水，还应输入血浆或右旋糖酐等代血浆，恢复胶体渗透压的同时增加血容量。

第三节 胶体

分散相粒子的直径在1～100nm范围内的分散系称为胶体。胶体分散系分为溶胶和高分子溶液。胶体与人们的生活密切相关，如不溶于水的药物制成胶体能被人体吸收；一些生物试剂、染料的使用和保管均与胶体有关；蛋白质、淋巴液、血液、病毒等物质在人体中均以胶体的形式存在。

一、溶胶的性质

（一）丁达尔现象

分散系中分散质微粒大小不同，用可见光照射时，可以观察到不同的现象。粗分散系粒子直径大于可见光的波长，光线在粒子表面主要发生反射现象；分子或离子分散系微粒较小，可见光能够透过，观察到透明稳定的真溶液；胶体分散系微粒子略小于入射光波长，每个粒子本身就像一个微小的光源，向不同方向发出乳光，即发生散射现象。

如果用一束强光照射胶体溶液，在光束垂直的方向上可以看到一条光柱，这种现象称为丁达尔现象。

（二）布朗运动

1827 年，植物学家布朗用显微镜观察，悬浮在液面下的花粉进行着无规则的运动。胶体微粒在分散介质中，同样进行着这种无规则的运动称为布朗运动，如图 1-6 所示。

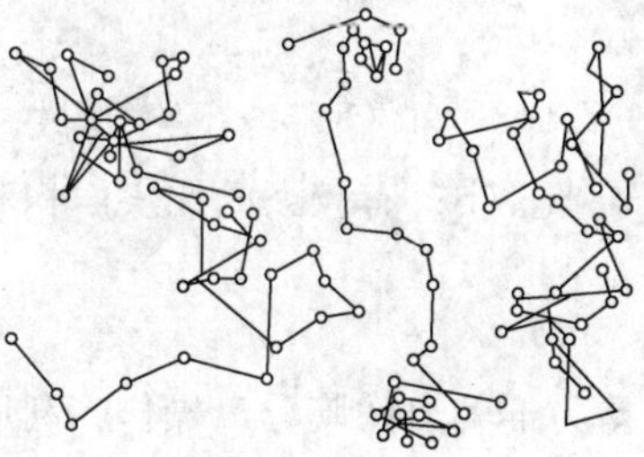

图 1-6 布朗运动示意图

由于布朗运动的作用，溶胶中胶粒存在浓度差，从高浓度向低浓度区域作定向迁移，这种现象称为扩散。温度越高，溶胶的黏度越小，胶粒越容易扩散。

分散系中，分散相粒子因重力作用下沉的现象称为沉降。粗分散系中，分散相微粒大，无布朗运动，扩散速度接近于零，在重力的作用下很快沉降。胶体分散系中，胶粒的半径较小，扩散和沉降同时存在。当扩散与沉降速度相等时，体系处于平衡状态，胶粒的浓度自上而下逐渐增大，形成稳定的浓度梯度，称为沉降平衡。沉降平衡是胶体长期稳定存在的重要因素。

课堂互动

1. 夜晚手电筒照射夜空、光线透过树叶间的缝隙射入密林中是什么现象？

2. 用一滴蓝墨水可以画一幅漂亮的画——雪花，你相信吗？试一试，这与溶胶的哪种性质有关？

（三）电泳现象

如图 1-7 所示，将红棕色的 $Fe(OH)_3$溶胶置于 U 型管内，管口插入电极，接通电流。观察到阴极附近溶液颜色逐渐加深，表明 $Fe(OH)_3$溶胶粒子带正电向负极运动。若改用黄色的 As_2S_3溶胶重复上述实验，则阳极附近溶液的颜色逐渐加深，表明 As_2S_3溶胶粒子带负电。这种在外电场的作用下，溶胶粒子在分散介质中作定向移动的现象称为电泳现象。

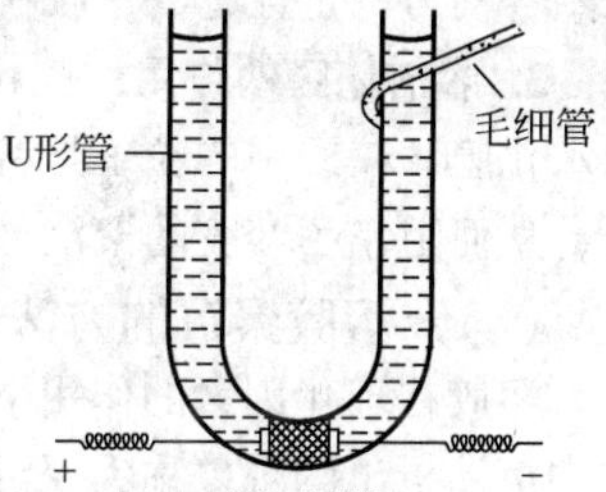

图 1-7 电泳装置

电泳现象证明了胶体粒子是带电的，通过电泳方向可以判断胶粒的电性。

（四）吸附

气体或溶液中的物质被富集在固体或溶液表面的现象称为吸附。其中被吸附的物质称为吸附质，能吸附其他物质的称为吸附剂。如图1-8所示。吸附剂主要指吸附能力强、比表面积大的物质，如活性炭、硅胶、分子筛等。制药工业上，常用硅胶提纯生物碱和甾体类的药物；分子筛属于高效干燥剂，是高温下唯一使用的吸附剂。

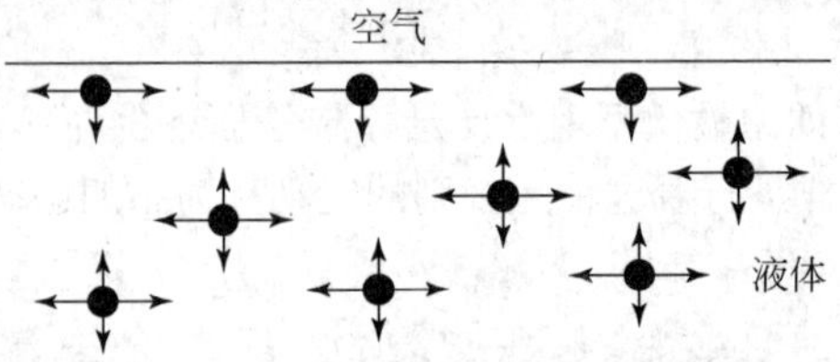

图1-8 固体和溶液表面的吸附

胶体溶液中，由于胶体粒子半径小，有较大的比表面积和较高的比表面自由能，因而具有很强的吸附作用。

（五）透析

透析又称渗析，是以浓度差为推动力的膜分离操作，利用膜对溶质的选择透过性，实现不同溶质的分离。胶粒不能透过半透膜，而分子、离子可以透过，把欲净化的胶体溶液放入半透膜袋，浸入盛有蒸馏水的容器中，电解质或小分子的化合物通过半透膜扩散进入蒸馏水中，达到净化的目的。电渗析是在电场作用下，利用离子交换膜的选择透过性，产生阴阳离子的定向迁移，达到溶液分离、提纯和浓缩的目的。如食品加工业中，牛奶脱盐加工成婴儿奶粉、分离乳酸或柠檬酸等；“人工肾”是急性肾功能不全病人的临时替代品，用以除去机体内的代谢废物，是渗析技术在临床上的应用。

二、溶胶的稳定性与聚沉

（一）溶胶稳定的原因

溶胶是高度分散、多相热力学不稳定体系。实际上，很多溶胶能长时间稳定存在，溶胶稳定存在的因素主要有以下几方面。

1. 胶粒带电性 溶胶粒子表面都带有电性。同一溶胶，电性相同的胶粒靠近时，由于静电斥力作用而相互排斥，阻止胶粒间的接近，使溶胶保持稳定。一般来说，静电斥力越大，胶粒的稳定性越大。胶粒带电是溶胶稳定存在的主要原因。

2. 动力稳定性 溶胶粒子的布朗运动，可以克服重力作用不发生沉降，使胶粒保持均匀分散，这种作用称为动力稳定性。胶体体系的分散度越大，扩散能力越强，布朗运动越剧烈，动力稳定性越大，胶粒越不容易聚沉。

3. 溶剂化膜的作用 胶粒表面上的离子，能将溶剂分子吸附到表面形成一层溶剂化膜，如水化膜。胶团中的粒子是溶剂化的，当胶粒相互靠近时，水化膜的形成隔离了胶粒的结合，从而阻止了溶胶的聚沉。

（二）溶胶聚沉的方法

溶胶在理化因素的作用下，分散相粒子相互聚集，颗粒变大，分散度降低，从分散介质中沉淀析出的现象称为聚沉。

1. 加入少量的电解质 溶胶对电解质十分敏感，少量的电解质就能使溶胶聚沉。由于胶粒电荷与电解质中相反电性的离子（即反离子）相互结合，发生电中和，溶剂化膜变薄而产生了聚沉。电解质中与胶粒电性相反的离子电荷越高，聚沉能力越强。

例如，三种不同电解质 $NaCl$、$CaCl_2$、$AlCl_3$，对 AgI 负溶胶起聚沉作用的是阳离子 Na^+、Ca^{2+}、Al^{3+}，因此，聚沉能力的大小顺序是 $AlCl_3>CaCl_2>NaCl$。

2. 溶胶的相互聚沉 两种带相反电荷的溶胶混合，胶粒电荷彼此中和而发生相互聚沉。溶胶的总电荷量越接近，聚沉效果越好。当它们的总电量相等时，溶胶粒子所带电荷全部中和，聚沉达到最大化。将明矾加入水中能起到净化作用，就是利用了胶体相互聚沉的性质。

3. 高分子化合物的敏化作用 溶胶中加入少量的高分子化合物，溶胶的稳定性降低，甚至发生聚沉，这种现象称为敏化作用。少量的高分子化合物，不能将胶粒表面完全覆盖，胶粒附着在高分子链上，使溶胶质量增大，促使溶胶聚沉。

4. 加热 温度升高，胶粒运动速率加快，碰撞机会增多，同时，胶核吸附离子的能力会降低，水化程度降低，从而导致溶胶发生聚沉。如蛋白质溶液加热时，溶解度降低而发生沉淀，变性而产生凝固。

三、 高分子溶液

（一）高分子溶液的特点

高分子化合物包括天然和人工合成两种。如血浆代用液、疫苗等是人工合成的高分子化合物；食物中的牛奶、水果、谷物、蔬菜等属于天然高分子化合物。高分子化合物溶液属于胶体分散系，摩尔质量相对较大，具有特殊性。

1. 黏度大 高分子化合物的结构复杂，链状分子彼此靠近相互结合，高度的溶剂化作用束缚了溶液的流动性。因此，高分子溶液黏度较大，如蛋白质溶液、天然橡胶等。

2. 稳定性大 高分子化合物分子中有许多亲水性基团，与水分子有较强的亲和力，表面分子与水分子可以形成较厚的水化膜，这是高分子化合物稳定的主要原因。

3. 溶解的可逆性 高分子化合物能自动溶解在溶剂中形成真溶液。用烘干或蒸发的方法可以将高分子化合物从溶液中分离出来，若再加溶剂，又能自动溶解得到原溶液。但胶体聚沉后再加溶剂不能复原。

4. 盐析 高分子溶液不带电，表面水化膜较厚，加入少量电解质很难发生聚沉。高分子溶液中加入足够的电解质，溶解度降低，形成沉淀从溶液中析出的过程称为盐析。如蛋白质加入高浓度的无机盐而析出，析出的蛋白质可溶解在水中，不影响其性质。因此，盐析是一个可逆的过程，采用多次盐析的方法，可以分离、提纯蛋白质。

课堂互动

豆浆中加入石膏($CaSO_4 \cdot 2H_2O$)溶液，制成豆腐的原理是什么?

（二）高分子化合物对胶体的保护作用

高分子化合物对溶胶具有双重性作用，既有敏化作用也有保护作用。溶胶中加入足量的高分子化合物，胶粒表面吸附高分子化合物并包住胶粒，阻止了溶胶粒子的聚集，增强了稳定性，这种现象称为高分子化合物对溶胶的保护作用。例如，含明胶的 $AgNO_3$ 溶液中加入 NaCl 生成的 AgCl 溶胶，不容易形成沉淀；血液中难溶盐如碳酸钙、磷酸钙等以溶胶的形式存在，蛋白质对它们起到了保护作用。如果血液中的蛋白质含量减少，这些盐类将发生聚沉，沉积在肝、肾等器官将形成“结石”。

四、 凝胶

凝胶是胶体存在的一种特殊形式。温度降低或浓度增大时，高分子溶质或溶胶相互联结形成网状结构，溶剂分子则充满网架空隙、失去流动性成为半固体状的物质称为凝胶或冻胶，这一过程称为胶凝。凝胶没有流动性，具有一定的弹性。如豆浆加工成豆腐，失去流动性成为半固体状；动物胶、明胶以及淀粉制成的浆糊。凝胶可根据来源、形态、溶剂的类型及交联方式进行分类。

（一）凝胶的分类

1. 来源 分为天然凝胶和合成凝胶。动物的肌肉、脏器、毛发、指甲等都是天然凝胶；合成凝胶是由人工合成或制备而来，如隐形眼镜、高吸水树脂等。为了提高合成凝胶的生物适应性，通常将生物凝胶与合成凝胶混合使用，具有特殊的生物功能，如人造皮肤、人造角膜等医用材料。

2. 形态 分为弹性凝胶和非弹性凝胶。适当的条件下，弹性凝胶与高分子溶液之间可以相互逆转，也称为可逆凝胶。其特点是比较柔软，变形后可以复原，吸收或释放液体时能改变体积。如皮肤、凝固的血液、肉冻等均为弹性凝胶。

非弹性凝胶失水后成为干凝胶。干凝胶不能重新吸收水分成为凝胶，他们之间不能相互逆转，故又称为不可逆凝胶。如硅胶、氢氧化铝干凝胶。

3. 溶剂类型 根据溶剂所处的状态分为液凝胶和干凝胶（也称气凝胶）。水凝胶、有机凝胶为液凝胶；冻豆腐、硅胶等属于干凝胶。

4. 交联方式 分为物理凝胶和化学凝胶两种。以分子间作用力、氢键、静电引力等方式结合形成的凝胶称为物理凝胶。通过化学桥联方式形成网状结构的凝胶称为化学凝胶。大多数的天然凝胶属于化学凝胶，如硫化橡胶、聚苯乙烯凝胶等，此类凝胶比较牢固稳定。

（二）凝胶的性质

凝胶的性质主要有溶胀、触变和离浆作用。

1. 溶胀作用 干的弹性凝胶吸收液体或蒸气，自身体积增大、质量增加的作用称为溶胀作用，是弹性凝胶特有的性质。凝胶与液体发生溶剂化的作用才能被吸收，因此凝胶具有一定的选择性。凝胶在液体中的溶胀分为有限溶胀和无限溶胀两类。如蛋白在水中可以无限溶胀最终成为高分子溶液；纤维在水中是有限溶胀，不能形成溶液。溶胀情况随物理条件不同发生改变，如明胶在冷水中为有限溶胀，升高温度则为无限溶胀，最终成为明胶溶液。

2. 触变作用 凝胶受外力作用使网状结构拆散而变成溶胶，外力解除静置后又恢复凝胶状态，这种凝胶与溶胶相互转化的现象称为触变。

$$\text{凝胶} \xrightleftharpoons{\text{摇动(触变作用)}} \text{溶胶（等温）}$$

触变作用的特点是凝胶结构的拆散与恢复是可逆的。如浓 $Fe(OH)_3$溶胶中加入少量电解质，黏度增加并转变为凝胶。将此凝胶稍加振动，变成溶胶，静置后又成为凝胶。药膏以及抗菌素油剂都要求有一定的触变性能；建筑涂料如触变型的乳胶漆。

3. 离浆作用 液体自动而缓慢地从凝胶中分离出来的同时，凝胶体积逐渐缩小的现象称为离浆（或脱液收缩），也称为“脱水收缩”或“出汗”。离浆与物质的失水干燥不同。离浆失去的是稀溶胶或高分子稀溶液，并且在低温潮湿的环境中进行。离浆现象十分普遍，如细胞老化失水导致皮肤变皱、浆糊脱水收缩等均与离浆现象有关。

第四节 界面现象

界面是相与相之间的接触面，是两相之间的过渡层。形成界面的物质聚集态可分为气-液、气-固、液-液等界面。习惯上称其中一相为气相的界面为表面。相界面上发生的所有物理和化学现象均称为界面现象或表面现象。胶体的吸附性、带电性、不稳定性等都与表面现象有关。

一、 表面张力与表面能

表面分子具有某些特殊性质，主要是表面分子与液相内部分子受力不均匀有关。如图1-9 所示。液体内部的分子 A，邻近分子对它作用力相等，相互抵消，在液体内部运动不消耗能量；而表面分子 B，上方气相分子稀疏对其吸引力小，液相分子密集对 B 的作用力相对较大。因此，表面分子受力不均匀，受到液体内分子的拉力，有自动缩小呈球状的趋势。这种存在于液体表面使液面收缩的力，称为表面张力，用符号 σ（N/m）表示。液膜自动收缩、液滴自动缩成球形以及毛细现象等均与表面张力有关。

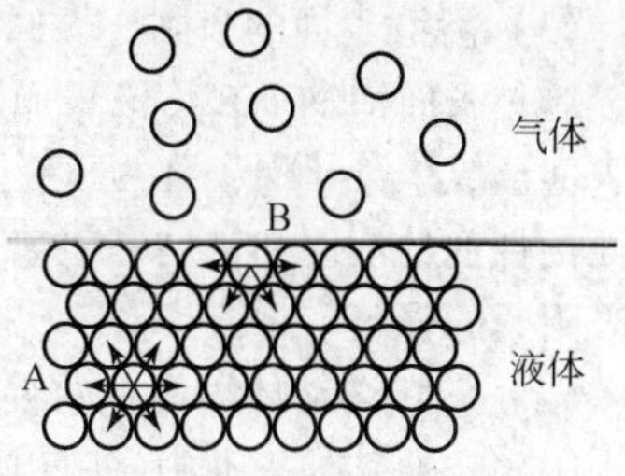

图 1-9　液体表面分子的受力情况

影响表面张力的因素主要是温度，温度越高，表面张力越小。临界状态下，水的表面张力降为零。

将液体内部的分子移到表面，需要克服表面张力做功，因此，表面分子比液体内分子具有较高的能量。一般来讲，表面张力越大，增加表面积消耗的能量越多，表面能越高；体系的分散度越高，表面积越大，体系表面能越高。

课堂互动

为什么说液体表面有自动缩小呈球状的趋势？

二、 表面活性剂

能显著降低液体表面张力产生正吸附的一类物质称为表面活性剂，它是由亲水性极性基团和亲油性非极性基团组成的两亲性结构，如图 1-10 所示。这种两亲性结构倾向集中在溶液表面或互不相溶的液体界面。表面活性剂在溶液中的分布如图 1-11 所示。

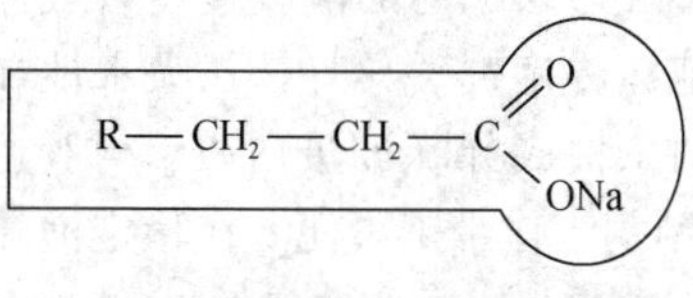

图 1-10　表面活性剂两亲结构

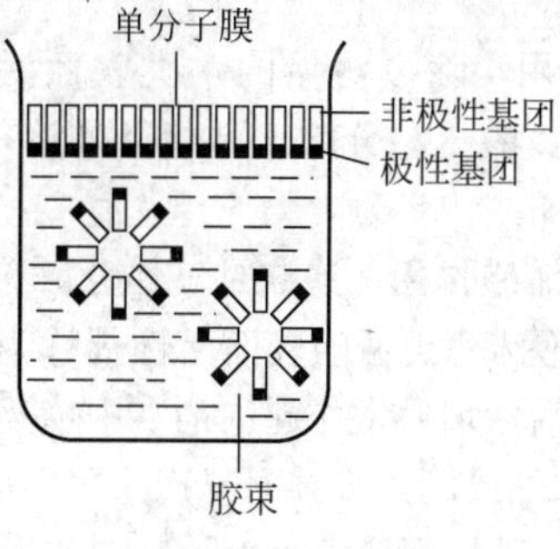

图 1-11　表面活性剂在溶液中的分布

表面活性剂的种类繁多，用途各异。按化学结构分为离子型、非离子型表面活性剂。常见的有硬脂酸、月桂酸、十六烷基硫酸钠（鲸蜡醇硫酸钠）、十八烷基硫酸钠（硬脂醇硫酸钠等）、十二烷基苯磺酸钠等，主要是外用软膏的乳化剂，也可作润湿剂、增溶剂或洗涤剂。单硬脂酸甘油酯（简称单甘酯）是常用的食品乳化剂，具有良好的亲油性，是乳化性很强的水包油性乳化剂。

（一）表面活性剂的特征

1. 吸附性 物质在两相界面上因浓度不同产生的现象。其中固-液、气-液、液-液界面上的吸附在食品、药品行业应用较多。

（1）溶液表面的吸附 表面活性剂溶解在水中，亲水基团伸向水中而亲油基团伸向空气，这种表面活性剂在溶液表面定向排列的过程称为吸附。表面活性剂浓度较低时，集中在表面形成单分子层，称为正吸附，反之为负吸附。表面剂活性越强，正吸附越容易形成。表面活性剂的润湿和铺展、起泡和消泡、乳化等作用，都依赖于表面张力的降低和形成表面吸附膜的强度。

（2）不相溶液体界面上的吸附 互不相溶的油-水两相体系，表面活性剂的亲水基伸入水中，亲油基伸入油中，两相界面定向排列（即吸附），使界面张力降低。同时，油-水界面上形成界面吸附膜，分散的液滴更稳定。两种表面活性剂混合使用，有更强地降低油-水界面张力的作用。

2. 亲水亲油平衡值 表面活性剂分子中亲水和亲油基团对油或水的综合亲和力称为亲水亲油平衡值，简称 HLB 值。表面活性剂的 HLB 值越大，亲水性越强；HLB 值越小，亲油性越强。一般地，HLB 值在 0 ~ 40 之间，非离子型活性剂的 HLB 值为 0 ~ 20。石蜡是亲油的非极性分子，HLB 值为 0；十二烷基硫酸钠是离子型表面活性剂，HLB 值为 40。HLB 值在8 ~ 16 之间，表面活性剂通常形成 O/W 型乳浊液；3 ~ 8 之间形成 W/O 型乳浊液。

（二）表面活性剂的作用

表面活性剂独特的结构特点，成为食品、药品加工行业中极为重要的一类附加剂。

1. 乳化作用 两种互不相溶或部分相溶的液体由于加入第三种成分，其中一种液体以细小的液滴分散在另一种液体中，形成乳浊液的过程称为乳化。具有乳化作用的第三种物质称为乳化剂。表面活性剂是常用的乳化剂，如人造奶油、巧克力、面包中加入大豆卵磷脂，可以起到乳化、润湿、起酥的作用。

2. 增溶作用 增加物质溶解度的表面活性剂称为增溶剂。甲酚在水中的溶解度仅为2%，肥皂溶液中溶解度增加至50%左右，其中硬脂酸钠是甲酚的增溶剂。阴离子型、非离子型表面活性剂在药物制剂中应用最多。阳离子型表面活性剂毒性较大，一般直接用于杀菌、消毒和防腐；阴离子型表面活性剂多用于外用；非离子型表面活性剂广泛用于内服、外用以及注射等。

3. 去垢作用 除去污垢的一类表面活性剂称为去垢剂或洗涤剂。去垢过程较为复杂，包括润湿、渗透、分散、乳化、增溶等。钾皂、钠皂、十二烷基磺酸钠等是常用的去垢剂。

4. 起泡和消泡作用 泡沫是气体分散在液体中，形成一层极薄的液膜包裹着气体的分散体系。增加泡沫稳定性的表面活性剂称为起泡剂或泡沫稳定剂。具有较强吸水性和较大HLB 值的表面活性剂通常作起泡剂。中草药含有天然两亲性成分（如蛋白质、树胶、皂苷等），在提取浓缩或剧烈搅拌时易产生稳定的泡沫，给制剂工作带来不便。在稳定泡沫中加入表面活性剂，破坏泡沫的表面活性剂称为消泡剂。消泡剂的 HLB 值一般在 1~3 之内。

5. 杀菌和消毒作用 多数两性离子或阳离子型表面活性剂用作杀菌和消毒剂，少数阴离子型表面活性剂也有类似的作用，它们在水中溶解度较大。医院常用的消毒液苯扎溴铵（即新洁尔灭），因浓度不同，用途各异，0.05% 苯扎溴铵用于手术前的皮肤消毒，0.02% 苯扎溴铵用于伤口或黏膜消毒，0.5% 苯扎溴铵常用于器械的消毒。

拓展阅读

胶束的增溶作用

表面活性剂的正吸附达到饱和后继续加入表面活性剂，其分子则转入溶液中，由于亲油基团的存在，水分子与表面活性剂分子的排斥力远大于吸引力，导致表面活性剂分子依赖范德华力相互聚集，形成亲油基向内，亲水基向外的聚集体，聚集体的粒子大小在胶体粒子范围之内，称为胶束。

水中微溶或完全不溶的物质，借助于表面活性剂而得到溶解称为增溶作用。增溶作用的表面活性剂称为增溶剂，被增溶的物质称为增溶质。如许多油类、烃类在水中的溶解度很小。如果在水中加入适量表面活性剂，其溶解度显著增大，这种现象称为增溶现象。胶束将难溶于水的有机物吸收到中心，使这些“油”稳定地分散在水相中，增大了油在水相中的溶解度。

三、 铺展与润湿

（一）铺展

两种互不相溶液体的表面自动形成一层薄膜的现象称为铺展。一般表面张力小的可以在表面张力大的液体表面上铺展。例如，外用软膏剂，以矿物油为基质的制剂一般很难在皮肤、黏膜上均匀铺展；眼膏剂以纯凡士林为基质，再加以适量羊毛脂后，即可改善其铺展性，使制剂能均匀铺展，发挥药效。

（二）润湿

液体在固体表面上自动形成一层薄膜的现象称为润湿。用来改善固体表面润湿性的表面活性剂称为润湿剂。常用润湿剂的 HLB 值在 7 ~ 11 之间。

固体的润湿性对混悬液的稳定性、片剂和颗粒剂等固体制剂的崩解与溶解性等均有影响，为了改善亲油性药物在水中的润湿性应加入表面活性剂。表面活性剂分子在固-液界面上定向排列，形成一定结构的吸附层，降低了固-液之间的界面张力，使固体表面的亲水性增加，提高了固体的润湿性。

重点小结

1. 分散系由分散质与分散介质组成；主要有分子或离子分散系、胶体分散系和粗分散系。

2. 乳浊液属于不稳定的分散系，加入乳化剂（自然形成或人工加入）才能稳定存在。乳浊液由油和水两相组成。主要有两种类型即水包油型乳浊液，用 O/W 型表示；油包水型乳浊液，用 W/O 型表示。

3. 溶液的浓度主要有：物质的量浓度、质量浓度、质量分数、体积分数和比例浓度等。

4. 常用浓度换算公式：$\rho = cM$；$c = \dfrac{\rho\omega}{M} \times 10^3$

5. 配制溶液方法有两种：固体试剂配制溶液或溶液的稀释。溶液的稀释，遵守稀释定律：$c_1 \times V_1 = c_2 \times V_2$

6. 难挥发非电解质稀溶液的依数性是指溶液蒸气压的下降、沸点的升高、凝固点的降低及渗透压的产生。蒸气压下降是引起其他依数性变化的主要因素。这些性质只与溶质的微粒数有关，而与溶质本性无关。

7. 渗透是溶剂水分子通过半透膜的一种现象，半透膜具有选择性。渗透产生的条件：半透膜存在、半透膜两侧存在浓度差。渗透方向是溶剂水分子从纯溶剂向溶液或由稀溶液向浓溶液的方向进行。

8. 溶液渗透压的计算：$\pi = c_B RT$；对于强电解质溶液：$\pi = icRT$。

9. 溶胶的性质主要有：丁达尔现象、布朗运动、电泳、吸附等。影响胶体稳定性的因素主要有：胶粒带电、布朗运动、溶剂化膜的作用。

10. 溶胶聚沉的方法：加入少量的电解质、加入带有相反电荷的溶胶、加入少量高分子化合物、加热。

11. 高分子化合物的特点：黏度大、稳定性大、溶解的可逆性、盐析。高分子化合物对溶胶既有敏化作用也有保护作用

12. 凝胶是胶体的一种特殊形式，没有流动性，具有一定的弹性。凝胶主要有溶胀、触变和离浆作用。

13. 表面张力是液面的收缩力。影响表面张力的因素主要是温度，温度越高，表面张力越小。临界状态下，水的表面张力降为零。

14. 表面活性剂是由亲水基和亲油基组成的两亲性结构。

目标检测

一、选择题

（一）单选题

1. 1500ml 的生理盐水中含 Na^+（　　）。

A. 5.31g　　B. 13.5g　　C. 0.59 g　　D. 9g

2. 3g 食盐完全溶于 47g 水中，所得溶液的溶质质量分数（　　）。

A. 6%　　B. 6.26%　　C. 94%　　D. 93.74%

3. 室温下葡萄糖、氯化钠、氯化钙这三种溶液的浓度均为 0.1mol/L，渗透压按由低到高顺序是（　　）。

A. 葡萄糖、氯化钙、氯化钠　　B. 葡萄糖、氯化钠、氯化钙

C. 氯化钠、氯化钙、葡萄糖　　D. 氯化钙、氯化钠、葡萄糖

4. 使 AgI 负溶胶产生聚沉，下列电解质聚沉能力最强（　　）。

A. $MgCl_2$　　B. $AlCl_3$　　C. NaCl　　D. Na_2SO_4

5. 表面活性剂在结构上具有的特征是（　　）。

A. 只有亲水性基团　　B. 既有亲水性基团，又有亲油性基团

C. 只有亲油性基团　　D. 一定有亲水性基团，但不一定有亲油性基团

（二）多选题

1. 下列属于粗分散体系的是（　　）。

A. 海水　　B. 牛乳　　C. 炉甘石洗剂　　D. 豆浆

2. 下列事实与胶体性质有关的是（　　）。

A. 用明矾净化处理水

B. 用一束可见光照射胶体溶液时，从与光线垂直的方向可观察到光路

C. 河流的入海口处常有大量泥沙沉积

D. 在 $AgNO_3$ 溶液中加入 KI 有黄色沉淀产生

3. 下列对溶胶有保护作用的是（　　）。

A. Na_3PO_4　　B. 明胶
C. 动物胶　　D. 足够量的高分子溶液

4. 渗透产生的条件（　　）。

A. 温度一定　　B. 膜的两侧存在浓度差
C. 光照　　D. 半透膜

5. 表面活性剂加入水中（　　）。

A. 能降低水的表面张力　　B. 能升高水的表面张力
C. 溶液表面发生负吸附　　D. 溶液表面发生正吸附。

二、简答题

1. 把红细胞置于 3g/L 与 15g/L 的氯化钠溶液中，分别会发生什么现象？为什么？

2. 将新鲜的大蒜放在由蔗糖和食醋配制而成的糖醋汁中，开始时蒜瓣出现萎缩，糖醋汁液面上升。两天后，糖醋汁液面下降，蒜瓣出现膨胀。品尝蒜瓣有酸甜的味道，说明糖醋腌制的大蒜细胞内既有蔗糖分子又有醋酸分子。请用所学知识来分析产生这一现象的原因。

3. 对患急性肠炎造成严重脱水的病人，必须输入 9g/L 的生理盐水来维持细胞水分代谢的平衡，你能分析其中的原理吗？如果给病人输入 50g/L 葡萄糖溶液，又是什么原理？

三、综合应用题

1. 如何用 95% 乙醇配制 400ml 70% 乙醇？

2. 市售浓硫酸为 98%、密度 1.84g/ml，浓硫酸物质的量浓度是多少？

3. 实验室现有葡萄糖、蔗糖、氯化钠三种溶液，它们的浓度均为 10g/L，分别计算三种溶液的渗透浓度。并写出三种溶液在 37℃时渗透压由大到小顺序。如果把一红细胞分别置于上述三种溶液中，会发生什么现象？

实训一　化学实验基础知识

【实训目的】

1. 掌握化学试剂与实验用水的分类及实验基本操作。
2. 熟悉实验室规则及安全注意事项。
3. 了解实验报告的书写形式。

【实训原理】

一、化学实验室规则

（一）实验室须知

1. 实验前认真预习相关实验内容，明确实验目的、基本原理、实验内容和有关基本操作，并简要写出预习报告。
2. 实验室内，不准大声喧哗，不得吃食品，听从教师指导，保持安静。
3. 实验时做到操作规范，认真观察，如实做好实验记录。
4. 按量取用试剂，节约用水、用电。
5. 污物、废液集中处理，不能倒入水槽中，保持实验室清洁。

6. 实验完毕，整理仪器和药品，保持实验室卫生，检查水、电、气和门窗。

（二）实验室安全事项

1. 实验室内严禁吸烟、打闹。

2. 不能用湿手接触电源，水、电、气使用完毕立即关闭。

3. 洗液、浓酸、浓碱具有强腐蚀性，应避免溅落在皮肤、衣物上，防止溅入眼睛里。

4. 试管加热时，管口不能对人操作；不能俯视正在加热的液体，以免液体溅出烧伤。

5. 浓硫酸稀释时，将浓硫酸缓缓注入水中，并不断搅拌。切勿将水倒入浓硫酸中，以免溅出，造成灼伤。

6. 禁止使用不知成分的试剂，禁止任意混合各种试剂药品，以免发生意外事故。

（三）意外事故的处理

1. 割伤 一般轻伤应及时挤出污血，并用消毒的镊子取出伤口内的异物，洗净伤口，涂上碘酒，再用创可贴或绷带包扎；大伤口应立即用绷带扎紧伤口上部，使伤口停止流血，送医院就诊。

2. 烫伤 立即用大量水冲洗或浸泡伤口，迅速降温避免温度烧伤。对轻微烫伤，可在伤处涂鱼肝油药膏、烫伤油膏或獾油后包扎。若皮肤起泡，则不宜挑破，防止感染，用纱布包扎后送医院治疗；若伤处皮肤呈棕色或黑色，先用干燥无菌的消毒纱布轻轻包扎，送医院治疗。

3. 酸灼伤 立即用大量清水冲洗，然后用2%～5%的碳酸氢钠溶液或稀氨水清洗，最后涂上氧化锌软膏。若皮肤被浓硫酸灼伤，先用干抹布吸去浓硫酸，然后再用清水冲洗后处理。

4. 碱液灼伤 立即用大量清水冲洗，再用2%醋酸或3%硼酸溶液进一步冲洗，最后用水冲洗，再涂上硼酸软膏。

5. 触电 立即关闭电源，用干燥的木棍使伤者与电器导线分开。施救者必须做好防止触电的安全准备，手或脚必须绝缘。对伤者进行人工呼吸并送医院救治。

6. 试剂溅入眼中 立即用大量水冲洗，送医院进行处理。

二、实验报告的书写

（一）实验记录

实验记录是科学实验工作的原始资料，应直接记录在本上，严禁用零散纸片记录。记录应做到条理分明、文字简练、字迹清楚，养成认真记录的良好习惯。

1. 记录的原始性 实验记录不能涂改或增减数据。需要改动时，必须做好标记。

2. 记录的及时性 实验过程中，实验现象及数据应及时记录。

3. 记录的完整性 实验记录的内容应包括实验条件（温度、湿度等）、实验试剂（试剂名称、规格等）、实验仪器（型号、厂家、精密度）、实验过程（操作顺序、观察到的现象、测量到的数据、各种可能存在的干扰等）。

4. 记录的客观性 如实记录实验现象及结论，不能随意编造结果。

（二）实验报告

实验结束后，根据实验结果和记录，及时整理总结，写出实验报告。一份合格的实验报告，通常有下列几项内容：

1. 实验名称 通常以实验题目的形式出现。

2. 实验目的 简述该实验应达到的目的要求。

3. 实验原理 简单介绍实验的基本原理和主要化学方程式。

4. 实验用品 写明仪器的型号、数量、规格，药品的名称、规格，画出实验装置图。

5. 实验内容与步骤 简明扼要描述实验过程，可用表格、框图、符号表示。

6. 实验结果 仔细观察，如实记录，依据实验仪器的精密度，数据处理要有依据，计算结果要正确。

7. 存在问题与结果分析 分析误差产生的原因，对实验中遇到的问题提出自己的见解或解决问题的方法。

三、化学实验基础知识

（一）化学试剂的分类

化学试剂的种类繁多，目前国际尚无统一的分类方法。标准不同，分类也不同。

1. 按试剂纯度分类 分为优级纯、分析纯、化学纯、实验试剂四类，这是我国目前常用的分类方法。按试剂纯度分类见表1-2。

表1-2 按试剂纯度分类

等级	中文名称	符号	标签颜色	主要用途
一级	优级纯	G. R	绿色	纯度达99.8%，用于精密分析与科学实验
二级	分析纯	A. R	红色	纯度达99.7%，用于重要分析及一般研究工作
三级	化学纯	C. P	蓝色	纯度达99.5%，用于工矿、学校一般分析工作
四级	实验试剂	L. R	棕色	纯度较低，用于实验辅助试剂

2. 按用途和学科分类 1981年，中国化学试剂学会提供按试剂用途和学科分类，将化学试剂分8大类，若干亚类。即通用试剂、高纯试剂、分析试剂、有机合成研究用试剂、仪器分析专用试剂、临床诊断试剂、生化试剂、新型基础材料和精细化学品。

（二）化学试剂的选用

一般根据分析任务、分析方法和分析结果准确性的要求，合理选用不同级别的试剂。基本原则是：定性实验，选择化学纯或实验试剂；定量实验，选择优级纯或分析纯试剂。

痕量分析选用高纯或优级纯试剂，以降低空白值和避免杂质干扰；某些制备实验、冷却浴或加热的药品，可选用实验试剂或工业品试剂；一般车间控制，宜选用分析纯、化学纯试剂；作仲裁分析常选用优级纯、分析纯试剂。

四、实验室用水

（一）实验室用水的种类

1. 蒸馏水 将自来水通过蒸馏的方法制得的实验室常用水。蒸馏水去除自来水中大部分的污染物，但易溶于水的气体如二氧化碳难以去除。一次蒸馏制得的水含有微量杂质，只能用于一般化学实验。对洁净度要求高的实验用水，采用多次蒸馏方法制取高纯度的蒸馏水。新制的蒸馏水无菌，储存后易繁殖细菌。

2. 去离子水 利用离子交换树脂去除水中的阴、阳离子而制得。纯度高，适合各种实验室使用。但水中仍有微量可溶性的有机物。去离子水存放后也容易引起细菌的繁殖。

3. 反渗水 通过膜分离技术制备的纯水。将水中的杂质通过反渗透膜截留排出，有效地去除了水中的可溶性盐、胶体、细菌、病毒、细菌内毒素和大部分有机物等杂质。

4. 超纯水 通过预处理、反渗透技术、超纯化处理得到的纯水。水中导电介质几乎完全除去，难解离的胶体物质、气体及有机物含量很低。超纯水中只有水分子及其解离出的离子，缺乏人体需要的微量元素，因此，不可直接饮用。

（二）实验室用水的级别

1. 一级水 用二级水经过石英设备蒸馏或交换混合床处理后，再经0.2μm微孔滤膜过滤来制取。一级水用于有严格要求的分析实验，包括对颗粒有要求的实验。如高效液相色谱分析用水。

2. 二级水 多次蒸馏或离子交换等方法制取。二级水用于无机痕量分析等试验，如原子吸收光谱、电化学分析实验用水。

3. 三级水 用蒸馏或离子交换等方法制取，是实验室普遍使用的纯水。可用于一般的化学分析试验，也可用来制备二级水。

（三）制剂用水

1. 饮用水 天然水经过净化处理得到，其质量必须符合现行中华人民共和国国家标准《生活饮用水卫生标准》（GB 5749—2006）。用于粗洗制药用具、漂洗净制药材、也可用于饮片的提取溶剂。

2. 纯化水 饮用水经蒸馏法、离子交换法、反渗透法或其他适宜的方法制备的制药用水。用于配制普通药物制剂的溶剂或试验用水；口服、制剂配制用溶剂或稀释剂；也用于中药注射剂、滴眼剂灭菌制剂所用饮片的提取溶剂等。但不能用于注射剂的配制与稀释。

3. 注射用水 纯化水经蒸馏得到，应符合细菌内毒素试验要求。用于注射剂、滴眼剂等的溶剂、稀释剂及容器的清洗。

4. 灭菌注射用水 注射用水按照注射剂生产工艺制备。主要用于注射用灭菌粉末的溶剂或注射剂的稀释剂。

五、 仪器的洗涤和干燥

实验必须使用清洁的玻璃仪器，否则影响实验结果的准确性。玻璃仪器的洗涤，根据实验要求、污物性质、污染程度，选择合适的洗涤方法。

（一）仪器的洗涤

一般先用水冲洗再用毛刷刷洗，若有油污和有机物质，依次用去污粉或洗涤剂清洗。难洗的污渍用洗液清洗，再用自来水、纯化水淋洗 2~3 次即可。洗液由浓硫酸和饱和重铬酸钾溶液组成，有很强的氧化性、酸性和去污能力。洗液可以重复使用，使用后应小心倒入原瓶中。

洗净的玻璃仪器内壁均匀润湿无水条纹，且不挂水珠。

（二）仪器的干燥

仪器洗净后倒挂在干净的柜内或仪器架上，也可用电吹风吹干。现用干燥的仪器，将玻璃仪器内的水尽量倒出，然后用烘箱烘干；一些常用的烧杯、蒸发皿等可先擦干外面的水珠，放在石棉网上，用小火烤干。带有刻度的仪器如量筒、移液管、容量瓶等，不能用加热的方法进行干燥。漏斗和集气瓶等厚壁仪器，不可加热干燥，以防炸裂。

六、 试剂的取用

（一）固体试剂的取用

粉状试剂取用时将其倒在折成槽形的纸条上，将试管平置，纸槽沿试管壁伸入底部、竖起试管并轻抖纸槽，试剂便落入试管底部。块状固体用镊子夹取，先将试管倾斜，试剂沿器壁慢慢滑入器底，如图 1-12 所示。多余的试剂不能放回原瓶，也不能丢弃，应放在指定容器。取用试剂的药匙或镊子必须擦拭干净，不能一匙多用。用后应擦拭干净，不留残物。

（二）液体试剂的取用

1. 少量液体试剂的取用 滴瓶中取少量试剂时，滴管在接液容器的正上方，保持垂直，不能倾斜、倒立或横置，以免试剂流入胶头。滴管不能伸入接液容器或触及容器内壁。使

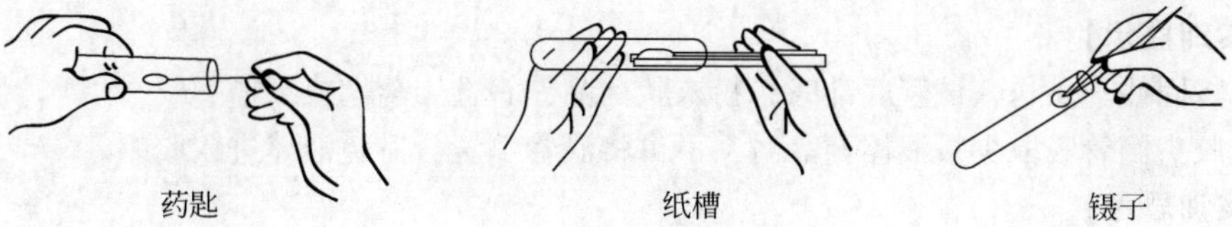

图 1-12 固体药品的取用

用后的滴管放回原瓶中。

2. 大量液体试剂的取用 从细口瓶将液体倾入容器时，取下瓶盖，倒放在实验台上，左手拿接液容器，右手拿试剂瓶，标签对着手心，使瓶口与容器口相接触，逐渐倾斜试剂瓶，倒出试剂。如图 1-13 所示。

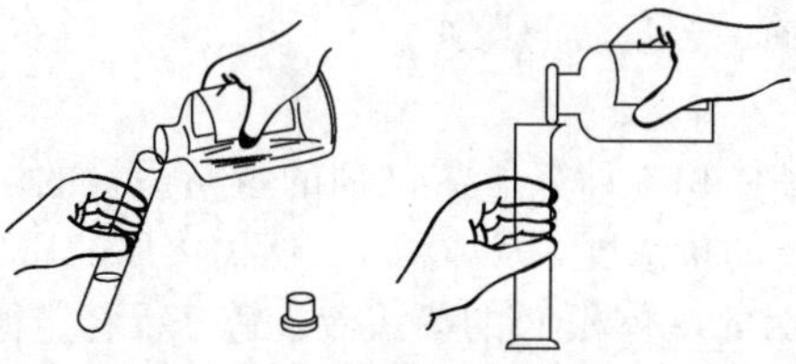

图 1-13 液体药品的取用

量筒用来粗略量取一定体积的液体。倾倒液体近于刻度时，用滴管滴加液体至刻度线。读取液体体积时，量筒（或量杯）应放平（与水平面垂直），视线要与液体的凹液面最低处呈水平。俯视或仰视都会造成一定的误差。

移液管是用于准确移取一定体积液体的量器（见实训五）。

【实训用品】

仪器：托盘天平、量筒、容量瓶、药匙。

试剂：食盐、氢氧化钠（固）、0.1mol/L HCl 溶液。

其他：称量纸。

【实训步骤】

1. 取适量的食盐放入试管中。

（1）准备一支洁净干燥的试管和一把干净的药匙。

（2）用药匙取适量的食盐。

（3）左手拿试管，将管口微微倾斜，右手将药匙小心送入试管底部。

（4）取出药匙，将试管直立，放入试管架中。

2. 从小滴瓶中取大约 2ml 0.1mol/L HCl（20 滴大约 1ml）。

（1）准备一支试管。

（2）从试剂架上取下装有 0.1mol/L HCl 溶液的小滴瓶放在实验台上。

（3）左手拿试管使管口向上，右手拇指和食指轻压滴管上端的胶帽，放松手指，提起滴管，将滴管管尖置于试管口上方，垂直悬空，将 0.1mol/L HCl 滴入试管中。

（4）取用完毕，将滴瓶放入试剂架上。

3. 用量筒量取 10ml 的 H_2O。

（1）准备一支 10ml 的量筒。

（2）量筒中加水至刻度线附近，改用洗瓶或胶头滴管滴加水。

（3）用手拿起量筒，使视线与刻度线相平，仔细观察，使弯曲液面的最低点与刻度线相平即可。

【实训提示】

1. 将固体药品送入试管底部时，粉末状药品，宜选用药匙或纸槽。

2. 胶头滴管吸取少量液体药品时，不可将滴管倒置，避免液体进入胶帽。

【实训思考】

1. 饮用纯度较高的水合理吗？

2. 称取、准确称取、量取、吸取是这些操作有何区别？

实训二　溶液的配制

【实训目的】

1. 掌握溶液的配制方法。

2. 学会托盘天平、量筒、容量瓶的操作。

【实训原理】

根据配制溶液的浓度和体积，计算所需试剂的量与适量的溶剂混合，配成所需溶液的浓度。由固体试剂配制物质的量浓度 c 及体积 V，所需溶质的质量：$m_B = cVM_B$

浓溶液 c_1 稀释成浓度为 c_2、体积 V_2 的稀溶液，遵守稀释定律：$c_1V_1 = c_2V_2$

所需浓溶液的体积：$V_1 = \frac{c_2}{c_1}V_2$

【实训用品】

仪器：托盘天平、容量瓶、量筒、烧杯、胶头滴管。

试剂：NaCl（固）、NaOH（固）、浓 HCl（质量分数 37%，密度 1.19g/ml）、95% 乙醇

其他：玻璃棒、药匙。

【实训步骤】

1. 用 95% 的乙醇配制 75% 乙醇 500ml。

（1）计算所需 95% 乙醇的体积________ ml。

（2）用量筒量取所需 95% 乙醇的量，倒入 500ml 的量筒中，少量水冲洗量筒 2～3 次，洗液倒入 500ml 的量筒中，加水至 500ml 即可。

（3）转入试剂瓶中，贴标签备用。

2. 配制 9g/L 的生理盐水 1000ml。

（1）计算所需 NaCl 的质量________ g。

（2）称量所需 NaCl 的质量，在小烧杯中加适量的水溶解。

（3）将溶解的 NaCl 溶液倒入 1000ml 的量筒中，少量水冲洗小烧杯 2～3 次，洗液倒入 1000ml 的量筒中，加水至 1000ml 即可。

（4）转入试剂瓶中，贴标签备用。

3. 配制 0.1mol/L 盐酸溶液 500ml。

（1）根据稀释定律，计算所需浓盐酸的体积________ ml。

（2）量取所需浓盐酸的量，倒入 500ml 的容量瓶中。用少量水冲洗量筒 2～3 次，洗液倒入 500ml 的容量中。加水至环形标线附近，用胶头滴管定容，即可。

（3）转入试剂瓶中，贴标签，待标定。

【实训提示】

1. 药品不能直接放在托盘上，根据物质特点选择合适的器皿盛放称量。

2. 量筒量取液体，读取体积时，视线与凹液面相平。

【实训思考】

1. 粗略配制一定浓度的溶液时，需要使用容量瓶吗？

2. 量筒为什么不能量取热的溶液或作为反应容器？

附：仪器的使用

（一）托盘天平的使用

托盘天平也称台秤，用于粗略的称量，一般准确称量至0.1g。图1-14为托盘天平示意图。

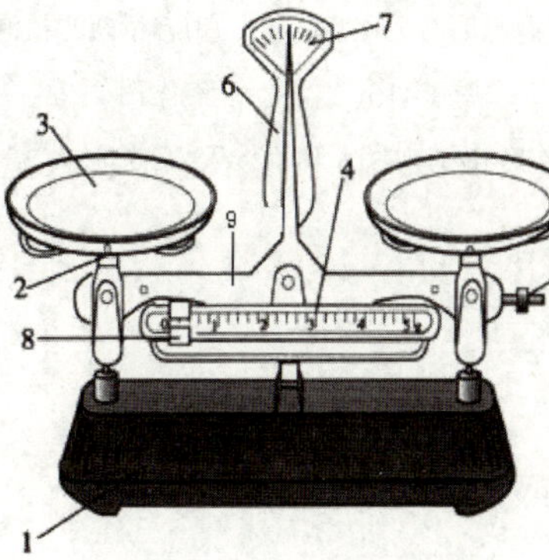

图1-14 托盘天平

1-底座，2-托盘架，3-托盘，4-标尺，5-平衡螺母，6-指针，7-刻度盘，8-游码，9-横梁

称量前先调零，即游码移至0刻度线，并调节平衡螺母，使天平平衡。称量时，左盘放置被称量物品，右盘放砝码。添加砝码时，先加质量较大的砝码，再加质量小的砝码，5g以下的质量可以通过移动游标尺的游码来计量。

使用托盘天平应该注意：

1. 托盘天平不能称热的物体。

2. 被称物品不能直接放在托盘上。易潮解或有腐蚀性的药品，必须放在玻璃容器中。

3. 砝码要用镊子夹取，不可用手拿取。天平的游码需要借助镊子来移动。

4. 称量完毕，砝码放回盒中，天平调回零点。

5. 保持托盘天平的整洁，托盘上有药品时要立即擦干净。

（二）容量瓶的使用

容量瓶主要用来精确配制或稀释一定体积的溶液。常用的容量瓶有50ml、100ml、125ml、250ml等不同规格。

容量瓶用前先进行检漏。检查的方法是：加自来水至标线附近，盖好瓶塞，瓶外水珠擦拭干净，一手用食指按住瓶塞，其余手指拿住瓶颈标线以上部分，另一只手握住瓶底边缘，倒立1～2分钟，如图1-15（a），如不漏水，将瓶塞旋转180°后再倒立1～2分钟试验一次，若不漏水，洗净后即可使用。

准确称取的固体试剂在小烧杯中溶解后，将溶液转入到容量瓶中，如图1-5（a）所示。转移时，玻璃棒的下端靠紧瓶内壁，溶液沿玻璃棒、瓶颈内壁流下。溶液全部流完后，将烧杯沿玻璃棒往上提升直立，使附着在玻璃棒和烧杯嘴之间的溶液流回烧杯中。冲洗烧杯2～3次，洗涤液转入容量瓶中，加入水至刻度线附近时，改用洗瓶或胶头滴管，加入水至刻度线（小心操作，勿过标线）。盖上瓶塞，用左手食指压紧，右手托住瓶底，倒立容量瓶，边倒边转边摇，反复多次，使瓶内溶液充分混匀，即得一定体积和一定浓度的溶液，如图1-15（b）所示。

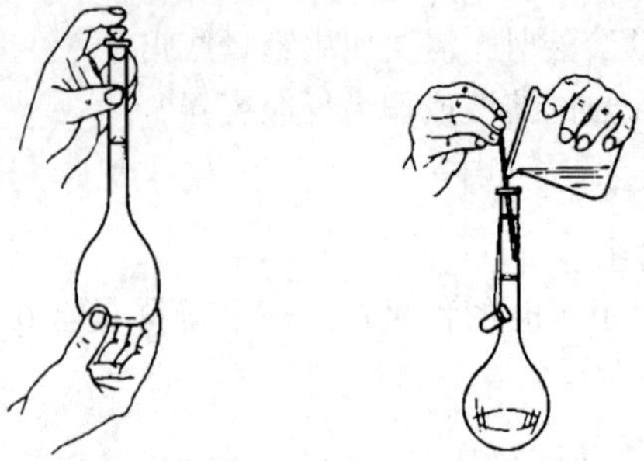

(a)量瓶检漏 (b)容量瓶的检漏

图 1-15 容量瓶操作图

稀释溶液时，用移液管准确吸取一定体积的浓溶液移入量瓶中，按上述方法稀释至标线，摇匀。

（张学红）

第二章

化学反应速率与化学平衡

学习目标

知识要求

1. **掌握** 化学反应速率及化学平衡的表示；质量作用定律；化学平衡的特点；化学平衡移动原理。
2. **熟悉** 化学反应速率及化学平衡的概念；影响反应速率的外界因素；化学平衡常数的意义及书写规则；化学平衡的有关计算；
3. **了解** 活化分子及活化能的概念；碰撞理论；化学平衡的应用。

技能要求

1. 掌握蒸发、浓缩、干燥、减压过滤等技能操作，能进行简单物质的提纯。
2. 学会运用平衡移动原理判断化学平衡的移动方向。

案例导入

案例：自然界许多现象与化学反应有关，例如，炸药的爆炸、照相胶片的感光、酸碱中和反应等几乎瞬间完成；塑料和橡胶的老化、煤和石油在地壳内的形成等，宏观上几乎观察不到。

讨论：1. 化学反应速率为何快慢不同？
2. 反应物能否全部转变为产物？

化学反应的研究主要有两个方面，一是反应进行的快慢，即化学反应的速率问题；二是反应进行的方向和限度，即化学反应的平衡问题。人类希望生产和生活中的化学反应可控可行，按理想状态进行。如患者期盼药物的作用能立竿见影，健康人群通过多种方式渴望细胞退行性变化延缓等都属于化学反应速率的控制；药物合成、食品生产等寻求方法将原料或中间体最大限度的转化为产品，这些涉及了化学平衡及转化率的相关知识。

第一节 化学反应速率

一、化学反应速率的表示

化学反应快慢程度常用反应速率来描述。化学反应速率用单位时间内反应物或生成物浓度的改变值来表示。某一段时间内反应的平均速率表示为：

$$\bar{v} = -\frac{\Delta c}{\Delta t} \tag{2-1}$$

式（2-1）中，$\bar{v}$ 为平均反应速率，单位 mol/（L · s）或 mol/（L · min）等；Δc（mol/L）

为反应物或生成物浓度的变化；Δt 为反应时间，单位秒（s）、分钟（min）、小时（h）。

【例 2-1】 一定的温度下，合成氨的反应 $2N_2(g)+3H_2(g) \rightleftharpoons 2NH_3(g)$，起始时 $N_2(g)$ 的浓度为 1.0mol/L、$H_2(g)$ 的浓度为 3.0mol/L，2s 后测得 $N_2(g)$ 的浓度为 0.8mol/L、$H_2(g)$ 的浓度为 2.4mol/L，计算以各种物质表示的反应速率。

解：各物质的浓度变化如下：

	$2N_2(g)$	$+3H_2(g)$	$\rightleftharpoons 2NH_3(g)$
起始浓度（mol/L）	1.0	3.0	0
2s 时浓度（mol/L）	0.8	2.4	0.4

以各种物质表示的反应速率为：

$$\bar{v}(N_2)=-\frac{\Delta c(N_2)}{\Delta t}=-\frac{0.8-1.0}{2}=0.1\text{mol/(L·s)}$$

$$\bar{v}(H_2)=\frac{\Delta c(H_2)}{\Delta t}=-\frac{2.4-3.0}{2}=0.3\text{mol/(L·s)}$$

$$\bar{v}(NH_3)=\frac{\Delta c(NH_3)}{\Delta t}=\frac{0.4-0}{2}=0.2\text{mol/(L·s)}$$

通过计算可以看出，同一反应用不同的物质表示反应速率，其数值不同，但化学反应速率之比，恰好等于反应方程式中各物质的化学计量系数之比，即：

$$v(N_2):v(H_2):v(NH_3)=1:3:2$$

因此，对于任一化学反应：

$$aA+bB \rightleftharpoons gG+hH,$$

则其化学反应速率之比为：$v(A):v(B):v(G):v(H)=a:b:g:h$

某一时刻的化学反应速率称为瞬时反应速率，可用极限的方法来表示：

$$v(A)=-\lim_{\Delta t\to 0}\frac{[\Delta c(A)]}{\Delta t} \qquad (2-2)$$

瞬时反应速率是某一时刻反应的真实速率。

二、化学反应速率理论

（一）有效碰撞理论

不同的化学反应，反应速率的差别较大。爆炸反应瞬间即可完成，但煤和石油的形成非常缓慢。碰撞理论最早作出了解释。

1918 年英国科学家路易斯（W. C. M. Lewis）在气体分子运动论的基础上，提出碰撞理论。碰撞理论认为：

（1）反应气体分子可看作简单的刚性小球，无内部结构。

（2）分子必须通过碰撞才能发生反应。碰撞频率越高，化学反应速率越快。

（3）不是任何两个反应物分子碰撞都能发生反应，只有分子动能大于或等于某一临界能的分子，它们之间的碰撞才能发生反应。这种能导致反应发生的碰撞称为有效碰撞，能够发生有效碰撞的分子称为活化分子。

活化分子的平均能量 E_0 与普通分子的平均能量 $E_{平}$ 之差，称为活化能 E_a，单位为 kJ/mol。即：

$$E_a=E_0-E_{平} \qquad (2-3)$$

一定温度下，反应的活化能越大，活化分子百分数越小，反应速率越小；反之，反应的活化能越小，活化分子百分数越大，反应则越快。

（4）发生有效碰撞时，反应物分子（即活化分子）除了具有足够的能量外，还必须具有适当的碰撞方向，在此方向上的碰撞有利于旧键的断裂和新键的生成。

例如，一氧化碳与二氧化氮的反应：

$$CO\ (g)\ +NO_2\ (g) \rightleftharpoons CO_2\ (g)\ +NO\ (g)$$

如图 2-1 中 CO 与 NO_2的反应。只有 C 与 O 迎头碰撞才可能发生反应，如图 2-1（a）所示；如果 C 与 N 碰撞，则不发生反应，如图 2-1（b）所示。

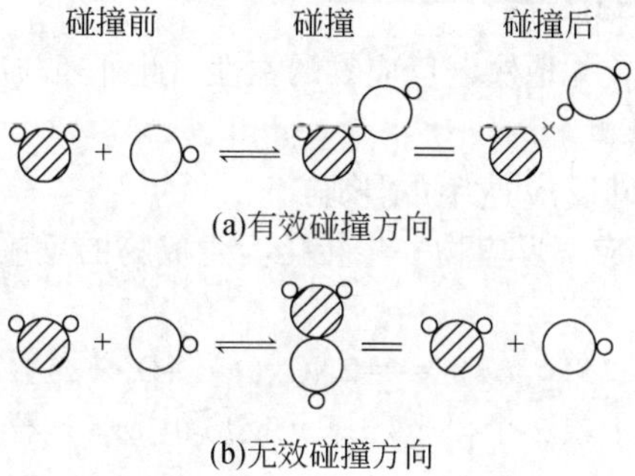

图 2-1　CO 与 NO_2的碰撞方向

碰撞理论简单、直观，从分子角度解释了一些实验事实，在反应速率理论的建立和发展中起了重要的作用。但是，碰撞理论将分子看作简单的刚性球，忽视了分子内部结构和运动规律，对于分子结构较为复杂的反应，存在一定的局限性。

（二）过渡状态理论

20 世纪 30 年代，埃林（Eyring H）等人提出了过渡状态理论（又称活化配合物理论）。该理论认为，化学反应并不是反应物分子间的简单碰撞，反应物分子间首先形成活化配合物（中间过渡状态），然后再转化为产物。例如反应：

$$A+BC \longrightarrow AB+C$$

当 A 和 BC 的活化分子按适当的取向碰撞后，A、B 间将成键而未成键，B、C 间的键将断裂而未断裂，形成势能更高的状态［A…B…C］，称之为过渡态。分子 BC 中的键被削弱，而 A 和 BC 之间有了不太牢固的连接，这样就形成了活化配合物 A…B…C。活化配合的特点是能量高、不稳定、寿命短，一经形成很快分解，既可以分解成为生成物，也可以分解成为原来的反应物。

$$A+BC \rightleftharpoons A\cdots B\cdots C \longrightarrow AB+C$$

图 2-2 表示上述反应过程的能量变化。由图可见，正反应的活化能为 Ea_1，逆反应的活化能为 Ea_2。反应无论正向或逆向进行，都要形成过渡态 A…B…C 活化配合物，然后再分解为产物。如果反应正向进行，过渡态能量必须比反应物的平均能量高出 Ea_1，由于产物的平均能量比反应物低，即 $Ea_1 > Ea_2$，反应是放热反应；如果反应逆向进行，此时，$Ea_2 > Ea_1$，是吸热反应。所以，吸热反应的活化能总是大于放热反应的活化能。

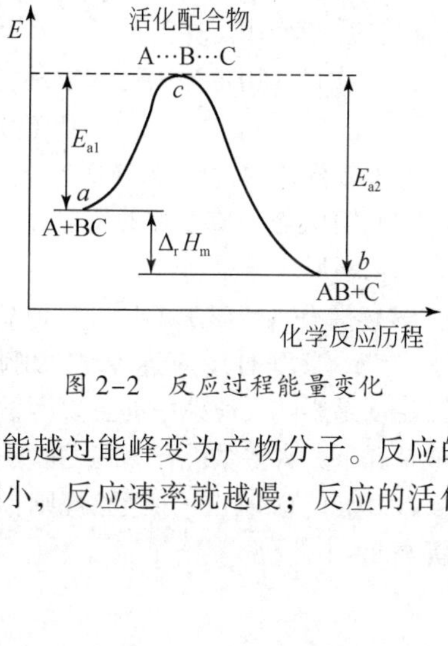

图 2-2　反应过程能量变化

由上讨论可知，反应物分子必须具有足够的能量才能越过能峰变为产物分子。反应的活化能越大，能峰越高，越过能峰的反应物分子比例越小，反应速率就越慢；反应的活化能越小，能峰越低，则反应速率越快。

课堂互动

1. 平均速率与瞬时速率有何区别？
2. 活化能与反应速率有何关系？

三、影响化学反应速率的因素

化学反应速率的快慢，首先取决于反应物的本性，此外还与反应物的浓度（压强）、温度、催化剂等外界因素有关。

（一）浓度（压强）对反应速率的影响

1. 基元反应和非基元反应 反应物一步转化为生成物的反应称为基元反应，也称简单反应。如：

$$2NO_2(g) \rightleftharpoons 2NO(g) + O_2(g)$$

大多数化学反应是由2个或2个以上的基元反应组成，这样的反应称为复杂反应或非基元反应。如：

$$H_2(g) + I_2(g) \rightleftharpoons 2HI(g)$$

研究发现，上述反应实际分两步进行：

第一步 $I_2(g) \rightleftharpoons 2I(g)$（快）

第二步 $H_2(g) + 2I(g) \rightleftharpoons 2HI(g)$（慢）

复杂反应中，每步反应的速率不同，反应的速率取决于最慢一步的反应速率。

2. 质量作用定律 19世纪中期，挪威化学家 G. M. Guldberg 和 P. Waage 总结了大量实验数据，概括了化学反应速率与反应物浓度之间的定量关系：在恒定温度下，基元反应的反应速率与各反应物浓度幂的乘积成正比，这个规律称为质量作用定律。

对于任一基元反应：$aA + bB \longrightarrow gG + hH$

反应速率表示为：$v = kc^a(A) \cdot c^b(B)$ （2-4）

式（2-4）反映了化学反应速率与反应物浓度之间的定量关系，称为化学反应速率方程。

式中 k 为速率常数，单位浓度时的反应速率，与温度有关。k 值越大，反应速率越快。一般情况下，对于同一反应，k 值随温度的升高而增大。

应用质量作用定律需要注意：

（1）质量作用定律只适用于基元反应和非基元反应中的每一步基元反应。

（2）质量作用定律表达式中不包含固体或纯液体物质的浓度。如反应：

$$C(s) + O_2(g) \rightleftharpoons CO_2(g)$$

速率方程式为：$v = kc(O_2)$

（3）有气态物质参加的反应，压强会影响反应速率。温度一定时，压力增大，则浓度增大，化学反应速率加快。

（4）没有气体参加的反应，改变压力，其他条件不变时，对反应速率影响不大。

（二）温度对反应速率的影响

温度是影响反应速率的主要因素之一。各种化学反应的速率与温度间的关系比较复杂。一般情况下，大多数化学反应速率随着温度的升高而加快。1884年荷兰科学家范特荷夫（Van't Hoff）总结出一条经验规则：在其他条件不变的情况下，温度每升高10℃，反应速率提高2～4倍。

（三）催化剂对反应速率的影响

某种物质加入反应体系中，能够显著改变反应速率，其本身的数量和化学性质基本保持不变，这种现象称为催化作用。起催化作用的物质称为催化剂。能加快反应速率的催化剂是正催化剂，减慢反应速率的催化剂是负催化剂或称阻化剂。

催化剂能加快反应速率，是由于参与了化学反应的过程，改变了反应的途径，降低了反应的活化能，使活化分子数增加。例如，实验室用 $KClO_3$ 热分解制备 O_2 时，加入 MnO_2，反应迅速发生，MnO_2 起到了加快反应速率的催化作用。阻化剂在工业生产中也是相当重要的，减缓金属腐蚀的缓蚀剂，防止橡胶、塑料老化的防老剂等被广泛应用。生物体内几乎所有的化学反应都是在酶的催化下进行，如食物中蛋白质的水解（即消化），体外需要在浓度较大的强酸（或强碱）条件下煮沸很长时间才能完成，但体内（正常体温）只需在胃蛋白质酶的作用下，短时间内即可完成。

第二节　化学平衡

不同的化学反应完成的程度不同，有的反应进行的比较彻底，大多数反应只能进行到一定程度。讨论化学反应的最终目的，是希望降低成本、提高收入，让反应按着理想的方向进行。例如药物合成、食品制备等一系列生产实际和科学研究，如何控制反应条件，使产品收益最大化等问题，涉及了有关化学反应平衡的知识。

一、化学平衡

（一）可逆反应

化学反应具有方向性。某些化学反应进行的结果，反应物完全转变为生成物，即反应能进行到底。例如，在 MnO_2 的作用下，$KClO_3$ 加热时，完全分解为 KCl 和 O_2；反过来，KCl 和 O_2 混合，现有条件不能生成 $KClO_3$，这种反应称为不可逆反应。

同一条件下，化学反应既能正向进行，又能逆向进行，此类反应称为可逆反应。通常用“$\rightleftharpoons$”表示可逆反应。一般从左向右的反应称为正反应，从右向左的反应称为逆反应。

绝大多数的化学反应具有一定的可逆性。例如，一定的条件下，N_2 和 H_2 合成 NH_3 的反应属于可逆反应。反应方程式为：

$$N_2+3H_2 \rightleftharpoons 2NH_3$$

（二）化学平衡

对于可逆反应，在一定条件下，反应刚开始，正反应速率较大，逆反应的速率几乎为零。随着反应的进行，反应物的浓度逐渐减小，正反应速率逐渐减小，而生成物浓度逐渐增大，即逆反应速率逐渐增大，当正反应速率等于逆反应速率时，体系中反应物和生成物的浓度均不再随时间发生变化，体系所处的状态称为化学平衡状态，简称化学平衡。如图2-3所示。

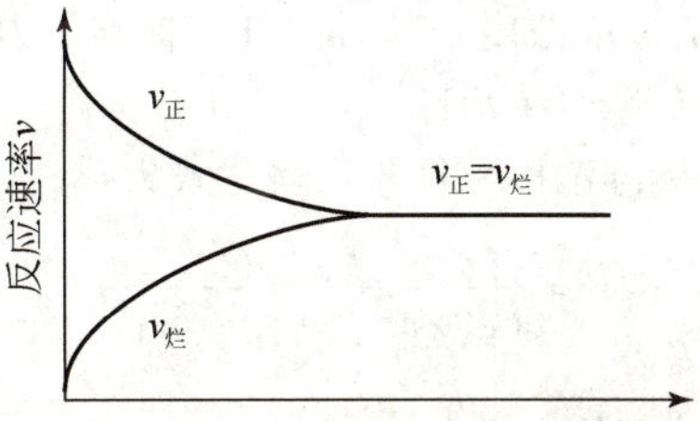

图 2-3　可逆反应的反应速率随时间变化

如果不改变反应的条件，化学平衡状态仍在保持，整个体系处于动态平衡。化学平衡有以下特点：

（1）达到平衡时，正反应速率和逆反应速率相等，即 $\upsilon_{正}=\upsilon_{逆}$。

（2）化学平衡是动态平衡，达到平衡后，反应并未停止，体系中各物质的浓度保持不变。

（3）化学平衡是有条件的。当外界条件改变时，正、逆反应速率发生变化，原有的平衡将被破坏，反应继续进行，直至建立新的平衡。

（4）平衡状态是可逆反应达到的最大限度。

二、化学平衡常数

（一）化学平衡常数

一定温度下可逆反应达到平衡时，生成物平衡浓度幂的乘积与反应物平衡浓度幂的乘积之比为一常数，该常数称为化学平衡常数。

对于可逆反应：$a\mathrm{A}+b\mathrm{B} \rightleftharpoons g\mathrm{G}+h\mathrm{H}$

一定温度下，反应达到平衡时，平衡常数的表达式为：

$$K=\frac{[\mathrm{G}]^{g}[\mathrm{H}]^{h}}{[\mathrm{A}]^{a}[\mathrm{B}]^{b}} \tag{2-5}$$

式（2-5）中，K 称为化学平衡常数；[A]、[B]、[G]、[H] 分别表示反应物和生成物的平衡浓度。

溶液中的反应，平衡常数用 K_c 表示，称为浓度平衡常数，表示为：

$$K_c=\frac{[\mathrm{G}]^{g}[\mathrm{H}]^{h}}{[\mathrm{A}]^{a}[\mathrm{B}]^{b}} \tag{2-6}$$

若为气体反应，平衡常数用 K_p 表示，称为压力平衡常数，表示为：

$$K_p=\frac{p_{\mathrm{G}}^{g}p_{\mathrm{H}}^{h}}{p_{\mathrm{A}}^{a}p_{\mathrm{B}}^{b}} \tag{2-7}$$

式（2-7）中 p_{G}、p_{H}、p_{A}、p_{B} 分别表示各物质的平衡分压，单位为 MPa。

一定温度下，合成氨的反应 $N_2(g)+3H_2(g) \rightleftharpoons 2NH_3(g)$ 达到平衡时：

浓度平衡常数表达式为：$K_c=\frac{[NH_3]^2}{[N_2][H_2]^3}$

压力平衡常数表达式为：$K_p=\frac{p_{NH_3}^2}{p_{N_2}p_{H_2}^3}$

K 是化学反应的特征常数，受温度影响，与组分的浓度或分压无关。K 值越大，表示反应达到平衡时，生成物浓度或分压越大，即反应进行的越完全。K 值可以通过实验测定或质量作用定律推导得到，常用于生产工艺研究和设计中，又称为经验平衡常数。

（二）标准平衡常数

标准平衡常数表达式中，物质的浓度用相对浓度 $c_i/c^{\ominus}$ 表示；对于气相反应，物质的分压用相对分压 $p_i/p^{\ominus}$ 表示。规定标准浓度 $c^{\ominus}=1\mathrm{mol/L}$，标准压力 $p^{\ominus}=0.101325\mathrm{MPa}$。

对于可逆反应：$a\mathrm{A}+b\mathrm{B} \rightleftharpoons g\mathrm{G}+h\mathrm{H}$

一定温度下达到平衡时，标准浓度平衡常数表达式为：

$$K^{\ominus}=\frac{[c_{\mathrm{G}}/c^{\ominus}]^{g}[c_{\mathrm{H}}/c^{\ominus}]^{h}}{[c_{\mathrm{A}}/c^{\ominus}]^{a}[c_{\mathrm{B}}/c^{\ominus}]^{b}} \tag{2-8}$$

标准压力平衡常数表达式为：$K^{\ominus}=\frac{[p_{\mathrm{G}}/p^{\ominus}]^{g}[p_{\mathrm{H}}/p^{\ominus}]^{h}}{[p_{\mathrm{A}}/p^{\ominus}]^{a}[p_{\mathrm{B}}/p^{\ominus}]^{b}}$ （2-9）

（三）**平衡常数的书写规则**

（1）平衡常数表达式中，浓度、分压都指平衡状态，幂次方是反应方程式的计量系数。

（2）纯固体、纯液体和水参加反应的体系，不写入表达式中。例如：

$$CaCO_3(s) \rightleftharpoons CaO(s)+CO_2(g) \qquad K_p=p_{CO_2}$$

$$H^+(aq)+OH^-(aq) \rightleftharpoons H_2O(l) \qquad K_c=\frac{1}{[H^+][OH^-]}$$

（3）平衡常数的表达式与化学反应方程式的书写有关。例如：

$$N_2O_4(g) \rightleftharpoons 2NO_2(g) \qquad K_1=\frac{[NO_2]^2}{[N_2O_4]}$$

$$\frac{1}{2}N_2O_4(g) \rightleftharpoons NO_2(g) \qquad K_2=\frac{[NO_2]}{[N_2O_4]^{\frac{1}{2}}}$$

（4）多重平衡规则：当几个反应相加（或相减）得到总反应时，则总反应的平衡常数等于相加（或相减）反应的平衡常数之积（或商）。例如：

$$2NO(g)+O_2(g) \rightleftharpoons 2NO_2(g) \qquad K_1=a \qquad 反应(1)$$

$$2NO_2(g) \rightleftharpoons N_2O_4(g) \qquad K_2=b \qquad 反应(2)$$

$$2NO(g)+O_2(g) \rightleftharpoons N_2O_4(g) \qquad K_3=? \qquad 反应(3)$$

从上述三个反应可以看出：反应（3）=反应（1）+反应（2），根据多重平衡规则得：

$$K_3=K_1K_2=a\times b$$

三、化学平衡的有关计算

（一）**根据平衡浓度，计算平衡常数**

【例 2-2】 一定温度下，反应 $2SO_2(g)+O_2(g) \rightleftharpoons 2SO_3(g)$。将 0.050mol 的 SO_2（g）和 0.030mol 的 O_2（g）注入体积为 1.0L 的密闭反应器。反应达到平衡时，容器中含 SO_3（g）是 0.044mol，求该温度下反应的平衡常数。

解：设达到平衡时，反应的 O_2（g）为 x(mol)

	$2SO_2(g)$	$+O_2(g)$	$\rightleftharpoons 2SO_3(g)$
初始浓度 mol/L	0.050	0.030	0
反应浓度 mol/L	$2x$	x	$2x$
平衡浓度 mol/L	$0.050-2x$	$0.030-x$	0.044

平衡时反应 O_2（g）为：$2x=0.044$，$x=0.022$mol；

达到平衡时：$[SO_2]=0.050-2x=0.006$mol/L，$[O_2]=0.030-x=0.008$mol/L

所以，平衡常数为：

$$K=\frac{[SO_3]^2}{[SO_2]^2[O_2]}=\frac{0.044^2}{0.006^2\times 0.008}=6722$$

（二）**根据平衡常数，计算平衡转化率**

平衡转化率是指反应达到平衡时，某反应物的转化量与该反应物起始量之比，即：

$$某反应物的平衡转化率\ \alpha_{物质}=\frac{平衡时该反应物的转化量}{该反应物的起始量} \qquad (2-10)$$

【例 2-3】 在一定温度条件下，测的反应 $CO_2(g)+H_2(g) \rightleftharpoons CO(g)+H_2O(g)$ 的平衡常数为 1。CO_2（g）和 H_2（g）的初始浓度均为 0.0100 mol/L 时，计算各物质的平衡浓度及 CO_2 和 H_2 的转化率。

解：设 CO（g）和 H_2O（g）的平衡浓度为 x

	CO_2（g）	+H_2（g）	⇌CO（g）	+H_2O（g）
初始浓度 mol/L	0.0100	0.0100	0	0
反应浓度 mol/L	x	x	x	x
平衡浓度 mol/L	$0.0100-x$	$0.0100-x$	x	x

平衡常数表达式为：

$$K=\frac{[CO][H_2O]}{[CO_2][H_2]}=\frac{x^2}{(0.0100-x)^2}=1$$

计算得：$x=0.0050$mol/L，则各物质平衡浓度为：

$$[CO]=[H_2O]=[CO_2]=[H_2]=0.0050\text{mol/L}$$

CO_2平衡转化率为：$\alpha_{CO_2}=\frac{0.0050}{0.0100}\times100\%=50\%$

H_2平衡转化率为：　$\alpha_{H_2}=\frac{0.0050}{0.0100}\times100\%=50\%$

课堂互动

为什么可逆反应的产率小于100%？

四、 化学平衡的移动

化学平衡是有条件的动态平衡。当外界条件（浓度、温度和压强）改变时，可逆反应从一种平衡状态转变为另一种平衡状态的过程，称为化学平衡的移动。影响化学平衡移动的主要因素有浓度、压力和温度。

（一）浓度对化学平衡的影响

一定的温度下，可逆反应：$aA+bB \rightleftharpoons gG+hH$

任一状态下，可逆反应生成物浓度幂的乘积与反应物浓度幂的乘积之比称为浓度商 Q_c，表示为：

$$Q_c=\frac{c^g(G)c^h(H)}{c^a(A)c^b(B)} \tag{2-11}$$

式中 c（A）、c（B）、c（G）、c（H）分别表示各反应物和生成物在任意状态下的浓度。上述反应达到平衡时：

$$K_c=\frac{[C_D]^d[C_E]^e}{[C_A]^a[C_B]^b}=Q_c$$

改变体系中任一物质的浓度，都会影响 Q_c，从而使 $Q_c\neq K_c$，化学平衡发生移动。

若 $Q_c<K_c$，增大反应物的浓度或减小生成物的浓度，原有的平衡状态被破坏，可逆反应正向进行，直至 $Q_c=K_c$，反应达到平衡。

若 $Q_c>K_c$，减小反应物的浓度或增大生成物的浓度，可逆反应逆向进行，直至 $Q_c=K_c$，反应又达新的到平衡。

若 $Q_c=K_c$，反应进行到最大限度，即反应处于平衡状态。

总之，在其他条件不变的情况下，增大反应物的浓度或减小生成物的浓度，平衡向正反应方向进行；减小反应物的浓度或增大生成物的浓度，平衡向逆反应方向进行。实际的生产中，当几种物质参加反应时，常常加大价格低廉物质的投料比，使价格昂贵的物质得到充分利用，从而降低生产成本，提高经济效益。

（二）压强对化学平衡的影响

对于有气体参加的可逆反应，在其他条件不变时，改变体系的压强，可能引起化学平衡的移动。例如，可逆反应：

$$aA(g) + bB(g) \rightleftharpoons gG(g) + hH(g)$$

分压商 Q_p 表示为：

$$Q_p = \frac{p^g(G)p^h(H)}{p^a(A)p^b(B)} \tag{2-12}$$

一定温度下达到平衡时，$K_p = \frac{p_D^d p_E^e}{p_A^a p_B^b} = Q_p$

（1）如果反应物与生成物气体分子计量总数不等，即 $a+b \neq g+h$，增加总压或减小总压都会改变 Q_p 值，$Q_p \neq K_p$，则导致平衡移动。例如：

$$N_2(g) + 3H_2(g) \rightleftharpoons 2NH_3(g)$$

达到平衡时，增加总压力，平衡将向生成 NH_3 的方向移动，即向气体分子数减小的方向移动；减小压力，平衡将向生成 N_2 和 H_2 的方向移动，即向气体分子数增多的方向移动。

（2）对 $a+b=g+h$ 的反应，由于体系总压的改变同等程度地改变反应物和生成物的分压，故压力的变化对平衡没有影响。

（3）不参加反应气体的加入，在恒温、恒容条件下，各组分气体分压不变，对化学平衡没有影响；在恒温、恒压条件下，使反应体系体积增大，各组分气体的分压减小，化学平衡向气体分子总数增加的方向移动。

（三）温度对化学平衡的影响

可逆反应达到平衡时，改变温度，平衡会发生移动。温度对化学平衡的影响与浓度、压强的影响有着本质的区别。浓度、压强的改变并不影响平衡常数，只影响 Q_c 和 Q_p，使 $K \neq Q$；而温度的改变会引起平衡常数的改变，使 $K \neq Q$，导致化学平衡发生移动。

温度对平衡常数的影响与反应热有关，放热反应，K 随着温度的升高而减小；吸热反应，K 随着温度的升高而增大。对于吸热反应，温度 T_1 下达到平衡，$K_1 = Q$，当温度由 T_1 升高到 T_2 时，平衡常数 K_1 增大到 K_2，此时 $K_2 > Q$，平衡正向移动（即向吸热反应方向移动）；对于放热反应，温度由 T_1 升高到 T_2，平衡常数由 K_1 减小到 K_2，此时 $K_2 < Q$，平衡逆向移动（即向放热反应方向移动）。

总之，对于可逆反应，其他条件不变时，升高温度，化学平衡向着吸热反应的方向移动；降低温度，化学平衡向着放热反应方向移动。

综上所述，浓度、压力、温度是影响化学平衡的重要因素。法国化学家勒夏特列（Le. Chatelier）总结出一条普遍规律：当体系达到平衡时，若改变平衡状态的任意条件（如浓度、压力、温度），平衡向着能减弱这个改变的方向移动，称为化学平衡移动原理，它适用于各种平衡体系。

拓展阅读

食品中的抗氧化剂

食品氧化使食品中的油脂变质，还会使食品褪色、变色和破坏维生素等，降低食品的感官质量和营养价值，甚至产生有害物质，引起食物中毒。为了提高食品稳定性和延长贮存期，需要添加抗氧化剂，以阻止或延缓食品氧化变质。抗氧化剂一般直接添加到脂肪和油中，或用喷雾的方法来添加抗氧化剂，比如将抗氧化剂溶解后喷在食品上。TBHQ（特丁基对苯二酚）和 BHT（二丁基羟基甲苯）属于人工合成抗氧化剂，在国家规定的范围和剂量内使用时安全可靠。如抗坏血酸抗氧化剂，用于抑制水果和蔬菜切割表面的酶促褐变，同时还能与氧气反应，除去食品包装中的氧气，防止食品氧化变质；亚硫酸和亚硫酸盐是常用的抗氧化剂，通常用于干果类食品中。

重点小结

1. 化学反应速率用单位时间内反应物或生成物浓度的改变值来表示，反映了化学反应的快慢。用不同物质表示同一反应，反应速率可能不同，但各物质反应速率比等于反应式物质的系数之比。

2. 化学反应速率理论主要有碰撞理论和过渡态理论。活化能越小，活化分子百分数越多，反应速率越快，反之亦然。

3. 质量作用定律表示了浓度对反应速率的影响，它只适用于基元反应。影响化学反应速率的外界因素主要有浓度（压力）、温度、催化剂。

4. 可逆反应达到平衡时，$v_{正}=v_{逆}$，各物质的浓度不发生变化，它是一种动态平衡，反应达到了最大限度

5. 平衡常数只与温度有关，K 值大小表示了反应进行的程度，其书写与反应方程式有关。

6. 影响化学平衡的外界因素主要有浓度、压强、温度。勒夏特列总结出平衡移动原理：体系达到平衡后，若改变平衡状态的任意条件，平衡向着能减弱这个改变的方向移动。催化剂不能改变平衡状态。

目标检测

一、选择题

（一）单选题

1. 已知下列反应的平衡常数：2Cu（s）+1/2O_2（g）══Cu_2O（s）为 K_1，Cu_2O（s）+1/2O_2（g）══2CuO（s）为 K_2。则反应 2Cu（s）+O_2（g）══2CuO（s）的 K 等于：（　　）。

A. K_1+K_2　　B. K_1-K_2　　C. $K_1\times K_2$　　D. K_1/K_2

2. 下列 4 种 X 溶液，分别加入四个盛有 10ml 浓度为 2mol/L 的盐酸的烧杯中，均加水稀释至 50ml，此时，X 和盐酸溶液缓慢进行反应，反应速率最大的是（　　）。

A. 10ml、2mol/L　　B. 20ml、2mol/L　　C. 10ml、4mol/L　　D. 20ml、3mol/L

3. 在 4 个不同的容器中，不同的条件下进行合成氨反应。根据在相同时间内测定的结果判断，生成氨的速率最快的是（　　）。

A. v（H_2）= 0.1mol/（L·分钟）　　B. v（N_2）= 0.2mol/（L·分钟）

C. v（NH_3）= 0.15mol/（L·分钟）　　D. v（H_2）= 0.3mol/（L·分钟）

4. 反应 $4NH_3+5O_2$══$4NO+6H_2O$，在 5L 的密闭容器中进行 30 秒后，NO 的物质的量增

加了0.3mol，则此反应的平均速率 v（x）为（　　）。

A. v（O_2）= 0.01 mol/（L·秒）　B. v（NO）= 0.008mol/（L·秒）

C. v（H_2O）= 0.003 mol mol/（L·秒）D. v（NH_3）= 0.002mol/（L·秒）

5. 在2L的密闭容器中，发生以下反应：2A（g）+B（g）$\rightleftharpoons$2C（g）+D（g）。若加入A和B都是4mol，前10秒钟A的平均反应速度为0.12mol/（L·秒），则10秒钟时，容器中B的物质的量是（　　）。

A. 1.6mol　B. 2.8mol　C. 2.4mol　D. 1.2mol

（二）多选题

1. 放热反应2NO（g）+O_2（g）$\rightleftharpoons$2NO_2（g）达到平衡时，使平衡向生成物方向移动的措施是（　　）。

A. 增加压力　B. 减少NO_2的分压　C. 增加O_2分压　D. 升高温度

2. 对于可逆反应，能加快反应速率的是（　　）。

A. 增大反应物的量　B. 升高温度　C. 增大压强　D. 使用催化剂

3. 下列现象能用勒夏特列原理解释的是（　　）。

A. $Fe(SCN)_3$溶液中加入固体KSCN后颜色变深

B. 棕红色NO_2加压后颜色先变深后变浅

C. SO_2催化氧化成SO_3的反应，往往需要使用催化剂

D. H_2、I_2、HI平衡混合气加压后颜色不变

4. 反应aA（g）$\rightleftharpoons$$c$C（g）+$d$D（g）在密闭容器中进行，达到平衡时，将体积压缩为原来的一半，当再次达到平衡时，D的浓度为原平衡的1.8倍，下列叙述正确的是(　　)。

A. 转化率变小的是A　B. 平衡向正反应方向移动

C. 体积分数变大的是D　D. $a<c+d$

5. 反应：X_2（g）+Y_2（g）$\rightleftharpoons$2Z（g）在密闭容器中进行，已知X_2、Y_2、Z的起始浓度分别为0.1mol/L、0.3mol/L、0.2mol/L，一定条件下，反应达到平衡时，各物质的浓度是（　　）。

A. Z为0.3mol/L　B. Y_2为0.4mol/L　C. X_2为0.2mol/L　D. Z为0.4mol/L

二、简答题

1. 采取什么措施可以加快下列反应的反应速率？

（1）CH_4（g）+H_2O（g）$\longrightarrow$CO（g）+3H_2（g）

（2）C（s）+O_2（g）$\longrightarrow$$CO_2$（g）

2. 放热反应C（s）+H_2O（g）$\rightleftharpoons$CO（g）+H_2（g），下列说法对吗？说明理由。

（1）升高温度，正反应速率增大，逆反应速率减小，所以平衡向右移动。

（2）由于反应前后分子数相等，所以增大压力对平衡没有影响。

（3）达到平衡时各反应物和生成物的分压一定相等。

（4）加入催化剂，使正反应速率增大，所以平衡向右移动。

三、综合应用题

1. 合成氨反应N_2（g）+3H_2（g）$\rightleftharpoons$ 2NH_3（g），在某温度下达到平衡时，N_2、H_2、NH_3的浓度分别是3mol/L 、9mol/L、4mol/L，求该温度时的平衡常数。

2. 反应H_2（g）+I_2（g）$\rightleftharpoons$2HI（g），氢气、碘蒸气的起始浓度均为是2mol/L，达到

平衡时，$K_c=49$。求平衡时各物质浓度及碘蒸气的转化率。

3. 在高温条件下，反应 SO_2（g）$+NO_2$（g）$\rightleftharpoons SO_3$（g）$+NO$（g），达到平衡时 $K_c=9.0$，若 SO_2、NO_2的起始浓度均为是 3.0×10^{-3}mol/L。求平衡时各物质的浓度。

实训三　化学反应速率与化学平衡

【实训目的】

1. 掌握浓度、温度、压力和催化剂等外界条件对化学反应速率的影响。

2. 掌握化学反应中影响化学平衡移动的因素。

【实训原理】

化学反应速率的快慢，首先取决于反应物的本性，此外还与反应物的浓度（压力）、温度、催化剂等外界条件有关。因外界条件改变使可逆反应从一种平衡状态向另一种平衡状态转变的过程，称为化学平衡的移动。影响化学平衡的因素主要有浓度、压力、温度。

【实训用品】

仪器：试管、试管架、胶头滴管、烧瓶。

试剂：0.01mol/L $KMnO_4$溶液、0.1mol/L 及 0.2mol/L $H_2C_2O_4$溶液、3mol/L H_2SO_4溶液、0.1mol/L $Na_2S_2O_3$溶液、0.1mol/L H_2SO_4溶液、3%的 H_2O_2溶液、家用洗涤剂、MnO_2粉末、0.1mol/L $K_2Cr_2O_7$溶液、浓 H_2SO_4溶液、6mol/L NaOH 溶液、冰水、热水。

【实训步骤】

（一）影响化学反应速率的因素

	实验步骤	实验现象	结论
浓度对反应速率的影响	取两支试管，分别向试管中加入 1ml 3mol/L H_2SO_4和 3ml 0.01mol/L $KMnO_4$溶液。 ①向第一支试管中加入 2ml 0.1mol/L $H_2C_2O_4$溶液。 ②向第二支试管中加入 2ml 0.2mol/L $H_2C_2O_4$溶液。	实验现象 褪色时间（长或短） 实验现象 褪色时间（长或短）	
温度对反应速率的影响	取两支试管，各加入 5ml 0.1mol/L $Na_2S_2O_3$溶液；另取两只试管各加入 5ml 0.1mol/L H_2SO_4溶液；将 4 只试管分成两组（盛有 $Na_2S_2O_3$和 H_2SO_4的试管各一只） ①一组放入冷水中一段时间后相互混合，记录出现浑浊的时间。 ②另一组放入热水中一段时间后相互混合，记录出现浑浊的时间。	实验温度（高或低） 出现浑浊时间（长或短） 实验温度（高或低） 出现浑浊时间（长或短）	
催化剂对反应速率的影响	①在试管里加入 3%的 H_2O_2溶液 3ml 和合成洗涤剂（产生气泡以示有气体生成）3～4 滴，观察现象。 ②在另一只试管里加入 3%的 H_2O_2溶液 3ml 和合成洗涤剂 3～4 滴，再加入少量二氧化锰，观察现象。	产生气泡 产生气泡	

（二）化学平衡的移动

	实验步骤	实验现象	结论
浓度对化学平衡移动的影响	已知：在$K_2Cr_2O_7$溶液中存在如下平衡： $Cr_2O_7^{2-}$（橙色）$+H_2O \rightleftharpoons 2CrO_4^{2-}$（黄色）$+2H^+$ 取两支试管，分别向试管中加入5ml 0.1mol/L $K_2Cr_2O_7$溶液 ①向第一支试管中加入3~10滴浓H_2SO_4溶液。 ②向第二支试管中滴加10~20滴6mol/L NaOH溶液。 观察并记录溶液颜色变化	颜色变化 颜色变化	
温度对化学平衡移动的影响	在两烧瓶里装入NO_2和N_2O_4的混合气体，连接两个烧瓶（用导管和胶管连接），然后用夹子夹住橡皮管，把一个烧瓶放进热水里，把另一个烧瓶放入冰水（或冷水）里，观察烧瓶内混合气体的颜色变化，并与常温下盛有相同混合气体的烧瓶进行颜色对比。	置于冰水中 置于热水中	

【实训提示】

1. 实验中将试管、烧瓶放入冷水或热水的时间大约5分钟。
2. 试管必须清洗干净，以免影响实验结果。

【实训思考】

1. 高锰酸钾与草酸反应，用硫酸调节酸性，可否选用硝酸呢？说明原因。
2. 写出草酸与硫代硫酸钠反应的化学方程式。浑浊的产物是什么？
3. 根据实验现象，推测NO_2与N_2O_4转化过程中的热效应？

实训四　药用氯化钠的提纯

【实训目的】

1. 理解药用氯化钠的制备原理和方法；
2. 掌握溶解、沉淀、蒸发、浓缩、结晶、干燥等技能操作，学习减压过滤的方法。

【实训原理】

粗食盐中含有不溶性杂质（如泥沙等）和可溶性杂质（主要是Ca^{2+}、Mg^{2+}、K^+和SO_4^{2-}）。不溶性杂质，用溶解和过滤的方法除去；可溶性杂质，加入沉淀剂，再进行过滤即可除去。

粗盐溶液中，加入稍过量的$BaCl_2$溶液，可除去SO_4^{2-}，反应如下：

$$Ba^{2+}+SO_4^{2-} = BaSO_4\downarrow$$

将溶液过滤，除去$BaSO_4$沉淀，再加入NaOH和Na_2CO_3溶液，反应为：

$$Mg^{2+}+2OH^- = Mg(OH)_2\downarrow$$

$$Ca^{2+-}+CO_3^{2-} = CaCO_3\downarrow$$

$$Ba^{2+}+CO_3^{2-} = BaCO_3\downarrow$$

$$2Ca^{2+}+2CO_3^{2-}+H_2O = Mg_2(OH)_2CO_3\downarrow+CO_2\uparrow$$

$$2Fe^{3+}+3CO_3^{2-}+3H_2O = 2Fe(OH)_3\downarrow+3CO_2\uparrow$$

食盐溶液中杂质 Mg^{2+}、Ca^{2+} 以及沉淀 SO_4^{2-} 时加入的过量 Ba^{2+} 便相应转化为难溶的 $Mg(OH)_2$、$CaCO_3$、$BaCO_3$沉淀，通过普通过滤的方法除去。

过量的 NaOH 和 Na_2CO_3加入稀盐酸除去。少量可溶性杂质（如 KCl）含量很少，在蒸发、浓缩和结晶过程中仍留在溶液中，不会和 NaCl 同时结晶出来。

【实训用品】

仪器：托盘天平、烧杯、玻璃棒、量筒、布氏漏斗、吸滤瓶、循环水真空泵、蒸发皿。

试剂：饱和 Na_2S 溶液；2mol/L NaOH；25% $BaCl_2$溶液；饱和 Na_2CO_3溶液；0.1mol/L 及 2mol/L HCl；

其他：粗食盐、pH 试纸、滤纸。

【实训步骤】

1. 称取 30g 研细的粗食盐，放入小烧杯，加约 100ml 蒸馏水，用玻璃棒搅动，并加热使其溶解。静置，用普通过滤法除去不溶性杂质。

2. 将过滤溶液加热至沸腾，搅拌下逐滴加入 25% $BaCl_2$溶液至沉淀完全（约 3ml）。待沉淀沉降后，在上层清液中加入 1～2 滴 $BaCl_2$溶液，如果无浑浊现象，说明 SO_4^{2-}已完全沉淀，如果仍有浑浊现象，则需继续滴加 $BaCl_2$，直至上层清液加入 1 滴 $BaCl_2$后，不再产生浑浊现象为止。沉淀完全后，继续加热至沸腾，以使沉淀颗粒长大而易于沉降。

3. 上述溶液中加入 1 滴饱和 Na_2S 溶液，观察是否有沉淀产生。若无沉淀，逐滴加入 NaOH 和饱和 Na_2CO_3所组成的混合溶液（其体积比为 1∶1）将溶液的 pH 调节至 11 左右，加热至沸腾，使反应完全，用倾析法分离溶液和沉淀。

4. 滤液中逐滴加入 2mol/L HCl 溶液，并用玻璃棒蘸取滤液在 pH 试纸上试验，直至溶液呈微酸性为止（$pH \approx 4$）。将滤液转入蒸发皿，加热蒸发并不断搅拌，浓缩至糊状稠液为止（切不可将溶液蒸干）。冷却后用减压抽滤法抽干，将结晶放在蒸发皿中用小火烘干、冷却。

5. 称出产品的质量，计算其产率。

【实训提示】

1. 粗盐溶解后，必须静置充分，缓慢倒入普通过滤器。

2. 浓缩后期，应不停搅拌防止产品向外溅出。

【实训思考】

1. 为什么不能蒸干溶液？

2. 除去 Ca^{2+}、Mg^{2+}和 SO_4^{2-}离子的先后顺序是否可以倒置过来？如先除去 Ca^{2+}和 Mg^{2+}，再除 SO_4^{2-}，有何不同？

3. 粗盐中，除去不溶性杂质和可溶性杂质原理是否相同？

附：普通过滤操作

（一）滤纸的折叠

1. 取一张圆形滤纸，先对折成半圆，再对折成扇形，然后展开成锥形。如图 2-4 所示。

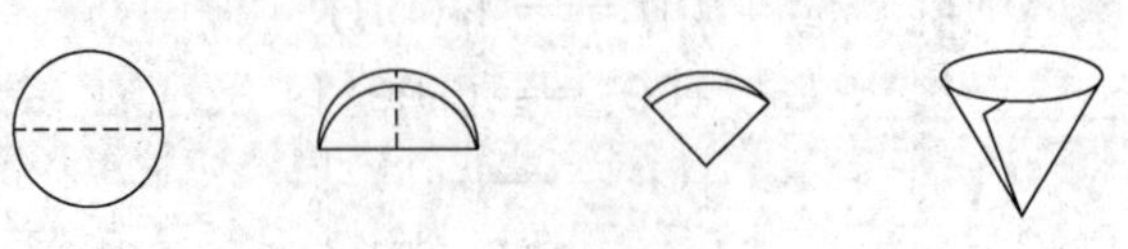

图 2-4　滤纸的折叠方法一

2. 与第一种方法前两步骤相同，第三步对折的半圆内折成里面对称的锥形，然后两边挤压成锥形。如图 2-5 所示。

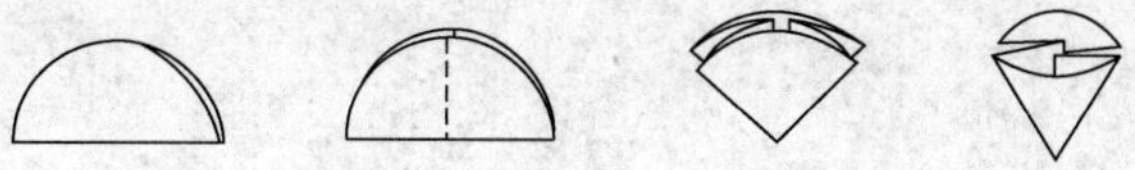

图 2-5　滤纸的折叠方法二

二、 常压过滤

1. 过滤器的制作

展开成锥形的滤纸，放入漏斗中调整滤纸和漏斗角度完全一致，多余的部分剪去，比漏斗口边缘约低 5 ~ 10mm。用滴管取少量蒸馏水将滤纸湿润，使滤纸紧贴于漏斗内壁，中间不能有气泡，以免减缓过滤速度。

2. 过滤　将制作好的过滤器放在铁架台的铁圈上，调整高度，漏斗下端的斜长口与烧杯内壁紧靠。过滤时，漏斗中倾注液体用玻璃棒引流，使液体沿着玻璃棒缓缓流入过滤器内，玻璃棒的下端轻轻抵住三层滤纸的一面，注入液体的液面低于滤纸的边缘。如图 2-6 所示。

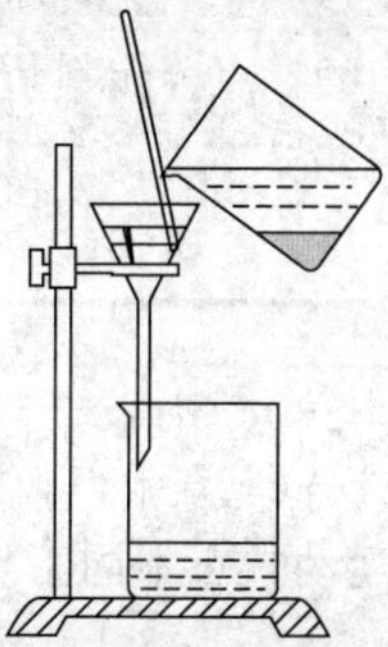

图 2-6　过滤

3. 蒸发　将滤液倒入蒸发皿中，用酒精灯加热，并用玻璃棒不断搅拌溶液，待出现较多固体时停止加热。蒸发时，应该注意：

（1）蒸发皿的液体不超过容积的三分之二。

（2）加热时，用玻璃棒不断搅拌，防止局部温度过高，造成液体飞溅。

（3）当容器内剩余少量液体时，停止加热，利用余热加热蒸干。

（4）取下未冷却的蒸发皿，应放在石棉网上。

（赵玉文）

第三章

物质结构

学习目标

知识目标

1. **掌握** 四个量子数的意义；多电子原子轨道近似能级图；原子核外电子排布的三条规律；元素周期律；周期表中元素性质的递变规律；现代价键理论；共价键的类型及特点；氢键。
2. **熟悉** 四个量子数的取值；核外电子排布的表示方式；周期、族、区的特点；分子的极性。
3. **了解** 核外电子运动的特性；核外电子运动状态的描述；化学键；共价键参数；杂化轨道理论；分子间作用力的类型。

技能要求

1. 掌握价电子层结构的特点，熟练应用元素周期表判断物质的性质。
2. 学会化学键及分子间作用力的特点，能判断分子间作用力对物质性质的影响。

案例导入

案例：汽车行驶在公路上，火车在铁轨上奔驰，飞机沿航线飞行……宏观物体在固定的轨道运动。电子是微观粒子，其运动状态不同于宏观物体，在一定的区域进行高速运动。

讨论：1. 原子核外电子的运动状态如何描述？
2. 核外电子的排布有无规律？

自然界的物质种类繁多、性质千差万别，根本原因与物质的结构和组成有关。大多数物质都是由分子组成，而分子由原子组成。因此，要了解和掌握物质的性质及其变化规律，必须了解物质的内部结构。

第一节　原子核外电子的运动状态

一、电子云

原子是物质进行化学反应的基本微粒。原子由原子核和核外电子构成，原子核由质子和中子组成。质子带正电而中子不带电。原子中，质子数决定原子核所带的正电荷数即核电荷数。原子核所带的正电荷数与核外电子所带的负电荷数相等，因此，整个原子呈电中性。

原子的绝大部分质量集中在原子核上，核外电子的质量很小。电子在原子核外直径约

为 10^{-10} m 的空间高速运动，其运动规律与宏观物体不同，没有固定的轨道，不能同时准确地测量和计算在某一瞬间的位置和运动速度。人们用统计的方法判断电子在核外空间某个区域出现机会的多少即概率。例如，氢原子核外的1个电子，用统计的方法把该电子在核外空间成千上万个瞬间位置进行叠加。电子在核外球形空间区域出现的概率大，像一团带负电荷的云雾笼罩在原子核的周围，人们形象的称为电子云。氢原子电子云如图 3-1 所示。电子云是电子在核外空间出现概率密度的形象描述。小黑点的疏密表示电子出现概率的大小。图 3-1 显示，电子离核越近，单位体积空间内出现的概率越大；离核越远，出现的概率就越小。

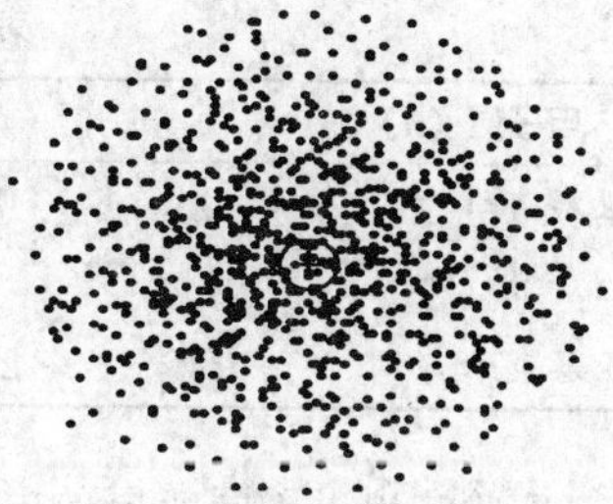

图 3-1　氢原子电子云示意图

拓展阅读

海森堡不确定性原理

人们对物体运动轨迹的描述，习惯于准确测量其位置和速度。1927 年，德国物理学家海森堡提出了量子力学中的不确定性：在一个量子力学系统中，1 个粒子的位置和它的动量不可能同时被确定，称为不确定性原理（测不准原理）。这一原理反映了微观粒子运动的基本规律，为人类打开了一扇认识微观世界的大门，感悟到微观世界不同于宏观物体。如微观世界的“静止”是没有意义的，任何粒子的“能量”都是不确定，而是在一个范围内波动。因此，高速运动的电子，没有固定的轨道，运动状态用统计的方法描述，通过电子在空间某区域出现的概率大小进行描述。

二、原子核外电子的运动状态

电子在原子核外一定区域进行高速运动，其运动状态比较复杂。原子核外电子的运动状态用四个量子数来描述。

（一）主量子数（n）

多电子原子中，各电子出现概率最大区域与原子核的距离不同，其能量存在着差异。能量低的电子在离核较近的区域运动，能量较高的电子在离核较远的区域运动。用主量子数 n 表示电子运动距离原子核的远近程度，它是反映电子能量高低的主要参数。主量子数 n 的取值是从 1 开始的正整数，即 1、2、3、4……。电子能量的差异和运动区域离核远近的不同，可以认为电子分布在不同的层上运动，也称为电子层。n 的每个值对应一个电子层，n=1、2、3、4……，通常用符号 K、L、M、N……表示电子层。n 值越大，表示电子层离核越远，该电子层上的电子能量越高。

（二）角量子数（l）

科学研究发现，多电子原子中，同一电子层上电子的能量仍有差别，电子云的形状（也称原子轨道）也不同。因此，同一电子层又分为若干个能量稍有差别的电子亚层，用角量子数 l 表示。角量子数描述电子云的形状，取值受主量子数 n 的限制，可取 0、1、2、3、…（n -1）共 n 个整数值。每个 l 值都对应着 1 个电子亚层，当 l=0、1、2、3 时，分别用符号 s、p、d、f 表示。主量子数与角量子数的关系见表 3-1。

表 3-1 主量子数与角量子数的关系

电子层（*n*）	1	2	3	4	…	n
亚层（*l*）	0	0、1	0、1、2	0、1、2、3	…	0、1、…（*n* -1）
亚层数（个）	1	2	3	4	…	*n*
亚层表示	1s	2s 2p	3s 3p 3d	4s 4p 4d 4f		*n*s *n*p *n*d…

实验测出，不同亚层的电子云形状不同。s 电子云呈球形对称，p 电子云为无柄哑铃形，d 电子云为花瓣形，如图 3-2 所示。f 电子云的形状比较复杂，不作讨论。

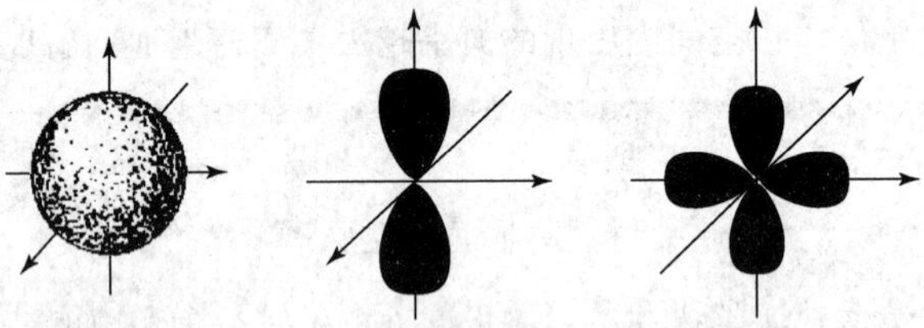

图 3-2 不同亚层的电子云形状

同一电子层中，不同亚层的电子，随着 *l* 的增大，原子轨道能量依次升高。即：$ns<np<nd<nf$。因此，多电子原子中，原子轨道的能量由主量子数和角量子数共同决定。

（三）**磁量子数**（*m*）

磁量子数 *m* 描述原子轨道在空间的伸展方向。具有一定形状和一定伸展方向的电子云所占据的空间区域称为 1 个原子轨道。同一亚层中的电子，虽然电子云形状相同，其伸展方向不同。*m* 的取值受角量子数 *l* 限制，当 *l* 值一定，*m* 的取值为 0，±1，±2，±3，…±*l*，共（2*l*+1）个数值。每个值都代表原子轨道在空间的 1 个伸展方向。亚层的磁量子数 *m* 的取值数，即为该亚层原子轨道的伸展方向。因此，第 *n* 层有（2*l*+1）个原子轨道。

当 $n=1$ 时，$l=0$，*m* 只能取 0 一个值，表示 s 亚层只有 1 个轨道，用 1s 表示；当 $n=2$，$l=1$，*m* 的取值为-1、0、+1 三个数值，表示 p 亚层有 3 个轨道（即 3 个伸展方向），分别用 $2p_x$、$2p_y$ 和 $2p_z$ 表示。像这样，主量子数与角量子数相同的轨道称为等价轨道或简并轨道，它们之间的能量相等。

s 电子云是球形对称，只有 1 个伸展方向；p 电子云在空间沿 *x*、*y*、*z* 轴三个方向伸展，如图 3-3 所示；d 电子云有 5 个伸展方向，f 电子云则有 7 个伸展方向。因此，s、p、d、f 四个亚层分别有 1、3、5、7 个原子轨道。

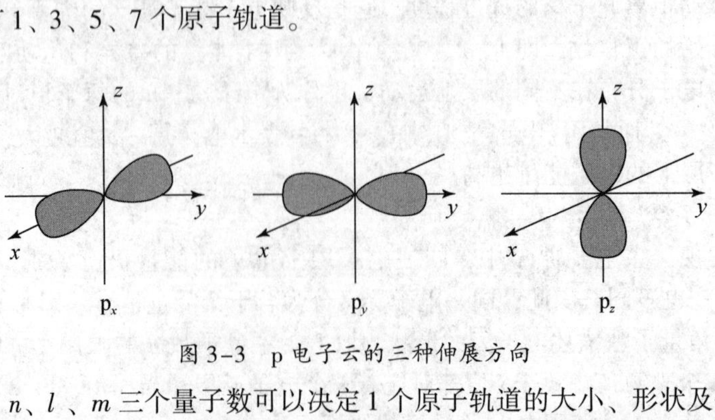

图 3-3 p 电子云的三种伸展方向

综上所述，*n*、*l*、*m* 三个量子数可以决定 1 个原子轨道的大小、形状及伸展方向。

（四）自旋量子数（m_s）

原子中电子绕着原子核高速运动的同时，进行着自身的旋转运动。电子的自旋运动只有顺时针和逆时针两种方向，分别用“↑”或“↓”表示。自旋量子数 m_s 表示电子在空间的自旋方向，只能取 2 个值，通常用 $+\frac{1}{2}$ 或 $-\frac{1}{2}$ 表示。

由上讨论可知，四个量子数之间既相互联系又互相制约。因此，描述多电子原子的电子运动状态，需要用 n、l、m、m_s 四个量子数才能完全确定。

课堂互动

下面的各组量子数合理吗？ 请说明。

(1) $n=1 \quad l=0 \quad m=+1 \quad m_s=+\frac{1}{2}$ (2) $n=2 \quad l=2 \quad m=-1 \quad m_s=-\frac{1}{2}$

(3) $n=3 \quad l=4 \quad m=+1 \quad m_s=-\frac{1}{2}$ (4) $n=2 \quad l=0 \quad m=-1 \quad m_s=-2$

三、原子核外电子的排布规律

多电子原子中，原子轨道的能量由 n 和 l 决定。根据光谱实验结果，美国化学家鲍林总结出原子轨道近似能级图，如图 3-4 所示。能级图反映了多电子原子轨道能级的高低顺序，每个方框代表 1 个轨道，方框位置的高低代表轨道能量的高低。能量相近的轨道划分为一个能级组，用虚线框表示，图中按轨道能量的高低分成 7 个能级组。同一能级组各亚层的能量差异很小，不同能级组之间的能量差别较大。

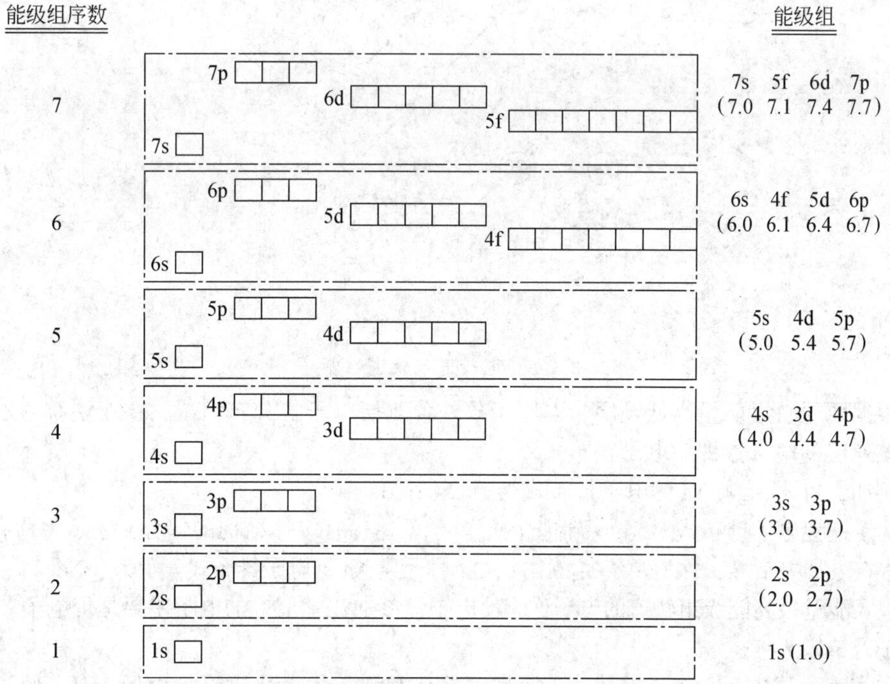

图 3-4 多电子原子的近似能级图

从图 3-4 可以看出：（1）n 相同，l 越大，原子轨道能量越高，即 $E_{ns}<E_{np}<E_{nd}<E_{nf}$。

（2）l 相同时，n 越大，原子轨道能量越高，即 $E_{1s}<E_{2s}<E_{3s}<E_{4s}$。

（3）n 和 l 不同时，会出现能级交错现象。如：$E_{ns}<E_{(n-2)f}<E_{(n-1)d}<E_{np}$。

多电子原子的外层电子，原子核吸引的同时，内层或同层电子的排斥作用，抵消了核的吸引，电子的能量升高的现象称为屏蔽效应。电子离核越远受到的屏蔽作用越强。电子的运动倾向于占有能量较低的区域，外层电子穿过内层电子空间钻入原子核附近，使电子的能量降低的现象称为钻穿效应。由于屏蔽效应和钻穿效应的双重作用，原子轨道发生了能级交错现象。从第四能级组开始出现能级交错现象。

（二）核外电子的排布规律

多电子原子中，电子的运动状态各不相同。科学家通过大量研究，总结出多电子原子核外电子排布的三条规律。

1. 能量最低原理 原子核外的电子，总是尽可能占据能量最低的原子轨道，然后才进入能量较高的轨道，这条规律称为能量最低原理。

根据多电子原子轨道近似能级图和能量最低原理，核外电子填入原子轨道的顺序如图3-5所示。核外电子的排布常用电子排布式和轨道表示式两种方法表示。

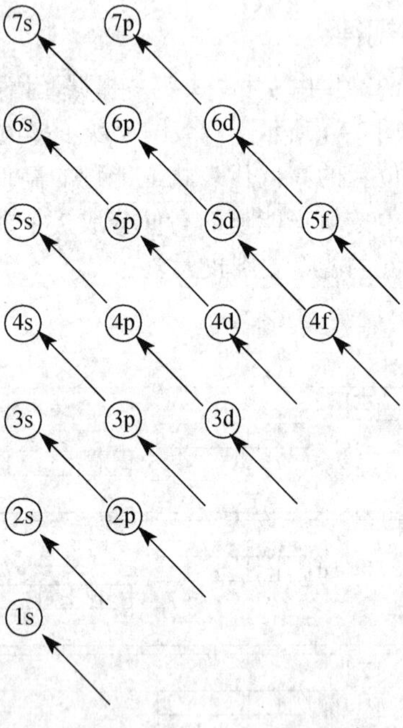

图 3-5 电子进入轨道的顺序

根据原子轨道能量高低顺序，以原子核外各亚层电子的分布情况，在亚层符号右上角表示该亚层的电子数即为电子排布式。

例如，11 号元素 Na 的电子排布式为 $1s^2 2s^2 2p^6 3s^1$

为了避免电子排布式太长，习惯把内层电子已达稀有气体结构的部分，表示为稀有气体的元素符号加方括号，称为原子实。因此，11 号元素 Na 的电子排布式表示为［Ne］$3s^1$。电子最后填入能量最高能级组轨道的电子称为价电子，参加化学反应的电子主要是价电子。Na 的价电子是 $3s^1$。

轨道表示式中，每个方框代表 1 个轨道，从左到右代表轨道能量由低向高。轨道表示式更加直观地反映了电子的排布方式。

例如，5 号元素 B 的轨道表示式为：

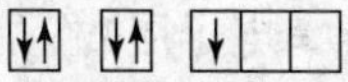

2. 泡利不相容原理 1925 年奥地利物理学家泡利（W. pauli）指出，同一个原子中，不可能有运动状态完全相同的 2 个电子同时存在。因此，1 个原子轨道最多只能容纳 2 个自旋方向相反的电子，每个电子层最多能容纳的电子数是 $2n^2$ 个。

3. 洪特规则 德国物理学家洪特（F. Hund）根据大量光谱数据总结出：电子进入同一亚层的等价轨道时，总是尽可能分占不同的轨道，并且自旋方向相同。

例如，N 原子核外有 7 个电子，电子排布式为 $1s^22s^22p^3$，用轨道式表示为：

洪特根据大量的实验结果，总结出等价轨道中的电子处于全充满（p^6、d^{10}、f^{14}）、半充满（p^3、d^5、f^7）或全空（p^0、d^0、f^0）的状态时，原子能量较低、较稳定，也称作洪特规则特例。例如 Cr 和 Cu 的电子排布式分别为 $_{24}$Cr：[Ar]$3d^54s^1$ 和 $_{29}$Cu：[Ar]$3d^{10}4s^1$。

课堂互动

下面原子的核外电子排布式是否正确？ 为什么？

$_{20}$Ca：[Ar]$3d^2$　　$_{16}$S：[Ar]$3s^23p^5$　　$_{47}$Ag：[Ne]$4d^{10}5s^1$

第二节 原子的电子层结构与元素周期律

元素及其化合物的性质，随着原子序数（核电荷数）的递增而呈现周期性的变化规律称为元素周期律。原子的电子层结构，特别是外层电子的构型决定了元素及其化合物的性质。外层电子的构型由核外电子的排布所决定，原子核外电子排布的周期性变化是元素周期律的本质所在。各种元素有规律的变化构成了元素周期表，元素周期表是元素周期律的具体表现形式。

一、 原子的电子层结构与元素周期表

（一）周期与电子层结构

主量子数 n 的每个取值，对应 1 个能级组，同时也有 1 个周期。周期表中共有 7 个周期，与鲍林能级图中的能级组相对应。周期与能级组的对应关系见表 3-2。周期表中新周期的出现，相当于建立了一个新的能级组。

表 3-2 周期与能级组的关系

周期（能级组）	能级	周期特点	容纳的电子数/$2n^2$	元素数目
1	1s	特短周期	2	2
2	2s2p	短周期	8	8
3	3s3p	短周期	8	8
4	4s3d4p	长周期	18	18
5	5s4d5p	长周期	18	18
6	6s4f5d6p	特长周期	32	32
7	7s5f6d7p	未完成周期	32	未满

由表 3-2 及周期表可知：周期序数=电子层数=能级组数=主量子数。

元素周期表中，每一能级组的价电子层结构从 ns^1 开始到 ns^2np^6 结束，对应的周期（第一周期外）元素从碱金属开始到稀有气体结束。

第 6、7 周期镧系和锕系的位置各有 15 种元素，由于他们的结构和性质相似，为了周期表的完整性，把镧系元素和锕系元素列成 2 排，放在主表的下方。

（二）族与电子层结构

将元素的价电子层结构相同或相似的元素排成一列，称为族。周期表共有 18 个纵列，有 8 个主族，7 个副族和 1 个Ⅷ族（占 3 列）。主族和副族分别用符号 A 和 B 代表。

1. 主族 从ⅠA～ⅧA，价电子构型为 $ns^{1\sim2}$ 或 $ns^2np^{1\sim6}$，ⅧA 族也称为 0 族（都是稀有气体）。同一主族元素的价电子构型相同，因此，它们的性质相似。

主族元素的族序数=元素的最外层电子数=价电子数

例如，元素氯（Cl）电子排布式为 $_{17}Cl$：$1s^22s^22p^63s^23p^5$，价电子构型为 $3s^23p^5$，最外层有 7 个电子，故族序数为ⅦA 族。

2. 副族 从ⅠB～ⅦB，最后 1 个电子填充在 d 轨道或 f 轨道。ⅠB 和ⅡB 的族序数等于最外层电子数；ⅢB～ⅦB 的族序数=最外层电子数+次外层 d 电子数。

3. 第ⅧB 周期表中 8、9、10 三个纵行，类似于副族元素，最后 1 个电子填充在 d 轨道或 f 轨道。最外层电子数与次外层电子数之和分别是 8、9、10。

例如，24 号元素铬（Cr）电子排布式为 $1s^22s^22p^63s^23p^63d^54s^1$，价电子构型为 $3d^54s^1$，价电子数 6，其族序数为ⅥB 族。

（三）周期表的分区

根据原子核外价电子的构型，元素周期表常划分为 s 区、p 区、d 区、ds 区和 f 区。如图 3-6 所示。

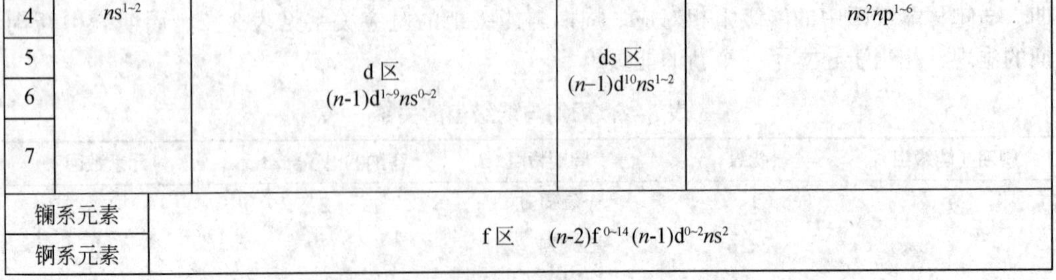

图 3-6 元素周期表的分区

【例 3-1】 写出元素 $_{35}M$ 的电子排布式，并指出该元素所在的周期、族和区。

解：该元素的原子序数为 35，原子核外有 35 个电子，其电子排布式应为：

$$_{35}M：1s^22s^22p^63s^23p^63d^{10}4s^24p^5$$

价电子构型为 $4s^24p^5$ 是主族元素，价电子总数是 7，属于ⅦA 族；最外层是第 4 层，因此是第 4 周期；最后一个电子填充在 4p 轨道上，属于 p 区元素。

课堂互动

判断下面元素在周期表中位置(周期、族)及元素的性质：

$_{16}S$：$1s^22s^22p^63s^23p^4$　　$_{8}Ne$：$1s^22s^22p^63s^23p^6$

二、 元素性质的变化规律

元素原子的电子层结构周期性变化，导致元素的性质呈现周期性的变化。下面讨论元素的主要性质原子半径、电离能、电负性及氧化数的变化。

（一）原子半径

根据测定方法的不同，原子半径常用的有三种，即共价半径、范德华半径和金属半径。通常情况下，范德华半径比较大，而金属半径比共价半径大一些。比较元素的某些性质时，原子半径应该采用同一套数据。

元素的原子半径取决于电子层数、有效核电荷数和电子构型。原子半径的变化规律是：

1. 同一周期　元素的电子层数相同，从左到右，原子核对电子的吸引力逐渐增强，主族元素的半径因有效核电荷显著增加而明显减小，最后一个稀有气体的原子半径增大，这是由于稀有气体的原子半径采用范德华半径所致。对于过渡元素，增加的电子填充在次外层的 d 轨道上，受到的屏蔽效应较大，过渡元素的原子半径依次变小的幅度较为缓慢。

2. 同族元素　主族元素的原子半径，从上至下，电子层逐渐增加的作用大于有效核电荷增加的作用，所以原子半径逐渐增大。副族元素中，原子半径增加的规律仅体现在ⅢB和每一副族的前两种元素上，从ⅣB 族元素开始，第五到第六周期元素，由于镧系收缩，造成它们的原子半径接近，从而导致元素性质极为相似。

（二）电离能

元素的 1 个气态原子在基态失去 1 个电子成为气态的+1 价离子所消耗的能量，称为该元素的第一电离能，用符号“I_1”表示，单位为 kJ/mol。气态的+1 价离子再失去一个电子成为气态的+2 价离子所消耗的能量称为第二电离能 I_2，依次类推，分别称 I_3、I_4…。通常情况下 $I_1<I_2<I_3<I_4\cdots$，因为气态阳离子的价态越高，核外电子数越少，并且半径减小，由此有效核电荷对外层电子的作用力增强，失去电子困难，导致所需的能量增大。

电离能的大小表示了原子失去电子的倾向，从而可说明元素的金属性强弱。电离能越小表示原子失去电子所消耗能量越少，容易失去电子，则该元素在气态时金属性越强。通常用第一电离能衡量原子失去电子的难易程度。

元素的第一电离能具有周期性的变化规律：同一周期从左到右，电离能基本上逐渐增大，原子失去电子的能力逐渐减弱；同一主族，从上而下，元素的电离能逐渐减小，原子失去电子的能力逐渐增强。

（三）电负性

元素的电负性是指分子中原子吸引电子的能力。1932 年，鲍林首先提出了电负性的概念，指定氟的电负性为 4.0，以此为标准，计算出其他元素的电负性。因此，电负性只是一个相对值，它没有单位。部分元素的电负性见表 3-3。

电负性从吸引电子能力的强弱方面描述了元素的金属性和非金属性的强弱。一般来说，金属元素的电负性小于 2.0，非金属元素的电负性大于 2.0。电负性越大，原子在分子中吸引电子的能力越强，元素的非金属性越强，金属性越弱；电负性越小，原子在分子中吸引电子的能力越弱，元素的非金属性越弱，金属性越强。

表 3-3 部分元素的电负性

H																
2.2																
Li	Be											B	C	N	O	F
0.98	1.57											2.04	2.55	3.04	3.44	3.98
Na	Mg											Al	Si	P	S	Cl
0.93	1.31											1.61	1.90	2.19	2.58	3.16
K	Ca	Sc	Ti	V	Cr	Mu	Fe	Co	Ni	Cu	Zn	Ca	Ge	As	Se	Br
0.82	1.00	1.3	1.54	1.63	1.66	1.55	1.83	1.88	1.91	1.90	1.65	1.81	2.01	2.18	2.55	2.96
Rb	Sr	Y	Zr	Nb	Mo	Te	Ru	Rh	Rd	Ag	Cd	In	Sn	Sb	Te	I
0.82	0.95	1.2	1.33	1.6	2.16	1.90	2.2	2.28	2.20	1.93	1.69	1.78	1.80	2.05	2.1	2.66
Cs	Ba	La	Hf	Ta	W	Re	Os	Ir	Pt	Au	Hg	Ti	Pb	Bi	Po	At
0.79	0.89	1.1	1.3	1.5	2.36	1.9	2.2	2.20	2.28	2.54	2.00	1.62	1.87	2.02	2.0	2.2

从表 3-3 中可见，元素的电负性呈周期性变化。同一周期元素，随着原子序数的递增，从左到右电负性逐渐增大；同一主族元素，从上而下元素的电负性依次减小。过渡元素的电负性变化没有明显规律。

综上所述，同一周期从左至右，主族元素原子半径逐渐减小，电离能、电负性逐渐增强，金属性逐渐减弱，非金属性逐渐增强；同主族元素从上而下，原子半径逐渐增大，电离能、电负性逐渐减小，金属性逐渐增强，非金属性逐渐减弱。

（四）氧化数

元素的氧化数（或氧化值）是指某元素 1 个原子的形式电荷数，假设化学键中的电子指定给电负性较大的原子求得。氧化数反应元素的氧化状态，可以是正数、负数、零或分数，与原子的价电子构型有关。周期表中元素的最高氧化数呈周期性变化，ⅠA～ⅦA（F 除外）、ⅢB～ⅦB 元素的最高氧化数等于价电子数，也等于族序数。ⅠB、ⅡB、Ⅷ元素的最高氧化数变化不规律。非金属元素的最高与最低氧化数的绝对值和等于 8。

案例讨论

案例： 食盐易溶于水中，衣服上的油漆用汽油可以清洗，常温下水是液体而硫化氢是气体……五彩缤纷的大千世界，物质种类繁多、性质千差万别。

讨论： 1. 原子如何结合形成了分子？

2. 影响物质性质的因素有哪些？

第三节 分子结构

自然界的物质，除稀有气体以单原子的状态存在以外，大多数物质由原子相互结合成分子或晶体的形式存在。化学上把分子或晶体中相邻两原子间强烈的相互作用力称为化学键。根据原子间相互作用力的不同，化学键可以分为离子键、共价键和金属键。在原子结构理论的基础上，介绍离子键、共价键及分子间作用力的相关知识。

一、离子键

（一）离子键的形成

原子间相互化合时，原子失去或得到电子达到稀有气体的稳定结构。这种原子得失电子形成阴、阳离子，由阴、阳离子之间通过静电作用形成的化学键称为离子键。活泼金属和活泼非金属元素形成的是离子键。一般而言，成键原子电负性差值在1.7以上，形成的是离子键。

以金属钠和氯气反应生成NaCl为例，离子键的形成可以简单表示为：

$$Na\times + \cdot\underset{\cdot\cdot}{\overset{\cdot\cdot}{Cl}}: \longrightarrow Na^{+}[\times\underset{\cdot\cdot}{\overset{\cdot\cdot}{Cl}}:]^{-}$$

（二）离子键的特点

离子的电荷分布呈球形对称，在空间每个离子与带相反电荷离子的静电作用都相同，所以，离子键没有方向性。离子晶体中，离子不受自身电荷数的限制，尽可能多地吸引带相反电荷的离子，因此，离子键没有饱和性。

例如，氯化钠晶体中，1个Na^+周围吸引着6个Cl^-，而1个Cl^-周围吸引着6个Na^+，Na^+和Cl^-有规律的排列形成了氯化钠晶体。因此，在离子晶体中，不存在单个分子，阴、阳离子周围排列的带相反电荷离子的数目是一定的，其化学式表示阴、阳离子的数目之比。

二、共价键

1916年美国化学家路易斯（Lewis）提出共价键的概念，建立了经典的共价键理论。他认为N_2、O_2、H_2、HCl等分子中，两个原子之间是通过共用电子对吸引原子核，使两个原子结合在一起构成了分子，这种通过共用电子对（电子云重叠）产生的原子间的强烈相互作用力称为共价键。电负性相差不大元素的原子间通常形成共价键。

（一）共价键的形成

以氯化氢（HCl）为例，分析共价键的形成。

H的价电子构型是$1s^1$，Cl的价电子构型是$3s^23p^5$，2个原子都容易得到1个电子形成稀有气体稳定的电子层结构。当H、Cl两原子靠近成键时，各自提供外层的1个电子，形成共用电子对。HCl形成的电子式表示如下：

$$H\times + \cdot\underset{\cdot\cdot}{\overset{\cdot\cdot}{Cl}}: \longrightarrow H\overset{\times}{\cdot}Cl$$

共用电子对共同围绕两个成键原子核运动，为两个成键原子所共有。共用电子对偏向电负性较大的Cl原子。这样H原子与Cl原子间通过共用电子对产生了共价键，形成了HCl的分子。

（二）现代价键理论

现代价键理论的基本要点如下：

1. 两个原子接近时，自旋相反的成单电子原子轨道重叠，核间电子云密度增大，形成稳定的化学键。一个原子未成对的电子数，决定了它与自旋相反电子配对成键的数（即电子配对原理）。

2. 形成共价键的原子轨道重叠越多，核间电子云的密度越大，形成的共价键越牢固。因此，原子轨道选择一定的方向，尽可能达到最大程度的重叠（即最大重叠原理）。

（三）共价键的特点

1. 共价键的饱和性 1个电子与另1个电子配对后，则不能与其他原子的电子配对。因此，原子形成共价键的数目受原子中未成对电子数的限制，决定了共价键具有饱和性。例如，氢原子只有1个未成对电子，只能形成1个共价键。稀有气体原子没有未成对电子，原子间不能成键，常以单原子的形式存在。两原子共用一对电子是单键，共用两对、三对电子分别是双键和叁键，分别用“—”、“═”和“≡”表示。

2. 共价键的方向性 除s轨道球形对称外，p、d、f轨道在空间都有一定的伸展方向。所以，原子轨道的伸展方向和最大重叠原理决定了共价键具有方向性。

（四）共价键的类型

按原子轨道重叠方式的不同，共价键分为σ键和π键。

1. σ键 2个原子的原子轨道沿键轴（两原子核间连线）方向以“头碰头”方式进行重叠，形成的共价键称为σ键，如图3-7（a）所示。

σ键的特点是重叠部分集中于两原子核之间，并沿着对称轴分布，可以任意旋转。σ键重叠程度大，较稳定，不易断裂，化学活性小，可以独立存在于两原子之间。例如，H_2分子中的H—H键、Cl_2分子中Cl—Cl键、HCl分子中的H—Cl键都是σ键。

2. π键 2个原子的原子轨道以“肩并肩”的方式发生侧面重叠，形成的共价键称为π键，如图3-7（b）所示。

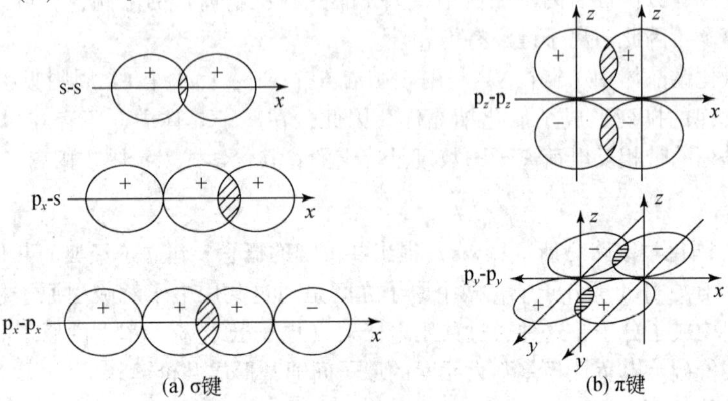

图3-7 σ键和π键示意图

π键不能绕着键轴任意旋转，键的重叠程度较小，不稳定，化学反应中易断裂。例如，N_2分子中N原子间形成的是共价叁键，N原子间首先形成一个σ键，然后形成二个π键，结构表示为N≡N。

原子轨道形成共价键时，首先选择“头碰头”的方式最大程度重叠产生σ键，其次才进行“肩并肩”侧面重叠形成π键。σ键可以单独存在，π键只能与σ键共存于双键或叁键中。

（五）配位键

HCl分子形成时，共用电子对是H、Cl两原子各自提供了一个电子。如果共价键的共用电子对由一个原子单独提供，另一原子提供空轨道，这样形成的共价键称为配位共价键，简称配位键。配位键用“→”表示，箭头指向电子对的接受体。例如，NH_4^+有4个共价键，其中一个是配位键。NH_4^+的形成如下：

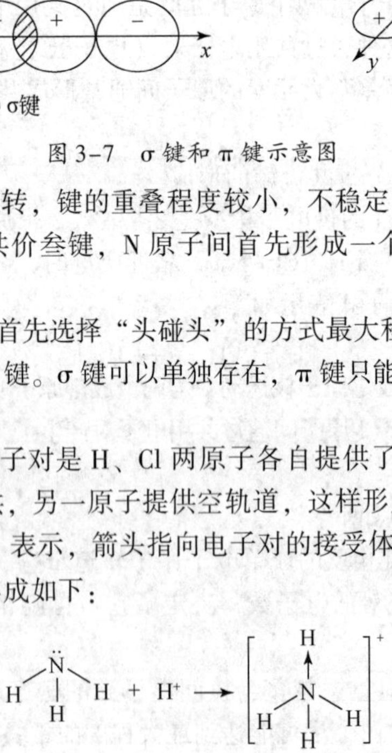

配位键的形成必须满足两个条件：其一，电子对给予体必须具有孤对电子；其二，电子对接受体必须具有空轨道。

（六）共价键的键参数

能够表征共价键性质的物理量称为共价键的键参数。共价键的参数主要有键能、键长、键角等，它们可以定量地描述共价键的性质，判断共价分子的热稳定性和分子的空间构型。

1. 键能 衡量化学键强弱的物理量。键能是指298.15K、101.3kPa下，气体分子断裂1mol键所需要的能量，单位为kJ/mol。双原子分子键能数值上等于键的离解能，多原子分子，键能则等于多个键离解能的平均值。一般来讲，键能越大，化学键越牢固，含有该键的分子越稳定。

2. 键角 多原子分子中，共价键之间的夹角称作键角，是反映分子几何构型的重要参数。双原子分子的形状总是直线型；对于多原子分子，原子在空间的排列不同，分子具有不同的几何构型。例如，H_2O分子中，2个O—H键之间的夹角是104°45′，H_2O分子呈角形结构。

3. 键长 分子中两原子核间的平衡距离称为键长，单位常用pm（皮米）。成键原子半径越小，成键电子对越多，则键长越短，键能越大，共价键越牢固。一些共价键的键能、键长见表3-4。

表3-4 一些共价键的键长和键能

共价键	键长（pm）	键能（kJ/mol）	共价键	键长（pm）	键能（kJ/mol）
H—H	74	436	C—C	154	356
C—H	109	416	C═C	134	598
N—H	101	391	C≡C	120	813
P—H	143	322	N—N	146	160
O—H	96	467	N═N	125	418
S—H	136	347	N≡N	110	946
F—H	92	566	O—O	148	146
Cl—H	127	431	F—F	128	158
Br—H	141	366	Cl—Cl	199	242
I—H	161	299	Br—Br	228	193

课堂互动

根据共价键的键长和键能数据，比较下列共价键的稳定性：

N—H 、O—H、F—F、I—I、Br—Br、N═N、C—C、C═C、C≡C

三、杂化轨道理论

价键理论描述了共价键的本质并解释了共价键的特点，但不能解释分子的空间构型。1931年鲍林和斯莱脱（Slater）在价键理论的基础上，提出了杂化轨道理论。

（一）杂化轨道的形成

杂化轨道理论认为：原子在形成分子时，为了加强成键能力使分子稳定性增加，趋向于将不同类型的原子轨道重新组合成能量、形状和方向与原来不同的新的原子轨道。这种原子轨道重新组合的过程称为杂化，杂化后的原子轨道称为杂化轨道。

（二）杂化轨道理论的基本要点

1. 形成分子时，只有能量相近的原子轨道才能相互杂化。

2. 杂化轨道的数目与组成杂化轨道的各原子轨道的数目相同。

3. 杂化后的轨道成键能力大于未杂化的轨道。轨道杂化后形状改变，一端突出肥大，有利于原子轨道的最大重叠，形成的共价键更牢固，分子更稳定。

4. 不同类型的轨道杂化，杂化轨道的空间取向不同。

（三）杂化轨道的类型

参加杂化的原子轨道的种类和数目不同，可以组成不同类型的杂化轨道。杂化轨道的类型，直接决定着分子的空间构型。

1. sp 杂化 原子的 1 个 *n*s 轨道和 1 个 *n*p 轨道进行杂化的过程为 sp 杂化，形成 2 个等同的 sp 杂化轨道，各含有 $\frac{1}{2}$ s 和 $\frac{1}{2}$ p 的成分。2 个杂化轨道的对称轴在一条直线上，夹角为 180°，形成的分子构型呈直线形。

以 $BeCl_2$ 分子的形成为例。Be 原子的电子层结构为 $1s^22s^22p^0$，与 Cl 原子成键时，价电子层 2s 轨道中的 1 个电子跃迁到 2p 轨道上，Be 原子处于激发态 $1s^2$、$2s^1$、$2p_x^1$。Be 原子的 2s 轨道和跃进 1 个电子的 2p 轨道发生杂化，形成 2 个等同的 sp 杂化轨道，杂化轨道一头大、一头小。杂化过程如图 3-8 所示。成键时，杂化轨道大头与 Cl 原子的单电子 3p 原子轨道以“头碰头”的方式发生重叠，形成 2 个 sp-p 的 σ 键。杂化轨道间的夹角是 180°，$BeCl_2$ 分子的空间构型是直线形。$BeCl_2$ 分子的形成过程如图 3-9 所示。

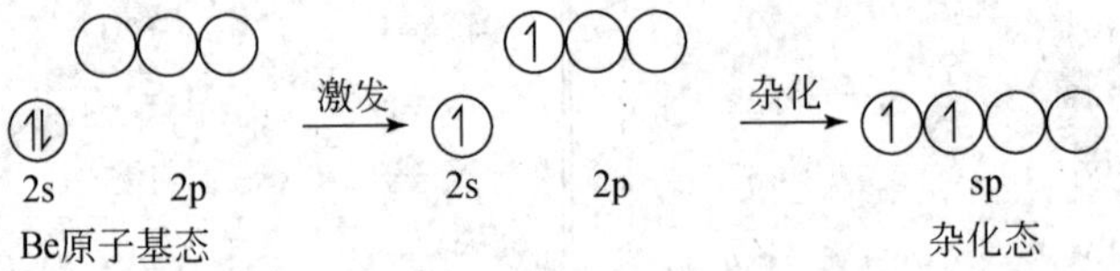

图 3-8 Be 原子的杂化过程

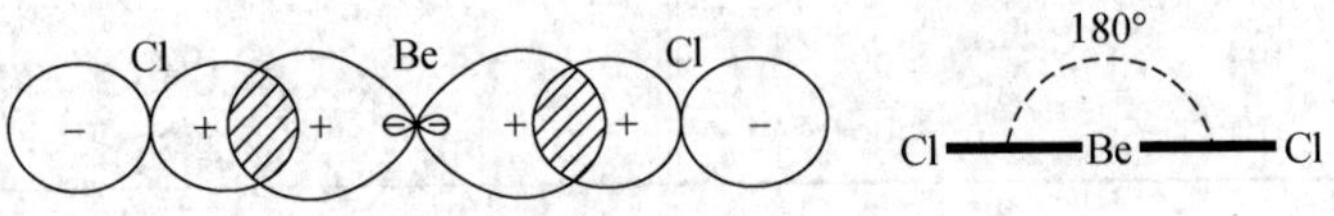

图 3-9 sp 杂化轨道及 $BeCl_2$ 分子的空间构型

2. sp² 杂化 原子的 1 个 *n*s 轨道和 2 个 *n*p 轨道进行杂化的过程为 sp^2 杂化，杂化后，形成 3 个等价的 sp^2 杂化轨道，各含有 $\frac{1}{3}$ s 和 $\frac{2}{3}$ p 成分。杂化轨道间的夹角为 120°，呈平面三角形。

以 BF_3 分子的形成为例。B 原子的电子层结构为 $1s^22s^22p^1$。成键时，2s 轨道中的 1 个电子跃迁到 2p 轨道上，B 原子处于激发态 $1s^2$、$2s^1$、$2p_x^12p_y^1$。杂化过程如图 3-10 所示。B 原子的 2s 轨道与 2 个 2p 轨道发生杂化，形成 3 个等同的 sp^2 杂化轨道，F 原子的单电子 2p 原子轨道以“头碰头”的方式与杂化轨道发生重叠，形成 3 个 sp^2-p 的 σ 键。杂化轨道间的夹角是 120°，BF_3 分子是平面三角形。BF_3 分子的空间构型如图 3-11 所示。

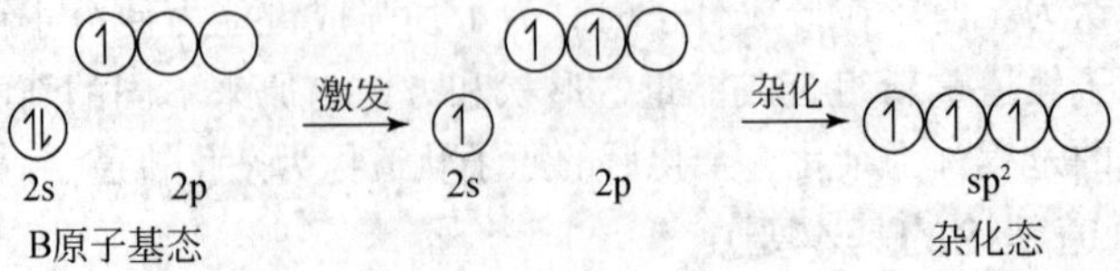

图 3-10 B 原子的杂化过程

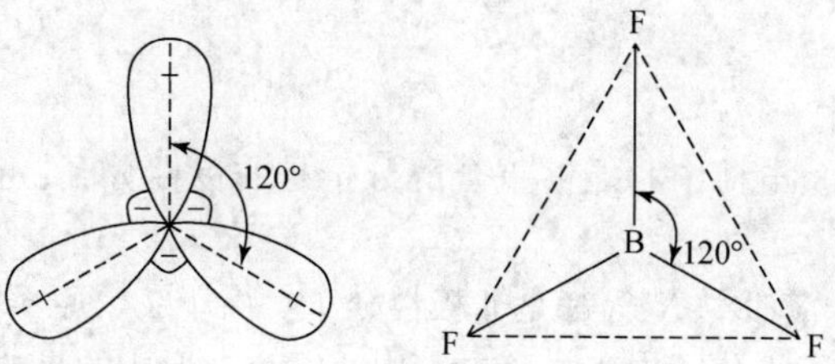

图 3-11 sp^2 杂化轨道及 BF_3 分子的空间构型

3. sp^3 杂化 原子的 1 个 ns 轨道和 3 个 np 轨道进行杂化的过程为 sp^3 杂化，形成 4 个等同的 sp^3 杂化轨道，各含有 $\frac{1}{4}$ s 和 $\frac{3}{4}$ p 成分。杂化轨道中的成分和能量完全相同称为等性杂化；杂化轨道中含有不参加成键的孤对电子，成分和能量不完全相同称为不等性杂化。sp^3 杂化有等性杂化和不等性杂化两种。

（1）sp^3 等性杂化 CH_4分子中，C 原子属于 sp^3 等性杂化。C 原子的价电子层结构是 $2s^22p^2$。成键时，1 个 2s 电子被激发进入2p 的空轨道，C 原子处于激发态 $1s^2$、$2s^1$、$2p_x^12p_y^12p_z^1$，2s 轨道与 3 个 2p 轨道发生杂化，形成 4 个等同的 sp^3 杂化轨道，如图 3-12 所示。4 个 sp^3 杂化轨道分别与 4 个 H 原子的 1s 轨道重叠形成 4 个 sp^3-s 的 σ 键，杂化轨道间的夹角是 109°28′，CH_4分子的空间构型为正四面体型。如图 3-13 所示。

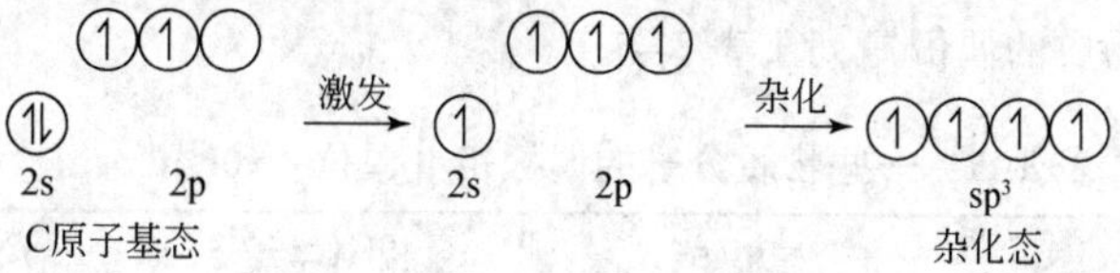

图 3-12 C 原子的杂化过程

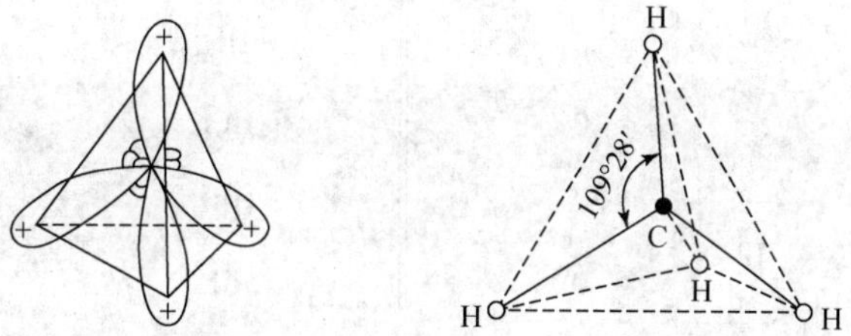

图 3-13 sp^3 等性杂化轨道及 CH_4 分子的空间构型

（2）sp^3 不等性杂化 H_2O 和 NH_3分子中的 O 原子、N 原子都属于 sp^3 不等性杂化。

以 H_2O 分子的形成为例。O 原子的价电子层结构是 $2s^22p_x^22p_y^12p_z^1$。1 个 2s 轨道和 3 个 2p 轨道形成 4 个 sp^3 杂化轨道，其中 2 个杂化轨道各有一对孤对电子，它们不参与成键，另外 2 个杂化轨道各有 1 个电子，分别与 2 个氢原子的 1s 轨道形成 2 个 O—H 的 σ 键。2 对孤对电子对 2 个 O—H 键有较大的排斥作用，使 O—H 键的夹角变为 104°45′，水分子的空间构型是角型。如图 3-14 所示。

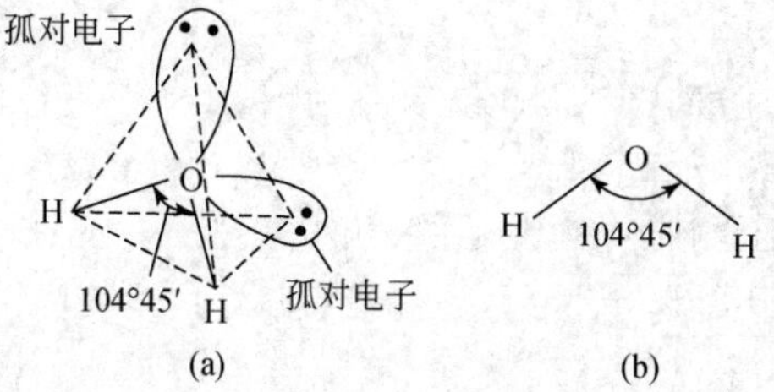

图 3-14 sp^3 不等性杂化及 H_2O 分子的空间构型

四、 分子间作用力

（一）分子的极性

共价分子中，正、负电荷中心能够重合的分子是非极性分子；正、负电荷中心不能重合的分子是极性分子。

同核双原子分子 H_2、Cl_2、N_2等都是非极性分子。由于2个原子相同，电负性相同，它们吸引电子对的能力相等，分子中正、负电荷中心重合，形成的是非极性分子。2个不同的原子形成分子时，由于2个原子的电负性不同，负电荷中心向电负性较大的原子偏移，正、负电荷中心不重合使分子表现出极性。例如 HCl、CO 等都是极性分子。

多原子分子的极性不仅取决于键的极性，还与分子的空间构型有关。例如 CO_2分子，C—O 键是极性键，CO_2分子空间构型为直线形，两个 C—O 键的极性抵消，分子的正、负电荷中心重合，所以 CO_2分子是非极性分子。同样，$BeCl_2$、CH_4等分子也是非极性分子。对于 H_2O、H_2S、NH_3等分子，键的极性不能抵消，分子中正、负电荷中心不重合，所以是极性分子。

分子极性的大小可以用偶极矩 μ 来衡量。偶极矩 μ 等于极性分子中心电荷的电量 q 与正、负电荷中心距离 d（偶极长度）的乘积。偶极矩是一个矢量，方向从正极到负极，SI 单位是 C·m（库仑·米），称为“德拜”，一般用 D 表示。

$$\mu=q\cdot d \tag{3-1}$$

利用偶极矩可以判断分子的极性。偶极矩越大，分子的极性越强，偶极矩等于零，是非极性分子。一些物质的偶极矩列于表 3-5。

表 3-5 一些物质分子的偶极矩（单位：10^{-30}C·m）

分子式	偶极矩	分子式	偶极矩
H_2	0	CO	0.40
O_2	0	HF	6.37
$BeCl_2$	0	HCl	3.57
CO_2	0	HBr	2.67
BCl_3	0	HI	1.40
CS_2	0	H_2O	6.17
CH_4	0	H_2S	3.67
CCl_4	0	SO_2	5.33
$CHCl_3$	3.50	NH_3	4.90

课堂互动

1. 根据杂化轨道的空间构型，判断下列分子的极性：

CH_4(正四面体) NH_3(三角锥) CO_2(直线型) H_2S(V 型)

2. 根据物质的极性，判断下列物质在水中的溶解性：

CO_2 HI NH_3 HF

（二）分子间作用力

1873 年荷兰物理学家范德华（van der Waals）首先提出了分子间作用力，因此，分子间的作用力也称为范德华力。分子间作用力弱于化学键（键能约为 100～800kJ/mol），根据其产生的原因和特点，可以分为取向力、诱导力和色散力。

1. 取向力 极性分子具有偶极，偶极是电性的。当极性分子互相靠近时，分子的固有偶极发生同极排斥、异极相吸的作用，分子发生取向排列。这种由于极性分子固有偶极产生的作用力称为取向力。如图 3–15 所示。

取向力的大小与分子的偶极距有关，分子的偶极距越大，其取向力越大。

2. 诱导力 极性分子与非极性分子之间，极性分子偶极产生电场的作用，使非极性分子的正、负电荷中心不重合，产生诱导偶极。诱导偶极与极性分子的固有偶极间的作用力称作诱导力。如图 3–16 所示。诱导偶极反过来作用于极性分子，可以增加极性分子的偶极，增强分子间的作用力。因此，极性分子之间也存在着诱导力。

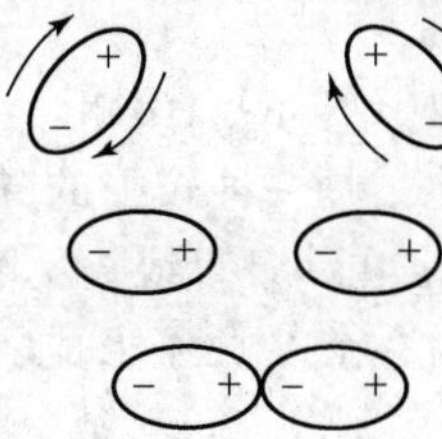
图 3–15 取向力

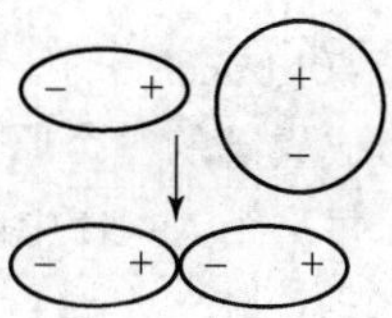
图 3–16 诱导力

诱导力的大小与分子的极性有关，也与非极性分子的可极化性有关。分子的极性越大，非极性分子的可极化性越强，则诱导力越大。诱导力存在于极性分子与非极性分子、极性分子与极性分子之间。

3. 色散力 非极性分子之间，正、负电荷中心在某一瞬间发生相对位移，出现瞬间偶极，由于瞬间偶极而产生的分子之间的作用力称为色散力。如图 3–17 所示。

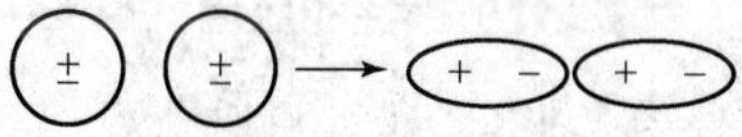
图 3–17 色散力

色散力存在于所有分子之间，并且是一种最主要的力。分子的极性越大、可极化性越强，分子量越大，分子间的色散力越大。

综上所述，非极性分子之间，只有色散力；极性分子与非极性分子之间，既有诱导力也有色散力；极性分子之间，取向力、诱导力和色散力三种力都存在。分子间的作用力本质上都是静电引力，这种力是短程的，作用范围很小，大约是 300～500pm。研究表明，结构相似的同系列物质，相对分子质量越大，分子间作用力越强，物质的熔点、沸点越高，颜色加深。例如，卤族元素单质，常温下氟、氯是气体，溴是液体而碘是固体，说明了分子间的作用力随相对分子质量增加而增大。

（三）氢键

一般来讲，结构相似的同系列物质，其熔点、沸点随相对分子质量增加而升高。实验测定，HF、NH_3、H_2O 沸点在同族氢化物中最高，出现了“反常”现象，这是因为分子间存在一种更强的氢键作用力。

以 HF 为例。氢原子核外只有一个电子，与电负性很大、半径较小的 F 原子形成极性共价键，共用电子对强烈地偏向 F 原子一方，H 原子几乎成为“裸露”的质子。含有孤对电子、带有部分负电荷的 F 原子靠近 H 原子而产生吸引作用，这种静电吸引作用称为氢键。如图 3-18 中的虚线所示。

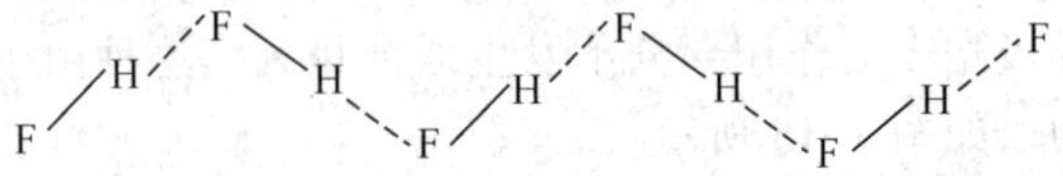

图 3-18 HF 分子中氢键的形成

形成氢键应该具备两个条件：分子中有一个电负性大、半径小的原子 X（F、O、N 等）与 H 形成共价键；另一分子（或同一分子）中，有一个电负性大、半径小，还有孤对电子的原子 Y（F、O、N 等）。

氢键的强弱与 X 和 Y 的电负性及 Y 原子半径有关，X 和 Y 的电负性越大、半径越小，形成的氢键越强。氢键的强弱顺序如下：

$$F—H\cdots F>O—H\cdots O>O—H\cdots N>N—H\cdots N$$

氢键键能一般小于 40kJ/mol，弱于化学键键能，是一种较强的分子间作用力。氢键具有饱和性和方向性，形成氢键的三个原子 X—H…Y 在一条直线上，以保持 X、Y 的最大分离，排斥力达到最小；每一个 X—H 中的 H 只能与一个 Y 原子形成氢键，否则因为排斥力太大而不稳定。

氢键广泛地存在于无机含氧酸及有机羧酸等物质中。分子间氢键的存在，使物质在固体熔化、液体气化时，需要消耗更多的能量，导致熔点、沸点的升高。当溶质与溶剂分子之间存在氢键时，溶质分子与溶剂分子间作用力增强，溶质在溶剂中的溶解度将增大，所以氨极易溶解在水中，乙醇、甘油等可以与水混溶。通过氢键，简单分子可以缔合成复杂分子。分子内氢键使物质的熔点、沸点反而降低。因此，氢键在物质结构中具有非常重要的意义。

拓展阅读

分子极性的应用

相似相溶原理是指“分子极性相似彼此可以互溶”。溶剂提取法是这一原理在中草药有效成分提取常用的方法。根据中草药各种成分的溶解性，选择适当的溶剂，将有效成分从药材组织中尽可能溶解出来。影响提取效率的因素很多，但分子极性是选择溶剂的最重要条件。例如，水提取液中加入有机溶剂，会减小溶剂的极性，使水提取液中水溶性成分（淀粉、树胶、黏液质、蛋白质）从溶剂中析出。大家熟知的喷泉实验、衣物上油漆用汽油清洗、洗洁精清洗餐具油污等，都是“相似相溶原理”的具体应用。

重点小结

1. 多电子原子核外电子的运动状态用 n、l、m、m_s 四个量子数来描述。
2. 核外电子排布有三条规律：能量最低原理、泡利不相容原理和洪特规则。
3. 核外电子排布有两种表达方式：电子排布式和轨道表示法。
4. 元素周期律是指元素的性质随着原子序数的递增呈现了周期性的变化规律。

5. 元素周期表有7个周期、8个主族（ⅠA～ⅧA）、7个副族（ⅠB～ⅦB）、1个Ⅷ族；周期表划分为s区、p区、d区、ds区和f区。

6. 元素的主要性质原子半径、电离能、电负性、金属性和非金属性、氧化数等随着核电荷的递增而呈现周期性的变化。

7. 分子或晶体中相邻两原子间强烈的相互作用力称为化学键。化学键分为离子键、共价键和金属键。

8. 现代价键理论指出：自旋相反的成单电子原子轨道重叠，形成稳定的化学键；原子轨道重叠越多，共价键越牢固。

9. 共价键按轨道重叠方式分为σ键和π键，其稳定性σ键>π键。

10. 共价键的主要参数有键能、键长、键角。用键参数可以判断共价键的强弱及分子的构型。

11. 杂化轨道理论解释了分子的空间构型。常见的杂化类型与分子空间构型：sp杂化-直线型、sp^2杂化-平面三角形、sp^3等性杂化-正四面体、sp^3不等性杂化-V型或三角锥。

12. 偶极矩μ衡量分子极性的大小。μ越大，分子的极性越强，$\mu=0$是非极性分子。

13. 共价分子中，正、负电荷中心能够重合是非极性分子，反之是极性分子。

14. 分子间的作用力也称为范德华力。主要有取向力、诱导力和色散力。

15. 氢键是一种特殊的分子间作用力。氢键的存在会影响物质的熔点、沸点、溶解性等物理性质。

目标检测

一、选择题

（一）单选题

1. 下列各组量子数中，合理的是（　　）。
   A. $n=1$，$l=0$，$m=-1$　　B. $n=2$，$l=3$，$m=1$
   C. $n=3$，$l=2$，$m=0$　　D. $n=4$，$l=4$，$m=0$

2. 电子排布式$1s^22s^22p^63s^23p^63d^2$违背了（　　）。
   A. 能量最低原理　　B. 泡利不相容原理
   C. 洪特规则　　D. 稳定规律

3. 元素的性质随着原子序数的递增呈周期性变化的主要原因是（　　）。
   A. 元素原子半径呈周期性变化
   B. 元素的化合价呈周期性变化
   C. 元素原子的核外电子排布呈周期性变化
   D. 元素的相对原子质量呈周期性变化

4. 下列物质中，属于离子化合物的是（　　）。
   A. H_2O　　B. NH_3　　C. HI　　D. CaO

5. BCl_3分子中，B以sp^2杂化轨道成键，该分子的空间构型是（　　）。
   A. 三角锥形　　B. 平面正三角形　　C. 直线型　　D. 四面体

（二）多选题

1. 多电子原子中，决定电子能量的量子数是（　　）。

A. n　　B. l　　C. m　　D. m_s

2. 多电子原子能级交错的原因有（　　）。

A. 屏蔽效应　　B. 泡利不相容原理

C. 钻穿效应　　D. 洪特规则

3. 多电子原子核外电子排布的原理有（　　）。

A. 泡利不相容原理　　B. 能量守恒原理

C. 能量最低原理　　D. 洪特规则

4. 共价键的主要参数是（　　）。

A. 键能　　B. 键角　　C. 偶极矩　　D. 键长

5. 下列分子中，属于极性分子的有（　　）。

A. BF_3　　B. H_2O　　C. HBr　　D. CH_4

二、综合应用题

1. 下列叙述是否正确？如不正确请改正：

（1）主量子数 $n=1$，有自旋相反的 2 个原子轨道。

（2）主量子数 $n=3$，有 3s，3p，3d 三条原子轨道。

（3）磁量子数 $m=0$，对应的是 s 原子轨道。

2. 下列原子的电子排布式违背了哪条原理？请表达正确的电子排布式。

（1）$_{20}$Ca：$1s^22s^22p^63s^23p^63d^2$

（2）$_{24}$Cr：$1s^22s^22p^63s^23p^63d^44s^2$

（3）$_7$N：$1s^22s^22p_x{}^2$

3. 完成下表：

原子序数	核外电子排布式	价电子构型	元素所在周期	元素所在族	元素所在区
	$1s^22s^22p^63s^23p^5$				
		$4s^2$			
			4	VB	
29					

（林珍）

第四章

定量分析基础

学习目标

知识要求

1. 掌握 定量分析中数据记录与处理方法、滴定分析法基本概念。

2. 熟悉 定量分析中的系统误差与偶然误差、准确度与精密度的关系。

3. 了解 定量分析的程序及可疑值的取舍。

技能要求

1. 熟练掌握滴定分析技术；熟练使用电子天平。

2. 学会使用电子天平和滴定分析操作；会运用基准物配制标准溶液。

第一节 概述

分析化学是化学学科的重要分支，是研究获取物质化学组成、含量、结构信息的分析方法及理论的一门科学。分析化学的任务是应用各种分析方法和仪器，获取物质体系的信息，以鉴定物质体系的化学组成，测定有关成分的含量和确定物质的结构及形态。

分析化学有多种分类方法。根据分析化学任务的不同分为定性分析、定量分析和结构分析。定性分析的任务是鉴定组成试样的元素、离子、官能团或化合物。定量分析的任务是测定试样有关组成成分的含量。结构分析的任务是研究物质内部的分子结构或晶体结构。本书主要介绍定量分析。

一、 定量分析方法的分类

（一）化学分析与仪器分析

根据分析方法的原理分为化学分析与仪器分析。

1. 化学分析 以物质的化学反应为基础的分析方法。试样与试剂所发生的化学反应称为分析反应，根据分析反应的现象、特征（沉淀、气体、颜色）进行定性分析；根据分析反应的计量关系进行定量分析。如分析SO_4^{2-}，选用 $BaCl_2$试剂，反应如下：

$$SO_4^{2-}+Ba^{2+}\rightleftharpoons BaSO_4\downarrow \text{（白色）}$$

若所生成的白色沉淀不溶于 HCl 溶液，则定性分析含有SO_4^{2-}。分离 $BaSO_4$沉淀并称量其质量，根据反应方程式中 SO_4^{2-} 与 $BaSO_4$的计量关系，由生成 $BaSO_4$沉淀的质量，可计算SO_4^{2-}的含量。

化学分析的定量方法分为重量分析法和滴定分析法。重量分析法是称量物质的质量（或称重量）来确定被测组分含量的一种定量分析方法，如上例分析 SO_4^{2-} 的含量。滴定分析法是将已知准确浓度的试剂溶液（标准溶液）滴加到被测物质的溶液中（或者将被测物质的溶液滴加到标准溶液中），直到所加的试剂与被测物质按化学计量关系定量反应为止，根据试剂溶液的浓度和用量，计算被测物质的含量。

化学分析法使用仪器简单，分析常量组分所得结果的准确度高，是早期的分析方法，也是分析化学的基础，故又称经典分析方法。

2. 仪器分析法 以物质的物理或物理化学性质为基础的分析方法。需要使用特殊仪器测定物质的物理或物理化学性质，故称为仪器分析法。仪器分析方法快速、灵敏，所需试样量少，易于自动化。它适用于微量、痕量组分的分析。仪器分析主要包括以下方法。

（1）电化学分析法 根据物质的电学和电化学性质进行分析的方法，按电化学分析法原理又分为电导分析法、电位分析法、电解分析法及库伦分析法等。

（2）光学分析法 利用物质的光学性质进行的分析方法，以光谱法为主。光谱法是基于电磁辐射与物质相互作用时，物质内部发生能级跃迁，通过测量辐射强度和波长而建立的分析方法。

（3）色谱分析法 利用物质某些性质的差异，将混合物中各个组分分离，然后逐个分析的方法。

化学分析与仪器分析方法各有特长和局限性。实际工作中，根据分析的对象、要求及条件，选择合适的分析方法。

（二）按“量”分类

分析化学根据试样的用量和待测组分的含量进行分类。

1. 试样的用量 根据被测组分取样量分为常量分析、半微量分析、微量分析及超微量分析，见表4-1 。

表4-1 各种分析方法的试样用量

方法	试样质量	试样体积
常量分析	>0.1g	>10ml
半微量分析	0.1～0.01g	1～10ml
微量分析	10～0.1mg	0.01～1ml
超微量分析	< 0.1mg	<0.01ml

2. 待测组分含量 根据试样中待测组分含量的高低分为常量组分分析（>1%）、微量组分分析（0.01%～1%）、痕量组分分析（<0.01%）。

注意以上两种概念不能混淆，如痕量组分分析不一定是微量分析，有时取样量很大，如自来水中痕量污染物分析，属于常量分析。

二、定量分析的程序

定量分析过程是获取物质化学信息的过程，要明确定量分析需要解决的问题。如试样的来源、分析的对象及分析任务。根据分析任务要求、被测组分和共存组分的性质及含量，选择合适的分析方法，制定分析计划，设计分析方案，准备所需的仪器设备及药品。定量分析的程序包括以下步骤：

1. 采样 分析试样必须均匀并具有代表性。针对分析对象数量多、均匀性可能差等特点，选择合适的采样方法。

2. 试样的预处理 分析对象多种多样，存在的形式各不相同，采集的试样常常不能直接测定，需要预处理成测量所需的状态。例如，将固体样品分解或溶解，制成试样溶液；试样有共存干扰组分时，应分离干扰或加掩蔽剂消除干扰组分等。试样的预处理包括干燥、粉碎、研磨、溶解、提取、过滤分离和富集等步骤。

3. 试样的分析测定 定量分析结果是由“实验测定”得到的，为获得准确的测定结果，必须经过反复试验，选择最佳测量条件。测量前对仪器进行校正，保证分析结果的准确度和精密度。

4. 分析结果的表示 定量分析结果包括测量结果的平均值、测量次数、测量结果的准确度和精密度。根据理论、原理和实验操作过程，计算分析结果并正确表达结果，对结果做出科学合理的判断，形成书面报告。

第二节 数据记录与处理

案例讨论

案例： 李同学用托盘天平称量 Na_2CO_3 固体试剂，记录为 3.25g，量筒量取蒸馏水读取为 50.00ml。老师对记录结果给予了纠正。

讨论： 1. 实验数据记录的依据是什么？

2. 实验数据位数越多越准确吗？

定量分析目的是获得试样中待测组分的准确含量，要求分析数据具有一定的准确度。实际分析中，即使技术熟练的分析工作者，用精密的仪器，同种方法对同一样品进行多次测定，也不能得到完全一致的结果，因此，误差是难以避免的。实验过程中，必须检查误差产生的原因，采取措施以提高分析结果的准确度。

一、 系统误差与偶然误差

分析测定中产生误差的原因很多，按照其来源和性质不同，分为系统误差和偶然误差。

（一）系统误差

系统误差是某种确定原因造成的，一般其正负固定、大小可测，同一条件下测定可重复出现。根据系统误差产生的原因，分为方法误差、仪器误差、试剂误差和操作误差。

1. 方法误差 测定方法选择不当引起的误差，通常对测定结果影响较大。例如，重量分析中，沉淀溶解度较大或有共沉淀现象；滴定分析中反应不完全，指示剂选择不当而滴定终点不在滴定突跃范围内；色谱分析中，待测组分的色谱峰与相邻峰未达到良好分离等，都会造成测定结果偏高或偏低。

2. 仪器误差 仪器不准确所引起的误差。例如，天平两臂不等长、砝码长期使用后质量不准、未经校准的容量仪器体积不准确、仪器检测信号漂移等引起的误差。

3. 试剂误差 试剂不纯引起的误差。通过空白试验可消除试剂误差。

4. 操作误差 实验人员由于主观原因，操作不当或判断失误引起的误差。如颜色变化敏感性差、导致滴定终点提前或滞后；仪器指针或容量仪器体积判断差异等造成的误差。

系统误差大小可测并具有重复性，对分析结果的影响是确定的。因此，找出原因或测量校正值可以消除误差。

（二）偶然误差

偶然误差是由偶然、不确定的因素引起的误差，又称随机误差。偶然误差的大小、正负不固定。例如，实验时压力、温度、湿度以及仪器工作状态的微小波动，分析人员对平行试样处理的微小差异，均可使测定结果产生波动。偶然误差的大小和方向都不确定，不能用校正值的方法消除。多次测量的偶然误差服从统计规律，即大误差出现的概率小，小误差出现的概率大，绝对值相同的正负误差出现的概率近似相等。因此，通过增加平行测量次数、取平均值的方法来减小偶然误差。

二、准确度与精密度

真实值客观存在但通常是未知的，需要多次平行测量来估算。相同条件下，多次测量的值称为平行测量值。准确度表示测量值与真实值的接近程度，精密度表示平行测量值之间的接近程度。

（一）准确度和误差

准确度是指测量值与真实值接近的程度。测量值越接近真实值，准确度越高，反之准确度越低。准确度的高低用误差来衡量，误差有两种表示方法。

1. 绝对误差 测量值与真实值之差称为绝对误差。若以 x 表示测量值，μ 代表真实值，则绝对误差 δ 为：

$$\delta = x - \mu \tag{4-1}$$

δ 值越小，测量值越接近真实值，测量的准确度越高。

2. 相对误差 绝对误差 δ 与真实值 μ 的比值。

$$R\delta = \frac{x}{\mu} \times 100\% \tag{4-2}$$

相对误差是比值，没有单位，体现了绝对误差在真实值中所占的比例。

绝对误差与相对误差有正负之分，正值说明测量值大于真实值，负值说明测量值小于真实值。实际工作中常用绝对误差表示分析仪器的精度，相对误差表示分析结果准确度的高低。化学分析法通常要求 $R\delta<0.1\%$。

【例 4-1】 用分析天平称量两试样的质量为 0.5126g 和 5.1251g，其真实质量为 0.5127g 和 5.1252g，求两者称量的绝对误差和相对误差。

解：两试样称量的绝对误差为：$\delta_1 = x_1 - \mu_1 = 0.5126 - 0.5127 = -0.001$（g）

$\delta_2 = x_2 - \mu_2 = 5.1251 - 5.1252 = -0.001$（g）

两试样称量的相对误差为：

$$R\delta = \frac{\delta_1}{\mu_1} \times 100\% = \frac{-0.0001}{0.5127} \times 100\% = -0.02\%$$

$$R\delta = \frac{\delta_2}{\mu_2} \times 100\% = \frac{-0.0001}{5.1252} \times 100\% = -0.002\%$$

由以上计算可见，测量值的绝对误差通常由仪器的最小刻度决定。例如，万分之一的天平最小刻度 0.1mg，单次测量的绝对误差为±0.1mg。用同一天平称量，绝对误差相同，质量大的试样相对误差较小，称量结果的准确度更高。

课堂互动

分析天平的绝对误差 0.1mg，减量法需要称量两次，可能的最大误差是 0.2mg，如果要求称量的相对误差小于 0.1%，应至少称取多少克的样品?

（二）精密度与偏差

精密度是平行测量值互相接近的程度，即测量值与平均值接近的程度。测量值越接近，测量的精密度越高，测量数据的重现性越好。偶然误差使测量值分散，精密度反映分析测定过程中偶然误差的大小。精密度的高低用偏差来衡量，偏差越大，测量数据越分散，测量数据重现性越差，精密度越低。反之，偏差越小，测量数据越集中，精密度越高。偏差有以下五种表示方法。

1. 偏差 测量值与测量平均值的差值。若用 x_i 表示测量值，$\bar{x}$ 表示测量的平均值，则测量值 x_i 的偏差 d_i 为：

$$d_i = x_i - \bar{x} \tag{4-3}$$

2. 平均偏差 偏差绝对值的平均值，用 $\bar{d}$ 表示：

$$\bar{d} = \frac{\sum_{i=1}^{n} |x_i - \bar{x}|}{n} \tag{4-4}$$

式中 n 表示测量次数。$\bar{d}$ 表示一组测定值之间的分散程度。

3. 相对平均偏差 平均偏差 $\bar{d}$ 与测量平均值 $\bar{x}$ 的比值，用 $R\bar{d}$ 表示：

$$R\bar{d}(\%) = \frac{\bar{d}}{\bar{x}} \times 100\% = \frac{\sum_{i=1}^{n} |x_i - \bar{x}|/n}{\bar{x}} \times 100\% \tag{4-5}$$

4. 标准偏差 定量分析有限次（$n \leqslant 20$）测量时，其标准偏差 S 的表达式为：

$$S = \sqrt{\frac{\sum_{i=1}^{n} (x_i - \bar{x})^2}{n-1}} \tag{4-6}$$

式中，$n-1$ 为自由度，表示计算一组数据分散度的独立偏差数。

5. 相对标准偏差 标准偏差 S 与测量平均值 $\bar{x}$ 的比值，也称为变异系数，用 RSD 表示：

$$RSD = \frac{S}{\bar{x}} \times 100\% \tag{4-7}$$

对于一组平行测量值，平均偏差和相对平均偏差忽略了个别较大偏差对测定结果重复性的影响，而标准偏差能反映较大偏差的影响。相对平均偏差或相对标准偏差体现偏差在测量平均值中所占比例。实际工作中，常用 RSD 表示分析结果的精密度。

拓展阅读

真值和标准值

实际分析工作中常用约定真值或标准值代替真值。

1. 约定真值 约定真值是一个接近真值的值，它与真值之差可忽略不计。由国际计量大会定义的单位以及我国法定计量单位获得约定真值。

2. 标准值 由相关部门认可的不同实验室，采用可靠的分析方法，通过高精密度测量而获得的更加接近真值的值称为标准值（或相对真值），求得标准值的试样称为标准试样或标准参考物质，标准试样及其标准值需经权威机构认定并提供。分析工作中常以标准值代替真值来衡量测量结果的准确度。

【例 4－2】 标定某溶液的浓度，平行测量值为：0.2041mol/L、0.2049mol/L、0.2039mol/L、0.2043mol/L，试计算标定结果的平均值、平均偏差、相对平均偏差、标准偏差和相对标准偏差。

解：平均值：$\bar{x} = \frac{0.2041+0.2049+0.2043}{4} = 0.2043$ （mol/L）

平均偏差：$\bar{d} = \frac{|0.2041-0.2043|+|0.2049-0.2043|+|0.2039-0.2043|+|0.2043-0.2043|}{4}$

$= 0.0003$ （mol/L）

相对平均偏差：$R\bar{d}=\frac{\bar{d}}{\bar{x}}\times100\%=\frac{0.0003}{0.2043}\times100\%=0.15\%$

标准偏差：$S=\sqrt{\frac{0.0002^2+0.0006^2+0.0004^2+0.000^2}{4-1}}=0.0004(mol/L)$

相对标准偏差：$RSD=\frac{0.0004}{0.2043}\times100\%=0.2\%$

（三）**精密度与准确度的关系**

准确度是指测量值与真值接近的程度，精密度指测量值与平均值接近的程度。准确度表示测量结果的正确性，精密度表示测量数据的重复性或重现性。测量结果的好坏应从精密度和准确度两个方面衡量。准确度和精密度关系如图 4–1 所示。

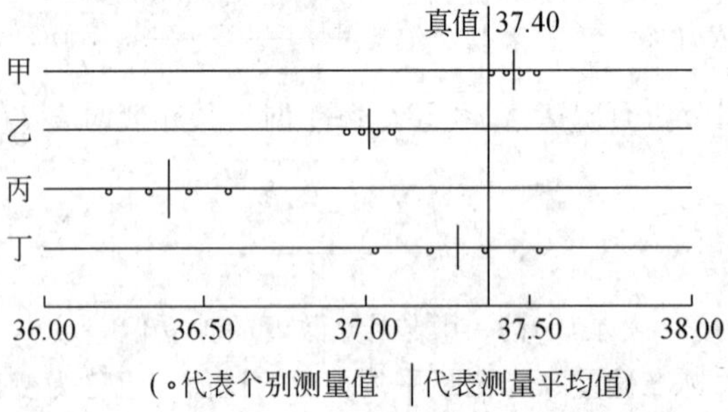

图 4–1 准确度和精密度关系示意图

图 4–1 表示甲、乙、丙、丁四人测定同一试样中某组分含量时所得的结果，每人测定 4 次。试样中待测组分真实值为 37.40。如图 4–1 所示，甲的结果精密度和准确度均较好；乙所得结果精密度虽高，但是准确度较低；丙所得结果的精密度和准确度都不好；丁的精密度差，由于正负误差相互抵消其平均值接近真值，但这纯属巧合，其结果是不可靠的。由此可见，精密度是保证准确度的先决条件。精密度差，所测结果不可靠，失去了衡量准确度的前提。精密度好，准确度不一定高。在消除了系统误差的前提下，精密度好，准确度才高。

三、 提高分析结果准确度的方法

误差是影响分析结果的主要因素。消除系统误差和减小偶然误差，可以提高分析结果的准确度。

（一）**选择合适的分析方法**

不同的分析方法灵敏度和准确度不同。化学分析适用于常量组分的测定，其相对误差在千分之几以下；仪器分析适用于微量组分法，相对误差<5%。根据被测组分的含量不同以及共存组分的干扰，选择合适的分析方法。

（二）**减小测量误差**

为了保证分析结果的准确度，应尽量减小测量步骤的相对误差。例如，万分之一天平每次称量的误差为±0.0001g，减量法一份试样需称量 2 次，为使称量的相对误差≤0.1%，试样称量为 0.0001×2÷0.1%≥0.2g；滴定管的每次读数误差为±0.01ml，一次滴定读取 2 次，为使滴定的相对误差≤0.1%，所消耗滴定液的体积为 0.01×2÷0.1%≥20ml。

（三）**减小偶然误差**

根据偶然误差的分布规律，增加平行测定的次数可以减小偶然误差。消除系统误差的前提下，平行测定的次数越多，平均值越接近真实值。实际工作中，同一试样平行测定 3～4 次，其精密度即可符合要求。

（四）消除系统误差

根据系统误差的来源，可采用不同方法消除系统误差或对测定结果进行校正。

1. 对照试验 被测试样与标准试样采用相同的方法进行对照试验，或用法定的可靠分析方法与选定方法对同一试样进行对照试验，也可由不同人员、不同单位对同一试样进行对照试验，以检验有无系统误差以及系统误差的来源，评价实验方法的准确性，或直接对实验中引入的系统误差进行校正。

2. 校准仪器 对天平、移液管、滴定管等测量仪器进行校准，可以降低仪器误差。由于容量器皿和测量仪器的状态随时间、环境条件等发生变化，因此需定期进行校准。

3. 回收试验 向试样中或标准试样中加入已知含量的被测组分的纯物质，以相同条件进行测定，由测量的增加值与实际加入量的比值计算回收率。回收率越接近100%，系统误差越小。

4. 空白试验 在不加试样的情况下，采取与待测试样相同的条件和步骤进行测定，所得结果称为空白值。从待测试样的分析结果中扣除空白值，即可消除由试剂和实验器皿等引起的误差。空白值不宜很大，否则应通过改善试剂和器皿等途径减小空白值。

四、 有效数字及其运算规则

（一）有效数字及记录

有效数字是指分析工作中实际测量的数字。有效数字不仅表示测量数值的大小，同时反映测量结果的准确度。因此，实验数据的记录和计算，要根据测量仪器、分析方法准确度的要求进行。

记录数据和计算结果时，最后一位是可疑数字，其误差是末位数的±1个单位。例如，用量筒量取25ml溶液，量筒的测量误差是±1ml，此数据应记录为25ml两位有效数字，第一位是准确数字，第二位是±1ml误差的估计数。若用滴定管或移液管量取溶液，滴定管或移液管的测量误差为±0.01ml，应记作25.00ml，共有4位有效数字。因此，实验数字记录与所用量器的准确度有关，常用量器有效数字的记录及绝对误差见表4-2。

表4-2 常用量器有效数字的记录及其绝对误差

仪器	数据记录	有效数字位数	绝对误差
量筒	25ml	2位	±1ml
滴定管	25.00ml	4位	±0.01ml
1/10天平	2.3g	2位	±0.1g
1/1000天平	2.300g	4位	±0.001g
1/10000天平	2.3000g	5位	±0.0001g

有效数字是指测量数据，倍数、分数等非测量数字，可看作无误差的数字或无限多位有效数字。有效数字的记录要注意以下几点：

（1）单位变换时，有效数字的位数不变。例如，24.50ml = 0.02450L，2.0kg = 2.0×10^3g。

（2）pH及pKa等对数值，有效数字位数取决于小数部分数字的位数。例如，pH = 11.02，是两位有效数字，则 $[H^+]=9.6\times10^{-12}$mol/L。

（3）首位是8或9的数字，有效数字可多计一位。例如9.48，虽然有效数字是3位，在计算中以相对误差作为保留依据时，可将它多保留一位，保留四位有效数字。

（4）确定有效数字位数时，数字中的“0”有双重意义，在第一个数字（1～9）前面的“0”不是有效数字，而在数字中间或末尾的“0”是有效数字。

（二）有效数字的修约和运算规则

有效数字计算时，按照一定的规则舍入多余的尾数，称为有效数字的修约。

1. 有效数字的修约 有效数字修约的基本规则如下：

（1）四舍六入五留双 修约数字<5 时舍弃，修约数字>5 时进位。修约数字等于 5 时，若 5 后面有非零数字进位；若 5 后面无数字或零，5 前为偶数则舍去，为奇数则进位。例如，将下面的数字修约为二位数，0.42499 约为 0.42，0.42501 约为 0.43，0.42500 约为 0.42，0.41500 约为 0.42。

（2）禁止分次修约 测量值一次修约到所需的位数，不能多次修约。例如，4.1349 修约成三位，只能是 4.13，不能先修约为 4.135，再修约为 4.14。

2. 有效数字计算 总体规则应该先修约再计算。

（1）加减法运算 计算时，以有效数字小数点后位数最少（即绝对误差最大）的数为保留依据。

例如：50.1+1.450+0.5812=52.1；12.43+132.814−5.765=139.48

（2）乘除法运算 计算时，以有效数字位数最少（即相对误差最大）的数为保留依据。

例如：0.0121×25.641×1.0578=0.328；2.546×2.125÷1.52=3.56

五、可疑值的取舍

样品多次平行测定，如果测量值中某个值明显偏大或偏小，这种明显偏离的测量值称为离群值或可疑值。如果可疑值是由实验过失引起的，应舍弃；如果无法确定原因，要用统计学的方法判断取舍。用统计学判断可疑值是由偶然误差引起测量值极端波动而产生的极值，统计学上仍在合理的误差范围内，应保留，否则舍弃。可疑值检验的方法主要有 Q 检验法和 G 检验法。

（一）Q 检验法

当测量数据不多（$n=3\sim10$）时，统计学中常用 Q 检验法来判断可疑值产生的原因并决定其取舍。舍弃商用 $Q_{计算}$ 表示：

$$Q_{计算}=\frac{|x_{可疑}-x_{邻近}|}{x_{max}-x_{min}} \tag{4-8}$$

具体步骤为：将数据按照递增顺序排列，计算最大值与最小值之差、可疑值与相邻值之差，从而得到 $Q_{计算}$。根据测定次数和所要求的置信度查表得到 Q 值。若 $Q_{计算}>Q$，则该可疑值应予以舍弃，否则应保留。不同置信度下 Q 值见表 4-3。

表 4-3 不同置信度下 Q 值表

测定次数 n	3	4	5	6	7	8	9	10
Q（0.90）	0.94	0.76	0.64	0.56	0.51	0.47	0.44	0.41
Q（0.95）	0.97	0.84	0.73	0.64	0.59	0.54	0.51	0.49
Q（0.99）	0.99	0.93	0.82	0.74	0.68	0.63	0.60	0.57

【例 4-3】 测量药物中铁的百分含量，平行测量 6 次结果如下：

7.33%、7.47%、7.53%、7.46%、7.46%、7.52%，判断可疑值 7.33% 是否要保留？

解：（1）按照大小排序，7.53%，7.52%，7.47%，7.46%，7.46%，7.33%

（2）计算 $Q_{计算}=\frac{|x_{可疑}-x_{邻近}|}{x_{max}-x_{min}}=\frac{|7.33\%-7.46\%|}{7.53\%-7.33\%}=0.65$

（3）查表4-3，Q=0.95时，$Q_{(6,95\%)}=0.64$，则 $Q_{计算}>Q_{表}$

因此，可疑值7.33%应该舍弃。

（二）***G*检验法**

这种方法适用范围广、效果好，只有一个可疑值的检验。方法如下：

（1）计算包括可疑值在内的平均值 $\bar{x}$、标准偏差 S。

（2）计算 G 值：

$$G_{计算}=\frac{|x_{可疑}-\bar{x}|}{S} \tag{4-9}$$

（3）根据确定的置信水平和测量值的个数，查 G 检验临界值表。若 $G_{计算}>G$，可疑值应舍弃，否则应保留。G 检验临界值见表4-4。

表4-4　*G*检验临界值表

测定次数 n	3	4	5	6	7	8	9	10	11	12	13
$G_{(0.95)}$	1.15	1.48	1.71	1.89	2.02	2.13	2.21	2.29	2.36	2.41	2.45
$G_{(0.99)}$	1.15	1.50	1.76	1.97	2.14	2.27	2.39	2.48	2.56	2.64	2.70

【例4-4】　测定某药物中钴的含量（mg/g）结果如下：1.25，1.27，1.31，1.40，试问1.40是否应保留。

解：$\bar{x}=1.31$　$S=0.066$　$G_{计算}=1.36$　$G_{0.95}=1.48$　$G_{计算}<G_{0.95}$，故1.40应保留。

第三节　滴定分析法概述

一、滴定分析法

（一）滴定分析法的基本术语

滴定分析法又称容量分析法，是将一种已知准确浓度的试剂溶液（即标准溶液），通过滴定管滴加到待测溶液中（或将待测物质的溶液滴加到标准溶液中），直至标准溶液与待测组分按照确定的化学计量关系恰好完全反应，然后根据标准溶液的浓度和体积，计算待测组分含量的一种化学分析方法。

用滴定管滴加标准溶液到待测组分溶液的操作过程称为滴定。滴定分析中使用的标准溶液称为滴定剂（或滴定液）。当滴入的标准溶液与待测组分按化学反应式的计量关系完全反应时，反应达到了化学计量点。大多数反应在化学计量点没有明显的外部特征，实际滴定操作时，必须借助于指示剂颜色的变化，判断化学反应的计量点。滴定过程中，指示剂颜色变化的点称为滴定终点。滴定终点与化学计量点不一定完全吻合，由此造成的误差称为滴定误差或终点误差。

滴定分析法适用于常量组分（含量>1%）的测定，具有仪器简单、操作简便、速度快且准确度高等特点。一般滴定的相对误差为0.1%～0.2%。

（二）滴定分析法的分类

根据化学反应类型，滴定分析法通常分为酸碱滴定法、沉淀滴定法、配位滴定法和氧化还原滴定法四类，后面章节将逐一介绍。

二、滴定方式

滴定分析法的滴定方式主要有直接滴定法、返滴定法、置换滴定法和间接滴定法。

（一）直接滴定法

用标准溶液直接滴定待测组分溶液的方法，称为直接滴定法。滴定分析能应用各种类型的反应，但不是所有的反应都可用于直接滴定分析。适用于直接滴定分析的反应必须具备以下条件：

（1）反应必须具有确定的化学计量关系。

（2）反应必须定量进行，要求反应程度达到99.9%以上。

（3）反应速度快。标准溶液与待测组分瞬间即可完成的反应。

（4）有适当简便的方法确定滴定终点，如有合适的指示剂判断滴定终点。

直接滴定法是最常用、最基本的滴定方式。例如，NaOH 标准溶液滴定醋酸溶液、EDTA 标准溶液滴定未知含量的 Zn^{2+}溶液等。

（二）返滴定法

当滴定剂与待测组分反应速度较慢（如 Al^{3+}与 EDTA 的反应），或者试样是固体，用滴定剂直接滴定固体试样（如用 HCl 溶液滴定固体 $CaCO_3$）时，反应不能立即完成，都不能用直接滴定法。此时准确地加入过量标准溶液，与试液中的待测组分或固体试样进行反应，待反应完全后，再用另一种标准溶液返滴剩余的第一种标准溶液，这种滴定方法称为返滴定法，也称回滴定法或剩余滴定法。例如，碳酸钙含量的测定，由于 $CaCO_3$是固体且不溶于水，先准确加入定量过量的 HCl 标准溶液，反应完全后，再用 NaOH 标准溶液滴定剩余的 HCl 溶液。

（三）置换滴定法

滴定剂与待测组分没有确定的反应式（如伴有副反应），先加入适当的试剂与待测组分反应，定量置换出另一种可被直接滴定的物质，再用标准溶液滴定，此法称为置换滴定法。如硫代硫酸钠不能直接滴定重铬酸钾，无确定的化学计量关系，先将 $K_2Cr_2O_7$与过量的 KI 发生氧化还原反应，定量置换出 I_2，再用 $Na_2S_2O_3$标准溶液直接滴定。反应式如下：

$$Cr_2O_7^{2-}+6I^-+14H^+ \rightleftharpoons 2Cr^{3+}+3I_2+7H_2O$$

$$I_2+2S_2O_3^{2-} \rightleftharpoons 2I^-+S_4O_6^{2-}$$

（四）间接滴定法

待测组分不能与标准溶液直接反应，通过其他化学反应，以滴定分析法间接测定，称为间接滴定法。例如，Ca^{2+}含量的测定，由于 Ca^{2+}没有还原性，不能直接用氧化还原滴定法，若将 Ca^{2+}沉淀为 CaC_2O_4，过滤洗涤后溶于硫酸中，再用 $KMnO_4$标准溶液滴定与 Ca^{2+}定量结合的 $H_2C_2O_4$，则可间接测定 Ca^{2+}的含量。反应式如下：

$$Ca^{2+}+C_2O_4^{2-} \rightleftharpoons CaC_2O_4\downarrow$$

$$CaC_2O_4+2H^+ \rightleftharpoons H_2C_2O_4+Ca^{2+}$$

$$2MnO_4^-+5H_2C_2O_4+6H^+ \rightleftharpoons 2Mn^{2+}+10CO_2+8H_2O$$

三、滴定剂

滴定分析中，不论采用何种滴定方式，都需要标准溶液，否则无法计算分析结果。基准物质用于直接配制标准溶液或标定其他溶液。

（一）基准物质

基准物质必须符合以下要求：

（1）纯度高，试剂的纯度一般应在99.9%以上。

（2）试剂组成和化学式完全相符，若含结晶水，其含量也应与化学式相符。

（3）性质稳定，不易吸收空气中的水分和 CO_2，不与空气中的氧气反应。

（4）试剂有较大的摩尔质量，可减少称量的相对误差。

（二）常用的基准物质

常用的基准物质及其干燥条件、应用范围见表4-5。

表4-5 常用的基准物质

基准物质	化学式	干燥条件	标定对象
无水碳酸钠	Na_2CO_3	270～300℃	盐酸
硼砂	$Na_2B_4O_7 \cdot 10H_2O$	置于NaCl-蔗糖饱和溶液的干燥器中	盐酸
邻苯二甲酸氢钾（KHP）	$KHC_8H_4O_4$	105～110℃	氢氧化钠
二水合草酸	$H_2C_2O_4 \cdot 2H_2O$	室温下干燥	氢氧化钠
氧化锌	ZnO	800℃	EDTA
锌	Zn	室温干燥器中保存	EDTA
重铬酸钾	$K_2Cr_2O_7$	140～150℃	硫代硫酸钠
碘酸钾	KIO_3	130℃	硫代硫酸钠
草酸钠	$Na_2C_2O_4$	130℃	高锰酸钾
氯化钠	NaCl	500～600^{0}C	硝酸银

（三）标准溶液的配制

1. 直接配制法 准确称取一定量的基准物质，用适量溶剂溶解、定量转入容量瓶，加溶剂稀释至刻度，根据称取基准物质的质量及容量瓶的体积，计算标准溶液的准确浓度。

2. 间接配制法 不符合基准物质的条件，只能采用间接法配制其标准溶液，又称标定法。一般根据所需浓度，将溶液配制成近似浓度的溶液，再用基准物质或另一种已知准确浓度的标准溶液，测定该溶液的准确浓度。这种利用基准物质或其他标准溶液来确定待测溶液浓度的操作过程，称为标定。

3. 标准溶液浓度的表示方法

（1）物质的量浓度 单位体积溶液中所含溶质的物质的量，用符号 c 表示，即：

$$c=\frac{n}{V} \tag{4-10}$$

式（4-10）中，n 是溶质的物质的量，单位为mol；V 是溶液的体积，单位为L；c 是溶质的物质的量浓度，简称浓度，单位为mol/L。

由式（4-10）可得：

$$c=\frac{m/M}{V} \tag{4-11}$$

式（4-11）中，m 是溶质的质量，常用单位为g；M 是溶质的摩尔质量，常用单位为g/mol。

【例4-5】 准确称取基准物质 $K_2Cr_2O_7$ 为1.4590g，溶解后定量转移至250.0ml容量瓶，定容后摇匀，试计算此标准溶液的浓度。（$M_{K_2Cr_2O_7}=294.2$g/mol）

解：根据式（4-11）得：

$$c_{K_2Cr_2O_7}=\frac{m}{V\cdot M}=\frac{1.4590\times 1000}{250.0\times 294.2}=0.01986(\text{mol/L})$$

（2）滴定度 生产单位的常规分析中，由于测定对象比较固定，常使用同一标准溶液测定同种物质，用滴定度表示标准溶液的浓度计算更方便。滴定度是指每毫升标准溶液相当于被测组分的质量，用 $T_{T/A}$ 表示，常用单位为g/ml、mg/ml。

$$T_{T/A}=\frac{m_A}{V_T} \tag{4-12}$$

式（4-12）中，下标 T、A 分别表示标准溶液中的溶质、被测组分的化学式。例如，$T_{HCl/Na_2CO_3}=0.005236g/ml$，表示每毫升该 HCl 溶液相当于 0.005236g 的 Na_2CO_3。

以滴定度计算被测组分的质量非常简单，即 $m_A=T_{T/A}\cdot V_T$。例如，用上述滴定度的 HCl 溶液测定试样中碳酸钠含量，如果消耗 HCl 的体积 25.00ml，则试样中碳酸钠的质量为：

$$m_{Na_2CO_3}=0.005236\times25.00=0.1309\ (g)$$

【例 4-6】 0.1000mol/L 的 NaOH 标准溶液换算成对草酸（$H_2C_2O_4\cdot2H_2O$）的滴定度是多少？（$M_{H_2C_2O_4\cdot2H_2O}=126.07g/mol$）

解：NaOH 与草酸的滴定反应式为：

$$2NaOH+H_2C_2O_4 \rightleftharpoons Na_2C_2O_4+2H_2O$$

$$T_{NaOH/H_2C_2O_4\cdot2H_2O}=\frac{1}{2}\frac{c_{NaOH}\cdot M_{H_2C_2O_4\cdot2H_2O}}{1000}=\frac{1}{2}\times\frac{0.1000\times126.07}{1000}=6.304\times10^{-3}(g/ml)$$

重点小结

1. 根据分析方法的原理，定量分析方法分为化学分析与仪器分析。根据被测组分取样量分为常量分析、半微量分析、微量分析及超微量分析。

2. 分析测定中产生误差的原因很多，按照来源和性质不同可分为系统误差和偶然误差。

3. 准确度是指测量值与真实值接近的程度，准确度的高低用误差来衡量。精密度是平行测量值互相接近的程度，精密度的高低用偏差来衡量，精密度是保证准确度的先决条件。

4. 选择合适的分析方法、减小偶然误差、消除系统误差可以提高分析结果的准确度。

5. 有效数字是实际测量的数字，最后一位是估计值。有效数字应该先修约再计算。

6. Q 检验法和 G 检验法可以检验可疑数据保留或舍弃。

7. 滴定分析法适用于常量组分（含量>1%）的测定，特点是仪器简单、操作简便、速度快且准确度高。

8. 滴定分析法主要有直接滴定法、返滴定法、置换滴定法和间接滴定法。

9. 滴定分析法所用的标准溶液，可以用基准物质直接配制或用间接配制法配制。

10. 滴定常用的两种浓度是物质的量浓度 c 和滴定度 $T_{T/A}$。

目标检测

一、选择题

（一）单选题

1. 按照分类方法，滴定分析法属于（　　）。

A. 化学分析法　　B. 仪器分析法　　C. 重量分析法　　D. 色谱分析法

2. 在相同条件下，同一样品进行多次测定，测定值有大有小，误差时正时负，但通过测量次数的增加，存在的误差可减小，这种误差称为（　　）。

A. 偶然误差　　B. 仪器误差　　C. 试剂误差　　D. 系统误差

3. 分析化学中化学分析误差应该控制在（　　）以内。

A. 0.10ml　　B. 0.1%　　C. 20.00ml　　D. 0.1ml

4. 滴定管读数引入的绝对误差为±0.02ml，要求滴定的相对误差小于0.1%，滴定时消耗体积（　　）。

A. 5 ~ 10ml　　B. 10 ~ 15ml　　C. >20ml　　D. <20ml

5. 用同一台分析天平称取下列药品，相对误差最小的是（　　）。

A. 0.9867g　　B. 0.5432g　　C. 0.1222g　　D. 0.4567g

（二）多选题

1. 下列物质能直接配制成标准溶液的是（　　）。

A. 氢氧化钠　　B. 碳酸钠　　C. 高锰酸钾　　D. 重铬酸钾

2. 下列属于四位有效数字的是（　　）。

A. 1.5000　　B. 0.1001　　C. 1.010　　D. pH = 10.68

3. 对基准物质提出的要求是（　　）。

A. 纯度高　　B. 组成与化学式相符

C. 性质稳定　　D. 具有较大的摩尔质量

4. 下列各项中，直接滴定分析法对化学反应基本要求的是（　　）。

A. 反应必须有气体生成　　B. 反应必须定量进行完全

C. 反应速度快　　D. 反应必须按 1：1 的比例进行

5. 测定氯离子，首先向氯离子试液中定量加入过量硝酸银标准溶液，反应完全后，用硫氰酸铵标准溶液滴定试液中的硝酸银，从而求得氯离子含量的方法属于（　　）。

A. 直接滴定法　　B. 置换滴定法　　C. 返滴定法　　D. 沉淀滴定法

二、填空题

1. 已知分析天平可称准至0.0001g，每份试样需要2次读数，要使天平称量误差不大于0.1%，至少应称取试样量________。

2. 滴定管的读数误差为0.02ml，滴定液消耗体积为20.00ml 的相对误差为________。

3. 实际分析工作中，常用________来衡量测量结果的准确度。

4. 实际分析工作中，常用________来衡量平行测量值精密度的高低。

5. 分析化学中，为了减少________误差，采用“多次测量求平均值”的方法。

三、判断题

1. 准确的测量结果一定来源于精密的测量数据。

2. 误差有绝对误差和相对误差，绝对误差有正有负，相对误差也有正有负。

3. 所有的数字都是有效数字。

4. 测量的偶然误差是由不确定的偶然因素引起的，因而是无法避免的。

5. 能与滴定液反应的物质都可以用于直接滴定。

6. 滴定分析中，滴定终点与化学计量点完全相同。

四、综合应用题

1. 用0.1000mol/L NaOH 标准溶液滴定 25.00ml HCl 溶液至终点，消耗 NaOH 标准溶液

24.32ml，计算该HCl溶液的浓度。

2. 测定药用Na_2CO_3的含量，称取试样0.2652g，用0.2000mol/L的HCl标准溶液滴定，消耗HCl标准溶液23.50ml，计算该药品中Na_2CO_3的百分含量。（$M_{Na_2CO_3}=106.0g/mol$）

3. 称取基准硼砂（$Na_2B_4O_7\cdot 10H_2O$）0.4527g，标定浓度近似为0.1mol/L的HCl溶液，滴至终点消耗盐酸23.45ml，计算HCl溶液的浓度（$M_{Na_2B_4O_7\cdot 10H_2O}=381.4g/mol$）。

4. 用基准邻苯二甲酸氢钾标定近似浓度为0.1mol/L的NaOH溶液，消耗NaOH溶液的体积在20~25ml之间，应称取基准邻苯二甲酸氢钾的范围是多少？（$M_{KHP}=204.2g/mol$）

实训五 电子天平的使用和标准溶液的配制

【实训目的】

1. 掌握电子天平的称量方法。
2. 掌握标准溶液的配制方法。
3. 熟悉电子天平的结构。

【实训原理】

电子天平是采用电磁力与被测物体的重力相平衡的原理来测量的。它是将秤盘与通电线圈相连接，置于磁场中。当被称物置于秤盘上，因重力向下，线圈上就会产生电磁力，与重力大小相等，方向相反。此时传感器输出电信号，经整流放大，改变线圈上的电流，直至产生的电信号通过模拟系统后，将被称物品的质量显示出来。

电子天平称量准确可靠、显示快速清晰，具有自动检测系统、自动校准装置以及超载保护等装置。

【实训用品】

仪器：电热恒温干燥箱、称量瓶、电子天平（感量0.1mg）、干燥器、容量瓶。

试剂：无水碳酸钠

其他：变色硅胶

【实训步骤】

（一）电子天平的使用

1. 调水平 开机前，观察天平水平仪内的平衡水泡是否位于圆环的中央，否则应调节天平的水平调节螺丝。

2. 预热 接通电源、打开电源开关和天平开关，预热至少30分钟以上。为保证称量的准确度，天平可保持在待机状态（切忌反复拔开电源！）。

3. 校准 因存放时间较长、位置移动、环境变化等因素，天平在使用前一般都应进行校准操作。若为外校准，应在校准状态下，将随仪器配备的标准砝码置于秤盘上，待稳定后，天平显示读数为标准砝码的重量；移走砝码，显示数值应为0.0000g。若显示数值不为零，则再清零，重复以上校准操作。电子天平有自动内校功能，应按仪器使用说明书进行操作。

4. 称量 常用的称量方法有减量法和直接称量法。

（1）减量法 天平称量状态稳定后，显示0.0000时，将盛有样品的称量瓶放在秤盘上，待数字稳定即显示器左下角的“O”标志消失后即可读数，记录质量W_1。取下称量瓶，用称量瓶瓶盖敲出样品，再将称量瓶放入秤盘，记录质量W_2，（W_1-W_2）即为称得样品的质量。用此方法准确称取无水碳酸钠0.23~0.25g于小烧杯中，称出的碳酸钠不在此范围内应重称。

（2）直接称量法　将称量纸或称量容器放在天平内的秤盘中央，待读数稳定后，记录质量 M_1；若需除去称量纸或称量容器的质量，按去皮键去皮，显示器显示零。然后在称量纸或称量容器中加上样品，记录数值 M_2，若未按去皮键，（M_2-M_1）为称取的样品的质量；若已经去皮，则 M_2 即为称取的样品质量。

（二）碳酸钠标准溶液的配制

1. 溶解　加少量蒸馏水于已称取 0.23～0.25g 碳酸钠的小烧杯中，搅拌使其溶解。

2. 转移　将碳酸钠溶液定量转移至 100ml 容量瓶。转移时，将玻璃棒插入容量瓶内至刻度线以下，将烧杯嘴靠近玻璃棒，使溶液沿玻璃棒慢慢流入。残留在玻璃棒上的少量溶液，应用少量蒸馏水冲洗。残留在烧杯中的溶液，可用蒸馏水洗涤 3～4 次，洗涤液按以上方法转移至容量瓶中。

3. 定容　加蒸馏水至容量瓶约 2/3 时，将容量瓶水平方向摇转几次（不可倒转）作初步混匀。加水至近刻度线时改用滴管逐滴加入，直至凹液面最低处与刻度线相切。

4. 摇匀　一手按住塞子，另一手顶住底部，将容量瓶倒转并振摇，再倒转。如此反复约 10 次，即可混匀。

5. 标准溶液的浓度　根据公式 $c=\frac{m/M}{V}$ 计算所配制的标准溶液浓度。

【实训提示】

1. 称量瓶不可用手直接取用，应做约 2cm 纸带拿取（或戴手套）。
2. 容量瓶使用前必须检漏。

【实训思考】

1. 减量法如何称量能更快些？
2. 所配的标准溶液浓度应保留几位有效数字？

实训六　滴定分析常用仪器操作练习

【实训目的】

1. 掌握滴定分析的基本操作及终点的判断。
2. 学会分析数据的正确记录和计算方法。

【实训原理】

滴定分析法是将一种标准溶液滴加到待测组分的溶液中，直至标准溶液与被测组分按照确定的化学计量关系恰好完全反应，根据标准溶液的浓度和体积，计算待测组分含量的一种化学分析方法。例如，NaOH 溶液与 HCl 溶液的滴定反应：

$$NaOH+HCl \rightleftharpoons NaCl+H_2O$$

反应的计量点 pH＝7.0，0.1mol/L 的 HCl 溶液与 0.1mol/L NaOH 溶液相互滴定时，滴定突跃范围 pH 为 4.3～9.7。当 NaOH 滴定 HCl 时，用酚酞作指示剂，终点由无色变为浅红色；用 HCl 滴定 NaOH 时，用甲基橙作指示剂，终点由黄色变为橙色。一定浓度的 HCl 溶液和 NaOH 溶液相互滴定时，所消耗的体积比 V_{HCl}/V_{NaOH} 应是一定的，借此可以检验滴定操作技术和判断终点的能力。

【实训用品】

仪器：托盘天平、50ml 碱式滴定管、50ml 酸式滴定管、250ml 锥形瓶、25ml 移液管、量筒、烧杯、试剂瓶。

试剂：NaOH（饱和）、浓盐酸、酚酞（0.2% 乙醇溶液）、甲基橙（0.1% 水溶液）。

【实训步骤】

（一）**溶液的配制**

1. 0.1mol/L HCl 溶液的配制 用量筒量取浓盐酸 2.1ml，倒入烧杯中，加蒸馏水稀释至 250ml，摇匀，转移至试剂瓶中。

2. 0.1mol/L NaOH 溶液的配制 量取饱和 NaOH 溶液 1.4ml，置于烧杯中，加 250ml 蒸馏水，混匀，转入带橡皮塞的试剂瓶中，贴上标签。

（二）**滴定管的准备**

1. 酸式滴定管 取 50ml 酸式滴定管，检漏后洗涤，并用 0.1mol/L HCl 溶液润洗 2～3 次，每次 5～10ml。将 HCl 溶液装入酸式滴定管中，排气泡，调节液面至 0.00 刻度。

2. 碱式滴定管 取 50ml 碱式滴定管，检漏后洗涤，并用 0.1mol/L NaOH 溶液润洗2～3 次，装入 NaOH 溶液后排气泡，调节液面至 0.00 刻度。

（三）**酸碱溶液的互滴定练习**

1. 用 HCl 溶液滴定 NaOH 溶液 由碱式滴定管中放出 25.00ml NaOH 溶液于 250ml 锥形瓶中，加入 1～2 滴甲基橙指示剂，用 0.1mol/L HCl 溶液滴定至溶液由黄色变成橙色，即为终点。记录读数，并求出滴定时两溶液的体积比 V_{HCl}/V_{NaOH}。平行测定 3 次，计算相对平均偏差，要求不大于 0.2%。

2. 用 NaOH 溶液滴定 HCl 溶液 用移液管准确移取 25.00ml 0.1mol/L HCl 溶液置于 250ml 锥形瓶中，加入 2～3 滴酚酞指示剂，用 0.1mol/L NaOH 溶液滴定至溶液呈微红色，并保持 30 秒不褪色，即为终点。平行测定 3 次，记录读数，要求 3 次 V_{NaOH}的最大绝对差值不超过±0.04ml。

【实训结果】

1. HCl 溶液滴定 NaOH 溶液记录及处理

项目	1	2	3
V_{NaOH}（ml）			
HCl 开始读数（ml）			
HCl 最终读数（ml）			
V_{HCl}（ml）			
V_{HCl}/V_{NaOH}			
平均值（V_{HCl}/V_{NaOH}）			
相对平均偏差（%）			

2. NaOH 溶液滴定 HCl 溶液记录及处理

项目	1	2	3
V_{HCl}（ml）			
NaOH 开始读数（ml）			
NaOH 最终读数（ml）			
V_{NaOH}（ml）			
最大绝对差值（ml）			

【实训提示】

1. 注意有效数字的位数。
2. 滴定近终点注意控制滴定速度。

【实训思考】

1. HCl 溶液和 NaOH 溶液能直接配制成标准溶液吗？为什么？

2. 滴定分析实验中，锥形瓶是否用操作溶液润洗？为什么？

3. 滴定管的一次读数误差为±0.01ml，在一次滴定中，需要读取 2 次。为使滴定的相对误差小于 0.1%，消耗的体积至少应为多少？

附：滴定分析中常用仪器的使用方法

一、移液管

移液管是用于准确量取一定体积溶液的仪器，习惯称为吸管。常见的有腹式吸管和带刻度的吸管两种。管颈上部刻有一标线，标线的位置是由放出纯水的体积决定的。

（一）洗涤

使用前用铬酸洗液浸泡，将其洗干净，使其内壁及下端的外壁不挂水珠。自来水冲净洗液，蒸馏水润洗。移取溶液前，用待移取溶液润洗 3 次。

（二）移液

1. 吸取溶液 移取溶液时，右手拇指和中指握住移液管标线以上的部位，将移液管插入液面以下 1~2cm，左手拿洗耳球，挤压球部排出空气后，将洗耳球的尖端紧贴管口，慢慢松开洗耳球使液面上升至标线以上约 2cm，如图 4-2（a）所示。

2. 调节液面 移去洗耳球，右手食指迅速按紧管口，将移液管提出液面。左手持盛液容器（如烧杯）并使其倾斜 45°，将移液管管尖紧靠其内壁，稍松食指并用拇指及中指缓缓转动管身，使溶液缓缓下降至凹液面与刻度线相切，食指迅速按紧，如图 4-2（b）所示。

3. 放出溶液 左手持洁净的接受容器并使其倾斜 45°，移液管保持垂直插入并使管尖紧贴内壁，松开食指，溶液自由流出，如图 4-2（c）所示。当溶液不再流出，等待 15 秒，拿出移液管。

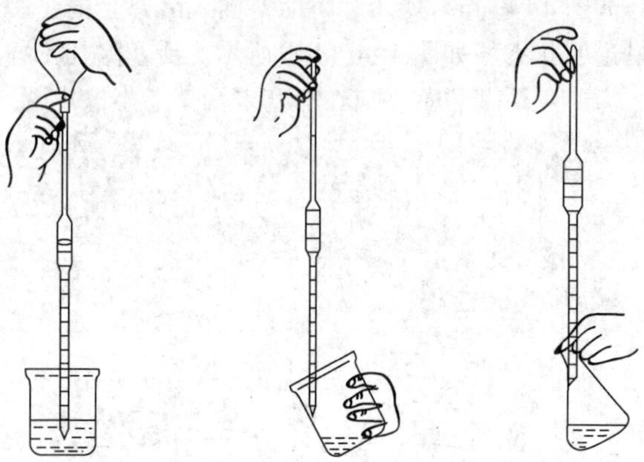

(a)吸取溶液　(b)调节液面　(c)放出溶液

图 4-2　移液管的使用

二、滴定管

滴定管是滴定时准确测量滴定消耗体积的仪器，刻度由上而下数值增大。滴定管的容量规格常用的为 50ml 和 25ml，最小刻度为 0.1ml，读数可估计到 0.01ml。

（一）滴定管的分类

1. 酸式滴定管 又称具塞滴定管，下端有玻璃活塞作开关，旋转玻璃活塞控制溶液的流速，如图4–3（a）所示。酸式滴定管用于盛放酸性、中性与氧化性溶液，不能装碱性溶液。

2. 碱式滴定管 又称无塞滴定管，下端用橡胶管连接一支带有尖嘴的小玻璃管，橡胶管内装一玻璃珠，挤压玻璃珠两侧的橡胶管使形成一条狭缝，控制溶液的流速，如图4–3（b）所示。碱式滴定管主要用于盛放碱性溶液。

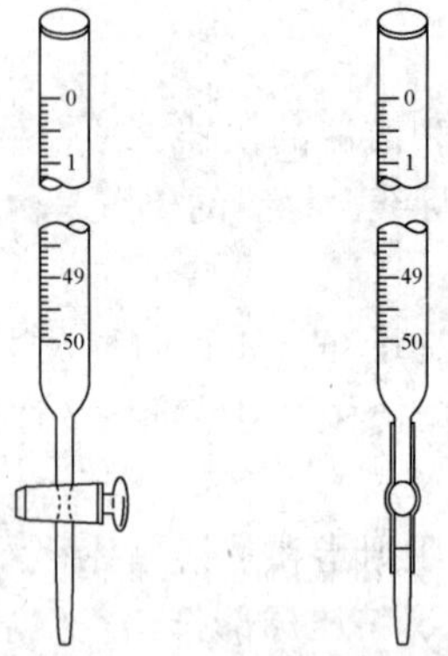

(a)酸式滴定管　　(b)碱式滴定管

图4–3　滴定管

（二）酸式滴定管的使用

1. 检漏 主要检查密合性及活塞是否能灵活转动。在滴定管内装水至最高标线，垂直置于滴定管架上，静置2分钟，观察活塞两端及滴定管口是否有水渗出。转动活塞180°，观察、不漏水为准。

若检漏不合格，玻璃活塞涂凡士林，起到密封和润滑作用。将滴定管内的水倒掉，平放在实验台上，抽出玻璃活塞，用滤纸擦干活塞和活塞套。蘸取少许凡士林，在活塞两端均匀地涂上薄薄一层，如图4–4（a）所示。将活塞插入活塞套内，一个方向旋转活塞直至活塞与塞槽接触部位呈透明状态，如图4–4（b）所示。活塞涂凡士林后应转动自如且不漏液，否则应重新处理。为避免活塞脱落，应在活塞末端套上小橡皮圈。

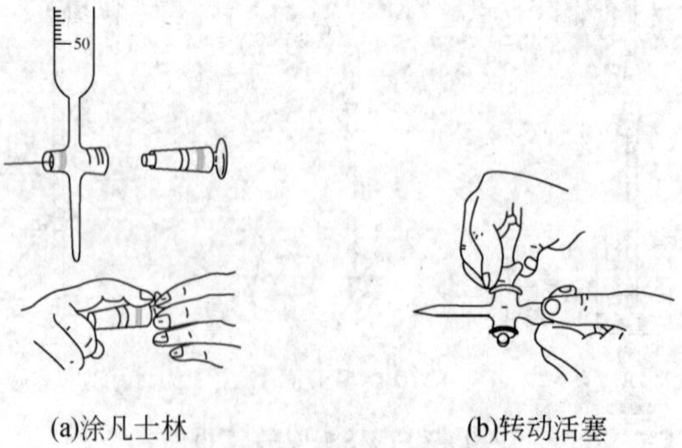

(a)涂凡士林　　(b)转动活塞

图4–4　酸式滴定管活塞的处理

2. 洗涤 检漏合格的滴定管通常先用洗涤剂洗涤，用自来水冲洗干净，再用5~10ml蒸馏水润洗2~3次；有油污的滴定管要用铬酸洗液洗涤。

3. 装液 装液前用5~10ml滴定液润洗2~3次，以免滴定液被稀释。将滴定液装入滴定管在零刻度线以上，打开滴定管活塞，排出管内空气，如图4–5（a）所示，并调至零点。

4. 滴定 用左手控制活塞，大拇指在前，食指和中指在后。转动活塞的同时，中指和食指应稍微弯曲，轻轻向内扣住活塞，手心空握以防止顶出活塞，造成漏液。

滴定通常在锥形瓶中进行，滴定管要垂直，操作者要坐正或站正。滴定时，使锥形瓶瓶底离滴定台高约2～3cm，滴定管下端伸入瓶口内约1cm。左手旋转活塞控制流速，右手持锥形瓶，边滴加边旋摇锥形瓶，如图4-5（b）所示。

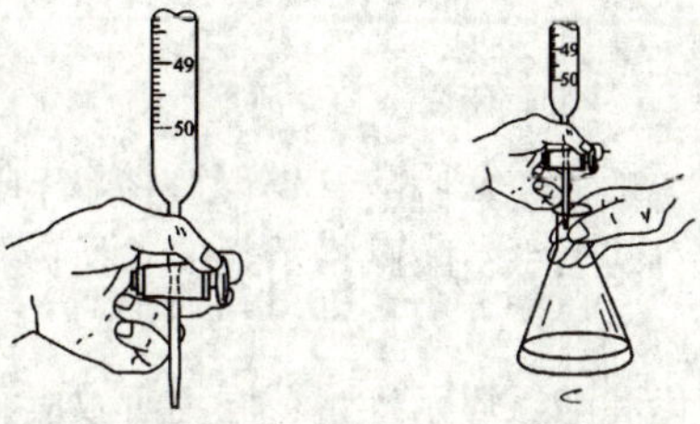
(a)排气泡　(b)滴定

图4-5　酸式滴定管的操作

（三）碱式滴定管的使用

1. 检漏 检查橡胶管是否老化以及玻璃珠与橡胶管是否匹配。在滴定管内装满水，垂直置于滴定管架，静置2分钟，观察滴定管口是否有水渗出。若漏液，更换橡胶管或玻璃珠。

2. 洗涤 碱式滴定管的洗涤程序与酸式滴定管相同。注意用洗液洗涤时，需将橡胶管取下，换上不用的橡胶管，用自来水冲干净后再换回。

3. 装液 装液前用5～10ml滴定液润洗2～3次，将滴定液加至零刻度线以上。将橡胶管向上弯曲，同时2个手指挤压玻璃珠两侧的橡胶管，使溶液从管尖喷出，排出气泡，如图4-6（a）所示。

4. 滴定 用左手控制玻璃珠，拇指在前，食指在后，捏住玻璃珠中部偏上方的橡胶管，无名指及小指夹住尖嘴玻璃管，向一侧推橡胶管，使其与玻璃珠之间形成一条缝隙，溶液即可流出。注意不要捏玻璃珠下方的橡胶管，也不能使玻璃珠上下移动，否则空气进入形成气泡。

与酸式滴定管相似，滴定时左手通过控制手指力度大小控制流速，右手持锥形瓶，边滴加边旋摇锥形瓶，如图4-6（b）所示。

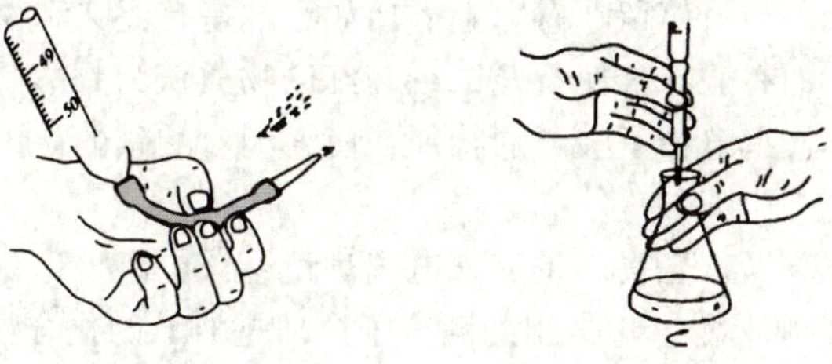
(a)排气泡　(b)滴定

图4-6　碱式滴定管的操作

（四）滴定管的读数

滴定结束读数时，将滴定管取下，右手拇指和食指捏住滴定管无刻度处，保持滴定管垂直。液面稳定后，保持视线、刻度线和溶液凹液面最低处成一线，读取读数。

（孙兰凤）

第五章

酸碱平衡与酸碱滴定

学习目标

知识要求

1. **掌握** 溶液的酸碱平衡；一元弱酸（弱碱）溶液 pH 的计算；缓冲溶液的配制及选择；共轭酸碱对的关系；酸碱指示剂的选择；弱酸弱碱滴定的条件；非水溶剂酸碱滴定特点。
2. **熟悉** 酸碱电离理论和酸碱质子理论；同离子效应和盐效应；缓冲原理；酸碱指示剂的变色原理；影响指示剂的变色因素；不同类型酸碱滴定曲线的特点。
3. **了解** 多元弱酸（弱碱）pH 的计算；缓冲容量；非水溶剂的类型及选择；酸碱滴定的应用。

技能要求

1. 掌握盐酸和氢氧化钠滴定液的配制和标定技能；熟练酸碱滴定终点的判断。
2. 学会酸碱滴定法测定药用硼砂含量的方法，能正确计算硼砂的含量。

酸碱是常见的重要物质，溶液的酸碱度是影响化学反应的重要因素。了解溶液酸碱度的计算及酸碱平衡的相关内容，是掌握酸碱反应定量分析的基础。本章主要讨论酸碱电离理论和酸碱质子理论、酸碱反应的实质、溶液酸碱性的计算，以及溶液酸碱平衡为基础的缓冲溶液和酸碱滴定分析法的应用。

第一节 酸碱理论

一、 酸碱电离理论

人们对酸碱的认识最初只停留在感官上。比如，凡是有涩味和滑腻感、能使石蕊试纸变蓝的物质都归为碱；而有酸味且使石蕊试纸变红的物质认为是酸。酸碱电离理论是近代酸碱理论的开端，从本质上解释了酸碱的特征，使人们对酸碱的认识完成了由现象到本质的飞跃。

瑞典化学家阿伦尼乌斯首先提出了酸碱电离理论，该电离理论认为：在水中电离出的阳离子全部是 H^+的化合物是酸，电离出的阴离子全部是 OH^-的化合物是碱。根据酸碱电离理论，HCl、H_2SO_4、HNO_3及 HAc 等是酸；NaOH 、KOH 、$Ca(OH)_2$等是碱。

酸碱电离理论解释了酸碱反应的实质是 H^+与 OH^-作用生成 H_2O 的反应。该理论具有一定的局限性，即酸碱物质通过电离出 H^+或 OH^-来划分，无法解释某些盐类的酸碱性；物质的酸碱性局限于水溶液中，不适用于非水溶剂。

二、 酸碱质子理论

针对阿伦尼乌斯电离理论的局限性，1923 年，丹麦化学家布朗斯台德（Bronsted）和英国化学家劳瑞（Lowry）提出了酸碱质子理论。

（一）酸碱质子理论

酸碱质子理论认为：具有给出质子（H^+）能力的物质是酸，具有接受质子（H^+）能力的物质是碱。即酸是质子的给予体，碱是质子的接受体。例如 HCl、HAc、HNO_3、HSO_4^-及NH_4^+等都能够给出质子，所以是酸；而 OH^-、NH_3、CO_3^{2-}、Ac^-等能够接受质子，则是碱。酸碱质子理论扩大了酸碱的范围，酸碱不再局限于分子，也可以是离子。为了与酸碱电离理论进行区分，酸碱质子理论将酸称之为质子酸，碱为质子碱。

（二）共轭酸碱对

酸碱质子理论中，酸、碱并不是孤立的，而是成对存在的。它们存在有如下关系：

$$\text{酸} \rightleftharpoons \text{碱} + \text{质子}$$

$$H_2O \rightleftharpoons OH^- + H^+$$

$$HCl \rightleftharpoons Cl^- + H^+$$

$$NH_4^+ \rightleftharpoons NH_3 + H^+$$

$$H_2CO_3 \rightleftharpoons HCO_3^- + H^+$$

$$HCO_3^- \rightleftharpoons CO_3^{2-} + H^+$$

上述关系式所示，酸失去质子形成碱，碱得到质子形成酸。像这样，酸和碱之间只相差一个质子（H^+）的关系称为共轭酸碱对。在一组共轭酸碱对中，酸称之为碱的共轭酸，而碱则为酸的共轭碱。此外，既可以给出质子也可以接受质子的物质归属于两性物质。例如，HCO_3^-是 H_2CO_3的共轭碱，同时也是CO_3^{2-}的共轭酸，所以HCO_3^-是两性物质。

（三）质子酸碱的强度

根据酸碱质子理论，酸碱反应涉及了两组共轭酸碱对，即酸将质子转移给碱，得到其共轭碱，而另一碱接受质子变成了其共轭酸，通式表示为：

$$\overset{H^+}{\overbrace{\text{酸}_1 + \text{碱}_2}} \rightleftharpoons \text{碱}_1 + \text{酸}_2$$

上述反应通式，可用于弱酸弱碱的电离、盐类的水解及酸碱中和反应。例如：

弱酸弱碱的电离：

$$NH_3 + H_2O \rightleftharpoons NH_4^+ + OH^-$$
$$HAc + H_2O \rightleftharpoons Ac^- + H_3O^+$$

盐类的电离：

$$NH_4^+ + H_2O \rightleftharpoons NH_3 + H_3O^+$$
$$Ac^- + H_2O \rightleftharpoons HAc + OH^-$$

酸碱中和反应：

$$NH_3 + H_3O^+ \rightleftharpoons NH_4^+ + H_2O$$
$$HAc + OH^- \rightleftharpoons Ac^- + H_2O$$

由此可见，酸碱反应的实质是两组共轭酸碱对之间的质子转移，物质的酸碱性表现为给出或接受质子的能力。酸碱强度是相对的，酸容易给出质子，其共轭碱接受质子的能力就弱，即碱性越弱；碱接受质子的能力强，其共轭酸给出质子的能力就弱，即酸性越弱。

酸碱性的强弱除与物质的本性有关外，还与反应对象及溶剂有关。同一种物质在不同的溶剂中，溶剂接受（或给出）质子的能力不同，显示的酸（碱）性强弱不同。如 HAc 在水中为弱酸，在液氨中却为强酸。因此，物质酸碱性强弱的比较应在同一溶剂中进行。

第二节 溶液的酸碱平衡

一、水的解离与溶液酸碱性

（一）水的解离

根据质子理论，水是既能给出质子也能接受质子的两性物质，水分子间可以发生质子传递反应。水的解离如下：

$$H_2O+H_2O \rightleftharpoons OH^-+H_3O^+$$

简化后：

$$H_2O \rightleftharpoons OH^-+H^+$$

一定温度下，达到解离平衡时，其解离平衡常数为：

$$K=\frac{[OH^-][H^+]}{[H_2O]}$$

水是弱电解质，纯水或稀溶液中，一般将［H_2O］看成常数，与 K 合并用 K_w 表示，则：

$$K_w=[OH^-][H^+] \quad (5-1)$$

K_w 称为水的离子积常数，简称离子积。K_w 表示在一定温度下，水中 OH^- 与 H^+ 浓度乘积是常数。实验测得，298.15K 时，纯水中［OH^-］=［H^+］=1.0×10^{-7} mol/L，水的解离过程是吸热反应，K_w 随着温度的上升而增大，但其升高的值并不大，可以忽略。所以，通常室温下采用 $K_w=1.0\times10^{-14}$ 进行有关计算。

（二）溶液的酸碱性

K_w 适用于纯水及水的稀溶液体系。溶液的酸碱性主要通过［OH^-］与［H^+］的定量比较进行判断。298.15K 时，纯水中［OH^-］=［H^+］=1.0×10^{-7} mol/L，K_w=［OH^-］［H^+］=1.0×10^{-14}。溶液中［H^+］和［OH^-］的关系如下：

当［H^+］>［OH^-］，［H^+］>1.0×10^{-7} mol/L、［OH^-］<1.0×10^{-7} mol/L 时，溶液呈酸性；

当［H^+］=［OH^-］=1.0×10^{-7} mol/L 时，溶液呈中性；

当［H^+］<［OH^-］，［H^+］<1.0×10^{-7} mol/L、［OH^-］>1.0×10^{-7} mol/L 时，溶液呈碱性。

由此可知，［H^+］越大，溶液酸性越强；［OH^-］越大，溶液碱性越强。［H^+］或［OH^-］较小的溶液，常用 pH 或 pOH 表示溶液的酸碱性。

pH 表示溶液的酸度，是溶液［H^+］的负对数：

$$pH=-\lg[H^+] \quad (5-2)$$

pOH 表示溶液的碱度，是溶液［OH^-］的负对数：

$$pOH=-\lg[OH^-] \quad (5-3)$$

298.15K 时，纯水呈中性，即：

$$[OH^-]=[H^+]=1.0\times10^{-7}\text{mol/L}$$

$$pH=pOH=-\lg(1.0\times10^{-7})=7$$

$$pH+pOH=-\lg[H^+][OH^-]=14 \quad (5-4)$$

水溶液的 pH 范围在 0～14 之间。pH<7，溶液呈酸性；pH>7，溶液呈碱性；pH=7，溶液呈中性。因此，pH 越小（或 pOH 越大），溶液的酸性越强；反之，pH 越大（或 pOH 越小），溶液的碱性越强。

【例 5-1】 计算 0.01mol/L NaOH 溶液的 pH。

解：NaOH 为强电解质，水中完全解离：

$$NaOH \longrightarrow Na^+ + OH^-$$

H_2O 解离产生的 OH^- 可忽略不计，溶液中 OH^- 主要由 NaOH 提供。即：

$$[OH^-] = [NaOH] = 0.01mol/L$$

$$pOH = -\lg[OH^-] = -\lg 0.01 = 2$$

$$pH = 14 - pOH = 14 - 2 = 12$$

则 0.01mol/L NaOH 溶液的 pH 为 12。

课堂互动

计算下列各组溶液的 pH。

(1) 0.001mol/L KOH 溶液　　(2) 0.1mol/L HNO_3 溶液

二、弱酸、弱碱溶液 pH 的计算

溶液的 pH 可以用 pH 酸度计进行测定，也可以通过测定溶液 $[H^+]$、$[OH^-]$ 进行计算。对于弱酸或者弱碱等弱电解质溶液，其 pH 计算比较复杂。

（一）一元弱酸（弱碱）的解离平衡

1. 一元弱酸的解离平衡 以 HA 代表一元弱酸，溶于水中发生质子转移：

$$HA + H_2O \rightleftharpoons H_3O^+ + A^-$$

简化后：

$$HA \rightleftharpoons H^+ + A^-$$

上述反应即为一元弱酸 HA 的解离反应，达到平衡时：

$$K_a = \frac{[A^-][H^+]}{[HA]} \tag{5-5}$$

K_a 为弱酸 HA 的酸解离常数。一定温度下，K_a 为一个定值。

2. 一元弱碱的解离平衡 一元弱碱 B 与一元弱酸类似，水中解离反应为：

$$B + H_2O \rightleftharpoons BH^+ + OH^-$$

解离达到平衡时：

$$K_b = \frac{[OH^-][BH^+]}{[B]} \tag{5-6}$$

（二）解离度

一定温度下，弱电解质在溶液中达到解离平衡时，已解离的弱电解质分子数与解离前弱电解质分子总数之比，称为弱电解质的解离度，也称为电离度，用 α 表示。

$$\alpha = \frac{\text{已解离的弱电解质分子数}}{\text{弱电解质分子总数}} \times 100\% \tag{5-7}$$

解离度和解离常数都用来比较弱电解质的相对强弱，两者既有联系，又有区别。解离度与解离平衡常数的关系为：

$$\alpha \approx \sqrt{\frac{K_i}{c_a}} \tag{5-8}$$

上式表示解离度与解离常数及溶液浓度的关系，称为稀释定律，即同一弱电解质的解离度与其浓度的平方根成反比。同一物质的溶液，浓度越稀，解离度越大；相同浓度时，不同弱电解质的解离度与解离常数的平方根成正比。解离度不但与电解质的本性、温度、溶剂有关，也受电解质的浓度影响。所以，解离常数比解离度能更好地反映弱电解质的特征，应用更为广泛。

（三）一元弱酸（弱碱）溶液 pH 的计算

一元弱酸（HA）的水溶液体系中，存在 HA 和 H_2O 两个解离反应。

HA 的解离　$HA \rightleftharpoons A^- + H^+$　平衡常数　$K_a = \frac{[A^-][H^+]}{[HA]}$

H_2O 的解离　$H_2O \rightleftharpoons OH^- + H^+$　平衡常数　$K_w = [H^+][OH^-]$

弱电解质的解离度很小，当 $c \cdot K_a \geqslant 20K_w$，且 $c/K_a \geqslant 500$ 时，可忽略水的解离对 H^+浓度的影响，只考虑弱酸的解离。溶液［H^+］近似计算公式为：

$$[H^+] \approx \sqrt{c \cdot K_a} \tag{5-9}$$

一元弱碱溶液的［OH^-］计算类似一元弱酸。一元弱碱 B，水溶液中的解离平衡为：

$$B + H_2O \rightleftharpoons OH^- + BH^+$$

$$K_b = \frac{[OH^-][BH^+]}{[B]}$$

同理，只有当 $c \cdot K_b \geqslant 20K_w$，且 $c/K_b \geqslant 500$ 时，可用最简公式：

$$[OH^-] \approx \sqrt{c \cdot K_b} \tag{5-10}$$

课堂互动

计算下列各组溶液的 pH。

(1)0.02mol/L HAc 溶液($K_a = 1.76 \times 10^{-5}$)

(2)0.1mol/L HCN 溶液($K_a = 6.2 \times 10^{-10}$)

(3)0.05mol/L 氨水($K_b = 1.76 \times 10^{-5}$)

（四）共轭酸碱对 K_a 与 K_b 的关系

弱酸 HA 与其共轭碱 A^- 在水溶液中达到解离平衡时：

$HA \rightleftharpoons A^- + H^+$　　$K_a = \frac{[A^-][H^+]}{[HA]}$

$A^- + H_2O \rightleftharpoons OH^- + HA$　　$K_b = \frac{[OH^-][HA]}{[A^-]}$

将 K_a 与 K_b 相乘，有如下关系：

$$K_a \cdot K_b = K_w \tag{5-11}$$

由式（5-11）可知，共轭酸碱对中弱酸的 K_a 值越大，给出质子的能力越强，酸性越强，其共轭碱的 K_b 值即越小，碱性越弱。

【例 5-2】 已知 298.15K 时，醋酸（HAc）的 $K_a = 1.76 \times 10^{-5}$，求其共轭碱（$Ac^-$）的 K_b。

解：由式（5-11）可得：

$$K_b = \frac{K_w}{K_a} = \frac{1.0 \times 10^{-14}}{1.75 \times 10^{-5}} = 5.68 \times 10^{-10}$$

所以，Ac^- 的 K_b 为 5.68×10^{-10}。

（五）多元弱酸（弱碱）的解离平衡

多元弱酸（弱碱）在水中的解离是分步进行的。例如，三元弱酸 H_3PO_4 的解离如下：

第一步　$H_3PO_4 \rightleftharpoons H^+ + H_2PO_4^-$　$K_{a_1}=\dfrac{[H_2PO_4^-][H^+]}{[H_3PO_4]}=7.52\times10^{-3}$

第二步　$H_2PO_4^- \rightleftharpoons H^+ + HPO_4^{2-}$　$K_{a_2}=\dfrac{[HPO_4^-][H^+]}{[H_2PO_4^-]}=6.23\times10^{-8}$

第三步　$HPO_4^{2-} \rightleftharpoons H^+ + PO_4^{3-}$　$K_{a_3}=\dfrac{[HPO_4^-][H^+]}{[HPO_4^-]}=2.22\times10^{-13}$

从上述解离常数可以看出，$K_{a_1} \gg K_{a_2} \gg K_{a_3}$，溶液的 H^+ 主要来自于第一步解离平衡，多元弱酸近似一元弱酸进行计算［H^+］。当 $c \cdot K_{a_1} \geqslant 20K_w$，且 $c/K_{a_1} \geqslant 500$ 时：

$$[H^+] \approx \sqrt{c \cdot K_{a_1}}$$

同理，多元弱碱解离也是分步进行的，溶液中 OH^- 主要来自第一步解离。因此，当 $K_{b_1} \gg K_{b_2}$ 时，多元弱碱溶液［OH^-］的计算类似一元弱碱。

三、同离子效应和盐效应

（一）同离子效应

弱电解质溶液中，加入与弱电解质具有相同离子的强电解质，会引起弱电解质的解离平衡逆向移动，导致弱电解质的解离度降低，这种现象称为同离子效应。

如图 5-1 所示，在醋酸（HAc）溶液中，加入强电解质 NaAc，Ac^- 浓度增大，根据化学平衡移动原理，HAc 解离平衡逆向移动，其解离度降低。

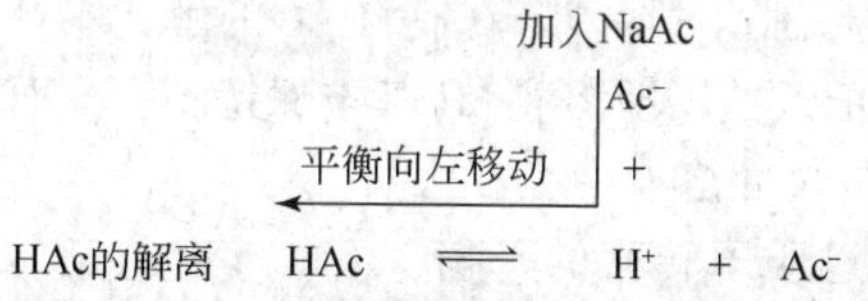

图 5-1　以醋酸（HAc）溶液为例说明同离子效应

同离子效应在分析化学中用于缓冲溶液的配制，在药物分析中用于某些离子浓度的控制。

（二）盐效应

弱电解质溶液中加入不含弱电解质成分的强电解质，弱电解质的电离度增加的现象称为盐效应。例如，HAc 溶液中，加入强电解质 NaCl，溶液中离子浓度大大增加，离子间相互牵制的作用增强，H^+ 与 Ac^- 离子结合成 HAc 分子的机会减少，导致 HAc 解离度略有增加。

盐效应伴随着同离子效应同时发生，二者对弱电解质的解离平衡产生的效果相反。与同离子效应相比，盐效应对弱电解质的解离平衡影响较小。所以，对于低浓度的弱酸或弱碱溶液，一般盐效应可以忽略不计。

课堂互动

氨水溶液中分别加入下列物质，电离度有何变化？

(1) KOH　(2) HCl　(3) NH_4Cl

第三节 缓冲溶液

生物体内的反应、食品或饲料行业的加工或食品药品的检验等，都要求化学反应必须在一定的 pH 范围内才能正常进行。因此，控制溶液的酸碱性，使化学反应在最佳条件下进行，涉及缓冲溶液的有关知识。

一、缓冲溶液的组成和原理

（一）缓冲溶液的组成

能抵抗外来少量强酸、强碱或稍加稀释，保持其 pH 基本不变的溶液称为缓冲溶液。这种抵抗作用称为缓冲作用。缓冲溶液是由一定浓度的共轭酸碱对混合组成的溶液。其中的共轭酸碱对又称为缓冲对。常见缓冲对的类型有：弱酸及其盐（HAc-NaAc）、弱碱及其盐（NH_3-NH_4Cl）、多元酸的酸式盐及其次级盐（$NaHCO_3$-Na_2CO_3）等。

（二）缓冲溶液的原理

以 HAc-NaAc 缓冲溶液为例说明缓冲溶液的作用原理。

HAc-NaAc 缓冲溶液中，NaAc 是强电解质，溶液中完全解离；HAc 是弱电解质，受 Ac^-同离子效应的影响，主要以 HAc 分子的形式存在。此混合体系中 Na^+、HAc、Ac^-的浓度较大，而 HAc-Ac^-为共轭酸碱对。此时，外加少量强酸产生的 H^+与高浓度的共轭碱离子 Ac^-生成 HAc，HAc 的解离平衡向左移动，如图 5-2 所示，可以维持溶液 pH 相对稳定，即 Ac^-为抗酸成分；若向溶液加入少量的强碱，则 OH^-与 HAc 解离出的 H^+结合生成 H_2O，此时溶液中 H^+的消耗促使大量 HAc 进一步解离，HAc 的解离平衡向右移动来补充 H^+，不会因加入强碱使 H^+浓度明显的改变，即溶液 pH 基本保持不变，而 HAc 为抗碱成分。

由此可见，缓冲原理是缓冲溶液中存在大量的抗酸和抗碱成分，通过质子转移的平衡，调节溶液 pH 基本不变。其中共轭酸是抗碱成分，共轭碱是抗酸成分。

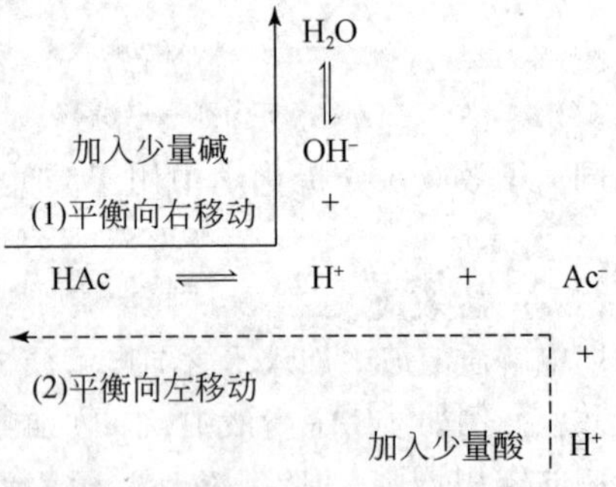

图 5-2 以 HAc-NaAc 缓冲溶液为例说明缓冲溶液的作用原理

缓冲溶液主要有两种用途。一般缓冲溶液主要用于控制溶液的 pH，如鉴定 Mg^{2+}反应需在碱性溶液中进行，但碱性太强，可能生成白色 $Mg(OH)_2$沉淀，利用 $NH_3 \cdot H_2O$-NH_4Cl 缓冲溶液，控制溶液 pH 在一定范围内，完成鉴别反应；另一种标准缓冲溶液，用作测量溶液 pH 的参照标准，如酸度计测定溶液的 pH，常用的标准缓冲溶液有邻苯二甲酸氢钾、磷酸二氢钾和磷酸氢二钠混合盐以及硼砂溶液。

二、缓冲溶液 pH 的计算

缓冲溶液浓度较大，主要用作控制体系的酸度。缓冲溶液 pH 的计算，一般采用近似方法。例如，缓冲溶液 HAc-NaAc 存在下列平衡：

$$HA \rightleftharpoons A^- + H^+$$

$$K_a = \frac{[A^-][H^+]}{[HA]}$$

$$[H^+]=K_a\frac{[HA]}{[A^-]}$$

即：
$$pH=-\lg[H^+]=pK_a+\lg\frac{[A^-]}{[HA]} \quad (5-12)$$

式（5-12）是缓冲溶液 pH 近似计算公式，其中$\frac{[A^-]}{[HA]}$称为缓冲比。因此，缓冲溶液的 pH 主要由弱酸的酸解离常数 K_a 和缓冲比决定。当加入少量水稀释时，溶液中［HA］和［A^-］的浓度都有所降低，但比值不变，所以少量的稀释，缓冲溶液的 pH 基本不变。

【例 5-3】 298.15K 时，将 100ml 0.45mol/L 的 HAc 溶液与 50ml 0.30mol/L NaOH 溶液混合配制成 HAc-NaAc 缓冲溶液，试求该缓冲溶液的 pH 是多少？（假设混合后缓冲溶液的总体积为混合前 HAc 与 NaOH 的体积之和；HAc 的 $K_a=1.76\times10^{-5}$）

解：缓冲溶液的总体积：

$$V=V_{HAc}+V_{NaOH}=100+50=150ml$$

HAc 与 NaOH 的反应如下：

$$NaOH+HAc=\!=\!=NaAc+H_2O$$

所以，缓冲溶液中共轭碱 Ac^-的浓度为：

$$[Ac^-]=\frac{c_{NaOH}V_{NaOH}}{V}=\frac{0.30\times50}{150}=0.10mol/L$$

缓冲溶液中弱酸 HAc 的浓度为：

$$[HAc]=\frac{c_{HAc}V_{HAc}-c_{NaOH}V_{NaOH}}{V}=\frac{0.45\times100-0.3\times50}{150}=0.20mol/L$$

由式（5-12）可计算，缓冲溶液的 pH：

$$pH=-\lg[H^+]=pK_a+\lg\frac{[Ac^-]}{[HAc]}=-\lg(1.75\times10^{-5})+\lg\frac{0.10}{0.20}=4.75-0.3=4.72$$

同理，一元弱碱 B 及其共轭酸 BH^+组成的缓冲溶液，存在下列平衡：

$$B+H_2O \rightleftharpoons BH^++OH$$

pOH 计算的近似公式为：

$$pOH=-\lg[OH^-]=pK_b+\lg\frac{[BH^+]}{[B]} \quad (5-13)$$

三、缓冲容量和缓冲范围

（一）缓冲容量

缓冲溶液的 pH 改变 1 个单位时需要加入强酸强碱的量，称为缓冲容量，用 β 表示：

$$\beta=\frac{\Delta c}{\Delta pH} \quad (5-14)$$

β 代表了缓冲溶液的缓冲能力，也称为缓冲指数。其单位为 mol/（L·pH）。缓冲容量 β 越大，说明缓冲溶液的缓冲能力越强。

【例 5-4】 将 0.2ml 0.1mol/L NaOH 溶液加入 10ml 的某一缓冲溶液中，该缓冲溶液的 pH 由 4.75 变为 4.78，求该缓冲溶液的缓冲容量。

解：加入 NaOH 的浓度：

$$\Delta c=\frac{c_{NaOH}\times V_{NaOH}}{V_0+V_{NaOH}}=\frac{0.1\times0.2}{10+0.2}=0.002\ (mol/L)$$

缓冲溶液的 pH 变化量：

$$\Delta pH = 4.78 - 4.75 = 0.03$$

由式（5-14）可知缓冲溶液的缓冲容量：

$$\beta = \frac{\Delta c}{\Delta pH} = \frac{0.002}{0.03} = 0.067 mol/（L \cdot pH）$$

（二）影响缓冲容量的因素

缓冲容量等于缓冲溶液中弱酸及其共轭碱的缓冲容量之和，即缓冲容量具有加和性。所以，缓冲容量的大小与溶液中共轭酸碱的浓度比及总浓度有关。

1. 缓冲比（$[A^-]/[HA]$）一定时，缓冲溶液的缓冲容量与其总浓度成正比。一般地，缓冲溶液总浓度在 0.05～0.2mol/L 范围内。

2. 总浓度一定时，缓冲溶液中共轭酸碱的浓度比越接近 1，则缓冲容量越大。当共轭酸碱的浓度比为 1 时，$pH = pK_a$，缓冲容量 β 最大。

（三）缓冲范围

缓冲比（$[A^-]/[HA]$）控制在 0.1～10 之间较为合适，超出此范围溶液将失去缓冲作用。因此，$pH = pK_a \pm 1$ 称为缓冲溶液的缓冲范围。常见缓冲溶液的缓冲范围见表 5-1。

表 5-1　常见缓冲溶液的 pK_a 及其缓冲范围

缓冲溶液的组成	共轭酸 pK_a	缓冲范围
碳酸氢钠-碳酸钠（$NaHCO_3$-Na_2CO_3）	10.25（pK_{a_2}）	9.2～11.0
硼酸-氢氧化钠（H_3BO_3-NaOH）	9.14	8.0～10.0
三（羟甲基）氨基甲烷-盐酸（Tris-HCl）	8.21	7.1～8.9
磷酸二氢钾-磷酸氢二钠（KH_2PO_4-Na_2HPO_4）	7.21（pK_{a_2}）	5.8～8.0
醋酸-醋酸钠（HAc-NaAc）	4.75	3.7～5.6
邻苯二甲酸-氢氧化钠（$C_8H_6O_4$-NaOH）	2.89	2.2～4.0

四、缓冲溶液的选择和配制

在食品加工、药物生产和临床医学等实际工作中，需要配制一定 pH 的缓冲溶液，配制的原则及步骤如下：

1. 选择合适的缓冲对　缓冲对性质稳定，不能与溶液中主要物质发生作用，对体系无干扰。其次 pH 应在缓冲范围内，尽量接近溶液的 pH，使缓冲溶液有较大的缓冲容量。

2. 总浓度要适当　一般总浓度控制在 0.05～0.2mol/L 之间。浓度太低，缓冲容量太小；浓度过高，会引起渗透浓度过大及试剂的浪费。

3. 计算所需抗酸和抗碱的成分　缓冲对及溶液总浓度确定后，一般选用相同浓度的共轭酸碱溶液，按一定比例混合成所需要的体积。根据缓冲溶液 pH 的计算公式，求算出所需弱酸和共轭碱成分的量。

$$pH = pK_a + \lg \frac{[共轭碱]}{[弱酸]} \tag{5-15}$$

若选取共轭酸碱的浓度均为 c_0，体积分别为 V_a、V_b，则配制的缓冲溶液总体积为：

$$V_0 = V_b + V_a$$

缓冲溶液的 pH 为：

$$pH = pK_a + \lg \frac{c_b}{c_a} = pK_a + \lg \frac{V_b}{V_a} \tag{5-16}$$

根据式（5-16），计算所需相同浓度的共轭酸碱的体积比 $\frac{V_b}{V_a}$，按体积比混合即可配制成所需的缓冲溶液。

【例 5-5】 配制 100ml、pH=5.2 的缓冲溶液，需要用等浓度的醋酸（HAc）及醋酸钠溶液（NaAc）多少毫升？（$pK_{HAc}=4.75$）

解：缓冲溶液由等浓度的 HAc 及 NaAc 组成，根据式（5-16）得：

$$pH=pK_{HAc}+\lg\frac{V_{NaAc}}{V_{HAc}}=4.75+\lg\frac{V_{NaAc}}{V_{HAc}}=5.2$$

计算整理可得：

$$\lg\frac{V_{NaAc}}{V_{HAc}}=5.2-4.75=0.45$$

$$\frac{V_{NaAc}}{V_{HAc}}=10^{0.45}=2.82$$

$$V_{NaAc}=2.82\ V_{HAc}$$

缓冲溶液是将等浓度的 HAc 与 NaAc 按比例进行混合。缓冲溶液的体积 V 近似等于 HAc 与 NaAc 体积之和。即：

$$V=V_{HAc}+V_{NaAc}=(1+2.82)\ V_{HAc}=3.82\ V_{HAc}=100ml$$

$$V_{HAc}=26.2ml$$

$$V_{NaAc}=100ml-26.2ml=73.8ml$$

因此，用等浓度的 62mlHAc 和 73.8mlNaAc 混合，即可配制所需缓冲溶液。

许多化学反应与生物反应过程都与体系中的 pH 有关。缓冲溶液的主要作用就是控制溶液的 pH，所以缓冲溶液在药品和食品具有广泛应用。例如，在食品中利用乳酸菌分解葡萄糖产生乳酸，造成 pH 下降，一般在培养基成分中添加 KH_2PO_4-K_2HPO_4 等缓冲剂。制药工业中，常加入缓冲溶液使药物保持在稳定的 pH 范围内。例如，为了使氯霉素滴眼液主药稳定性增加且对眼膜无刺激性作用，常选择将 H_3BO_3 缓冲溶液控制此滴眼液 pH 在 7.0 左右。

第四节 酸碱滴定

案例讨论

案例： 2008 年中国出现了“毒奶粉事件”，即奶粉中添加大量三聚氰胺冒充蛋白质，许多婴幼儿受到了伤害，影响极其恶劣。蛋白质是一种复杂的有机物，不同的蛋白质氮的含量基本相同。凯氏定氮法是测定有机物氮含量的重要方法，即将被测试样溶解、定量将试样中的氮转化为 NH_3 释放出来，导入定量且过量的盐酸标准溶液中，以标准氢氧化钠溶液滴定未反应的盐酸，从而换算出食品中蛋白质的含量。

讨论： 1. 酸碱滴定法有何特点？
2. 酸碱滴定法如何进行定量分析？

酸碱滴定法是以质子转移反应为基础的滴定分析方法，包括水溶液和非水溶液中进行的酸碱滴定法两类。酸碱以及能与酸碱直接或间接发生质子转移的物质，一般都可以进行酸碱滴定法分析。因此，酸碱滴定法在滴定分析中应用十分广泛。

一、 酸碱指示剂

酸碱滴定中，大部分滴定液与待测溶液反应后外观没有明显的变化。因此，需要借助于指示剂确定滴定的终点。

（一）指示剂的变色原理

常见的酸碱指示剂一般为有机弱酸或有机弱碱，其共轭酸碱对具有不同的结构、呈现不同的颜色。当体系的 pH 发生改变时，有机弱酸弱碱分子结构发生变化，引起指示剂的颜色变化。能够利用本身颜色的改变来指示溶液 pH 变化的物质称为酸碱指示剂。

以弱酸（HIn）指示剂为例，存在以下解离平衡：

$$\underset{\text{酸式色}}{HIn} \rightleftharpoons H^+ + \underset{\text{碱式色}}{In^-}$$

由上述平衡关系可以看出，增大溶液酸度，即提高了 H^+浓度，将抑制 HIn 的解离，指示剂主要以 HIn 分子形式存在，则溶液呈现出酸式色；降低体系中 H^+的浓度，促进 HIn 解离，平衡向右进行，指示剂主要以 In^-形式存在，溶液呈碱式色。

酸碱滴定中常用的酸碱指示剂有酚酞和甲基橙。酚酞在酸性及中性溶液中呈无色，碱性呈红色，是一种碱指示剂。溶液酸碱性的变化，酚酞可以实现由无色到红色之间的颜色转化，属于单色指示剂。降低体系的酸度，甲基橙呈黄色；增大体系的酸度，溶液变为红色。甲基橙随体系 pH 的变化，出现红色与黄色两种颜色的变化，属于双色指示剂。

（二）指示剂的变色范围

溶液 pH 的变化会引起指示剂结构的改变，导致指示剂颜色的变化。弱酸（HIn）指示剂在溶液中的解离平衡为：

$$HIn \rightleftharpoons H^+ + In^-$$

$$K_{HIn} = \frac{[H^+][In^-]}{[HIn]}$$

pH 为：

$$pH = pK_{HIn} + \lg\frac{[In^-]}{[HIn]} \quad (5\text{-}17)$$

当$\frac{[In^-]}{[HIn]}=1$，$pH=pK_{HIn}$称为指示剂的理论变色点，溶液呈现酸色和碱色的中间色；

当$\frac{[In^-]}{[HIn]}\geqslant 10$，$pH \geqslant pK_{HIn}+1$，溶液颜色为碱色；

当$\frac{[In^-]}{[HIn]}\leqslant 10$，$pH \leqslant pK_{HIn}-1$，溶液颜色呈酸色。

由于人眼对不同颜色的敏感程度不同，只有当$\frac{[In^-]}{[HIn]}$为 10 或 1/10 时，才能辨别颜色的改变。因此，$pK_{HIn}\pm 1$ 称为指示剂的理论变色范围，实际观察与理论推算略有变化。几种常用的酸碱指示剂变色范围见表 5-2。

表 5-2 几种常用的酸碱指示剂的变色范围

指示剂	pK_{HIn}	变色范围 pH	溶液颜色	
			酸式色	碱式色
百里酚酞	10.0	9.4～10.6	无色	蓝色
酚酞	9.1	8.2～10.0	无色	红色
酚红	8.0	6.7～8.4	黄色	红色

续表

指示剂	pK_{HIn}	变色范围 pH	溶液颜色	
			酸式色	碱式色
中性红	7.4	6.8~8.0	红色	黄橙色
溴百里酚蓝	7.3	6.0~7.6	黄色	蓝色
甲基红	5.2	4.4~6.2	红色	黄色
溴甲酚绿	4.9	3.8~5.4	黄色	蓝色
甲基橙	3.4	3.1~4.4	红色	黄色
甲基黄	3.3	2.9~4.0	红色	黄色

必须注意，酸碱指示剂的颜色变化是在特定的 pH 范围内，不以溶液的酸碱性作为变色标准。所以，不能直接用指示剂的颜色判断溶液的酸碱性。例如，室温下，酚酞在溶液 pH<8.2 时，呈无色，不代表该溶液一定是酸性，可能为中性或弱碱性。

（三）影响指示剂的变色范围的因素

1. 温度 指示剂的变色范围与 pK_{HIn} 有关，K_{HIn} 平衡常数与温度有关。因此，温度的变化将导致指示剂变色范围发生改变。实际滴定操作中，一般都在室温下进行，若需要加热溶液，待溶液冷却至室温后再进行滴定。

2. 指示剂的用量 酸碱指示剂主要为有机弱酸或弱碱，滴定过程中也会消耗一定的量。若加入指示剂量过多，增加了滴定剂的消耗量，造成结果误差；但指示剂的用量不宜太少，否则导致终点变色不灵敏。一般滴定剂用量在 25ml 左右，指示剂大约 1~2 滴即可。

3. 滴定程序 实际滴定过程中，选择指示剂的原则是滴定终点颜色的变化由浅色变为深色，因人眼对此变化比较敏感，可以减小滴定终点判断的误差。例如，若用酸滴定碱时，多采用甲基橙为指示剂，滴定终点由黄色变为橘红色；用碱滴定酸时，常采用酚酞为指示剂，终点颜色由无色变为红色。

（四）混合指示剂

单一指示剂的变色范围约为 pK_{HIn} 的 2 个单位，难以满足某些滴定终点的准确判断。采用混合指示剂，利用颜色互补原理，能缩小指示剂的变色范围，终点变色敏锐，易于观察，可以提高滴定分析的准确度。

表 5-3 几种常用混合指示剂

混合指示剂成分	组成比例	变色点 pH	溶液颜色	
			酸式色	碱式色
0.1%百里酚酞乙醇溶液+0.1%茜素黄乙醇溶液	2:1	10.2	黄色	紫色
0.1%百里酚蓝乙醇溶液+0.1%酚酞乙醇溶液	1:3	9.0	黄色	紫色
0.1%甲酚红钠盐溶液+0.1%百里酚蓝钠盐溶液	1:3	8.3	黄色	紫色
0.1%中性红乙醇溶液+0.1%亚甲基蓝乙醇溶液	1:1	7.0	蓝紫色	绿色
0.1%氯酚红钠盐溶液+0.1%溴甲酚绿钠盐溶液	1:1	6.1	黄绿色	蓝紫色
0.2%甲基红乙醇溶液+0.1%溴甲酚绿乙醇溶液	1:3	5.1	酒红色	绿色
0.25%靛蓝二磺酸钠溶液+0.1%甲基橙溶液	1:1	4.1	紫色	黄绿色
0.1%亚甲基蓝乙醇溶液+0.1%甲基黄乙醇溶液	1:1	3.25	蓝紫色	绿色

混合指示剂主要分为两类：一类是在某种酸碱指示剂中加入一种惰性染料，如甲基橙

与靛蓝组成的混合指示剂，其酸式色与碱式色分别为紫色与黄绿色，靛蓝颜色不随 pH 变化，只作甲基橙的背景，变色范围不变，有利于分辨；另一类是由两种或两种以上的酸碱指示剂混合而成，如溴甲酚绿与甲基红混合指示剂，二者颜色互补，溶液近乎无色，颜色变化敏锐，变色范围变窄。几种常用混合指示剂见表 5-3。

二、 酸碱滴定类型

根据滴定体系中滴定液与待测液物质的酸碱强度不同，酸碱滴定主要分为强酸（碱）的滴定、强酸（碱）与一元弱碱（酸）或多元弱碱（酸）的滴定。酸碱滴定主要讨论不同类型的滴定曲线和指示剂的选择。

（一） 强酸（碱）的滴定

强酸（碱）的滴定是以强酸（强碱）为待测液，强碱（强酸）为滴定剂的酸碱滴定。其滴定反应为：$H^+ + OH^- \rightleftharpoons H_2O$

以 0.1000mol/L NaOH 溶液滴定 20.00ml 0.1000mol/L HCl 溶液为例，讨论强酸强碱滴定。

1. 溶液的 pH 计算 滴定过程溶液 pH 变化，分为四个阶段进行讨论。

（1）滴定开始前 溶液酸度取决于 HCl 的起始浓度。

$$[H^+] = c_{HCl} = 0.1000\text{mol/L} \qquad pH = 1.00$$

（2）化学计量点前 溶液的酸度取决于酸碱中和后，剩余 HCl 的浓度。

$$c_{剩余} = \frac{n_{剩余}}{V_{总}} = \frac{n_{初始} - n_{消耗}}{V_{总}} = \frac{c_{HCl}V_{HCl} - c_{NaOH}V_{NaOH}}{V_{HCl} + V_{NaOH}}$$

当滴入 19.80ml NaOH 溶液时，$[H^+] = 5.02\times10^{-4}$ mol/L　　pH = 3.30

当滴入 19.98ml NaOH 溶液时，$[H^+] = 5.00\times10^{-3}$ mol/L　　pH = 4.30

（3）化学计量点时 HCl 完全被 NaOH 中和生成 H_2O，溶液 pH = 7.00。

（4）化学计量点后 溶液的酸度取决于过量的 NaOH。

$$c_{OH^-} = \frac{n_{剩余}}{V_{总}} = \frac{n_{加入} - n_{消耗}}{V_{总}} = \frac{c_{NaOH}V_{NaOH} - c_{HCl}V_{HCl}}{V_{HCl} + V_{NaOH}}$$

当滴入 20.02ml NaOH 溶液时，pOH = 4.3　　pH = 14 - 4.3 = 9.7

当滴入 22.00ml NaOH 溶液时，pOH = 2.32　　pH = 14 - 2.32 = 11.68

按此方法逐一计算滴定过程中的 pH，实验数据见表 5-4。

表 5-4 0.1000mol/L NaOH 溶液滴定 20.00ml 等浓度的 HCl 溶液

滴入 NaOH 溶液的体积 V_{NaOH}/ml	剩余 HCl 溶液的体积 V_{HCl}/ml	过量 NaOH 溶液的体积 V_{NaOH}/ml	酸碱中和百分比/%	锥形瓶内溶液的 pH
0.00	20.00	--	0.00	1.00
18.00	2.00	--	90.00	2.28
19.80	0.20	--	99.00	3.30
19.98	0.02	--	99.90	4.30
20.00	0.00	0.00	100.00	7.00
20.02	--	0.02	100.01	9.70
20.20	--	0.20	101.0	10.70
22.00	--	2.00	110.0	11.70
40.00	--	20.00	200.0	12.50

2. 滴定曲线 以表5-4中的V_{NaOH}为横坐标，溶液的pH为纵坐标，描绘滴定过程中溶液pH变化的曲线，称为酸碱滴定曲线。上述滴定过程的曲线如图5-3所示。

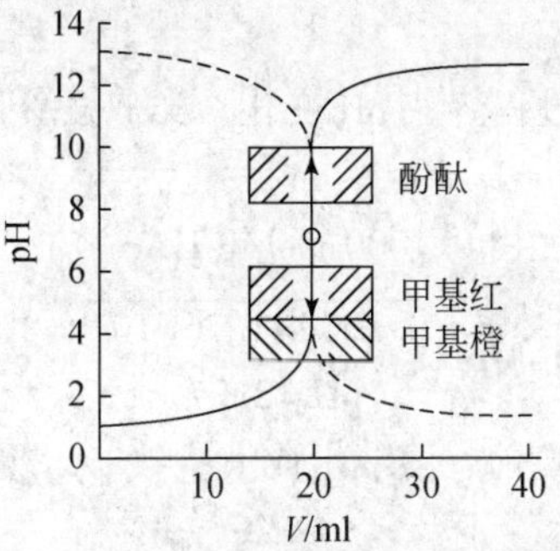

图5-3 0.1000mol/L NaOH标准溶液滴定同等浓度HCl溶液的滴定曲线

结合表5-4及图5-3可知，开始滴定至酸碱中和达到99.9%阶段，溶液的pH呈现缓慢上升趋势，滴定曲线比较平坦，斜率较大，NaOH从滴定开始到19.80ml，溶液pH只改变了2.3个单位，再滴入0.18ml（NaOH共19.98ml），溶液pH改变了1个单位，变化速度明显加快，继续滴入0.02ml NaOH（约半滴），达到化学计量点，pH增至7.00。

以上讨论可以看出，当酸碱中和在100±0.1%范围，即化学计量点附近，滴定曲线变陡，斜率变小。这种在化学计量点前后误差为±0.1%溶液pH的变化范围，称为滴定的突跃范围。滴定分析中，滴定突跃范围是选择指示剂的依据。

若用强酸滴定强碱，溶液pH在化学计量点前后分别由剩余的强碱溶液及过量的强酸溶液所决定。例如，用0.1000mol/L HCl滴定20.00ml同等浓度的NaOH溶液，其滴定曲线形状如图5-3虚线所示，与图5-3实线相比，溶液pH变化趋势相反，二者的滴定曲线左右对称，滴定突跃范围一致。选择指示剂时，根据化学计量点与滴定终点先后到达的顺序不同，选择不同的指示剂。

3. 指示剂的选择 实际操作中，指示剂的变色点与化学计量点不可能完全吻合。为了减小滴定误差，选择酸碱指示剂的原则是变色点与化学计量点尽可能接近，即指示剂的变色范围与滴定突跃范围全部或者部分重叠。同时，为了提高变色点判断的准确性，宜选择滴定终点颜色由浅变深的指示剂。

例如，0.1000mol/L NaOH溶液滴定等浓度的HCl溶液，pH突跃范围为4.30~9.70，酚酞、甲基红及甲基橙均可作滴定的指示剂，根据指示剂由浅变深的原则，强碱滴强酸宜选择酚酞，强酸滴强碱则选择甲基红。

4. 影响突跃范围的因素 滴定剂的浓度是影响滴定突跃的主要因素之一。如图5-4所示，不同浓度NaOH标准溶液滴定20.00ml等浓度的HCl溶液，溶液的pH变化方向相似，但是随着溶液浓度的降低，滴定突跃范围变小。滴定曲线的突跃范围太小，不利于指示剂的选择，即终点的判断。一般标准溶液的浓度在0.01~1mol/L范围内比较合适。

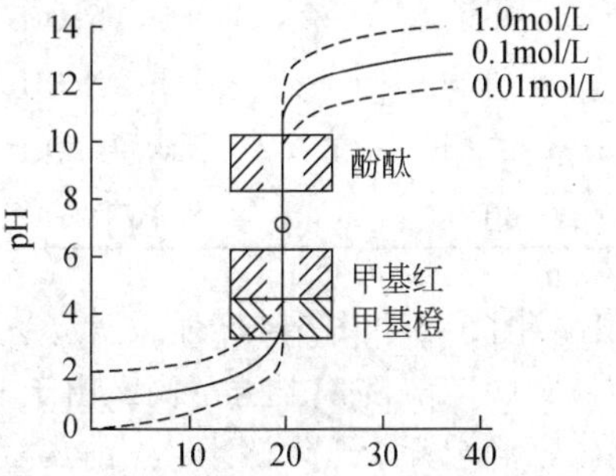

图5-4 不同浓度NaOH标准溶液滴定同等浓度HCl溶液的滴定曲线

（二）强碱（酸）滴定一元弱酸（碱）

强碱（酸）滴定一元弱酸（碱）滴定过

程讨论与强酸强碱滴定类似，由于弱酸（碱）在溶液中存在解离平衡，因此，计算比较复杂。

以 0.1000mol/L NaOH 溶液滴定 20.00ml 0.1000mol/L HAc 溶液为例，讨论强碱滴定弱酸过程中溶液 pH 的变化。

1. 溶液的 pH 计算 滴定过程溶液 pH 变化，类似强酸强碱的滴定，分为四个阶段进行讨论。

（1）滴定开始前 溶液酸度由 0.1000 mol/L HAc 溶液（$pK_a = 1.76\times10^{-5}$）决定。

$$[H^+] = \sqrt{c_{HAc}K_a} = \sqrt{0.1000\times1.76\times10^{-5}} = 1.34\times10^{-3}\text{mol/L}$$

$$pH = 2.87$$

（2）滴定开始至化学计量点前 溶液组成 HAc-NaAc 缓冲体系。则

$$pH = pK_a + \lg\frac{c_{NaOH}V_{NaOH}}{c_{HAc}V_{HAc} - c_{NaOH}V_{NaOH}}$$

（3）化学计量点时 溶液完全被中和成强碱弱酸盐 NaAc，呈弱碱性。

$$[OH^-] = \sqrt{c_{NaAC}K_b} = \sqrt{0.05\times1\times10^{-14}\div(1.76\times10^{-5})} = 5.36\times10^{-6}\text{mol/L}$$

$$pH = 14 - pOH = 14 + \lg[OH^-] = 14 - 5.28 = 8.72$$

（4）化学计量点后 溶液成分为 NaAc 与 NaOH，pH 主要由过量的 NaOH 浓度决定。

$$c_{过量NaOH} = \frac{c_{NaOH}V_{NaOH} - c_{HAc}V_{HAc}}{V_{HAc} + V_{NaOH}}$$

$$pH = 14 + \lg c_{过量NaOH}$$

2. 滴定曲线与指示剂的选择 将滴定过程中各点的 pH 列于表 5-5。绘制 V_{NaOH} 与溶液的 pH 的滴定曲线，如图 5-5 所示。

表 5-5 以 0.1000mol/L NaOH 溶液滴定 20.00ml 同等浓度的 HAc 溶液

滴入 NaOH 溶液的体积 V_{NaOH}/ml	溶液的组成	过量 NaOH 溶液的体积 V_{NaOH}/ml	酸碱中和百分比/%	溶液的 pH
0.00	HAc	--	0.00	2.87
10.00	NaAc-HAc	--	50.00	4.75
18.00	NaAc-HAc	--	90.00	5.70
19.80	NaAc-HAc	--	99.00	6.73
19.98	NaAc-HAc	--	99.90	7.74
20.00	NaAc	0.00	100.00	8.72
20.02	NaAc-NaOH	0.02	100.01	9.70
20.20	NaAc-NaOH	0.20	101.0	10.70
22.00	NaAc-NaOH	2.00	110.0	11.70
40.00	NaAc-NaOH	20.00	200.0	12.50

比较图 5-5 和图 5-3，强碱滴定一元弱酸有以下特点：

（1）滴定前，pH 比强酸高，由于 HAc 解离出的 H^+ 比同浓度 HCl 的少。

（2）滴定开始至化学计量点前 0.1% 处，曲线变化比较复杂，HAc-NaAc 组成了缓冲体系。曲线两端的缓冲比值或者很大（>10∶1），或者很小（<10∶1），所以缓冲能力的大小，随着 NaOH 的加入，pH 变化明显；曲线的中段缓冲比接近 1∶1，缓冲能力最大，曲线变化不大。

（3）化学计量点时，滴定产物 NaAc 水解，溶液呈碱性，理论终点的 pH 不是 7.00 而是 8.22。被滴定的酸越弱，化学计量点的 pH 越大。

（4）化学计量点附近，溶液 pH 发生突跃，滴定的突跃范围为 7.76～9.70，只改变了约 2 个 pH 单位，滴定突跃范围较小且处于碱性范围内，只能选择酚酞、百里酚酞等弱碱性指示剂。若以强酸滴定弱碱，化学计量点时 pH 呈弱酸性，应该选择甲基红或溴酚蓝等指示剂。

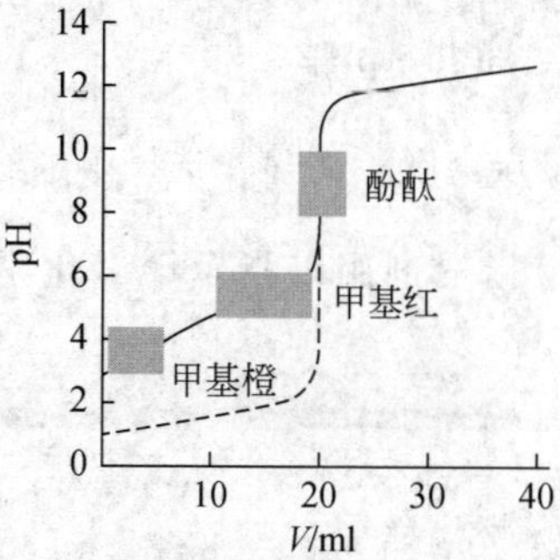

图 5-5　0.1000mol/L NaOH 标准溶液滴定同等浓度 HAc 溶液的滴定曲线

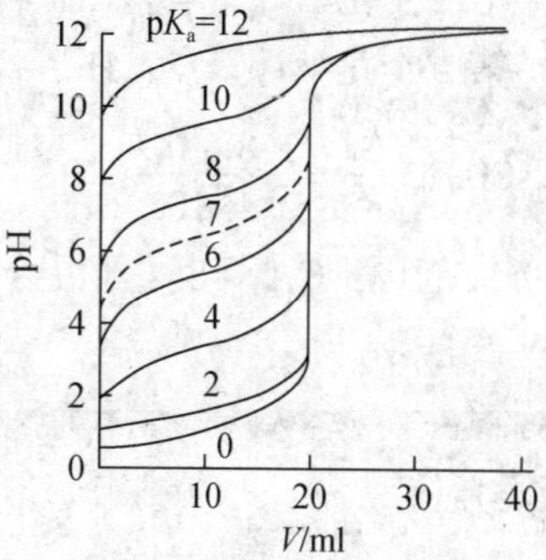

图 5-6　0.000mol/L NaOH 溶液滴定同等浓度不同一元弱酸溶液的滴定曲线

3. 影响突跃范围的因素　强酸（碱）滴定一元弱碱（酸）除与滴定剂的浓度有关外，弱酸弱碱的解离常数 K_a 或 K_b 也是影响滴定突跃范围的主要因素。同浓度强碱溶液滴定不同强度的弱酸，弱酸的 K_a 越小，其滴定曲线的滴定突跃范围越小，滴定曲线无明显突跃，没有合适的指示剂确定终点。如图 5-6 所示。

因此，一元弱酸（碱）被准确滴定的条件为 $c \cdot K_a \geqslant 10^{-8}$（或 $c \cdot K_b \geqslant 10^{-8}$）。

（三）强碱（酸）滴定多元弱酸（碱）

1. 多元弱酸的滴定　多元酸 HnA 大多为弱酸，具有多级解离。因此，讨论强碱滴定多元弱酸时，首先判断滴定能否分步进行，其次是每步能否准确被滴定。一般多元弱酸被滴定的条件为：

（1）若 $c \cdot K_a \geqslant 10^{-8}$，则 n 级解离出的 H^+ 可以被准确滴定；

（2）相邻两级的 $\frac{K_{a_1}}{K_{a_2}} \geqslant 10^4$，则相邻两级解离的 H^+ 能分步滴定，产生两个突跃。

强碱滴定多元弱酸存在多级滴定突跃，且每个滴定突跃范围均不同，根据每个化学计量点的滴定突跃范围选择不同的指示剂。强碱滴定多元弱酸的 pH 计算较为复杂，实际工作中，一般不采用理论计算，而是利用酸度计直接测定滴定溶液的 pH 取得滴定曲线。

以三元弱酸磷酸为例，其水溶液存在的平衡如下：

$$H_3PO_4 \rightleftharpoons H^+ + H_2PO_4^- \qquad K_{a_1} = 6.9\times10^{-3}$$

$$H_2PO_4^- \rightleftharpoons H^+ + HPO_4^{2-} \qquad K_{a_2} = 6.3\times10^{-8}$$

$$HPO_4^{2-} \rightleftharpoons H^+ + PO_4^{3-} \qquad K_{a_3} = 4.8\times10^{-13}$$

若 H_3PO_4 的浓度为 0.1000mol/L，根据强碱滴定弱酸的条件 $c \cdot K_a \geqslant 10^{-8}$，说明 H_3PO_4 的第一个与第二个化学计量点有滴定突跃，而第三个化学计量点无滴定突跃，不能直接滴定；且 $\frac{K_{a1}}{K_{a2}} > 10^4$，则说明可以对第一、第二化学计量点进行分别滴定。

2. 多元弱碱的滴定 多元弱碱主要为多元酸根与强碱的结合物。常见的多元弱碱有 $Na_2B_4O_7$、Na_2CO_3及 Na_3PO_4等。与多元弱酸的滴定相似，多元弱碱的滴定过程也具有多级突跃，且每个化学计量点的 pH 突跃都与多元弱碱前后两级 K_b的比值有关。只有当多元弱碱的 $c \cdot K_b \geqslant 10^{-8}$时，才具备滴定突跃。

例如，以 0.1000mol/L HCl 标准溶液对 0.1000mol/L Na_2CO_3溶液进行滴定，其滴定反应如下：

（1）第一个化学计量点：$HCl + Na_2CO_3 \longequal NaHCO_3 + NaCl$，pH = 8.31

（2）第二个化学计量点：$HCl + NaHCO_3 \longequal H_2CO_3 + NaCl$，　pH = 3.89

由于CO_3^{2-}的$\frac{K_{b_1}}{K_{b_2}} = \frac{1.8\times10^{-4}}{2.4\times10^{-8}} < 10^{-5}$，故第一个化学计量点突跃不明显，选择甲酚红与百里酚蓝（变色范围：8.2 ~ 8.4）混合指示剂；而甲基橙指示剂用以指示第二化学计量点 pH = 3.89。

拓展阅读

酸碱指示剂的由来

三百多年前，英国科学家罗伯特·波义耳从大瓶里倾倒出盐酸时，少许酸飞溅在实验桌的紫罗兰上，当他用水冲洗掉花上的酸沫后发现紫罗兰颜色变红了。这一奇特现象让波义耳感到新奇，他认为可能是盐酸使紫罗兰颜色变红。为了确认实验现象，他取来几种已知的酸溶液，并将紫罗兰花瓣分别放入这些稀酸中，结果紫罗兰都变为红色。由此他推断酸能使紫罗兰变红。之后他采集了各种植物的根泡出了浸液，有些浸液遇酸变色，有些浸液遇碱变色。他从石蕊苔藓中提取的紫色浸液，遇酸变红，遇碱变蓝，这就是最早的石蕊试液，波义耳把它称作指示剂。

三、 酸碱滴定液的配制及标定

（一）0.1mol/L 盐酸滴定液的配制及标定

盐酸是酸碱滴定中常用的酸滴定液。浓盐酸易挥发，不能用直接法配制。先配制 0.1mol/L HCl 的近似溶液，再用基准物质或已知准确浓度的碱滴定液标定，求得准确浓度。

1. 0.1mol/L 盐酸标准溶液的配制 用浓盐酸（12.0mol/L）溶液配制 1000ml 的 0.1mol/L 盐酸标准溶液。根据稀释定律：$c_{浓}V_{浓} = c_{稀}V_{稀}$，所需浓盐酸的体积：

$$V_{浓} = \frac{c_{稀}V_{稀}}{c_{浓}} = \frac{0.1\text{mol/L}\times1000\text{ml}}{12.0\text{mol/L}} = 8.3\text{ml}$$

量筒量取 8.3ml（浓盐酸易挥发，比理论计算量多取）浓盐酸加水稀释至 1000ml 即可。

2. 0.1mol/L 盐酸滴定液的标定 标定 HCl 常用的基准物质有无水碳酸钠或硼砂。

以无水碳酸钠为基准试剂标定 0.1mol/L 盐酸。标定反应为：

$$Na_2CO_3 + 2HCl \longequal 2NaCl + CO_2\uparrow + H_2O$$

可选用甲基橙指示剂，滴定终点由黄色恰好变为橙色。根据消耗盐酸溶液的体积及无水碳酸钠的质量，计算盐酸的准确浓度：

$$c_{HCl}=\frac{2\times m_{Na_2CO_3}}{V_{HCl}\times M_{Na_2CO_3}}$$

（二）0.1 mol/L 氢氧化钠滴定液的配制及标定

氢氧化钠溶液是常用的碱滴定液。NaOH 易吸收空气中的水和二氧化碳，故应采用间接法配制。

1. 0.1mol/L 氢氧化钠标准溶液的配制 为了配制不含 CO_2 的 NaOH 溶液，取饱和 NaOH 溶液（浓度约为 20mol/L）上层的清夜，稀释成 1000ml 的 0.1mol/L NaOH 标准溶液。根据稀释定律，所需饱和 NaOH 溶液：

$$V_{浓}=\frac{c_{稀}V_{稀}}{c_{浓}}=\frac{0.1\text{mol/L}\times 1000\text{ml}}{20\text{mol/L}}=5.0\text{ml}$$

用量筒量取 5.0ml 饱和氢氧化钠溶液，用新煮沸的冷蒸馏水稀释至 1000ml 即可。

2. 0.1mol/L 氢氧化钠滴定液的标定 标定 NaOH 常用的基准物质有邻苯二甲酸氢钾（$KHC_8H_4O_4$，缩写为 KHP）、草酸等。以邻苯二甲酸氢钾为例，标定反应为：

$$KHC_8H_4O_4+NaOH=\!=\!=KNaC_8H_4O_4+H_2O$$

可选用酚酞指示剂，滴定终点溶液颜色由无色变为粉红色。NaOH 溶液浓度计算：

$$c_{NaOH}=\frac{m_{KHP}}{V_{NaOH}\times M_{KHP}}$$

此外，也可用 HCl 标准溶液标定 NaOH 溶液的浓度，仍可用酚酞指示剂。

四、实例分析

（一）原料药水杨酸（$C_7H_6O_3$）含量的测定

水杨酸为一元弱酸。一元弱酸能被准确滴定的条件为 $c\cdot K_a\geqslant 10^{-8}$。按照药典要求操作，水杨酸的浓度 c 接近 0.1mol/L，而水杨酸 $K_a=1.07\times10^{-3}>10^{-7}$，满足强碱滴定一元弱酸的条件，可用直接法滴定。水杨酸微溶于水，易溶于乙醇，选用稀乙醇溶液作为溶剂。

以 NaOH 标准溶液直接滴定水杨酸，其滴定反应为：

$$C_7H_6O_3+NaOH=\!=\!=NaC_7H_5O_3+H_2O$$

可选用酚酞指示剂，滴定终点溶液颜色由无色变为粉红色。水杨酸的含量计算：

$$C_7H_6O_3\%=\frac{M_{C_7H_6O_3}\times c_{NaOH}\times V_{NaOH}}{m_{样品}}\times 100\%$$

第五节 非水溶液的酸碱滴定

案例讨论

案例： 咖啡是一种流行的饮料，咖啡中的咖啡因具有兴奋中枢神经的作用，能暂时驱走睡意使人恢复精力，深受上班族的喜爱。但过量的饮用会引发精神紊乱。此类饮品需要检测及标明咖啡因的含量。咖啡因是一种嘌呤类生物碱，碱性极弱，与酸反应生成的盐不稳定，在水溶液或醇溶液中易水解。

讨论： 1. 采用酸碱滴定法检测咖啡因如何选择溶剂？

2. 此种酸碱滴定有何特点？

弱酸或弱碱（$c \cdot K_a \leq 10^{-8}$）在水溶液中没有明显的滴定突跃，无法确定滴定的终点，不能用直接滴定法；一些有机弱酸弱碱在水中溶解度小、反应不完全等，因此，以水为溶剂的酸碱滴定具有一定的局限性。如果采用非水溶剂（有机溶剂或不含水的无机溶剂）作为滴定介质，可以增大有机化合物的溶解度、改变物质酸碱性的强度。非水滴定以非水溶液作为滴定介质，测定水溶液中不能准确滴定的物质。目前，药典中近 1/3 药物测定用非水酸碱滴定法，主要测定有机碱及氢卤酸盐、硫酸盐、有机酸盐和有机酸碱金属盐类药物的含量，同时也用于测定某些有机弱酸药物的含量。

一、溶剂的类型

以酸碱质子理论为基础，非水滴定常用的溶剂分为质子溶剂和非质子溶剂两大类。

（一）质子溶剂

质子溶剂是具有给出质子或接受质子能力的溶剂，根据溶剂给出或接受质子能力的强弱分为三种类型。

1. 酸性溶剂 给出质子能力较强的溶剂，主要用于滴定弱碱性物质。常见的有冰醋酸、丙酸等。

2. 碱性溶剂 接受质子能力较强的溶剂，主要用于滴定弱酸性物质。如乙二胺、液氨、乙醇胺等。

3. 两性溶剂 既容易接受质子又易给出质子的溶剂，其酸碱性与水相近，适用于滴定不太弱的酸或碱的物质。常见的主要有醇类化合物，如甲醇、乙醇、乙二醇等。

（二）非质子溶剂

非质子溶剂不能发生质子自递反应，这类溶剂分为两类。

1. 偶极亲质子溶剂 自身没有质子但具有接受质子和形成氢键能力的溶剂。适用于弱酸或某些混合物的滴定。常见的有酰胺类、吡啶、酮类、腈类等。

2. 惰性溶剂 既不给出质子也不接受质子，溶剂分子不参与酸碱反应亦无形成氢键能力的溶剂。此类溶剂在滴定中对溶质起溶解、分散和稀释的作用。如苯、氯仿、二氧六环等。

非水滴定分析中，为使样品易于溶解、增大滴定突跃、终点变色敏锐，常将惰性溶剂与质子溶剂混合使用。

二、溶剂的性质与溶剂的选择

（一）溶剂的性质

1. 溶剂对物质酸碱性的影响 质子溶剂具有给出质子或接受质子的能力，即具有酸碱性。物质的酸碱性不仅取决于自身的性质，还与溶剂的酸碱性有关。

例如，酸 HA 溶于水的质子转移反应为：

$$HA+H_2O \rightleftharpoons H_3O^++A^-$$

如果 HA 的浓度较小，其给出质子能力足够强（如四大强酸），与水定量作用生成 H_3O^+，而溶液的酸度被均化到 H_3O^+（溶剂化质子）水平。这种将不同强度的酸（或碱）均化到同等的溶剂化质子的水平而使其强度相等的效应，称为均化效应，也称拉平效应。具有均化效应的溶剂称为均化溶剂。所以，水是四大强酸的均化溶剂。

同理，能区分不同酸（或碱）强度的效应，称为区分效应。具有区分效应的溶剂称为区分溶剂。例如，将四大强酸溶解于冰醋酸中，冰醋酸的酸性比水强，四种强酸不会全部将质子转移给冰醋酸，因此，他们给出质子的能力出现了差别，冰醋酸是四大强酸的区分溶剂。

溶剂的均化效应和区分效应是相对的，与溶质和溶剂的相对酸碱强度有关。一般来说，酸性溶剂是酸的区分溶剂，是碱的均化溶剂；碱性溶剂是碱的区分溶剂，是酸的均化溶剂。惰性溶剂则不影响溶质的酸碱性。

2. 溶剂的解离性 除惰性溶剂外，其他非水溶剂均有不同程度的离解。

以 SH 代表某种质子溶剂，其自身解离平衡反应如下：

$$2SH \rightleftharpoons SH^+ + S^-,\ K_s = \frac{[SH^+][S^-]}{[SH]^2} = [SH^+][S^-]$$

K_s为溶剂的自身离解常数（离子积）。K_S越小，滴定突跃范围越大，滴定终点越敏锐。水的离子积为1.0×10^{-14}，乙醇的离子积是7.9×10^{-20}，因此，水中不能进行酸碱滴定的物质，在乙醇溶剂中可以进行。

3. 溶剂的极性 溶剂的极性与介电常数有关，介电常数越大，极性越强。同一溶质在极性不同溶剂中，表现出不同的酸碱性。如水和乙醇两种溶剂碱性相当而极性不同，水的极性（$\varepsilon=78.45$）强于乙醇（$\varepsilon=24.0$），将冰醋酸在水中的解离度比在乙醇中大，即醋酸在水中的酸性相对较强。

（二）溶剂的选择

非水溶剂对非水滴定的成败至关重要。一般非水溶剂的选择应该遵循以下原则：

（1）对试样和滴定产物的溶解能力要大。根据相似相溶原则，极性物质可选择质子溶剂，非极性物质易溶于惰性溶剂。

（2）无副反应，溶剂不参加反应。

（3）能增强试样的酸碱性。弱碱性物质应选择酸性溶剂，弱酸性物质可选择碱性溶剂。

（4）纯度要高，不含有酸性和碱性杂质，否则对溶剂应加以精制。

（5）溶剂应安全、价廉、黏度小、挥发性低，易于回收和提纯。

三、 滴定的类型

水溶液中，弱酸（弱碱）能够准确被滴定的条件是$c \cdot K_i \geq 10^{-8}$。若选用合适的非水溶剂作为滴定介质，弱酸的酸性（或弱碱的碱性）增强，滴定突跃范围明显，可以用标准酸（或碱）溶液直接滴定测定。在实际操作中，滴定弱碱常用的非水溶剂为冰醋酸，滴定弱酸常用的非水溶剂为醇类，如苯甲醇等。

（一）弱酸的滴定

一般采用非水酸碱滴定测定的弱酸主要是羧酸类。羧酸类分子酸性极弱，选用二甲基酰胺、乙二胺等碱性物质作溶剂；若测定物酸性不太弱，则选择醇类碱性物质作溶剂，如乙醇、甲醇等。高级羧酸类分子如果酸碱中和反应的产物为肥皂，产生泡沫不利于滴定终点的判断，可以使用含有甲醇钠的苯甲醇溶液作为碱性标准溶液进行滴定。弱酸的非水滴定的常用指示剂为百里酚蓝、偶氮紫及溴酚蓝等。弱酸的非水滴定法也适用于测定酚类、酰胺类弱酸。

（二）弱碱的滴定

冰醋酸是非水酸碱滴定常用的酸性溶剂，在冰醋酸中$HClO_4$酸性最强。常用高氯酸的冰醋酸溶液作为测定弱碱的标准溶液，如测定有机弱碱、有机碱的氢卤酸盐、有机酸盐及其碱金属盐等。测定弱碱时，常用的指示剂有结晶紫、α-萘酚苯甲醇、喹哪啶红等。高氯酸与冰醋酸均含有水分，会影响非水滴定突跃，配制高氯酸-冰醋酸溶液时，应加入适量的醋酐以除去水分。

拓展阅读

非水滴定过程高氯酸-冰醋酸溶液的温度校正

有机溶剂的膨胀系数较大，因此标定非水溶剂滴定液时，实验温度与非水溶剂滴定液测定试样的实验温度应相同（相差不超过2℃），否则需要重新标定滴定液或进行温度校正。

非水滴定中高氯酸-冰醋酸溶液可按以下公式进行温度校正：

$$c_1 = \frac{c_0}{1 + 0.0011(T_1 - T_0)}$$

其中，0.0011为冰醋酸的膨胀系数；c_0 为高氯酸-冰醋酸溶液的标定浓度；T_0 与 T_1 分别为滴定液标定时与测试样品时的温度。c_1 为高氯酸-冰醋酸溶液测定样品时的浓度。

四、实例分析

（一）样品中枸橼酸钠（$C_6H_5Na_3O_7$）含量的测定

枸橼酸钠（$C_6H_5Na_3O_7$）是弱碱性药物，样品中枸橼酸钠含量的测定可以选择非水酸碱滴定法直接滴定。以高氯酸-冰醋酸作滴定剂测定弱碱时，以结晶紫为指示剂。

基于指示剂在滴定过程中变色复杂，最好采用电位滴定法作空白试验以减少终点误差，记录空白实验所用的高氯酸体积 $V_{空}$。每1ml 0.1mol/L高氯酸滴定液相当于8.602mg的 $C_6H_5Na_3O_7$。样品中枸橼酸钠（$C_6H_5Na_3O_7$）的含量计算公式为：

$$C_6H_5Na_3O_7\% = \frac{8.602\times(V-V_{空})\times 1}{1000\times m_s}\times 100\%$$

重点小结

1. 电离理论是从物质在水中电离出 H^+ 或 OH^- 的角度判断物质的酸碱性；酸碱质子理论从物质给出和接受质子能力定义酸与碱。酸碱质子理论比电离理论应用更广。

2. pH表示溶液的酸碱性。不同类型的酸碱，其pH计算方法不同。一元弱酸（或弱碱）满足条件 $c \cdot K_i \geq 20K_w$ 且 $c/K_i \geq 500$，用近似公式 $[H^+] = \sqrt{c \cdot K_a}$ 或 $[OH^-] = \sqrt{c \cdot K_b}$ 进行计算。

3. 缓冲溶液根据用途分为一般缓冲溶液和标准缓冲溶液。一般缓冲溶液主要用于控制反应体系的pH，配制时根据公式 $pH = pK_a + \lg\frac{[共轭碱]}{[共轭酸]}$，求得共轭酸碱对比例；标准缓冲溶液用作测量溶液pH的参照标准，

4. 酸碱滴定是以酸碱中和反应为基础的滴定分析法。常用酸碱指示剂判断滴定的终点。

5. 滴定曲线反映了酸碱滴定过程中pH的变化，根据滴定突跃范围选择合适的指示剂。指示剂的变色范围应与滴定突跃范围全部或者部分重叠。

6. 为了减少滴定误差，标准溶液的浓度在0.01～1mol/L范围内。

7. 弱酸或弱碱可以直接被滴定的条件是 $c \cdot K_i \geq 10^{-8}$。

8. 非水溶剂分为质子溶剂与非质子溶剂。部分水溶液中无法直接滴定的弱酸弱碱，可在非水溶剂中进行。

9. 非水酸碱滴定中，滴定弱碱常用的高氯酸-冰醋酸作溶剂；滴定弱酸常用甲醇钠-苯甲醇作溶剂。

目标检测

一、选择题

（一）单选题

1. 关于酸碱理论下列说法错误的是（　　）。
   A. 在酸碱电离理论中，酸的特征就是 H^+，碱的特征是 OH^-
   B. 酸碱质子理论认为凡是具有给出质子能力的物质为酸
   C. 酸碱质子理论认为凡是具有给出质子能力的物质为碱
   D. 酸碱质子理论认为凡是具有接受质子能力的物质为碱
2. 一元弱酸满足（　　）条件时，才可以用公式 $[H^+]=\sqrt{c \cdot K_a}$。
   A. $c \cdot K_a \geqslant 20K_w$　　B. $c \cdot K_a \leqslant 20K_w$ 且 $c/K_a \geqslant 500$
   C. $c/K_a \geqslant 500$　　D. $c \cdot K_a \geqslant 20K_w$ 且 $c/K_a \geqslant 500$
3. 选择缓冲溶液的原则不包括（　　）。
   A. 所选用的缓冲溶液对实验测量过程无干扰
   B. 所选用的缓冲溶液应要有满足实际工作需要的足够的缓冲容量
   C. 所选用的缓冲溶液应无污染，易保存，且成本低廉
   D. 所需控制的 pH 应在所选用的缓冲溶液的缓冲范围之外
4. 关于酸碱指示剂，下列说法错误的是（　　）。
   A. 酸碱指示剂的酸式与其共轭碱式的颜色应具有相似的色调
   B. 酸碱指示剂的变色范围要与滴定突跃范围全部或者部分重叠
   C. 理论上，$pK_{HIn}\pm1$ 就是酸碱指示剂的变色范围了
   D. 使用混合指示剂可以缩小指示剂的变色范围，使颜色变化更明显
5. NaOH 滴定醋酸时，应选择下列（　　）指示剂。
   A. 甲基橙　　B. 酚酞　　C. 甲基红　　D. 溴百里酚蓝

（二）多选题

1. 根据酸碱质子理论，下列属于共轭酸碱对的是（　　）。
   A. $H_2O \rightleftharpoons OH^- + H^+$　　B. $HCl \rightleftharpoons Cl^- + H^+$
   C. $NH_4^+ \rightleftharpoons NH_3 + H^+$　　D. $H_2CO_3 \rightleftharpoons HCO_3^- + H^+$
2. 关于解离平衡常数与解离度之间的关系，以下说法正确的是（　　）。
   A. 解离度与解离平衡常数都能反应弱酸（弱碱）的解离程度
   B. 解离度是转化率的一种形式
   C. 解离平衡常数则是化学平衡常数的一种形式
   D. 解离度比解离平衡常数能更好地反映出弱酸（弱碱）的特征，应用更为广泛
3. 影响酸碱指示剂变色范围的因素有（　　）。
   A. 指示剂的用量　　B. 体积　　C. 滴定程序　　D. 温度
4. 强酸（碱）滴定中指示剂的选择需要注意的是（　　）。

A. 为了减小滴定误差，所选择的酸碱指示剂的变色范围要与滴定突跃范围全部或者部分重叠

B. 为了提高变色判断的准确度，宜选择在滴定终点时颜色由浅入深变化的指示剂

C. 强酸滴强碱适宜选择甲基红作指示剂

D. 强碱滴强酸宜选择酚酞作指示剂

5. 以酸碱质子理论为基础，非水滴定常用的溶剂可分为（　　）。

A. 酸性溶剂　　B. 质子性溶剂　C. 碱性溶剂　　D. 非质子性溶剂

二、填空题

1. 根据酸碱电离理论，HCl、H_2SO_4、HAc 是________；KOH 、Ca（$OH)_2$是________。

2. 酸碱质子理论中，酸和碱之间只是相差一个质子（H^+），这种关系称为________；某些物质既可以给出质子也可以接受质子属于________。

3. 室温下，水溶液的 pH 范围是 0 ~ 14 之间。pH < 7，溶液显________性；pH________，溶液呈碱性；pH = 7，溶液呈________性；因此，溶液 pH 越小（或 pOH 越大），溶液的酸性越________；反之，pH 越大（或 pOH 越小），溶液的________越强。

4. 用强碱滴定一元弱酸时，使弱酸能被准确滴定的条件是________。

5. 标定盐酸溶液，常用________作基准物质。

三、综合应用题

1. 用无水碳酸钠为基准物质标定盐酸标准溶液（用酚酞作指示剂），数据记录如下：试计算该盐酸的浓度。（无水碳酸钠的摩尔质量为 106g/mol）

测定次数	1	2	3
无水碳酸钠质量（g）	0.1204	0.1212	0.1226
消耗盐酸体积（ml）	21.87	21.97	22.28
盐酸浓度（mol/L）			
平均浓度（mol/L）			

2. 精密称取盐酸麻黄碱试样 0.1498g，加冰醋酸 10ml 溶解后，加入醋酐 4ml，结晶紫指示剂 1 滴，用 0.1013mol/L 的 $HClO_4$ 标准溶液滴定至终点，消耗 7.92ml，空白试验消耗标准溶液 0.65ml，计算此试样中盐酸麻黄碱的百分含量。（每 1ml 0.1mol/L 的 $HClO_4$ 滴定液相当于 20.17mg 的盐酸麻黄碱）

实训七　盐酸滴定液的配制和标定

【实训目的】

1. 掌握盐酸滴定液的配制和标定。

2. 学会正确判断滴定的终点。

3. 巩固电子天平和滴定操作。

【实训原理】

浓盐酸在室温下易挥发，故配制 0.1mol/L 盐酸标准溶液需采用间接配制的方法，即先将浓盐酸配制成与标示浓度（0.1mol/L ）近似的溶液，再以基准物质或已知准确浓度的滴定液标定得到其准确浓度。

标定盐酸常用的基准物质有无水碳酸钠（Na_2CO_3）以及硼砂等，本实验选用无水Na_2CO_3作基准物质。Na_2CO_3是强碱弱酸盐，其水溶液呈较强的碱性，与盐酸溶液反应如下：

第一计量点：$Na_2CO_3+HCl=NaCl+NaHCO_3$

第二计量点：$NaHCO_3+HCl=NaCl+CO_2\uparrow+H_2O$

总反应：$Na_2CO_3+2HCl=2NaCl+CO_2\uparrow+H_2O$

用盐酸溶液可以直接滴定到第二计量点，选取在酸性区域变色的甲基橙作指示剂。根据盐酸与碳酸钠的用量及二者的化学计量关系，即可计算出盐酸标准溶液的准确浓度。

【实训用品】

仪器：电子天平、50ml 酸碱两用滴定管或酸式滴定管、250ml 锥形瓶、10ml 量筒、250ml 烧杯、试剂瓶、玻璃棒、洗瓶。

试剂：基准无水 Na_2CO_3（干燥至恒重）、浓盐酸（1.19g/ml，37%）、甲基橙指示剂。

【实训步骤】

（一）0.1mol/L 盐酸标准溶液的配制

计算配制 250ml 0.1 mol/L 盐酸溶液所需浓盐酸的体积。用量筒量取相应体积的浓盐酸，倒入盛有少量蒸馏水的 250ml 烧杯中，继续加蒸馏水至 250ml；用玻璃棒搅拌均匀，将烧杯中的盐酸溶液转移到试剂瓶中，盖上瓶盖，贴标签，于室温下静置，待标定。

（二）盐酸滴定液的标定

1. 用待标定的盐酸溶液润洗滴定管并装入滴定管中，排出滴定管内气泡并调整液面到 0.00 刻度。记录初始体积 V_0。

2. 精密称取 3 份约 0.1g（精确至 0.001g）基准无水碳酸钠，分别置于已编号的 250ml 锥形瓶中，量筒量取 50ml 蒸馏水溶解，并加入 2 滴甲基橙指示剂，摇匀，此时溶液呈黄色。

3. 用待标定的盐酸溶液进行滴定操作，边滴边振荡锥形瓶，至锥形瓶内黄色溶液颜色恰好变为橙色，即为滴定终点。记录消耗 HCl 的体积。平行测定 3 次。

HCl 溶液的浓度计算如下：

$$c_{HCl}=\frac{2\times m_{Na_2CO_3}}{V_{HCl}\times M_{Na_2CO_3}}$$

【实训结果】

实验数据及计算结果填入表中：

项　目	测定次数		
	1	2	3
基准无水 Na_2CO_3 质量 m（g）			
HCl 滴定液体积 V（ml）			
HCl 滴定液浓度 c（mol/L）			
HCl 滴定液平均浓度 $\bar{c}$（mol/L）			
绝对偏差（d）			
平均偏差（$\bar{d}$）			
相对平均偏差（$R\bar{d}$）			

【实训提示】

1. 无水 Na_2CO_3 易吸收空气中的 CO_2 和 H_2O，使用前在 270～300℃条件下干燥 1 小时，在干燥器内冷却备用。

2. 浓盐酸具有易挥发性，配制 HCl 溶液时，实际取量应大于理论计算值。

3. 平行滴定操作时，每次都将液面调整到 0.00 刻度线或统一起点刻度线，以减小误差。

【实训思考】

1. 临近滴定终点时，为何要采用滴定管滴加半滴溶液的做法？其操作要领是什么？

2. 第一次滴定结束后，能否用滴定管内剩余的溶液继续下一次滴定操作？为什么？

实训八　氢氧化钠滴定液的配制和标定

【实训目的】

1. 掌握氢氧化钠滴定液的配制和标定。

2. 学会正确判断滴定终点。

3. 巩固移液管和滴定管的操作。

【实训原理】

氢氧化钠易吸收空气中的 CO_2 和 H_2O，采用间接法配制。用 HCl 标准溶液标定 NaOH，反应方程式如下：

$$NaOH+HCl \xlongequal{} NaCl+H_2O$$

选择酚酞作为指示剂。NaOH 溶液的浓度计算如下：

$$c_{NaOH}=\frac{c_{HCl}\times V_{HCl}}{V_{NaOH}}$$

【实训用品】

仪器：50ml 酸碱两用滴定管或碱式滴定管、250ml 锥形瓶、20ml 移液管、聚乙烯试剂瓶、250ml 烧杯、洗耳球、刻度吸管、洗瓶、玻璃棒。

试剂：NaOH 饱和溶液、已标定的 HCl 标准溶液（0.1mol/L）、酚酞指示剂。

【实训步骤】

（一）**0.1 mol/L NaOH 标准溶液的配制**

计算配制 250ml 0.1 mol/L NaOH 溶液所需饱和 NaOH 溶液的体积。用刻度吸管吸取相应体积的饱和 NaOH 溶液置于 250ml 烧杯中，加煮沸冷却的蒸馏水至 250ml，用玻璃棒搅拌均匀；然后将烧杯中的盐酸溶液转移到聚乙烯试剂瓶中，盖上瓶盖，贴标签，于室温下静置，待标定。

（二）**NaOH 滴定液的标定**

1. 用少量待标定的 NaOH 溶液的润洗滴定管并装液，排出滴定管内气泡并调整液面到 0.00 刻度。记录初读数 V_0。

2. 用盐酸标准溶液荡洗 20.00ml 移液管，准确吸取盐酸标准溶液 20.00ml，置于锥形瓶中，加入 2 滴酚酞指示剂，摇匀，此时溶液呈无色。

3. 用待标定的 NaOH 溶液进行滴定操作，边滴边振荡锥形瓶，至锥形瓶内无色溶液变为浅红色，且 30 秒内不变色，即为滴定终点。读取滴定管 NaoH 溶液体积。平行滴定 3 次。

【实训结果】

实验数据及计算结果填入表中：

项　目	测定次数		
	1	2	3
HCl 滴定液体积 V_{HCl}（ml）			
HCl 滴定液体积 c_{HCl}（mol/L）			
NaOH 溶液体积 V_{NaOH}（ml）			
NaOH 溶液浓度 c（mol/L）			
NaOH 溶液平均浓度 $\bar{c}$（mol/L）			
绝对偏差（d）			
平均偏差（$\bar{d}$）			
相对平均偏差（$R\bar{d}$）			

【实训提示】

1. NaOH 溶液易吸收空气中的二氧化碳形成碳酸钠，沉淀于底部。应吸取饱和 NaOH 溶液上层部分用于溶液的配制。

2. 滴定终点为 30 秒内浅红色不褪去。若 30 秒内褪色，说明滴定未到终点；30 秒后褪色，溶液吸收了空气中的二氧化碳所致。

【实训思考】

1. 为什么滴定终点颜色由无色变为浅红色？为何要维持浅红色 30 秒内不褪色？

2. 是否可以采用基准物质标定法对 NaOH 溶液进行标定？如果可以，应该选择哪种基准物质？

实训九　食用白醋中总酸含量的测定

【实训目的】

1. 掌握食用白醋的测定方法。

2. 熟练酸碱滴定分析的操作过程。

3. 巩固容量瓶的操作。

【实训原理】

市售食醋含有的主要成分为乙酸（CH_3COOH，常用 HAc 表示），俗称醋酸，与 NaOH 发生酸碱中和反应：

$$NaOH + HAc = NaAc + H_2O$$

国标食醋中的醋酸含量代表其总酸的含量。选取酚酞作为指示剂，用标准 NaOH 溶液为滴定剂，根据滴定过程消耗的 NaOH 溶液和食醋样品溶液的体积，测定出食醋中总酸的含量。计算方法为：

$$\rho_{HAc}\ (g/100ml) = \frac{c_{NaOH} \times V_{NaOH} \times M_{HAC} \times 10}{V_{HAc}}$$

【实训用品】

仪器：50ml 酸碱两用滴定管或碱式滴定管、250ml 锥形瓶、移液管（25ml、10ml）、100ml 容量瓶、聚乙烯试剂瓶、250ml 烧杯、洗耳球、洗瓶、玻璃棒。

试剂：食醋、已标定的 NaOH 标准溶液（0.1mol/L）、酚酞指示剂。

【实训步骤】

1. 用 NaOH 标准溶液润洗滴定管并装液，排出滴定管内气泡、调整液面至 0.00 刻度。记录初始体积。

2. 用少量待测食醋样品溶液荡洗移液管，准确移取市售食醋3ml于锥形瓶中，加水20ml，加入2滴酚酞指示剂，摇匀，溶液呈无色。

3. 用标准NaOH溶液进行滴定食醋溶液，边滴边振摇锥形瓶，至锥形瓶内溶液变为浅红色，且30秒内不褪色，即为滴定终点。读取滴定管上消耗NaOH溶液体积并记录。平行测定3次。

【实训结果】

实验数据及计算结果填入表中：

项　目	测定次数		
	1	2	3
食醋溶液的体积 V_{HAc}（ml）			
NaOH 滴定液浓度 c_{NaOH}（mol/L）			
NaOH 滴定液体积 V_{NaOH}（ml）			
醋酸的含量 ρ_{HAc}（g/100ml）			
醋酸的平均含量 $\bar{\rho}_{HAc}$（g/100ml）			
绝对偏差（d）			
平均偏差（$\bar{d}$）			
相对平均偏差（$R\bar{d}$）			

【实训提示】

1. 容量瓶使用前必须检漏。

2. 临近终点，控制好滴定速度，并用蒸馏水冲洗锥形瓶内壁。

【实训思考】

为了避免CO_2对实验的干扰，滴定过程中用水应怎样操作？

实训十　药用硼砂含量的测定

【实训目的】

1. 掌握酸碱滴定法测定药用硼砂含量的方法。

2. 能正确计算硼砂的含量。

3. 巩固减重称量法的操作。

【实训原理】

硼砂（$Na_2B_4O_7 \cdot 10H_2O$）为四硼酸钠十水合物，低毒性，具有杀菌作用。药用硼砂可用于皮肤的消毒防腐。硼砂属于弱酸强碱盐，其水解后溶液呈较强的碱性，用标准HCl溶液作为滴定剂，滴定反应为：

$$Na_2B_4O_7+2HCl+5H_2O = 2NaCl+4H_3BO_3$$

选取甲基红作指示剂，根据滴定过程所用HCl溶液和药用硼砂溶液的体积，即可测定药用硼砂的含量：

$$x\% = \frac{c_{HCl} \times V_{HCl} \times M_{硼砂}}{2 \times m_{样品}} \times 100\%$$

【实训用品】

仪器：电子天平、50ml酸碱两用滴定管或酸式滴定管、250ml锥形瓶、50ml量筒、试剂瓶、250ml烧杯、洗瓶、玻璃棒。

试剂：药用硼砂、已标定的 HCl 标准溶液（0.1mol/L）、甲基红指示剂。

【实训步骤】

1. 用少量已标定的 HCl 标准溶液润洗滴定管并装液，排出滴定管内气泡调整液面到 0.00 刻度。记录初体积。

2. 用减重称量法精密称取约 0.4g（精确到 0.001g）药用硼砂 3 份，分别置于已编号的 3 个锥形瓶中，加入 50ml 蒸馏水及 2 滴甲基红指示剂，摇匀溶解，此时溶液呈黄色。

3. 用已标定的 HCl 标准溶液进行滴定操作，边滴边振荡锥形瓶，至锥形瓶内黄色溶液变为橙色，且 30 秒内不变色，即为滴定终点。读取滴定管消耗 HCl 的体积。平行测定 3 次。

【实训结果】

实验数据及计算结果填入表中：

项目	测定次数		
	1	2	3
药用硼砂的质量 m（g）			
HCl 滴定液浓度 c（mol/L）			
HCl 滴定液体积 V（ml）			
药用硼砂含量 x（%）			
药用硼砂平均含量 x（%）			
绝对偏差（d）			
平均偏差（$\bar{d}$）			
相对平均偏差（$R\bar{d}$）			

【实训提示】

1. 规范使用电子天平和滴定分析器皿，以减小操作误差。
2. 硼砂颗粒不易溶解，加热溶液使其溶解，冷却后再进行滴定。
3. 接近终点时，需控制好滴定剂的半滴加入。

【实训思考】

1. 实训中能否用甲基橙或酚酞作指示剂？为什么？
2. 本实训的方法适用于哪些一元弱酸强碱盐含量的测定？

（王代芳）

第六章

沉淀平衡与沉淀滴定

学习目标

知识要求

1. 掌握 溶液的沉淀溶解平衡；溶度积的计算；银量法的基本原理。

2. 熟悉 溶度积与溶解度的关系；银量法指示终点的原理及分类。

3. 了解 影响沉淀生成与溶解的主要因素。

技能要求

1. 掌握硝酸银标准溶液的配制和标定技能；熟练滴定终点的判断。

2. 学会水溶液中氯化钠含量测定的方法，能正确计算水溶液中氯化钠的含量。

沉淀平衡是沉淀的生成与溶解组成的化学平衡，属于多相平衡。利用沉淀平衡原理可以进行物质的分离与提纯。沉淀滴定法是以沉淀反应为基础的一类重要滴定分析方法，常用于含有卤素离子食品、药品的检测与含量的测定。

第一节 沉淀平衡

相同的条件下，不同的物质在水中的溶解度不同，绝对不溶的物质是没有的。许多强电解质在水中的溶解度小，但溶解的部分完全解离，如 AgCl、$BaSO_4$、$CaCO_3$等物质，常把这类物质称为难溶强电解质，他们在溶液中存在着溶解与沉淀的平衡。

一、 溶度积原理

（一）溶度积

难溶强电解质 AgCl 固体放入水中，表面的 AgCl 分子解离成 Ag^+和 Cl^-进入溶液中的过程称为溶解，溶液中 Ag^+和 Cl^-结合形成 AgCl 分子的过程称为沉淀。

一定条件下，当 AgCl 溶解速度与沉淀速度相等时，达到了沉淀溶解平衡，此时，AgCl 为饱和溶液。沉淀与溶解反应关系为：

$$AgCl\ (s) \rightleftharpoons Ag^+\ (aq)\ +Cl^-\ (aq)$$

$$K=\frac{[Ag^+][Cl^-]}{[AgCl]}$$

AgCl 是固体，[AgCl] 看作常数与 K 合并用，称为沉淀平衡常数，也称为 AgCl 沉淀的溶度积常数，用 K_{sp}表示：

$$K_{sp}=[Ag^+][Cl^-]$$

K_{sp}是一定温度下，AgCl 沉淀在饱和溶液中解离出来的 Ag^+和 Cl^-离子浓度的乘积。

通常情况下，以 M_aA_b表示沉淀，则沉淀平衡方程式为：

$$M_aA_b\ (s) \rightleftharpoons aM^{b+}\ (aq)\ +bA^{a-}\ (aq)$$

沉淀平衡常数是：

$$K_{sp}=[M^{b+}]^a[A^{a-}]^b \quad (6-1)$$

K_{sp}表示在一定的温度下，难溶性物质在饱和溶液中，解离出来的各种离子浓度方次幂的乘积。K_{sp}是沉淀与溶解的平衡常数，与物质的本质及温度有关。常见物质的溶度积常数见附录6。

【例6-1】 298.15K时，测得AgCl饱和溶液的浓度为1.34×10^{-5}mol/L，计算此温度下AgCl的溶度积。

解：AgCl沉淀溶解平衡：　$AgCl(s) \rightleftharpoons Ag^+(aq)+Cl^-(aq)$

平衡时的浓度（mol/L）：　1　1.34×10^{-5}　1.34×10^{-5}

AgCl的溶度积：　$K_{sp}=[Ag^+][Cl^-]=(1.34\times10^{-5})^2=1.8\times10^{-10}$

（二）溶度积与溶解度的关系

溶度积常数与溶解度都可以表示难溶强电解质的溶解能力，两者之间既有区别又有联系。溶解度表示在一定的温度下，一定量饱和溶液中所含溶质的量，用符号S表示，其数值上等于物质在饱和溶液中的浓度。溶度积是一定的温度下，饱和溶液中离子浓度方次幂的乘积。溶度积K_{sp}与溶解度S可以相互换算。

以M_aA_b表示沉淀，达到沉淀溶解平衡时：

沉淀溶解平衡　$M_aA_b(s) \rightleftharpoons aM^{b+}(aq)+bA^{a-}(aq)$

平衡时的浓度（mol/L）　1　aS　bS

溶度积　$K_{sp}=[M^{b+}]^a[A^{a-}]^b=a^aS^a\cdot b^bS^b=a^ab^bS^{b+a}$

溶解度（mol/L）　$S=\sqrt[a+b]{K_{sp}/(a^a b^b)}$　(6-2)

由公式（6-2）看出，沉淀的化学组成类型不同，K_{sp}与S的换算关系也不同。例如，MA型$K_{sp}=[M^{n+}][A^{n-}]=S\cdot S=S^2$；$M_2A$或$MA_2$型：$K_{sp}=[M^{2n+}][A^{n-}]^2=S\cdot(2S)^2=4S^3$。

此外，对于同类型的沉淀，溶度积与溶解度成正比。所以，当沉淀的化学组成比例相同时，沉淀的溶度积越大，其溶解度越大。

溶度积K_{sp}与溶解度S换算时应该满足以下条件：

（1）沉淀解离的离子的浓度应近似等于离子的活度。

（2）沉淀解离的离子在溶液中不参与其他化学反应。

（3）沉淀溶解部分能一步完全解离成离子。

课堂互动

判断下列各组沉淀的溶解度大小关系：

(1) $AgCl(K_{sp}=1.8\times10^{-10})$、$AgBr(K_{sp}=5.0\times10^{-13})$、$AgI(K_{sp}=9.3\times10^{-17})$

(2) $Ag_2CO_3(K_{sp}=1.8\times10^{-10})$、$Ag_2S(K_{sp}=5.0\times10^{-13})$、$Ag_2C_2O_4(K_{sp}=1.8\times10^{-10})$

二、沉淀的生成与溶解

（一）溶度积规则

对于沉淀M_aA_b而言，沉淀溶解平衡方程式为：

$$M_aA_b(s) \rightleftharpoons aM^{b+}(aq)+bA^{a-}(aq)$$

任一时刻，溶液中沉淀解离的离子浓度方次幂的乘积用K_0表示。即：

$$K_0=[M^{b+}]^a[A^{a-}]^b \quad (6-3)$$

K_0与K_{sp}有以下三种关系：

$K_0=K_{sp}$时，沉淀与溶解达到平衡，此时溶液为饱和溶液，即M_aA_b沉淀溶解的浓度等于其溶解度，没有沉淀生成。

$K_0>K_{sp}$时，溶液处于过饱和状态，溶液中有M_aA_b沉淀析出。

$K_0<K_{sp}$时，溶液处于不饱和状态，没有沉淀生成，加入相应的物质可以继续溶解。

K_0与K_{sp}的三种关系，称为溶度积规则。应用此规则，可以判断沉淀的生成、溶解以及不同沉淀之间的转换能否进行。

（二）沉淀的生成

根据溶度积规则，产生沉淀的条件是$K_0 \geqslant K_{sp}$。实际工作中，向溶液中加入试剂，增加难溶强电解质离子的浓度，使平衡向着生成沉淀反应的方向进行。

以$BaSO_4$为例。在25℃时，$BaSO_4$的溶度积K_{sp}为1.1×10^{-10}。根据公式$K_{sp}=[Ba^{2+}][SO_4^{2-}]=S^2$，计算其溶解度为$1.0\times10^{-5}$mol/L。向溶液中滴加0.1mol/L的$SO_4^{2-}$溶液，$Ba^{2+}$的浓度为$1.1\times10^{-9}$mol/L，远远低于未加$SO_4^{2-}$之前的浓度。因此，溶液会有大量$BaSO_4$沉淀析出。

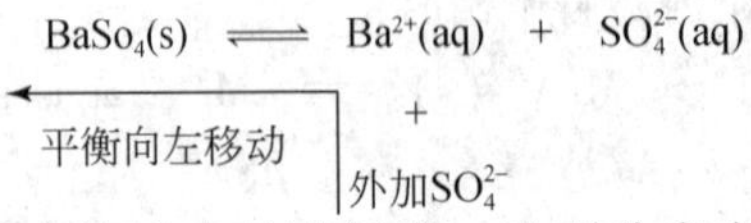

同离子效应可以降低沉淀在溶液中的溶解度，达到分离离子的目的。同时，除去沉淀中的杂质时，利用同离子溶液洗涤沉淀可以降低其溶解度，减少损失。

（三）沉淀的溶解

根据溶度积规则，沉淀溶解的条件是$K_0<K_{sp}$。因此，控制沉淀平衡向着离子解离的方向进行，可以达到沉淀溶解的目的。沉淀溶解的方法主要有酸碱法、氧化还原法及配位法。

1. 酸碱法 酸效应对于强酸盐沉淀如$BaSO_4$、AgCl溶解度影响较小，而对于弱酸盐沉淀如$CaCO_3$、FeS等影响较大。以二价弱酸盐沉淀MA为例：

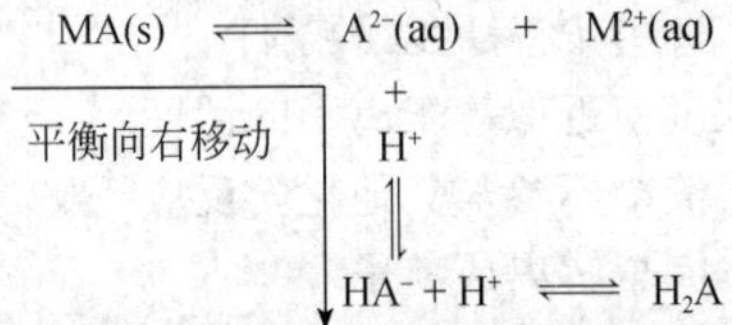

由上可见，弱酸盐沉淀溶液的H^+浓度增加，A^{2-}与H^+结合生成弱酸H_2A，沉淀平衡向右移动，MA沉淀溶解。一般情况下，沉淀的溶度积K_{sp}越大，生成弱酸的K_a值越小，越有利于沉淀的溶解。

此外，对于金属氢氧化物沉淀如$Fe(OH)_2$、$Mg(OH)_2$等，增加溶液酸度，发生酸碱中和反应生成水，从而促进沉淀的溶解。所以，金属氢氧化物一般都能溶解于强酸中。

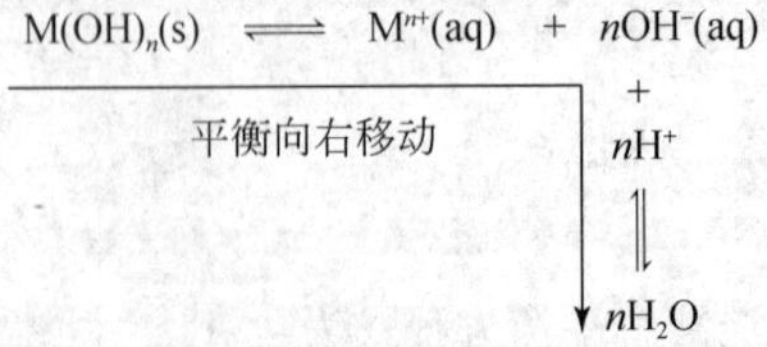

某些金属氢氧化物K_{sp}较大，在铵盐中可以生成NH_3而溶解。如$Mn(OH)_2$在铵盐中的溶解反应为：

$$Mn(OH)_2(s)+2NH_4^+(aq) \rightleftharpoons Mn^{2+}(aq)+2NH_3+2H_2O$$

由于 $Fe(OH)_3$、$Al(OH)_3$ 等溶度积较小，在铵盐中不能溶解。

2. 氧化还原法 对于难溶性的金属硫化物，其本身溶度积非常小，酸碱法对其溶解度影响不大，常采用加氧化性酸（如王水或硝酸）发生氧化还原反应使沉淀溶解。例如，黑色 CuS 沉淀能溶于硝酸溶液：

$$3CuS\ (s) + 2NO_3^-\ (aq) + 8H^+\ (aq) = 3\ Cu^{2+}\ (aq) + 3S\downarrow + 2NO_2\uparrow + 4H_2O$$

3. 配位法 加入配位剂与沉淀解离离子生成可溶性配合物，促使沉淀溶解的方法。例如，AgCl 沉淀既不溶于盐酸，也不溶于硝酸，但可溶于稀氨水中：

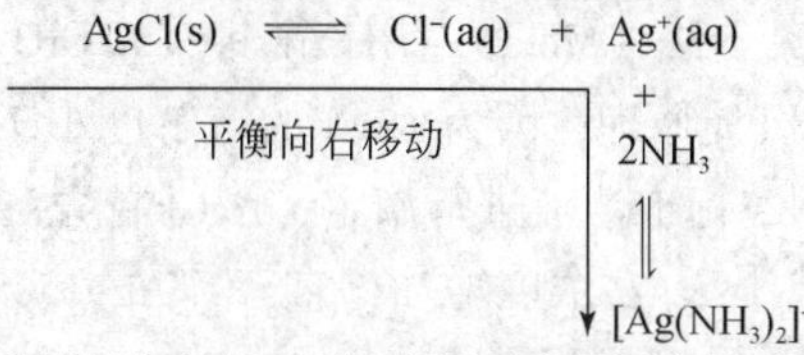

配合物的稳定性及配位剂的浓度是配位法影响沉淀溶解度的关键因素。通常，配位剂的浓度越大，生成的配合物越稳定，沉淀的溶解度越大。因此，配位法不仅影响沉淀反应的完全程度，甚至会导致不产生沉淀。所以，若要完全沉淀某个离子，当加入的沉淀剂能与其发生配位时，就要严格控制沉淀剂的量，以免造成沉淀的损失。例如，若用 Cl^- 沉淀 Ag^+ 时，当 Cl^- 的浓度过高，过量的 Cl^- 会进一步与 AgCl 形成配合物，从而造成 AgCl 沉淀溶解。

$$Ag^+\ (aq) + Cl^-\ (aq) \rightleftharpoons AgCl\ (aq)$$
$$AgCl\ (aq) + Cl^-\ (aq) \rightleftharpoons AgCl_2^-\ (aq)$$

第二节　沉淀滴定

案例讨论

案例：食盐是家庭必备的调味品，主要成分为 NaCl。但摄入 Na^+ 过多会造成高血压，而钾元素具有降血压作用，所以部分地区食盐中加入一定量 KCl 以降低高血压的发病率。过量的 K^+ 对肾病患者会造成负担，因此，必须控制钾的含量。食盐中 K^+ 主要以 KCl 的形式存在，通过 Cl^- 与 Ag^+ 生成 AgCl 沉淀，可以间接计算出 K^+ 的含量。

讨论：1. 通过 AgCl 沉淀测定 Cl^- 含量属于何种滴定？
2. 此测定方法适用哪类物质？

沉淀滴定法是以沉淀反应为基础的滴定分析方法。由于沉淀组成不恒定，沉淀的溶解度较大，易形成过饱和溶液，沉淀反应缓慢或共沉淀现象严重等，因此，用于滴定定量分析的沉淀反应非常少。沉淀滴定的反应必须满足以下条件：

（1）生成沉淀的溶解度必须很小（$S \leq 10^{-6}$ g/ml）。

（2）沉淀反应迅速、定量地进行，且具有确定的计量关系。

（3）沉淀的吸附作用不影响滴定结果及终点判断。

（4）可以用指示剂或其他的方法指示滴定终点。

目前，具有代表性的沉淀滴定法为银量法。银量法主要是利用银离子与卤素离子形成微溶性银盐的沉淀反应，进行沉淀滴定的分析方法。其主要反应为：

$$Ag^{+}+X^{-} \rightleftharpoons AgX\downarrow$$

其中 X^- 表示为 Cl^-、Br^-、I^-、SCN^-、CN^- 等。本节主要讨论银量法。

一、 指示终点的方法

根据指示滴定终点指示剂的不同，银量法分为铬酸钾指示剂法、铁铵矾指示剂法及吸附指示剂法三种。

（一）铬酸钾指示剂法

铬酸钾指示剂法也称为莫尔法（Mohr），用铬酸钾（K_2CrO_4）作指示剂的银量法。

1. 滴定原理 根据分步沉淀原理，因为 AgCl 的溶解度小于 Ag_2CrO_4 的溶解度，在含有 Cl^- 和 CrO_4^{2-} 的溶液中，用 $AgNO_3$ 标准溶液进行滴定，AgCl 首先沉淀出来。当滴定至化学计量点附近，溶液 Cl^- 浓度逐渐减小，Ag^+ 浓度增加，直至 $[Ag^+]^2[CrO_4^{2-}]>K_{sp(Ag_2CrO_4)}$，立即生成砖红色的 Ag_2CrO_4 沉淀，指示达到滴定终点。

滴定终点前　$Ag^{+}+Cl^{-} \rightleftharpoons AgCl\downarrow$（白色）

滴定终点时　$2Ag^{+}+CrO_4^{2-} \rightleftharpoons Ag_2CrO_4\downarrow$（砖红色）

2. 滴定条件

（1）滴定体系的酸度　测定溶液应在中性或弱碱性（pH 6.5～10.5）范围内进行，酸性太强 CrO_4^{2-} 浓度减小，化学计量点附近不能形成 Ag_2CrO_4 沉淀。

$$2CrO_4^{2-}+2H^{+} \rightleftharpoons 2HCrO_4^{-} \rightleftharpoons Cr_2O_7^{2-}+H_2O$$

碱性过强，会生成 Ag_2O 沉淀，导致 Ag^+ 浓度减小，影响滴定的正常进行。

$$2Ag^{+}+2OH^{-} \rightleftharpoons 2AgOH \rightleftharpoons Ag_2O\downarrow+H_2O$$

（2）K_2CrO_4 指示剂的用量　指示剂用量应适当。指示剂用量过少，滴定终点滞后，产生正误差；过多则滴定终点提前，产生负误差。根据溶度积原理，计量点时 Ag^+ 与 Cl^- 的物质的量恰好相等。因此，计量点时 K_2CrO_4 指示剂的理论值为：

$$[Ag^{+}][Cl^{-}]=K_{sp(AgCl)}=1.56\times10^{-10}$$

$$[Ag^{+}]=[Cl^{-}]=\sqrt{K_{sp(AgCl)}}=\sqrt{1.56\times10^{-10}}=1.25\times10^{-5}\ (mol/L)$$

此时，恰好能生成 Ag_2CrO_4 沉淀，所需要 $[CrO_4^{2-}]$ 为：

$$[CrO_4^{2-}]=\frac{K_{sp(Ag_2CrO_4)}}{[Ag^{+}]}=\frac{1.2\times10^{-12}}{(1.25\times10^{-5})^2}=7.1\times10^{-3}\ (mol/L)$$

实践证明，50～100ml 的总体积溶液中，加入5% K_2CrO_4 指示液 1～2ml 即可，此时 CrO_4^{2-} 浓度约为 $2.6\times10^{-3}\sim5.2\times10^{-3}$ mol/L，滴定误差小于±0.1%。

（3）滴定不能在氨溶液中进行　AgCl 和 Ag_2CrO_4 与 NH_3 均能生成 $[Ag(NH_3)_2]^+$ 使沉淀溶解。

（4）消除干扰离子　与 Ag^+ 生成沉淀的阴离子有 PO_4^{3-}、AsO_4^{3-}、SO_3^{2-}、CO_3^{2-}、S^{2-}、CrO_4^{2-} 等，或与 CrO_4^{2-} 生成沉淀的 Ba^{2+}、Pb^{2+} 等阳离子，大量有色离子如 Cu^{2+}、Co^{2+}、Ni^{2+} 等，以及在中性或弱碱性溶液中易发生水解反应的 Fe^{3+}、Al^{3+} 等均干扰测定，沉淀前必须分离消除。

（5）滴定时应用力振摇　AgCl 沉淀能吸附 Cl^-，AgBr 沉淀吸附 Br^-。用力振摇可防止沉淀对离子的吸附，使被吸附的 Cl^- 和 Br^- 离子充分释放，防止终点提前。对于 AgI 和 AgSCN 沉淀对于 I^- 和 SCN^- 具有很强的吸附作用，会造成终点提前而产生负误差，影响测定结果。

（6）适用范围　本法主要用于 Cl^-、Br^- 和 CN^- 的测定，不适合 I^- 和 SCN^- 的测定。

（二）铁铵矾指示剂法

铁铵矾 $[NH_4Fe(SO_4)_2]$ 指示剂法也称为佛尔哈德（Volhard）法。以 $NH_4Fe(SO_4)_2$ 为

指示剂，NH_4SCN（或 KSCN、NaSCN）溶液为滴定剂的银量法。按滴定方法的特点分为直接滴定法和返滴定法（又称剩余回滴法）。

1. 直接滴定法

（1）滴定原理　在酸性溶液中，以铁铵矾作指示剂，用 KSCN 或 NH_4SCN 为标准滴定液，直接滴定 Ag^+的滴定方法。滴定过程中，先析出 AgSCN 的白色沉淀，到达化学计量点时，微过量的 NH_4SCN 与 Fe^{3+}生成血红色的［FeSCN］$^{2+}$，指示滴定终点。滴定反应如下：

滴定终点前　$Ag^+ + SCN^- \rightleftharpoons AgX\downarrow$（白色）

滴定终点后　$Fe^{3+} + SCN^- \rightleftharpoons [FeSCN]^{2+}\downarrow$（血红色）

（2）滴定条件　滴定过程中 AgSCN 沉淀的生成，具有强烈的吸附作用，部分 Ag^+被吸附其表面上，使终点提前出现，产生负误差。因此，在滴定时，应充分摇动溶液，使被吸附的 Ag^+及时释放出来。

2. 返滴定法

（1）滴定原理　在含有卤素离子的硝酸溶液中，加入准确过量的滴定液 $AgNO_3$，卤素离子首先生成银盐沉淀，再加入铁铵矾指示剂，用 NH_4SCN 标准溶液滴定过量的 $AgNO_3$，到达化学计量点时，微过量的 SCN^-与 Fe^{3+}生成血红色的［FeSCN］$^{2+}$，指示滴定终点。反应如下：

终点前　Ag^+（过量）$+ X^- \rightleftharpoons AgX\downarrow$

Ag^+（剩余）$+ SCN^- \rightleftharpoons AgSCN\downarrow$（白色）

终点时　$Fe^{3+} + SCN^- \rightleftharpoons [FeSCN]^{2+}\downarrow$（血红色）

（2）滴定条件　在酸性（硝酸）溶液中进行滴定，既可以阻止 Fe^{3+}的水解，也可消除 PO_4^{3-}、CO_3^{2-}、S^{2-}等阴离子对 Ag^+的干扰以及 Ba^{2+}、Pb^{2+}等阳离子对CrO_4^{2-}的干扰。

测定氯化物时，近于终点避免用力振摇，防止沉淀转化。当滴定到达终点时，溶液中同时存在 AgCl 和 AgSCN 难溶性银盐沉淀，而 AgSCN 的溶解度（1.0×10^{-6} mol/L）小于 AgCl（1.34×10^{-5} mol/L）。若用力振摇，AgCl 沉淀将转化为 AgSCN 沉淀。

$$AgCl \rightleftharpoons Ag^+ + Cl^-\text{（白色）}$$

$$+$$

$$[FeSCN]^{2+} \rightleftharpoons SCN^- + Fe^{3+}$$

$$\Downarrow$$

$$AgSCN\downarrow\text{（白色）}$$

沉淀转化降低了溶液中［SCN^-］，生成的［FeSCN］$^{2+}$将发生分解，使红色褪去。化学计量点会出现持久的红色，需继续滴加较多的 NH_4SCN 标准溶液，由此造成较大的滴定误差。

（3）测定碘化物应先加入准确过量的 $AgNO_3$ 标准溶液，再加铁铵矾指示剂。否则 Fe^{3+}氧化 I^-发生如下反应，影响测定结果的准确度。

$$2Fe^{3+} + 2I^- \rightleftharpoons 2Fe^{2+} + I_2$$

（4）适用范围　用于测定 Cl^-、Br^-、I^-、CN^-、SCN^-等离子。

（三）吸附指示剂法

用 $AgNO_3$ 作标准溶液，吸附指示剂确定滴定终点，测定卤化物含量的方法称为吸附指示剂法，也称为法扬司（Fajans）法。

1. 滴定原理　吸附指示剂是一类有色的有机化合物。其阴离子被吸附在胶体微粒表面后，分子结构发生变形，引起吸附指示剂颜色的变化而指示滴定的终点。

例如，$AgNO_3$标准溶液滴定 Cl^-时，用荧光黄（$K_a \approx 10^{-8}$）作指示剂。荧光黄指示剂是一种有机弱酸，用 HFIn 表示，溶液中解离出黄绿色的 FIn^-离子：

$$HFIn \rightleftharpoons H^+ + FIn^- \text{（黄绿色）}$$

胶状沉淀 AgCl 具有强烈的吸附作用，能选择性地吸附溶液中的离子。化学计量点前，溶液中 Cl^-过量，AgCl 沉淀吸附 Cl^-带负电，荧光黄阴离子在溶液中呈黄绿色。滴定至化学计量点后，AgCl 沉淀吸附 Ag^+带正电荷，此时溶液中 FIn^-被吸附，溶液颜色由黄绿色变为淡红色，指示滴定终点。

终点前　Cl^-过量（AgCl）Cl^-+FIn^-（黄绿色）$\rightleftharpoons$（AgCl）$Cl^- | M^+$（黄绿色）

终点时　Ag^+过量（AgCl）Ag^++FIn^-（黄绿色）$\rightleftharpoons$（AgCl）$Ag^+ | FIn^-$（淡红色）

2. 滴定条件　常见的吸附指示剂分为两类：一类是酸性染料，能解离出指示剂阴离子的有机弱酸，主要是荧光黄及其衍生物；另一类是解离出指示剂阳离子的碱性染料，如甲基紫、罗丹明 6G 等。常用的吸附指示剂见表 6-1。吸收指示剂的应用受体系酸度、指示剂的吸附性能、溶液浓度及沉淀大小等因素的影响。进行滴定操作时，需注意以下几点：

（1）滴定前加入糊精、淀粉等亲水性高分子化合物作为保护胶体，防止卤化银胶体过分凝聚，增大吸附表面积，使终点变色敏锐。

（2）溶液的 pH 应适当　吸附指示剂大多数为有机弱酸或弱碱，起指示作用的是阴离子。电离常数小的吸附指示剂，溶液的 pH 偏高；电离常数大的吸附指示剂，溶液的 pH 偏低。

（3）滴定过程应避免强光　卤化银沉淀对光敏感，易分解析出金属银使沉淀变为灰黑色，影响滴定终点的观察。

（4）指示剂吸附性能要适中　胶体微粒对指示剂的吸附能力略小于待测离子的吸附能力，否则指示剂在化学计量点前变色，滴定终点提前，产生负误差；若胶粒对指示剂吸附能力太大，计量点后不能立即变色，滴定终点推迟，产生正误差。卤化银胶体对几种吸附指示剂及离子的吸附能力的大小顺序为：I^- > SCN^- > Br^- >曙红> Cl^- >荧光黄。

表 6-1　常见吸附指示剂的适用范围

吸附指示剂	滴定剂	待测物	体系 pH
二氯荧光黄	Ag^+	Cl^-	4～10
荧光黄	Ag^+	Cl^-	7～10
溴甲酚绿	Ag^+	SCN^-	4～5
曙红	Ag^+	Br^-或 I^-或 SCN^-	2～10
罗丹明 6G	Br^-	Ag^+	<7
甲基紫	Cl^-	Ag^+	<7
溴酚蓝	Cl^-或 Br^-	Hg_2^{2+}	<7
钍试剂	Ba^{2+}	SO_4^{2-}	1.5～3.5

二、滴定液

（一）硝酸银滴定液的配制与标定

银量法常用的基准物质是市售的一级纯 $AgNO_3$或基准 $AgNO_3$和 NaCl。高纯度 $AgNO_3$可直接配成标准溶液。纯度低的 $AgNO_3$ 试剂先配成近似浓度，再用基准无水 NaCl 进行标定。

1. 硝酸银标准溶液的配制 根据要求配制一定体积、近似浓度的硝酸银溶液，溶于水中，摇匀后贮于棕色瓶中，待标定。

2. 硝酸银滴定液的标定 用基准试剂氯化钠标定。精密称取 NaCl 基准物质溶于适量的水中，加入少量的糊精溶液作为保护剂及 1～2 滴荧光黄溶液作指示剂，用待标定的 $AgNO_3$ 溶液进行滴定，滴定至溶液由浑浊黄绿色变为浅红色，到达滴定终点。硝酸银标准溶液见光易分解，贮于棕色瓶中避光保存，存放一段时间需重新标定。

（二）硫氰化钾滴定液的标定

硫氰化钾（KSCN）是铁铵矾指示剂法常用的滴定剂。KSCN 是一种无色晶体，常温下化学性质不稳定，空气中易潮解，不能采用直接配制法。而是以铁铵矾为指示剂，用已知浓度的 $AgNO_3$ 标准溶液进行比较法标定。

首先称取一定量的 KSCN 固体，加水溶解定容，配制成近似浓度待标液。然后准确量取已知浓度的 $AgNO_3$ 标准溶液，加 1～2 滴铁铵矾指示剂以及少量 25% 硝酸溶液。用待标定的 KSCN 溶液滴定至溶液完全清亮后，继续滴定至溶液颜色变为浅红色且保持 30 秒不褪色，即为滴定终点。根据已知浓度的 $AgNO_3$ 标准溶液及 KSCN 溶液消耗的体积，即可计算出待标定的 KSCN 滴定液的准确浓度。将标定的 KSCN 滴定液置于棕色瓶中，密封保存。

三、 实例分析

（一）胞磷胆碱钠氯化钠注射液中氯化钠（NaCl）含量的测定

胞磷胆碱钠氯化钠注射液中，氯化钠（NaCl）的含量通过检测电离产生的 Na^+ 或 Cl^- 的量进行定量换算。药典要求其含氯化钠（NaCl）应为标示量的 95.0%～105.0%。一般采用铬酸钾指示剂法。

取 10ml 样品，以铬酸钾为指示剂在中性或弱碱性条件下（pH 6.5～10.0），用 0.1mol/L 硝酸银（$AgNO_3$）滴定液直接进行滴定。每 1ml 硝酸银滴定液（0.1mol/L）相当于 5.844mg 的 NaCl。待出现 Ag_2CrO_4 砖红色沉淀，停止滴定，记录下 $AgNO_3$ 的体积 V。胞磷胆碱钠氯化钠注射液中氯化钠（NaCl）的含量计算公式为：

$$\text{NaCl}\% = \frac{5.844 \times 1 \times V}{10 \times c_{\text{标示}}} \times 100\%$$

其中，$c_{\text{标示}}$ 为胞磷胆碱钠氯化钠注射液所标示的浓度，单位为 mg/ml。将计算结果与药典要求进行对比，判断样品是否合格。

（二）磺胺嘧啶银（$C_{10}H_9AgN_4O_2S$）含量的测定

$C_{10}H_9AgN_4O_2S$ 是一种银盐抗菌药，每个 $C_{10}H_9AgN_4O_2S$ 分子中含有一个 Ag^+。因此可直接测定 Ag^+ 的含量从而对磺胺嘧啶银进行定量。常用铁铵矾指示剂的直接滴定法，在酸性条件下测定 Ag^+ 的含量。

准确称取样品约 0.5g 于具塞锥形瓶中。由于 $C_{10}H_9AgN_4O_2S$ 不溶于水，因此，开始滴定前，需要先加入 8ml 硝酸使其溶解，从而分离出 Ag^+。然后依次加入 50ml 水与 2ml 铁铵矾 $[NH_4Fe(SO_4)_2]$ 指示剂。用硫氰酸铵（NH_4SCN）滴定液（0.1mol/L）直接滴定 $C_{10}H_9AgN_4O_2S$ 样品溶液出现红色，记录 NH_4SCN 标准滴定液的体积 V。

1ml 0.1mol/L NH_4SCN 滴定液相当于消耗 35.71mg 的 $C_{10}H_9AgN_4O_2S$。根据佛尔哈德直接滴定法的化学计量关系，磺胺嘧啶银（$C_{10}H_9AgN_4O_2S$）含量计算公式为：

$$C_{10}H_9AgN_4O_2S\% = \frac{35.71 \times 1 \times V}{m_s \times 1000} \times 100\%$$

重点小结

1. 沉淀平衡是沉淀的生成与溶解组成的动态化学平衡，属于多相离子平衡。

2. 一定温度下，沉淀溶度积 K_{sp} 为常数。溶度积与溶解度可以相互换算。不同类型的沉淀，其溶度积与溶解度的换算公式不同。

3. 应用 K_0 与 K_{sp} 的关系即溶度积规则，可以控制沉淀的生成和溶解。沉淀反应中，促进沉淀的生成主要是利用同离子效应。通过酸效应、氧化还原反应及配位反应可以溶解沉淀。

4. 沉淀滴定法主要以银量法为代表。其反应方程式为：$Ag^+ + X^- \rightleftharpoons AgX\downarrow$

5. 银量法根据指示剂的不同可分为莫尔法、佛尔哈德法及法扬斯法。莫尔法是以 K_2CrO_4 为指示剂，滴定终点生成砖红色 Ag_2CrO_4 沉淀；佛尔哈德法是以 $NH_4Fe(SO_4)_2$ 为指示剂，滴定终点时有红色的配位离子 $[FeSCN]^{2+}$ 产生；法扬斯法则使用吸附指示剂。

目标检测

一、选择题

（一）单选题

1. 以下关于溶度积与溶解度的关系，说法正确的是（　　）。
   A. 在不考虑离子强度的情况下，沉淀的溶度积等于沉淀的溶解度的次方乘积
   B. 沉淀的化学组成类型不同，沉淀溶度积 K_{sp} 与溶解度 S 之间的换算关系相同
   C. 对于 MA 型沉淀，溶解度 $S = \sqrt[3]{K_{sp}/4}$
   D. 对于 MA 型沉淀，溶度积 $K_{sp} = 27S^4$

2. 促进沉淀的溶解，不包括利用（　　）。
   A. 同离子效应　　B. 酸碱法　　C. 配位法　　D. 氧化还原法

3. 铬酸钾指示剂法要求溶液的 pH 控制在（　　）范围内。
   A. 2.5～6.5　　B. 6.5～10.5　　C. 10.5～12.5　　D. 4.5～8.5

4. 用铁铵矾指示剂法测定 Cl^- 时，采用的指示剂是（　　）。
   A. 铁铵矾　　B. 铬酸钾　　C. 甲基橙　　D. 荧光黄

5. 用荧光黄为 $AgNO_3$ 滴定 Cl^- 的指示剂，终点颜色变化是（　　）。
   A. 黄绿色→淡红色　　B. 黄绿色→白色
   C. 白色→淡红色　　D. 淡红色→黄绿色

（二）多选题

1. 根据沉淀滴定过程中用于指示滴定终点的指示剂的不同，银量法可分为（　　）。
   A. 铬酸钾指示剂法　　B. 铁铵矾指示剂
   C. 荧光黄指示剂法　　D. 吸附指示剂法

2. 溶度积 K_{sp} 与溶解度 S 换算时应该满足的条件是（　　）。
   A. 沉淀平衡时，沉淀的溶解部分不必一步完全解离成离子
   B. 沉淀平衡时，沉淀解离出的离子在溶液中不参与其他化学反应
   C. 沉淀平衡时，沉淀的溶解部分要一步完全解离成离子

D. 沉淀平衡时，沉淀解离出的离子的浓度要近似等于离子的活度

3. 利用铁铵矾指示剂-返滴定法检测氯离子（Cl^-）时，为了避免体系在终点存在 $AgCl\downarrow + SCN^- \rightleftharpoons AgSCN\downarrow + Cl^-$，可采取相关措施是（　　）。

A. 煮沸溶液

B. 加入有机溶剂

C. 提高指示剂的浓度

D. 先加入过量的 $AgNO_3$ 溶液后再加指示剂

4. 一般用于沉淀滴定分析法的沉淀反应必须满足以下条件（　　）。

A. 沉淀具有固定的化学式，反应定量完成

B. 沉淀溶解度大，吸附杂质多

C. 沉淀反应迅速，且有合适指示终点的方法

D. 沉淀反应完全，不存在其他影响终点判断的吸附作用

5. 吸附指示剂法滴定操作时，滴定条件是（　　）。

A. 在滴定前加入糊精保护胶体

B. 调整溶液的 pH 以增大吸附指示剂的电离程度

C. 控制溶液的浓度不能太稀

D. 应避免阳光直射

二、填空题

1. 铬酸钾指示剂法测定 Cl^- 的含量时，滴定剂是________，指示剂是________，应控制的 pH 范围________，滴定终点颜色是________。

2. 铁铵矾指示剂测定 Ag^+ 的含量时，采用的滴定方式是________，滴定剂是________，指示剂是________，应在________性的介质中，滴定终点颜色是________。

3. 铁铵矾指示剂法测定 Cl^- 的含量时，应采用的滴定方式是________；由于 AgSCN 比 AgCl 的溶解度小，故到达滴定终点后，体系会存在置换反应：________，这样使得滴定终点的红色消失，无法准确判断终点。

4. 常见的吸附指示剂可分为两种：一种是________，即可解离出指示剂________的有机弱酸；另一种是可以解离出指示剂________的________染料。

5. 吸附指示剂法中，吸附指示剂的应用受________、________、溶液的浓度以及________等因素的影响。

三、综合应用题

移取 10.00ml 生理盐水，加入 1.0ml 铬酸钾指示剂，以浓度为 0.1052mol/L 的 $AgNO_3$ 标准溶液滴定至终点，用去 $AgNO_3$ 标准溶液 13.28ml，试求此生理盐水中 NaCl 的含量（单位为 g/ml）。

实训十一　硝酸银滴定液的配制与标定

【实训目的】

1. 掌握硝酸银滴定液的配制与标定。
2. 学会正确判断荧光黄指示剂的滴定终点。
3. 巩固电子天平和滴定管的操作。

【实训原理】

本次实训采用吸附指示剂法标定 $AgNO_3$ 溶液。$AgNO_3$ 溶液中的 Ag^+ 与基准试剂氯化钠中的 Cl^- 形成难溶于水的 AgCl 沉淀，当到达化学计量点时，AgCl 沉淀吸附在荧光黄（HFIn）上具有不同的颜色，指示滴定终点。滴定反应如下：

滴定终点前　　$Ag^+ + Cl^- \rightleftharpoons AgCl\downarrow$（$Cl^-$ 过量）

滴定终点时　　$(AgCl)\cdot Ag^+ + FIn^- \rightleftharpoons (AgCl)\cdot Ag^+ \cdot FIn^-$（$Ag^+$ 过量）

达到滴定终点时，荧光黄由黄绿色变为粉红色。为使终点变色敏锐，可适当加入糊精保护胶体。硝酸银溶液的浓度计算如下：

$$c_{AgNO_3} = \frac{m_{NaCl}}{V_{HNO_3} \times M_{NaCl}}$$

【实训用品】

仪器：电子天平、50ml 棕色酸碱两用滴定管或酸式滴定管、250ml 锥形瓶、10ml 量筒、250ml 烧杯、棕色试剂瓶、玻璃棒、洗瓶、称量瓶、500ml 烧杯。

试剂：基准 NaCl（已干燥至恒重）、硝酸银、荧光黄指示剂、糊精溶液。

【实训步骤】

（一）$AgNO_3$ 标准溶液的配制

称取约 8g 的 $AgNO_3$ 置于烧杯中，加蒸馏水至 250ml，搅拌混匀，转入棕色试剂瓶，贴好标签，避光保存，待标定。

（二）$AgNO_3$ 滴定液的标定

1. 用待标定的 $AgNO_3$ 溶液润洗滴定管并装液，排出滴定管内气泡并调整液面至 0.00 刻度，记录初始读数 V_0。

2. 精密称取约 0.13g（精确至 0.001g）基准试剂 NaCl，置于 250ml 锥形瓶中，用 50ml 蒸馏水溶解，加 3 滴荧光黄指示剂及 5ml 糊精溶液，摇匀，此时溶液呈黄绿色。

3. 用待标定的 $AgNO_3$ 溶液进行滴定，边滴边振摇锥形瓶，至溶液由黄绿色转变为粉红色，即为滴定终点。读取消耗的 $AgNO_3$ 溶液体积并记录。平行测定 3 次。

【实训结果】

实验数据及计算结果填入表中：

项　目	测定次数		
	1	2	3
基准无水 NaCl 质量 m（g）			
$AgNO_3$ 滴定液体积 V（ml）			
$AgNO_3$ 滴定液浓度 c（mol/L）			
$AgNO_3$ 滴定液平均浓度 $\bar{c}$（mol/L）			
绝对偏差（d）			
平均偏差（$\bar{d}$）			
相对平均偏差（$R\bar{d}$）			

【实训提示】

1. 配制 $AgNO_3$ 标准溶液的蒸馏水要进行除氯，否则 $AgNO_3$ 标准溶液将产生白色沉淀。

2. 称量无水 NaCl 时，采用减量法并迅速完成。

3. $AgNO_3$ 试剂见光易分解，所以保存时要注意避光。

【实训思考】

1. 滴定前为什么要加入糊精溶液？

2. 配制 $AgNO_3$溶液应注意什么？如何保存 $AgNO_3$溶液？

实训十二　自来水中氯化钠含量的测定

【实训目的】

1. 掌握铬酸钾指示剂法测定水中氯离子的方法。

2. 学会正确判断铬酸钾指示剂的滴定终点。

3. 巩固电子天平和滴定管的操作。

【实训原理】

采用铬酸钾指示剂法测定自来水中的 NaCl。饮用自来水中含有 NaCl，通过测定 Cl^-含量确定水中的氯化钠，以 $AgNO_3$溶液为滴定剂，铬酸钾为指示剂，在中性或弱碱性条件下，$AgNO_3$与 NaCl 反应，生成白色 AgCl 沉淀，待 Cl^-完全反应后，Ag^+与 K_2CrO_4反应生成砖红色的沉淀（Ag_2CrO_4），滴定到达终点。

滴定终点前　$Ag^+ + Cl^- \rightleftharpoons AgCl\downarrow$（$Cl^-$过量）　$K_{sp} = 1.77\times10^{-10}$

滴定终点时　$2Ag^+ + CrO_4^{2-} \rightleftharpoons Ag_2CrO_4\downarrow$（$Ag^+$过量）　$K_{sp} = 1.12\times10^{-12}$

根据 $AgNO_3$溶液与氯化钠水溶液的用量及二者的化学计量关系，即可计算出水溶液中氯化钠含量。饮用水中氯化钠的浓度计算如下：

$$c_{NaCl} = \frac{c_{AgNO_3}\times V_{HNO_3}}{50}$$

【实训用品】

仪器：50ml 棕色酸碱两用滴定管或酸式滴定管、250ml 锥形瓶、50ml 移液管、250ml 烧杯、棕色试剂瓶、玻璃棒、洗瓶、500ml 烧杯。

试剂：待测氯化钠水溶液、$AgNO_3$标准溶液、铬酸钾指示剂（5.0×10^{-3} mol/L）。

【实训步骤】

1. 用已标定的 $AgNO_3$标准溶液润洗滴定管并装液，排出滴定管内气泡并调液面至 0.00 刻度，记录初始读数 V_0。

2. 准确移取自来水 50.00ml 于 250ml 锥形瓶中，加入 1ml 铬酸钾指示剂，摇匀，溶液呈黄色。

3. 用 $AgNO_3$标准溶液进行滴定，边滴边振摇锥形瓶，溶液出现桔红色沉淀，即为滴定终点。读取消耗的 $AgNO_3$溶液体积并记录。平行测定 3 次。

【实训结果】

实验数据及计算结果填入表中：

项目	测定次数		
	1	2	3
$AgNO_3$滴定液浓度 c_0（mol/L）			
$AgNO_3$滴定液体积 V（ml）			
待测样品溶液浓度 c（mol/L）			
待测样品溶液平均浓度 $\bar{c}$（mol/L）			
绝对偏差（d）			
平均偏差（$\bar{d}$）			
相对平均偏差（$R\bar{d}$）			

【实训提示】

1. 配制 $AgNO_3$ 标准溶液的蒸馏水要进行除氯，否则 $AgNO_3$ 标准溶液将产生白色沉淀。
2. 控制滴定体系的酸度为中性或者弱碱性，避免对实验结果造成误差。
3. 铬酸钾的指示剂浓度应为 5.0×10^{-3} mol/L 左右。

【实训思考】

1. 铬酸钾指示剂用量过多或过少对结果有什么影响？
2. 溶液的酸碱度对测定结果有何影响？

（潘志斌）

第七章

配位化合物与配位滴定

学习目标

知识要求

1. 掌握 配位化合物与螯合物的基本概念；配位平衡和稳定常数的意义；配位平衡与其他平衡的关系及有关计算；配位滴定的基本原理。

2. 熟悉 配位化合物的命名；配合物的稳定性；配位平衡的移动；典型的螯合剂；EDTA 与金属离子配位的特点；EDTA 标准溶液的配制与标定的方法。

3. 了解 配位化合物价键理论的基本内容；配位化合物的类型和应用；测定含钙离子的药物含钙量的方法。

技能要求

1. 掌握 EDTA 滴定液配制及标定技能；熟练金属指示剂终点的判断。

2. 学会水的总硬度测定方法，能正确计算水的总硬度。

案例导入

案例： 1798 年，法国化学家塔索尔特在研究无机化合物 $CoCl_3 \cdot 6NH_3$的过程中，陆续发现了 $CoCl_3 \cdot 5NH_3 \cdot H_2O$ 和 $CoCl_3 \cdot 4NH_3 \cdot H_2O$ 等许多化合物。起初认为它是复合物，但经一系列实验表明 Co^{3+}和 NH_3结合紧密，而 Cl^-是游离的，开启了化学家研究配位化合物的序幕。

讨论： 1. $CoCl_3 \cdot 5NH_3 \cdot H_2O$ 和 $CoCl_3 \cdot 4NH_3 \cdot H_2O$ 化合物结构有何特点？

2. 此类物质在实际工作中有哪些用途？

第一节 配位化合物

一、配位化合物的组成及命名

配位化合物是一类具有特征化学结构、组成复杂、应用广泛的化合物。配位化学的研究成果促进了中药有效成分的分离、药品合成制备、配位催化等尖端技术的发展，并广泛应用于生命科学、食品科学、生化检测、药物分析和食品安全监测等领域。

（一）配合物的定义

向硫酸铜溶液中滴加氨水，开始有蓝色 $Cu_2(OH)_2SO_4$生成，当氨水过量时，得到深蓝色溶液，此溶液加入稀 NaOH 得不到 $Cu(OH)_2$，说明没有游离的 Cu^{2+}存在，加入氯化钡有 $BaSO_4$沉淀生成，证明溶液中存在大量的SO_4^{2-}。反应过程如下：

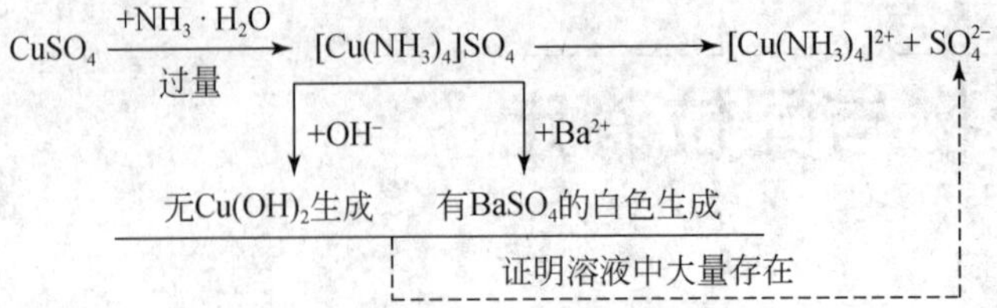

若在深蓝色溶液中加入乙醇，有深蓝色晶体析出。X射线分析晶体中除 SO_4^{2-} 外，还有 $[Cu(NH_3)_4]^{2+}$存在。$[Cu(NH_3)_4]^{2+}$是 Cu^{2+}和4个 NH_3分子通过配位键形成的复杂离子称为配离子，$[Cu(NH_3)_4]SO_4$结构如图7-1所示。

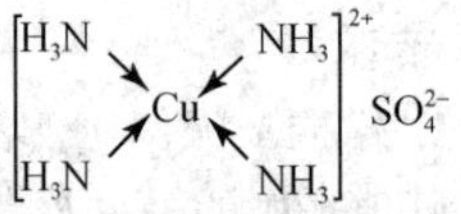

图7-1 $[Cu(NH_3)_4]SO_4$的结构

由上讨论可知，配合物是由中心离子（或原子）和一定数目的中性分子或阴离子，通过配位键形成的复杂结构单元即配合单元的化合物。含有配合单元组成的化合物称为配位化合物，简称配合物（也称络合物）。

（二）配合物的组成

配合物结构中含有的独立配合单元称为内界，写在方括弧里；内界以外的部分称为外界。如配合物 $[Cu(NH_3)_4]SO_4$和 $K_2[HgI_4]$，内界分别是 $[Cu(NH_3)_4]^{2+}$、$[HgI_4]^{2-}$，外界是SO_4^{2-} 和 K^+。

内界由一个金属离子和若干个中性分子或阴离子组成。金属离子是内界的核心部分，称为中心离子或形成体，与之连接的中性分子或阴离子是配位体（简称配体）。配体与中心离子直接连接的原子称为配位原子。内界中配位原子的数目称为配位数。配合物 $[Co(NH_3)_6]Cl_2$的组成如图7-2所示。

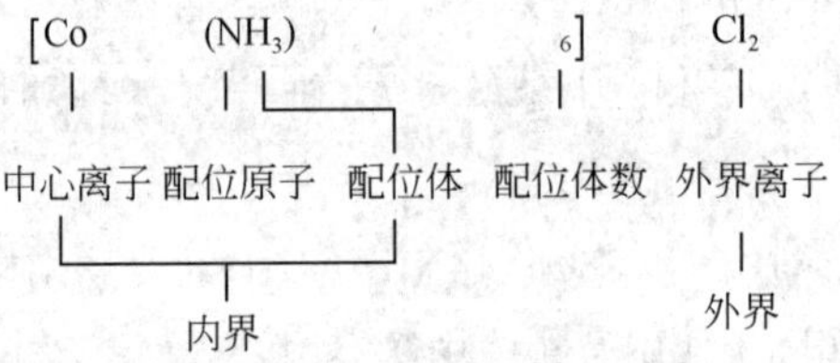

图7-2 配合物的组成示意图

配合物的外界与内界之间以离子键结合，水溶液中容易解离出外界离子，而配位单元（内界）很难发生解离。

1. 中心离子（原子） 作为中心离子（或原子）具有空的价电子轨道，可以接受孤对电子，它是配合物的形成体，位于配离子的中心。中心离子（原子）大部分是金属离子，过渡元素铬、铁、镍、铜、银等元素的离子或原子。如 $[Co(NH_3)_6]Cl_3$中的Co（Ⅲ），$K_4[Fe(CN)_6]$中的Fe（Ⅱ）等。一些高氧化态的非金属元素也能作形成体，如 $Na[BF_4]$中的B(Ⅲ)，$K_2[SiF_6]$中的Si(Ⅳ)和 $NH_4[PF_6]$ 中的P(Ⅴ)。

2. 配体与配位原子 含有孤对电子的分子或阴离子都能作配体。配体中与中心离子以配位键结合的配位原子含有孤对电子，通常是一些非金属元素如O、N、S、卤素等。

只含有1个配位原子的配体称为单基配体（或单齿配体），如 NH_3、H_2O、X^-、CN^-等；1个配体含有2个以上配位原子称为多基配体（或多齿配体），如乙二胺 $H_2N—CH_2—CH_2—NH_2$（缩写为en）、乙酰丙酮基 $CH_3—CO—CH—CO—CH_3$（缩写为acac），草酸根 $C_2O_4^{2-}$ 等。配合物内界中的配体可以是不同的种类。常见的配体见表7-1。

表 7-1 常见的配位体

化学式	名称	缩写
F^-、Cl^-、Br^-、I^-	卤素离子	
SCN^-、CN^-	硫氰酸根、氰根	
NCS^-、NC^-	异硫氰酸根、异氰根	
ONO^-、NO_2^-	亚硝酸根、硝基	
NH_3、H_2O	氨、水	
OH^-、NH_2^-、$S_2O_3^{2-}$	氢氧根、氨基、硫代硫酸根	
CH_3NH_2	甲胺	
$H_2NCH_2COO^-$、$^-OOC-COO^-$	氨基乙酸根、草酸根	gly、ox
$H_2NCH_2CH_2NH_2$	乙二胺	en
$N(CH_2COO)_3^{3-}$	氨三乙酸根	NTA
$(^-OOC—CH_2)_2N—CH_2—CH_2—N(CH_2—COO^-)_2$	乙二胺四乙酸根	EDTA

3. 配位数 直接与中心离子（或原子）配位的原子数目称为配位数，它是中心离子的重要特征。单基配体的数目与中心离子（或原子）的配位数相等。例如，$[Cu(NH_3)_4]SO_4$中Cu^{2+}离子的配位数为4，$[Co(NH_3)_5H_2O]Cl_3$中Co^{3+}离子的配位数为6。多基配体的配位数与配体数目不相等，如$[Cu(en)_2]^{2+}$中的en是双基配体，因此，Cu^{2+}离子的配位数为4。

中心离子的配位数一般是2、4、6，最常见的是4和6。影响配位数的因素很多，主要取决于中心原子和配体的性质。一般来讲，中心离子的电荷越高，配位数越高。例如，$[Ag(NH_3)_2]^+$的Ag^+配位数为2，$[Cu(NH_3)_4]^{2+}$的Cu^{2+}配位数为4，$[Co(NH_3)_5H_2O]^{3+}$的Co^{3+}配位数为6。配体电荷的增加对形成高配位数不利，因为配体间的斥力将增加，使配位数减少。如$[Co(H_2O)_6]^{2+}$与$[CoCl_4]^{2-}$相比，配体H_2O是中性分子，Cl^-是带负电荷的阴离子，Co^{2+}的配位数由6降为4。因此，中心离子电荷的增高以及配体电荷的减少，有利于配位数的增加。一些常见离子的配位数见表7-2。

表 7-2 常见离子的配位数

金属离子电荷	配位数	实例
+1(Ag^+、Cu^+、Au^+)	2	$[Ag(NH_3)_2]^+$、$[Au(CN)_2]^-$
+2(Fe^{2+}、Cu^{2+}、Zn^{2+})	4(6)	$[Cu(NH_3)_4]^{2+}$、$[HgI_4]^{2-}$、$[Co(NH_3)_6]^{2+}$、$[Ni(CN)_4]^{2-}$
+3(Fe^{3+}、Co^{3+}、Cr^{3+})	6(4)	$[FeF_6]^{3-}$、$[Co(NH_3)_6]^{3+}$、$[Cr(NH_3)_6]^{3+}$、$[AlCl_4]^-$
+4 (Pt^{4+})	6(8)	$[Pt(NH_3)_6]^{4+}$

4. 配离子的电荷 中心离子和配体电荷的代数和即为配离子的电荷。例如，$[Cu(NH_3)_4]SO_4$中，配离子的电荷为+2；$K_4[Fe(CN)_6]$中，配离子的电荷为-4；$[PtCl_2(NH_3)_2]$是电中性的配合物，没有外界。

配合物是电中性的，电荷相等符号相反的外界离子与配离子结合。因此，根据外界离子的电荷可以求算配离子的电荷，如 $K_3[Fe(CN)_6]$ 的配离子的电荷为+3。

（三）配位化合物的命名

配合物组成比较复杂，其命名一般服从无机化合物的命名原则：

配合物的外界是氢离子称“某酸”；

配合物的外界是简单的阴离子（卤素离子或 OH^-）称“某化某”；

配合物的外界是金属离子、NH_4^+或复杂的阴离子（如SO_4^{2-}）称“某酸某”。

1. 内界 先列出配体及其配位数。依次说明配体数目、名称及中心原子名称。配体与中心原子之间用“合”字连接，表示与配位键结合，配体数目以中文数字作前缀，中心原子的氧化数用罗马数字放在括号内作后缀。

命名顺序为：配体数→配体名称（不同配体间用“·”分开）→合→中心原子（氧化数）。

2. 配体的次序 先阴离子后中性分子；若配体中既有无机配体又有有机配体，则无机配体在前。同类配体，则按配位原子的元素符号在英文字母中的顺序排列；若配位原子相同，则原子数目少的排在前面；若原子数也相同，则按结构式中与配位原子相连原子的元素符号的英文字母顺序排列。

命名顺序为：无机离子→无机分子→有机配体→合→中心原子（氧化数）。

注意：配位体数目用中文数字一、二、三、四等表示（其中“一”常省略）。

3. 命名实例 根据配合物的命名原则，$[Cu(NH_3)_4]SO_4$的命名如下：

$[Cu(NH_3)_4]SO_4$ 硫酸四氨合铜(Ⅱ)

配位体数 配位体名称 中心原子名称 中心原子氧化数

下面以实例说明配合物的命名及书写：

$Na_2[SiF_6]$	六氟合硅(Ⅳ)酸钠
$H_2[PtCl_6]$	六氯合铂(Ⅳ)酸
$K_2[Zn(OH)_4]$	四羟合锌(Ⅱ)酸钾
$[Ag(NH_3)_2]Cl$	氯化二氨合银(Ⅰ)
$NH_4[Cr(SCN)_4(NH_3)_2]$	四硫氰·二氨合铬(Ⅲ)酸铵
三氯·三氨合钴(Ⅲ)	$[CoCl_3(NH_3)_3]$
羟基·草酸根·水·乙二胺合铬(Ⅲ)	$[Cr(OH)(C_2O_4)(H_2O)(en)]$
氯·硝基·四氨合钴(Ⅲ)离子	$[CoCl(NO_2)(NH_3)_4]^+$
四氯合金(Ⅲ)酸	$H[AuCl_4]$
四硝基·二氨合钴(Ⅲ)酸钾	$K[Co(NO_2)_4(NH_3)_2]$

某些配位体具有相同的化学式,但配位原子不同,命名也不同。例如：

—NO_2(配位原子 N)	硝基
—ONO(配位原子 O)	亚硝酸根
—SCN(配位原子 S)	硫氰酸根
—NCS(配位原子 N)	异硫氰酸根

常见的配合物还有一些习惯称呼。例如,$[Cu(NH_3)_4]^{2+}$称为铜氨配离子,$[Ag(NH_3)_2]^+$为银氨配离子,$K_3[Fe(CN)_6]$称为铁氰化钾(赤血盐),$K_4[Fe(CN)_6]$称为亚铁氰化钾(黄血盐),H_2SiF_6称为氟硅酸,K_2PtCl_6称为氯铂酸钾等。

课堂互动

1. 化合物中哪些是配合物？ 哪些是复盐？ 哪些是简单盐？

(1) $(NH_4)_2[Fe(Br)_5(H_2O)]$ (2) $CaSO_4 \cdot 5H_2O$ (3) $(NH_4)_2SO_4 \cdot FeSO_4 \cdot 6H_2O$

(4) $KCl \cdot MgCl_2 \cdot 6H_2O$ (5) $[Pt(NH_3)_2(OH)_2]Cl_2$ (6) $KAl(SO_4)_2 \cdot 12H_2O$

2. 命名下列配合物，并指出配离子的电荷、中心离子的氧化值和配位数。

(1) $[Co(NH_3)_6]Br_3$ (2) $K_3[Co(SCN)_6]$ (3) $[PtCl_2(NH_3)_2]$

(4) $[Ni(NH_3)_2(C_2O_4)]$

二、螯合物

(一) 螯合物

由单基配体形成的配合物称简单配合物，如 $[FeF_6]^{3-}$、$[Ag(NH_3)_2]^+$ 及 $[Ni(CN)_4]^{2-}$ 等。多基配体与中心离子形成的具有环状结构的配合物，称为螯合物。能形成螯合物的多基配体称为螯合剂。例如 $[Cu(en)_2]^{2+}$ 的结构：

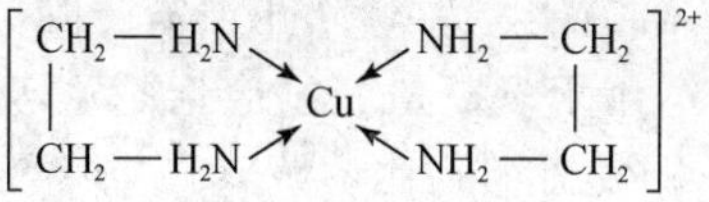

二(乙二胺)合铜(Ⅱ)离子

多基配体与中心离子形成环状结构，就像螃蟹双螯钳住中心离子一样，称螯合作用，这种作用大大增加了配合物的稳定性称为螯合效应。

课堂互动

何谓螯合物和螯合效应？ 在下列化合物中哪些能作为有效的螯合剂？

(1) H_2O (2) NH_3 (3) $(HOOCCH_2)_2N—CH_2—CH_2—N(CH_2COOH)_2$

(4) $(CH_3)_2N—NH_2$

(二) 螯合物的应用

1. 医药方面的应用 螯合物作为药物来医治某些疾病。多数抗微生物的药物配体，与金属离子（或原子）形成配合物能增加其活性。如丙基异烟肼与一些金属的螯合物抗结核杆菌的能力强于配体，提高了药物的脂溶性和透过细胞膜的能力，从而活性更高。70 年代以来，用于临床的抗癌药物顺式 $[PtCl_2(NH_3)_2]$，通过英国、美国科学家的研究，现已制出第二代铂系抗癌药物，毒副作用大大降低。

2. 生物方面的应用 金属螯合物在生物化学中的应用非常广泛，而且极为重要。生物体中的各种代谢活动、能量转换与传递、电荷转移、化学键的形成或断裂、O_2 的输送等，与金属离子和有机体生成复杂的螯合物有关。例如，植物生长中起光合作用的叶绿素是含 Mg^{2+} 的螯合物，动物血液中起输送氧的血红素是 Fe^{2+} 卟啉螯合物。血红素与叶绿素的结构如图 7-3 所示。

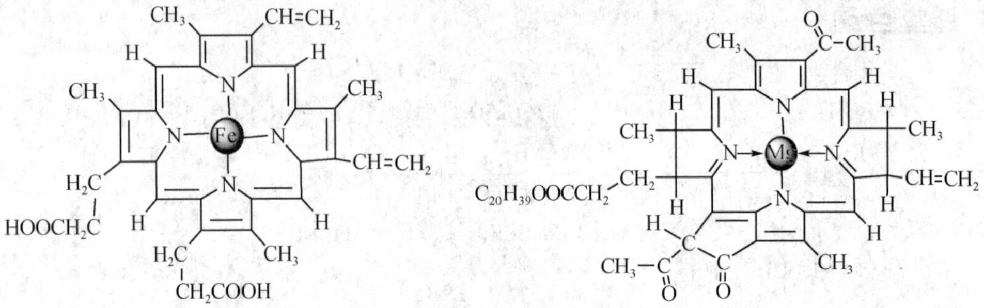

(a)血红素 (b)叶绿素

图 7-3 血红素与叶绿素的结构

拓展阅读

EDTA 的抗凝作用

乙二胺四乙酸（EDTA）盐有钠盐或钾盐，能与血液中 Ca^{2+} 结合成螯合物，使 Ca^{2+} 失去凝血作用，凝血酶原不能激活，阻止血液凝固。EDTA 盐对血细胞形态和血小板计数影响很小，适用于多项血液学检查，尤其是血小板计数。EDTA-钾特别适用于全血细胞分析及血细胞比容测定。根据国际血液学标准化委员会（ICSH）建议 CBC（全血细胞计数）抗凝剂用 EDTA-K · $2H_2O$。EDTA 影响血小板聚集，不适于凝血检查、血小板功能试验。ICSH 建议，CBC 抗凝剂用量为 EDTA-K · $2H_2O$ 1.5 ~2.2mg/ml 血液。

第二节 配位平衡

配合物在水溶液中会发生解离，存在着动态平衡。其解离程度越低，稳定性越大。配合物的稳定性主要由中心离子（或原子）与配位体的性质所决定，其次与溶液的酸度、浓度、温度等外界因素有关。

一、配合物的稳定性

（一）配位平衡

配合物中，配离子与外界离子以离子键结合，在溶液中完全电离，产生配离子和外界离子。而配离子的中心离子与配体之间是以配位键结合，比较稳定，较难解离。

例如，在 $[Cu(NH_3)_4]SO_4$ 溶液中加入稀 NaOH，没有 $Cu(OH)_2$ 沉淀生成，但加入 Na_2S 则有黑色 CuS 沉淀生成，证明溶液中有游离的 Cu^{2+}，说明溶液中 Cu^{2+} 离子和 NH_3 分子发生配合反应的同时，也存在着 $[Cu(NH_3)_4]^{2+}$ 的解离。配合反应和解离反应达到平衡称为配位平衡。即：

$$Cu^{2+} + 4NH_3 \rightleftharpoons [Cu(NH_3)_4]^{2+}$$

（二）配离子的稳定常数

依据化学平衡原理，上述配位平衡的平衡常数为：

$$K_{稳}=\frac{[Cu(NH_3)_4^{2+}]}{[Cu^{2+}][NH_3]^4}$$

$K_{稳}$ 称$[Cu(NH_3)_4]^{2+}$的稳定常数，常用 $\lg K_{稳}$ 表示。$K_{稳}$ 值越大，配离子越稳定。$K_{稳}$ 的大小反映了配离子的稳定性。例如，298.15 时，$[Cu(NH_3)_2]^{2+}$、$[Ag(NH_3)_2]^{+}$的 $K_{稳}$ 分别为 2.09×10^{13} 和 1.1×10^{7}，可见$[Cu(NH_3)_2]^{2+}$稳定性远远大于$[Ag(NH_3)_2]^{+}$。一些常见配合物的稳定常数见附录 7。

配离子的稳定性用 $K_{稳}$ 表示以外，也常用不稳定常数表示。例如，$[Cu(NH_3)_4]^{2+}$在水中的解离平衡为：

$$[Cu(NH_3)_4]^{2+} \rightleftharpoons Cu^{2+}+4NH_3$$

平衡常数表达为：

$$K_{不稳}=\frac{[Cu^{2+}]\ [NH_3]^4}{[Cu(NH_3)_4^{2+}]}$$

此平衡常数称为$[Cu(NH_3)_4]^{2+}$的解离常数或不稳定常数。$K_{不稳}$越大，配离子越容易解离，即稳定性越小。$K_{稳}$ 与 $K_{不稳}$之间存在如下关系：

$$K_{稳}=\frac{1}{K_{不稳}} \qquad (7-1)$$

上述平衡常数表示配合物总的生成和解离反应的平衡关系式。与多元弱酸类似，溶液中配合物的形成与解离也是分步进行的。以$[Cu(NH_3)_4]^{2+}$的形成和离解为例：

$$Cu^{2+}+NH_3 \rightleftharpoons [Cu(NH_3)]^{2+} \qquad K_1=\frac{[Cu(NH_3)^{2+}]}{[Cu^{2+}][NH_3]}$$

$$[Cu(NH_3)]^{2+}+NH_3 \rightleftharpoons [Cu(NH_3)_2]^{2+} \qquad K_2=\frac{[Cu(NH_3)_2^{2+}]}{[Cu(NH_3)^{2+}][NH_3]}$$

$$[Cu(NH_3)_2]^{2+}+NH_3 \rightleftharpoons [Cu(NH_3)_3]^{2+} \qquad K_3=\frac{[Cu(NH_3)_3^{2+}]}{[Cu(NH_3)_2^{2+}][NH_3]}$$

$$[Cu(NH_3)_3]^{2+}+NH_3 \rightleftharpoons [Cu(NH_3)_4]^{2+} \qquad K_4=\frac{[Cu(NH_3)_4^{2+}]}{[Cu(NH_3)_3^{2+}][NH_3]}$$

二、 配位平衡的移动

金属离子和配体在溶液中形成的配位平衡如下：

$$M^{n+}+aL^{-} \rightleftharpoons [ML_a]^{n-a}$$

根据平衡移动原理，改变金属离子 M^{n+}或配体 L^{-}的浓度平衡将发生移动。若增加 M^{n+}或 L^{-}浓度，配合物的稳定性增加；反之，配离子将发生解离。

（一）配位平衡与酸碱平衡

1. 配体的酸效应 根据酸碱质子理论，常见的配体一般都是质子碱，当溶液酸碱度发生改变时，配位平衡发生移动。因此，必须考虑配体的酸碱反应。常见的配体 NH_3 和 F^-等，与 H^+离子结合形成共轭酸。当溶液中 H^+浓度增大时，NH_3浓度极低，Cu^{2+}与 NH_3反应进行程度降低，几乎不能形成配合物：

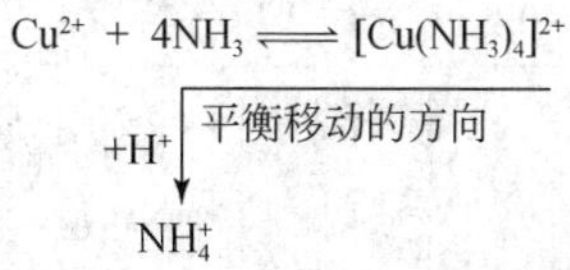

同样，当溶液酸度增大（$[H^+]>0.5mol/L$），F^-与 Fe^{3+}也不能生成配离子：

$$Fe^{3+} + 6F^- \rightleftharpoons [FeF_6]^{3+}$$

$+H^+$ ↓ 平衡移动的方向

HF

酸度增大导致配合物的稳定性降低，这种现象称为配体的酸效应。酸度对配合物稳定性的影响，实质是酸度影响了配体的游离浓度，从而导致配位平衡的移动。即 H^+浓度增大，L^-浓度变小，不利于配合物的形成；而降低 H^+浓度，L^-浓度将增大，有利于生成配合物。酸效应的强弱与配体碱性有关，碱性越大，酸效应越强。如果配体是极弱的碱，酸度不会影响配合物的稳定性。如硫氰酸（HSCN）是中强酸，其共轭碱 SCN^-是弱碱，SCN^-形成的配合物在酸性溶液中仍然较稳定。

2. 金属离子的水解效应 配合物中心离子一般是金属离子，溶液中不同程度地发生水解，形成难溶解的电解质。如下式所示：

$$M^{n+} + aL^- \rightleftharpoons [ML_a]^{n-a}$$

⇅ $+OH^-$

$M(OH)_n$↓

这种金属离子与 OH^-结合使配离子发生解离的作用，称为中心离子的水解效应。

酸效应和水解效应的作用相反，因此，溶液中既要考虑配体的酸效应，同时也要考虑金属离子的水解效应。配合物一般都有适宜的酸度范围，根据实际需要，可以控制溶液的 pH 使配合物生成或解离。

（二）配合平衡与沉淀平衡

在配合物溶液中加入沉淀剂，若沉淀剂与中心离子生成难溶的化合物，配离子会导致破坏。例如，含有$[Ag(NH_3)_2]^+$的溶液中加入 Na_2S 溶液，有 Ag_2S 沉淀生成，配合平衡向沉淀平衡转化，反应如下：

$$[Ag(NH_3)_2]^+ \rightleftharpoons 2NH_3 + Ag^+$$

平衡移动的方向 ↓ $+S^{2-}$

Ag_2S↓

总的反应方程为：$2[Ag(NH_3)_2]^+ + S^{2-} \rightleftharpoons Ag_2S\downarrow + 4NH_3$

根据多重平衡定律，298.15K 时，该反应的平衡常数 $K_{总}$：

$$K_{总}=\frac{[NH_3]^4}{[Ag(NH_3)_2^+]^2[S^{2-}]}=\frac{[NH_3]^4[Ag^+]^2}{[Ag(NH_3)_2^+]^2[S^{2-}][Ag^+]^2}=\frac{1}{K_{稳}^2\cdot K_{sp}}=1.5\times10^{35}$$

该反应的平衡常数 $K_{总}$很大，正向反应进行的非常完全。

从平衡常数 $K_{总}$的关系式可见：配位平衡向沉淀平衡转化，取决于配合物的稳定性和生成难溶化合物的溶解度。配合物越稳定，沉淀溶解度越大，配位平衡容易向沉淀转化，反之亦然。

在 AgCl 沉淀中加入浓氨水，沉淀溶解生成$[Ag(NH_3)_2]^+$。反应如下：

$$AgCl(s) \rightleftharpoons Cl^- + Ag^+$$

平衡移动的方向 ↓ $+NH_3\cdot H_2O$

$[Ag(NH_3)_2]^+$

总的反应方程为：$AgCl(s)+2NH_3 \rightleftharpoons [Ag(NH_3)_2]^+ + Cl^-$

根据多重平衡定律，298.15K 时，反应的平衡常数 $K_{总}$：

$$K_{总}=\frac{[Ag(NH_3)_2^+][Cl^-]}{[NH_3]^2}=\frac{[Ag(NH_3)_2^+][Cl^-][Ag^+]}{[NH_3]^2[Ag^+]}=K_{稳}\cdot K_{sp}=2.0\times10^{-3}$$

从 $K_{总}$ 值可见，上述反应进行的程度较小，加入浓氨水，AgCl 沉淀才能溶解生成 $[Ag(NH_3)_2]^+$。

由上讨论可知，沉淀平衡与配位平衡在一定条件下可以转化。沉淀 K_{sp} 和配离子的 $K_{稳}$ 越大，表示沉淀物易溶解；反之，沉淀 K_{sp} 和配离子的 $K_{稳}$ 越小，表示配离子容易破坏。

【例 7-1】 298.15K 时，含有 0.1mol/L 的 $[Cu(NH_3)_4]^{2+}$ 溶液中，加入 1.0×10^{-3} mol/L 的 Na_2S 溶液，有无 CuS 沉淀生成？（$K_{[Cu(NH_3)_4]^{2+}}=2.1\times10^{13}$，$K_{sp(CuS)}=6.3\times10^{-36}$）

解：设 $[Cu(NH_3)_4]^{2+}$ 配离子离解所生成的 $[Cu^{2+}]=x$mol/L，

$$Cu^{2+}+4NH_3 \rightleftharpoons [Cu(NH_3)_4]^{2+}$$

平衡时浓度　　x　　$4x$　　$0.1-x$

$$K_{稳}=\frac{[Cu(NH_3)_4^{2+}]}{[Cu^{2+}][NH_3]^4}=2.09\times10^{13}$$

因 $K_{稳}$ 较大，x 很小，$0.1-x\approx0.1$　则 $\frac{0.1}{x(4x)^4}=2.09\times10^{13}$，得 $x=4.51\times10^{-4}$ mol/L

溶液中 $[S^{2-}]=1.0\times10^{-3}$mol/L，$[Cu^{2+}]\cdot[S^{2-}]=4.51\times10^{-4}\times1.0\times10^{-3}>6.3\times10^{-36}$

所以有 CuS 沉淀生成。

【例 7-2】 在 298.15K 时，1L 6mol/L 氨水可溶解多少 AgCl？

解：已知：$AgCl(s)+2NH_3 \rightleftharpoons [Ag(NH_3)_2]^++Cl^-$

$$K_{总}=\frac{[Ag(NH_3)_2^+][Cl^-]}{[NH_3]^2}=\frac{[Ag(NH_3)_2^+][Cl^-][Ag^+]}{[NH_3]^2[Ag^+]}=K_{稳}\cdot K_{sp}=2.0\times10^{-3}$$

设 1L 6mol/L 氨水可溶解 x 摩尔的 AgCl，平衡时物质的浓度分别为：

$$[Ag(NH_3)_2]^+=x\text{mol/L},\ [Cl^-]=x,\ [NH_3]=(6-2x)\ \text{mol/L}$$

假设溶解的 Ag^+ 离子基本上以 $[Ag(NH_3)_2]^+$ 离子形式存在，将各浓度代入平衡关系式：

$$K_{总}=\frac{[Ag(NH_3)_2^+][Cl^-]}{[NH_3]^2}=\frac{x\cdot x}{(6-2x)^2}=2.0\times10^{-3}，则\ x=0.246\text{mol/L}$$

计算结果表明，在 1L 6mol/L 氨水中仅有 0.246mol/L AgCl 溶解，故必须加大氨水的浓度，才能使 AgCl 沉淀溶解。

（三）配位平衡与氧化还原反应

配合物溶液中加入某些氧化、还原剂，与配合物的中心离子或配体反应，导致配位平衡发生移动。例如，向 $[Fe(NSC)]^{2+}$ 溶液中加入 $SnCl_2$ 溶液，则血红色褪去：

$$2[Fe(NSC)]^{2+}+Sn^{2+} \rightleftharpoons 2Fe^{2+}+Sn^{4+}+2SCN^-$$

因此，氧化还原反应对配位平衡产生了影响。反之，配位平衡也会影响氧化还原的平衡。例如，Fe^{3+} 能将 I^- 氧化成 I_2，反应如下：

$$2Fe^{3+}+2I^- \rightleftharpoons 2Fe^{2+}+I_2$$

若在 Fe^{3+} 溶液中加入 F^- 离子后，可生成较稳定的 $[FeF_6]^{3-}$，溶液中 $[Fe^{3+}]$ 大大降低，导致电对的 φ 值减小，从而上述反应逆向进行。

（四）配合物的转化

配合物溶液中，加入能与中心离子或配体生成更稳定配合物的配位剂，则配合物之间发生转化。配合物的转化实质是发生了取代反应，分为中心原子取代和配体取代两种。如：

$$[Fe(H_2O)_6]^{3+}+6SCN^- \rightleftharpoons [Fe(NCS)_6]^{3-}+6H_2O\text{（配体取代）}$$

$$[CuY]^{2-}+Fe^{3+} \rightleftharpoons Cu^{2+}+[FeY]^-\text{（中心原子取代）}$$

配合物的转化能否发生，取决于配离子稳定性的大小。一般平衡总是倾向于生成配合物 $K_{稳}$ 大的方向进行，两种配离子的 $K_{稳}$ 相差越大，转化越完全。例如：

$$[Ag(NH_3)_2]^++2S_2O_3^{2-} \rightleftharpoons [Ag(S_2O_3)_2]^{3-}+2NH_3$$

298.15K 时，平衡常数为：

$$K=\frac{[Ag(S_2O_3)_2^{3-}]\cdot[NH_3]^2\cdot[Ag^+]}{[Ag(NH_3)_2^+]\cdot[S_2O_3^{2-}]^2\cdot[Ag^+]}=\frac{K_{稳}[Ag(S_2O_3)_2^{3-}]}{K_{稳}[Ag(NH_3)_2^+]}=\frac{2.88\times10^{13}}{1.12\times10^{7}}=2.57\times10^{6}$$

从计算可以看出，K 值很大，表明配合物转化进行得非常彻底。

第三节 配位滴定

配位滴定法是以形成稳定配合物的配位反应为基础的滴定分析方法。能形成配合物的反应很多，但用于配位滴定的反应必须具备以下条件：

（1）反应能进行完全，生成的配合物有足够的稳定性。

（2）反应能定量进行，即金属离子与配位剂的反应比一定，此为定量计算的基础。

（3）反应速度快，配合物在水中易溶。

（4）可用适当的方法确定滴定终点。

配位滴定中，被滴定的一般是金属离子。简单配合物多数由无机配体与金属离子形成，常形成逐级配合物，稳定性较差，极少用于滴定分析。螯合物由多基配体（螯合剂）与金属离子形成了稳定的环状结构，一般用于配位滴定反应。目前常用的有机配体是氨羧配位剂，以乙二胺四乙酸（EDTA）的应用最为广泛，主要用于测定金属离子的含量。

一、 EDTA 及其配位特性

（一）EDTA 的性质

乙二胺四乙酸在水中溶解度较小，22℃时约 0.02g/100ml。其二钠盐（EDTA-2Na）在水中溶解度较大，22℃时溶解度为 11.1g/100ml，即溶液浓度为 0.3mol/L，pH 约为 4.5。常用其二钠盐作滴定剂，通常含两分子结晶水，用 $Na_2H_2Y\cdot2H_2O$ 表示。

水溶液中，EDTA 两个羧基上的 H^+ 转移到 N 原子上，形成双偶极离子，用 H_4Y 表示。其结构为：

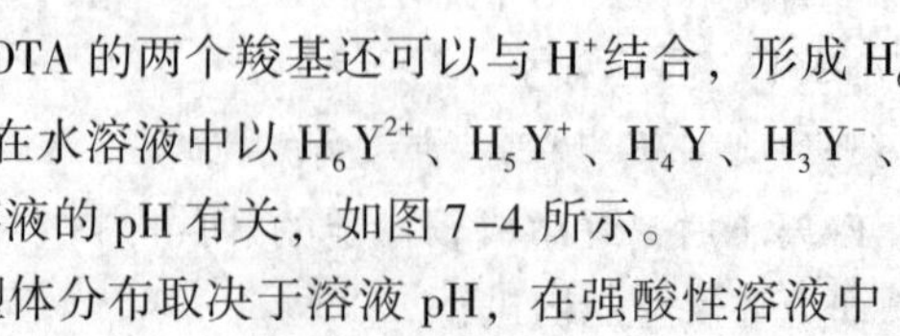

酸度较高的溶液，EDTA 的两个羧基还可以与 H^+ 结合，形成 H_6Y^{2+}，相当于六元酸，存在六级解离平衡。EDTA 在水溶液中以 H_6Y^{2+}、H_5Y^+、H_4Y、H_3Y^-、H_2Y^{2-}、HY^{3-} 及 Y^{4-} 七种形式存在，分布系数与溶液的 pH 有关，如图 7-4 所示。

由图 7-4 可知，各型体分布取决于溶液 pH，在强酸性溶液中（pH<1），主要以 H_6Y^{2+} 存在；在弱酸性溶液中（pH 2.67～6.16）主要以 H_2Y^{2-} 存在；在碱性溶液中（pH>10.26）主要以 Y^{4-} 存在。

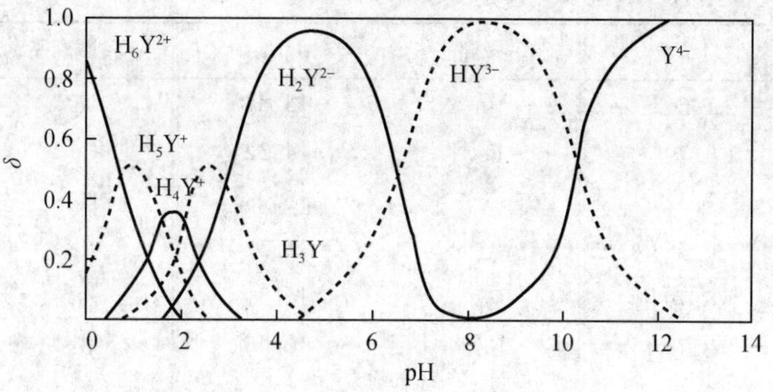

图 7-4 EDTA 各种存在形式分布图

（二）EDTA 与金属离子配位的特点

EDTA 能与多种金属离子形成配合物，具有广泛的配位性能，几乎能与所有金属离子形成配合物，因而配位滴定应用非常广泛。

（1）EDTA 分子中含有 4 个羧氧和 2 个氨氮共六个配位原子，几乎与所有金属离子配位。

（2）EDTA 与不同价态的金属离子一般均按 1∶1 配位，只有少数高价金属离子（如 Mo^{5+}、Zr^{4+}等）与 EDTA 形成 2∶1的配合物。

（3）EDTA 与金属离子配位时，氮原子和氧原子与金属离子键合，生成具有多个五元环的螯合物，非常稳定。其立体构型如图 7-5 所示。

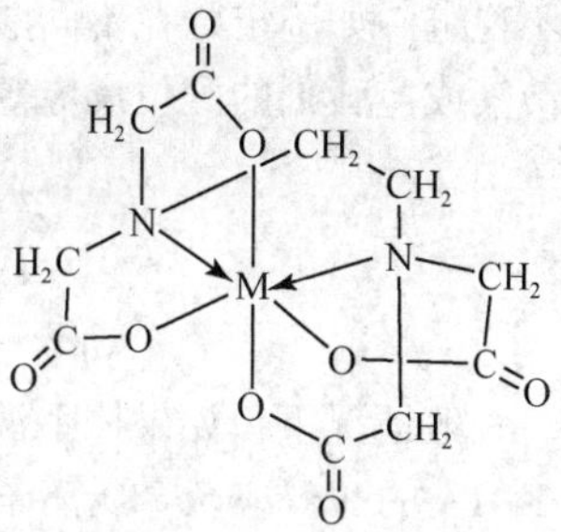

图 7-5 EDTA-M 螯合物立体结构

（4）EDTA 与金属离子的配合物多数带电荷，水溶性好，有利于滴定。EDTA 与无色的金属离子形成无色配合物，与有色金属离子形成颜色更深的配合物，见表 7-3。

表 7-3 有色 EDTA 螯合物

螯合物	NiY^{2-}	CuY^{2-}	FeY^-	CoY^-	MnY^{2-}	CrY^-
颜色	蓝绿	深蓝	黄	紫红	紫红	深紫

（5）EDTA 与多数金属离子的配位反应速度较快，但个别离子（如 Cr^{3+}、Fe^{3+}、Al^{3+}等）反应较慢，需加热或煮沸才能定量反应。

二、 影响 EDTA 配合物稳定性的因素

（一）EDTA 与金属离子形成配合物的稳定常数

EDTA 能与多种金属离子形成配位比为 1∶1 的配合物，其主反应简写成：

$$M+Y \rightleftharpoons MY$$

反应达平衡时：

$$K_{稳}=K_{MY}=\frac{[MY]}{[M][Y]}$$

$K_{稳}$（或 K_{MY}）为反应平衡常数，即在一定温度下金属-EDTA 配合物的稳定常数。$K_{稳}$或 $\lg K_{稳}$ 越大，配合物越稳定。一些常见金属离子与 EDTA 形成配合物的稳定常数见表7-4。

表 7-4 常见金属离子与 EDTA 配合物的 $\lg K_{稳}$ 值（25℃，I=0.1 KNO_3溶液）

金属离子	$\lg K_{稳}$	金属离子	$\lg K_{稳}$	金属离子	$\lg K_{稳}$
Na^+	1.66*	Mn^{2+}	13.87	Ni^{2+}	18.62
Li^+	2.79*	Fe^{2+}	14.32	Cu^{2+}	18.8
Ag^+	7.32	Ce^{3+}	15.98	Hg^{2+}	21.7
Ba^{2+}	7.86*	Al^{3+}	16.3	Cr^{3+}	23.4
Mg^{2+}	8.79*	Co^{2+}	16.31	Fe^{3+}	25.10*
Sr^{2+}	8.73*	Cd^{2+}	16.46	Bi^{3+}	27.94
Be^{2+}	9.2	Zn^{2+}	16.5	Zr^{4+}	29.5
Ca^{2+}	10.69	Pb^{2+}	18.04	Co^{3+}	41.4

* 在 0.1mol/L KCl 溶液中，其他条件相同。

（二）影响配位平衡的主要因素

配位滴定中，被测离子 M 与滴定剂 Y 的主反应外，还存在许多副反应，使形成的配合物不稳定。如滴定剂在不同酸度中出现不同程度的解离，金属离子的水解，金属离子与缓冲溶液或掩蔽剂的配位反应等。反应体系的化学平衡关系表示如下：

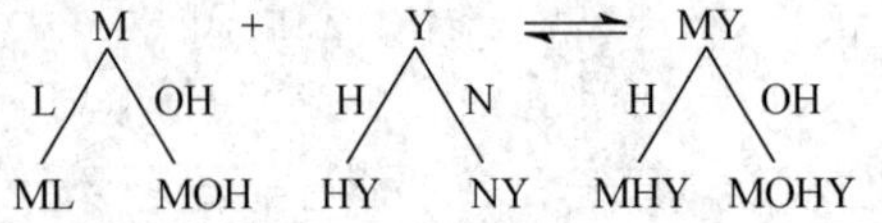

主反应

副反应

一般情况下，如果体系没有干扰离子，且没有其他配位剂，则影响主反应的因素主要是 EDTA 的酸效应及金属离子的水解；若存在其他配位剂，还应考虑金属离子的辅助配位效应。下面主要讨论对配位平衡影响较大的酸度和金属离子的配位效应。

1. 酸度对 EDTA 的影响 能与溶液中的 H^+结合，使 Y 的平衡浓度降低，主反应化学平衡向左移动。这种由于 H^+的存在使配位体 Y 参加主反应能力降低的现象称为酸效应。酸效应的大小用酸效应系数 $\alpha_{Y(H)}$来衡量。EDTA 的分布系数为：

$$\delta_Y=\frac{[Y]}{[Y']} \tag{7-2}$$

[Y] 为游离的 Y^{4-}的平衡浓度；[Y′] 是未与金属离子 M 配位的各种型体的总浓度。

分布系数的倒数称为酸效应系数 $\alpha_{Y(H)}$：

$$\alpha_{Y(H)}=\frac{[Y']}{[Y]}=\frac{[Y^{4-}]+[HY^{3-}]+[H_2Y^{2-}]+[H_3Y^{-}]+[H_4Y]+[H_5Y^{+}]+[H_6Y^{2+}]}{[Y^{4-}]}$$

$$=1+\frac{[H^+]}{K^{\ominus}_{a_6}}+\frac{[H^+]^2}{K^{\ominus}_{a_6}K^{\ominus}_{a_5}}+\frac{[H^+]^3}{K^{\ominus}_{a_6}K^{\ominus}_{a_5}K^{\ominus}_{a_4}}+\frac{[H^+]^4}{K^{\ominus}_{a_6}K^{\ominus}_{a_5}K^{\ominus}_{a_4}K^{\ominus}_{a_3}}+\frac{[H^+]^5}{K^{\ominus}_{a_6}K^{\ominus}_{a_5}K^{\ominus}_{a_4}K^{\ominus}_{a_3}K^{\ominus}_{a_2}}+\frac{[H^+]^6}{K^{\ominus}_{a_6}K^{\ominus}_{a_5}K^{\ominus}_{a_4}K^{\ominus}_{a_3}K^{\ominus}_{a_2}K^{\ominus}_{a_1}} \tag{7-3}$$

从上式可知，酸效应系数 $\alpha_{Y(H)}$ 表示 [Y′] 与 [Y] 之比。

$\alpha_{Y(H)}$ 越大，表明参加配位反应的 Y^{4-}越少，酸效应越强。当 $\alpha_{Y(H)}$ = 1 时，[Y′] = [Y]，说明 Y 没有发生副反应，全部以 Y^{4-}形式存在。不同 pH 下的 $\lg\alpha_{Y(H)}$ 值，见表 7-5。

表 7-5 EDTA 在不同 pH 的 $\lg\alpha_{Y(H)}$

pH	$\lg\alpha_{Y(H)}$	pH	$\lg\alpha_{Y(H)}$	pH	$\lg\alpha_{Y(H)}$
0.0	23.64	3.6	9.27	7.2	3.10
0.2	22.47	3.8	8.85	7.4	2.88
0.4	21.32	4.0	8.44	7.6	2.68
0.6	20.18	4.2	8.04	7.8	2.47
0.8	19.08	4.4	7.64	8.0	2.27
1.0	18.01	4.6	7.24	8.2	2.07
1.2	16.98	4.8	6.84	8.4	1.87
1.4	16.02	5.0	6.45	8.6	1.67
1.6	15.11	5.2	6.07	8.8	1.48
1.8	14.27	5.4	5.69	9.0	1.29
2.0	13.51	5.6	5.33	9.2	1.10
2.2	12.82	5.8	4.98	9.4	0.92
2.4	12.19	6.0	4.65	9.6	0.75
2.6	11.62	6.2	4.34	9.8	0.59
2.8	11.09	6.4	4.06	10.0	0.45
3.0	10.60	6.6	3.79	11.0	0.07
3.2	10.14	6.8	3.55	12.0	0.01
3.4	9.70	7.0	3.32	12.2	0.005

【例 7-3】 计算 pH=2.00 时，EDTA 的酸效应系数及其对数值。

解：pH=2 时，$[H^+]=10^{-2}$ mol/L。已知 K_{a_1}、K_{a_2}、K_{a_3}、K_{a_4}、K_{a_5}、K_{a_6} 分别为 $10^{-0.9}$、$10^{-1.6}$、$10^{-2.0}$、$10^{-2.67}$、$10^{-6.16}$、$10^{-10.26}$。将以上数据代入式（7-3）中，可得

$$\alpha_{Y(H)}=\frac{[Y']}{[Y]}=1+10^{8.26}+10^{12.42}+10^{13.09}+10^{13.09}+10^{12.69}+10^{11.59}=3.25\times10^{13}$$

$$\lg\alpha_{Y(H)}=13.51$$

从表 7-5 和式（7-3）可知，$\lg\alpha_{Y(H)}$ 值随着 $[H^+]$ 的增大而增大，即 pH 越小，酸效应越显著。反之，pH 越大则酸效应越不明显。当 pH 增大至一定程度时，可忽略酸效应对 EDTA 的影响。

2. 金属离子的配位效应 其他配位剂 L 与金属离子 M 发生副反应，金属离子 M 与配位剂 Y 进行主反应能力降低的现象称为配位效应。配位效应的大小用配位效应系数 $\alpha_{M(L)}$ 来衡量。

$\alpha_{M(L)}$ 表示游离金属离子 M′的浓度与未参与主反应的金属离子 M 的总浓度之比。即：

$$\alpha_{M(L)}=\frac{[M']}{[M]}=\frac{[M]+[ML]+[ML_2]+\cdots+[ML_n]}{[M]}$$

$$=1+[L]K_1+[L]^2K_1K_2+[L]^3K_1K_2K_3+\cdots+[L]^nK_1K_2K_3\cdots K_n \tag{7-4}$$

上式表明，$\alpha_{M(L)}$ 越大，即金属离子 M 与配位剂 L 发生的副反应越严重，配位效应越强。当 $\alpha_{M(L)}=1$ 时，表示金属离子 M 未发生配位效应。

3. EDTA 配合物的条件稳定常数 当 EDTA 与金属离子的配位反应达到平衡时：

$$K_{稳}=\frac{[MY]}{[M][Y]}$$

$K_{稳}$（或 K_{MY}）的大小反映了金属离子 M 与配位剂 EDTA 之间反应进行的程度。$K_{稳}$越大，

表示反应进行得越完全。当滴定中有副反应发生时，[M] 和 [Y] 发生改变，主反应平衡发生移动，配合物的稳定性下降，此时，$K_{稳}$不能客观地反映主反应进行的程度，因此引入条件稳定常数 $K'_{稳}$。

设未参加主反应 M 的总浓度为 [M′]，未参加主反应 Y 的总浓度为 [Y′]，形成配合物的总浓度为 [MY′]，即得到条件稳定常数 $K'_{稳}$：

$$K'_{稳}=\frac{[MY']}{[M'][Y']} \tag{7-5}$$

条件稳定常数是在一定条件下，考虑副反应对金属-EDTA 配合物的影响时，配合物的实际稳定常数，又称表观稳定常数（或有效稳定常数），用 $K'_{稳}$表示。

只考虑 Y 与 M 的副反应，已知：

$$Y'=\alpha_Y[Y]M'=\alpha_M[M]$$

代入式（7-5），得：

$$K'_{稳}=\frac{[MY]}{\alpha_M[M]\alpha_Y[Y]}=\frac{K_{稳}}{\alpha_M\alpha_Y} \tag{7-6}$$

取对数，得：

$$\lg K'_{稳}=\lg K_{稳}-\lg\alpha_M-\lg\alpha_Y \tag{7-7}$$

在一定条件下，α_M 和 a_Y 为定值，故 $K'_{稳}$是常数。若只考虑酸效应和配位效应，上式可表示为：

$$\lg K'_{稳}=\lg K_{稳}-\lg\alpha_{M(L)}-\lg\alpha_{Y(H)} \tag{7-8}$$

若滴定体系中无其他配位剂存在（$\lg\alpha_{M(L)}=0$），可以只考虑配位剂 EDTA 的酸效应对主反应的影响，式（7-8）简化为：

$$\lg K'_{MY}=\lg K_{稳}-\lg\alpha_{Y(H)} \tag{7-9}$$

由上讨论可知，副反应系数越小，条件稳定常数越大，配合物越稳定；反之，配合物的实际稳定性越低。

【例 7-4】 计算 pH=2.0 和 pH=5.0 时的 $\lg K'_{ZnY}$ 值。

解：查表 7-4 得 $\lg K_{ZnY}=16.50$

查表 7-5 得 pH=2.0 时，$\lg\alpha_{Y(H)}=13.51$；pH=5.0 时，$\lg\alpha_{Y(H)}=6.45$

由式（7-9）得：pH=2.0 时，$\lg K'_{ZnY}=\lg K_{ZnY}-\lg\alpha_{Y(H)}=16.50-13.51=2.99$

pH=5.0 时，$\lg K'_{ZnY}=\lg K_{ZnY}-\lg\alpha_{Y(H)}=16.50-6.45=10.05$

显然，由于酸效应，配合物在 pH=5.0 的溶液中比在 pH=2.0 的溶液中更为稳定。

EDTA 能与多种金属离子生成稳定的配合物，$K_{稳}$值可高达 10^{30}以上。由于各种副反应的影响，条件稳定常数要小得多。影响 EDTA 配合物稳定性的主要因素是酸效应和配位效应，这两种效应越强，条件稳定常数越小，EDTA 配合物的稳定性越低。

三、滴定条件的选择

（一）EDTA 准确滴定金属离子的条件

配位滴定中，化学计量点与指示剂的变色点不可能完全一致。即使相近，由于人眼判断颜色的局限性，仍可能造成 pM′±(0.2～0.5) 单位的不确定性（即 ΔpM′ 存在±0.2～0.5 的误差范围）。

综合考虑被测金属离子的浓度 c_M 和配合物条件稳定常数 K'_{MY} 两个因素，经理论计算表明：假设终点与计量点的 pM 相差 0.2（即 ΔpM′=±0.2），要使终点误差在 0.1% 左右，则必须满足下式：

$$\lg c_{M}K'_{MY} \geqslant 6 \qquad (7-10)$$

式（7-10）为判断EDTA能否准确滴定金属离子M的条件。

（二）配位滴定中酸度的控制

1. 缓冲溶液的作用 EDTA与金属离子反应，生成配合物的同时还不断地释放出H^+：

$$M+H_2Y \rightleftharpoons MY+2H^+$$

可以看出，溶液酸度增大，使$K'_{稳}$变小（即配合物的实际稳定性降低），突跃范围减小；同时，溶液pH的变化会影响指示剂的变色点，使误差增大，甚至无法滴定。因此，配位滴定中常用缓冲溶液来保持溶液酸度的相对稳定。

在弱酸性溶液中滴定时，常用HAc-NaAc（pH 3.4～5.5）或六次甲基四胺$(CH_2)_6N_4$-HCl缓冲溶液（pH 5～6）控制溶液的酸度。

$$(CH_2)_6N_4+6H_2O \rightleftharpoons 6HCHO+4NH_3$$

在弱碱性溶液中滴定时，常用$NH_3 \cdot H_2O$-NH_4Cl缓冲溶液（pH8～11）控制溶液的酸度。由于NH_3与多种金属离子可发生配合，对滴定会产生一定的影响。

2. 配位滴定中的最高酸度 金属离子M能被EDTA准确滴定的条件是$\lg c_{M}K'_{MY} \geqslant 6$。若$c_M = 1.0 \times 10^{-2}$mol/L，则：

$$\lg K'_{MY} = \lg K_{稳} - \lg\alpha_{M(L)} - \lg\alpha_{Y(H)} \geqslant 8 \qquad (7-11)$$

满足式（7-11）才能被准确滴定。如仅考虑酸效应，则上式为：

$$\lg K'_{MY} = \lg K_{稳} - \lg\alpha_{Y(H)} \geqslant 8 \qquad (7-12)$$

由式（7-12）得到配位滴定的最大$\lg\alpha_{Y(H)}$，求出相应的pH为准确滴定金属离子M的最高酸度。当超过此酸度时，$\alpha_{Y(H)}$值变大（酸效应增强），K'_{MY}值变小（配合物的实际稳定性下降），滴定误差增大。

3. 配位滴定中的最低酸度 当pH增大，酸效应减弱，配合物的稳定性增强，配位反应进行得越完全，滴定突跃范围增大，对滴定有利。同时，pH增大可能使金属离子的水解效应增大，生成氢氧化物沉淀，影响配位滴定的进行。因此，配位滴定既有最高酸度，也有最低酸度。一般忽略配位效应、离子强度及沉淀是否易溶解等因素的影响，直接应用$M(OH)_n$的溶度积，计算该金属离子的最低酸度。

配位滴定应控制在最高和最低酸度之间，此酸度范围称为配位滴定的适宜酸度范围。此外，指示剂也存在酸效应，其颜色的转变点同样与酸度有关。指示剂颜色转变点与pM基本一致时的酸度称为最佳酸度。

（三）掩蔽干扰离子的方法

当溶液中干扰离子N的浓度或稳定常数较大（即被测金属离子和干扰离子的稳定性接近），不能用控制酸度的方法来消除干扰离子时，常用掩蔽法提高配位反应的选择性。在滴定体系中加入某种试剂，只与干扰离子N反应，降低了溶液中N的浓度，使K'_{NY}减至很小，此试剂称为掩蔽剂。常用的掩蔽法有配位掩蔽法、沉淀掩蔽法、氧化还原掩蔽法三种。

1. 配位掩蔽法 溶液中存在其他金属离子N时，N与Y发生副反应，降低了条件稳定常数，M离子产生滴定误差。N离子可能对指示剂有封闭作用，加入掩蔽剂与干扰离子形成稳定的配合物，降低溶液中游离N的浓度，使$\alpha_{Y(N)}$减小，以消除N离子的干扰。

配位掩蔽法可消除N的干扰，实现准确滴定M的目的，还可控制滴定条件分别测定M和N的含量。即先加配位掩蔽剂掩蔽N，用EDTA滴定M后，再加入某种试剂，将N从掩蔽剂的配合物中释放出来，以EDTA准确滴定N。这种将配位剂或金属离子从配合物中释放出来的作用称为解蔽作用，所用试剂则称为解蔽剂。例如，测定铜合金中铅、锌含量，就是利用掩蔽剂KCN在氨性缓冲液中与Cu^{2+}、Zn^{2+}配位后，以铬黑T为指示剂，用EDTA滴定Pb^{2+}。在滴定Pb^{2+}的溶液中加入甲醛或三氯乙醛，使$[Zn(CN)_4]^{2-}$解蔽，释放出Zn^{2+}后，再用EDTA滴定。

2. 沉淀掩蔽法 加入沉淀剂，使干扰离子产生沉淀而降低浓度，在不分离沉淀的情况下直接滴定，这种方法称为沉淀掩蔽法。

例如，在强碱性溶液中用EDTA滴定Ca^{2+}，强碱与Mg^{2+}形成沉淀而不干扰Ca^{2+}的滴定，此时OH^-是Mg^{2+}的沉淀掩蔽剂。另外，当Ba^{2+}与Sr^{2+}共存时，可用K_2CrO_4掩蔽Ba^{2+}；当Pb^{2+}与其他离子共存时，可用H_2SO_4掩蔽Pb^{2+}。

沉淀反应往往进行得不够完全，且有共沉淀及吸附等现象，影响滴定的准确度；有些沉淀颜色很深或体积大，妨碍终点观察。所以沉淀掩蔽法不是理想的掩蔽方法。

3. 氧化还原掩蔽法 利用氧化还原反应改变干扰离子的价态，以降低条件稳定常数进而消除干扰的方法。例如，Bi^{3+}和Fe^{3+}共存的溶液，测定Bi^{3+}而Fe^{3+}产生干扰，可加抗坏血酸（维生素C）将Fe^{3+}还原为Fe^{2+}，大大降低了铁离子和EDTA配合物的稳定性，从而消除Fe^{3+}对Bi^{3+}测定的干扰。

四、 金属指示剂

配位滴定常用一种能与金属离子生成有色配位化合物的显色剂来指示滴定终点，这种显色剂称为金属离子指示剂，简称金属指示剂。

（一）金属指示剂的作用原理

金属指示剂一般为具有配位剂性质的有机弱酸或弱碱，在不同pH条件下，与被滴定的金属离子反应，生成与指示剂本身颜色不同的配合物MIn。

配位滴定时，部分待测金属离子M与指示剂In首先生成指示剂配合物MIn，溶液显示MIn的颜色。随着EDTA的滴入，它与溶液中金属离子形成配合物MY，接近化学计量点时，EDTA将金属离子从MIn夺取出来，In处于游离状态，溶液显示指示剂的颜色，指示终点的到达。

$$\underset{\text{颜色A}}{M^+ + In^-} \rightleftharpoons \underset{\text{颜色B}}{MIn}$$
$$+$$
$$Y^- \rightleftharpoons MY + \underset{\text{颜色A}}{In^-}$$

（二）金属指示剂必备的条件

在配位滴定中，金属指示剂应具备以下条件：

（1）指示剂与金属离子形成的配合物易溶于水，不能生成胶体溶液或沉淀，其颜色与所形成的配合物（以MIn表示）有明显的区别。

（2）显色反应灵敏、迅速，有良好的变色可逆性，指示剂与金属离子的显色应具有一定的选择性。

（3）形成的配合物的颜色要稳定，一般要求$K_{稳}$（MIn）$>10^4$；

（4）指示剂与金属离子配合物的稳定性应适当，MIn的稳定性要小于MY的稳定性，一般要求$\frac{K_{稳}(MY)}{K_{稳}(MIn)}>10^2$。

（5）金属离子指示剂应比较稳定，便于贮存和使用。

（三）常用的金属指示剂

1. 铬黑T（EBT） 用NaH_2In表示，结构中有两个酚羟基，呈弱酸性，在水溶液中电离：

$$\underset{\text{红色}}{H_2In^-} \underset{-H^+}{\overset{pK_1=6}{\rightleftharpoons}} \underset{\text{蓝色}}{HIn^{2-}} \underset{-H^+}{\overset{pK_2=11.5}{\rightleftharpoons}} \underset{\text{橙色}}{In^{3-}}$$

铬黑T在不同酸度下显不同的颜色，使用铬黑T最适宜酸度是9～10.5，此酸度范围内铬黑T自身为蓝色，与二价金属离子形成的配合物为红色或紫红色。因此，常用作测定Mn^{2+}、Zn^{2+}、Hg^{2+}、Cd^{2+}、Pb^{2+}、Mg^{2+}等金属离子的指示剂，但Al^{3+}、Co^{2+}、Ni^{2+}、Cu^{2+}、Fe^{3+}等离子对EBT有封闭作用，须采取掩蔽措施。

铬黑T固体性质稳定，但水溶液发生聚合反应仅能保存几天，当溶液pH<6.5聚合更为严重。铬黑T配制方法如下：

（1）将铬黑T与磨细的干燥纯NaCl按1∶100研匀配成固体合剂，密闭保存。

（2）取铬黑T 0.2g溶于15ml三乙醇胺，待完全溶解后，加入5ml无水乙醇即得。

2. 钙指示剂 纯粹的钙指示剂为紫黑色粉末，水溶液或乙醇溶液均不稳定，一般与NaCl固体配成固体指示剂使用。钙指示剂与Ca^{2+}生成红色配合物，pH在12～13时滴定Ca^{2+}，终点由红色变为纯蓝色，变色敏锐。Cu^{2+}、Al^{3+}、Co^{2+}、Ni^{2+}、Fe^{3+}等离子能封闭指示剂，可用三乙醇胺和氰化钾掩蔽。

3. PAN为吡啶偶氮类指示剂 纯PAN是橙红色结晶，难溶于水，通常配成0.1%乙醇溶液使用。溶液pH在2～12范围内，PAN与金属离子的配合物为红色，自身为黄色。在实际工作中，常常利用Cu-PAN系统作为指示剂，亦可利用Cu^{2+}标准溶液回滴过量的EDTA，单独使用PAN来指示终点。两种方法皆可获得较准确的结果。

4. 二甲酚橙 紫红色粉末，易溶于水，常配成0.2%或0.5%的水溶液，可稳定数月。在pH>6.3时呈红色，pH<6.3时呈黄色，在$pH = pK_a^{\ominus} = 6.3$时，呈中间色。其与$Zn^{2+}$、$Hg^{2+}$、$Cd^{2+}$、$Pb^{2+}$、$Ti^{3+}$等金属离子形成红色配合物，适用酸度为pH<6。

五、滴定液

（一）EDTA滴定液的配制与标定

一般采用间接法配制，即先用EDTA二钠盐配成近似浓度的溶液，然后用基准物质（如Zn、ZnO、$ZnSO_4$、$CaCO_3$、$MgCO_3$等）配成标准溶液，加入铬黑T和NH_3-NH_4Cl缓冲液（pH=10左右）进行标定。EDTA常用浓度为0.01～0.05mol/L。

1. 0.05mol/L EDTA标准溶液的配制 取分析纯$Na_2H_2Y \cdot 2H_2O$ 19g，溶于约300ml温蒸馏水中，冷却后稀释至1000ml，摇匀即得。必要时可过滤，但不能煮沸，以防分解。贮存于硬质玻璃瓶中以待标定。如需长期放置，则应贮存于聚乙烯瓶中。

2. 0.05mol/L EDTA滴定液的标定 精确量取锌标准溶液25.00ml于250ml锥形瓶中。逐滴加入1∶1$NH_3 \cdot H_2O$溶液至开始出现$Zn(OH)_2$白色沉淀为止，再依次加入10ml、pH=10的氨性缓冲溶液，20ml蒸馏水，少许（约0.1g）铬黑T指示剂，摇匀。然后用待标定的EDTA溶液滴定至溶液由紫红色变为纯蓝色，记录所消耗的EDTA溶液的体积。平行测定3次，计算EDTA溶液的浓度：

$$c(\text{EDTA}) = \frac{m(\text{Zn})}{V(\text{EDTA}) \cdot M(\text{Zn})} \quad (7-13)$$

（二）锌滴定液的配制与标定

1. 0.05mol/L锌标准溶液的配制 取分析纯$ZnSO_4$ 15g，加入稀盐酸10ml和适量蒸馏水水溶解，稀释至1000ml，摇匀即得。精密称取新制备的纯锌粒3.2690g，加蒸馏水5ml及盐酸10ml，水浴温热使溶解，放冷后稀释至1000ml，摇匀即得。

2. 0.05mol/L锌滴定液的标定 精密量取锌溶液25ml，加甲基红指示剂1滴，滴加氨试液至溶液呈微黄色，再加蒸馏水25ml，氨性缓冲液10ml与铬黑T指示剂数滴，然后用EDTA标准溶液滴定至溶液由紫红色变为纯蓝色即为终点。

六、实例分析

（一）水的总硬度的测定

含有钙盐和镁盐的水称为硬水，总硬度一般是将水中Ca^{2+}、Mg^{2+}折合成CaO的量进行计算，用每升H_2O中含10mg CaO表示。测定水的硬度就是测定水中Ca^{2+}、Mg^{2+}的含量。

水的总硬度的测定：准确移取水样100.00ml于250ml锥形瓶中，加入10.00ml、pH=10的氨性缓冲溶液，少许（约0.1g）铬黑T指示剂，摇匀。用EDTA标准溶液滴定至溶液由紫红色变为纯蓝色，记录EDTA溶液的体积。平行测定3次，计算水的总硬度：

$$总硬度（度）=\frac{(cV)_{EDTA}\times M_{CaO}\times 1000}{V_{水样}\times 10}=(cV)_{EDTA}\times 56.08（度） \qquad (7-14)$$

（二）测定含金属离子药物的含钙量

测定药物钙的含量时，准确称取一定量含钙类药物（氯化钙，乳酸钙和葡萄糖酸钙等）试样，加NH_3-NH_4Cl缓冲液调节pH=10，以铬黑T为指示剂。用EDTA标准溶液进行滴定。

以葡萄糖酸钙为例，操作步骤如下：精密称取试样0.5g，置锥形瓶中，加蒸馏水10ml，微热溶解，放冷至室温。另取蒸馏水10ml，加$NH_3\cdot H_2O-NH_4Cl$缓冲液10ml，稀硫酸镁试液1滴，铬黑T指示剂3滴，用0.05mol/L EDTA标准溶液滴定至溶液显纯蓝色。然后将此混合溶液倒入上述锥形瓶中，用0.05mol/L EDTA标准溶液滴定至溶液由酒红色转变为纯蓝色即为终点。计算公式如下：

$$W=\frac{c_{EDTA}\cdot V_{EDTA}\cdot M}{m_{试样}} \qquad (7-15)$$

重点小结

1. 配合物是由中心离子与配体以配位键结合形成的化合物；配位数是指直接与中心离子键合的配原子的个数，是中心离子的特征；配离子的电荷是中心原子和配体两者电荷的代数和。

2. 螯合物是由中心离子与多基配体形成的具有环状结构的配合物，成环作用使螯合物的稳定性好，这种现象称为螯合效应。

3. 配合反应和解离反应达到平衡称为配位平衡，用稳定常数来表示配离子的稳定性。

4. 根据平衡移动原理，改变金属离子M^{n+}或配体L^-的浓度平衡将发生移动。若增加M^{n+}或L^-浓度，配合物的稳定性增加；反之，配离子将发生解离。

5. 影响配合平衡移动的因素有：配体的酸效应、中心离子的水解效应、沉淀反应、氧化还原反应等；根据多重平衡原理，可以合理解释配位平衡与其他平衡的关系，并完成相关计算。

6. 配位滴定法是以形成稳定配合物的配位反应为基础的滴定分析法。目前最常用的是乙二胺四乙酸（EDTA）滴定法。

7. 影响 EDTA 配合物稳定性的因素主要有酸度、金属离子的配位效应、配合物的条件稳定常数。

8. 滴定条件有：EDTA 准确滴定金属离子的条件是 $\lg c_M K'_{MY} \geq 6$，溶液酸度的控制，掩蔽干扰离子。

9. 常用的金属指示剂有：铬黑 T（EBT）、钙指示剂、PAN。

目标检测

一、选择题

（一）单选题

1. 已知巯基（—SH）与某些重金属离子形成强配位键，下列物质是重金属离子最好的螯合剂的是（　　）。

A. CH_3—SH　B. H—SH　C. CH_3—S—S—CH_3　D. HS—CH_2—CH—CH_2—OH

2. 在 EDTA 配位滴定实验中，消除 Al^{3+}、Fe^{2+}的干扰常用试剂是（　　）。

A. 巯基乙酸　B. 硫化钠　C. 三乙醇胺　D. NaOH

3. 对于一些难溶于水的金属化合物，加入合适的配位剂后，使其溶解度增加，其原因是（　　）。

A. 产生盐效应

B. 金属离子被配位生成配离子，其难溶盐溶解度增加

C. 使其分解

D. 配位剂与金属离子生成配合物，溶液中金属离子增加

4. 298.15K 时，反应 AgCl（s）$+2NH_3 \rightleftharpoons [Ag(NH_3)_2]^+ + Cl^-$的平衡常数 K_c 为（　　）（$K_{[Ag(NH_3)_2^+]}=1.1\times10^7$、$K_{sp(AgCl)}=1.8\times10^{-10}$）。

A. 5.0×10^{-7}　B. 0.20　C. 2.0×10^3　D. 2.0×10^{-3}

5. 在配位滴定时，使用铬黑 T 作指示剂，其溶液的酸度宜用（　　）来调节。

A. 硝酸　B. 盐酸　C. 氨-氯化铵缓冲液　D. 醋酸-醋酸钠缓冲液

（二）多选题

1. 下列叙述中，正确的是（　　）。

A. 酸效应使配合物的稳定性降低

B. 羟基配位效应使配合物的稳定性降低

C. 各种副反应均使配合物的稳定性降低

D. 辅助配位效应使配合物的稳定性降低

2. 下列关于 EDTA 叙述正确的是（　　）。

A. EDTA 在水溶液中一共有 5 级电离平衡

B. EDTA 在溶液中总共有 7 种形式存在

C. EDTA 与金属离子配位时，生成具有多个五元环的螯合物

D. EDTA 不溶于碱性溶液

3. 中心离子的配位数的影响因素有（　　）。

A. 中心离子的电荷数　B. 中心离子的半径

C. 中心离子的电负性　D. 配体的体积

4. 能用于配位滴定的配位反应必须具备（　　）。

A. 反应能定量进行完全　　B. 配位反应按一定的反应式定量进行

C. 反应速度必须足够快　　D. 可用适当的方法确定滴定终点

5. 下列关于金属指示剂的作用原理描述正确的是（　　）。

A. 滴定前是金属离子与 EDTA 配位

B. 滴定前是金属离子与指示剂配位

C. 滴定终点时 EDTA 置换出指示剂

D. 滴定终点时溶液显示游离指示剂的颜色

二、简答题

1. 何谓配位滴定法？配位滴定法对滴定反应有何要求？

2. EDTA 与金属离子形成的配合物的特点是什么？

3. 配位滴定中可能发生的副反应有哪些？从理论上看，哪些对滴定分析有利？

4. 为什么以 EDTA 滴定 Mg^{2+}时，通常在 pH = 10 而不是在 pH = 5 的溶液中进行；但滴定 Zn^{2+}时，则可以在 pH = 5 的溶液中进行？

三、综合应用题

1. 25℃时，0.10mol/L 的$[Ag(NH_3)_2]^+$溶液中，加入 $Na_2S_2O_3$ 使溶液中 $S_2O_3^{2-}$ 和 NH_3 的浓度分别为 1.2mol/L 和 1.0mol/L，计算平衡时 NH_3 和 $[Ag(NH_3)_2]^+$ 的浓度。($\lg[Ag(NH_3)_2^+]=7.05$，$\lg[Ag(S_2O_3)_2^{3-}]=13.46$)

2. 精密称取葡萄糖酸钙（$C_{12}H_{22}O_{14}Ca \cdot H_2O$）0.5403g，溶于水中，加入适量钙指示剂，用 0.05000mol/L EDTA 滴定至终点，消耗体积 23.92ml，试计算此样品中葡萄糖酸钙含量。[$M(C_{12}H_{22}O_{14}Ca \cdot H_2O) = 448.7g/mol$]

3. 取某地水样 100.0ml，用氨性缓冲液调节至 pH = 10，以 EBT 为指示剂，用 0.009434mol/L EDTA 标准溶液滴定至终点，消耗体积 9.70ml，计算水的总硬度。

实训十三　EDTA 滴定液的配制和标定

【实训目的】

1. 掌握 EDTA 标准溶液的配制和标定方法。

2. 学会使用铬黑 T 指示剂判断滴定终点。

【实训原理】

EDTA 标准溶液常用乙二胺四乙酸二钠盐配制，乙二胺四乙酸二钠是白色结晶粉末，因不易得纯品，标准溶液用间接法配制。以氧化锌基准物质标定其浓度，在 pH = 10 的条件下用铬黑 T 作指示剂，溶液由紫红色变为纯蓝色为终点。

滴定前：$Zn^{2+} + HIn^{2-} \longrightarrow ZnIn^- + H^+$

　　　　　　纯蓝色　　紫红色

滴定中：$Zn^{2+} + H_2Y^{2-} \longrightarrow ZnY^{2-} + 2H^+$

终点时：$ZnIn^- + H_2Y^{2-} \longrightarrow ZnY^{2-} + HIn^{2-} + H^+$

　　　　紫红色　　　　　　　纯蓝色

【实训用品】

仪器：50ml 酸式滴定管，25ml 移液管，250ml 锥形瓶，10ml 量筒。

试剂：乙二胺四乙酸二钠（AR）；0.5% 铬黑 T 指示剂（取 0.2g 铬黑 T 溶于 15ml 三乙

醇胺，待完全溶解后，加 5ml 无水乙醇）。

【实训步骤】

（一）0.02mol/L EDTA 溶液的配制

取 EDTA-2Na · $2H_2O$ 19g 加 1000ml 蒸馏水溶解，贮存在硬质玻璃瓶中。

（二）0.02mol/L EDTA 溶液的标定

1. 方法一 取已在 800℃ 灼烧至恒重的基准物 ZnO，精密称定 0.12g。加稀盐酸溶液 3ml、蒸馏水 25ml 溶解，加甲基红指示剂 1 滴，滴加氨试液使溶液呈微黄色，再加蒸馏水 25ml，$NH_3 \cdot H_2O-NH_4Cl$ 缓冲液 10ml 和铬黑 T 指示剂，用 0.02mol/L EDTA 溶液滴定至溶液由紫红色变为纯蓝色，即为终点，平行测定 3 次。计算如下：

$$c_{EDTA}=\frac{m_{ZnO}\times1000}{V_{EDTA}\times M_{ZnO}}\qquad (M_{ZnO}=81.38g/mol)$$

2. 方法二 称取无砷锌粒 0.86～0.92g 于小烧杯中，加入 7ml 浓盐酸溶解，定量转移至 250ml 容量瓶中，加水至刻度摇匀，即得约 0.05mol/L 氯化锌标液。精密量取 25.00ml 氯化锌标液至锥形瓶中，加水 30ml，加入氨试液使刚产生白色浑浊，加入 10ml $NH_3 \cdot H_2O-NH_4Cl$ 缓冲液和铬黑 T 指示剂少许，用 0.02mol/L EDTA 溶液滴定至溶液由紫红色变为纯蓝色，即为终点，平行测定 3 次。计算如下：

$$c_{EDTA}=\frac{m_{Zn}\times1000}{V_{EDTA}\times M_{Zn}}\qquad (M_{Zn}=65.41g/mol)$$

【实训结果】

1. 0.02mol/L EDTA 溶液的标定结果（方法一）：

项　目	测定次数		
	1	2	3
基准物 ZnO 质量 m（g）			
EDTA 滴定液体积 V（ml）			
EDTA 滴定液浓度 c（mol/L）			
EDTA 滴定液平均浓度 $\bar{c}$（mol/L）			
绝对偏差（d）			
平均偏差（$\bar{d}$）			
相对平均偏差（$R\bar{d}$）			

2. 0.02mol/L EDTA 溶液的标定结果（方法二）：

项　目	测定次数		
	1	2	3
基准物锌粒质量 m（g）			
EDTA 滴定液体积 V（ml）			
EDTA 滴定液浓度 c（mol/L）			
EDTA 滴定液平均浓度 $\bar{c}$（mol/L）			
绝对偏差（d）			
平均偏差（$\bar{d}$）			
相对平均偏差（$R\bar{d}$）			

【实训提示】

1. 贮存 EDTA 溶液应选用聚乙烯瓶或硬质玻璃瓶，以免 EDTA 与玻璃中金属离子作用。

2. 甲基红指示剂只需加 1 滴，如多加在滴加氨试液后溶液呈较深的黄色，致使终点颜色发绿不易判断。

3. 滴加氨试液至溶液呈微黄色，应边滴边振荡，过量会生成 $Zn(OH)_2$ 沉淀，此时应用稀 HCl 调回至沉淀刚溶解。

4. 配合反应为分子反应，近终点时，滴定速度不宜太快。

【实训思考】

1. 酸度对配位滴定有何影响？为什么要加 $NH_3 \cdot H_2O-NH_4Cl$ 缓冲液？

2. 选择金属指示剂的原则是什么？

实训十四　自来水中钙镁离子含量的测定

【实训目的】

1. 了解水硬度的测定意义和水硬度常用表示方法。

2. 掌握 EDTA 法测定水中 Ca^{2+}、Mg^{2+} 含量的原理和方法。

【实训原理】

工业中将含有较多钙、镁盐类的水称为硬水，水的硬度是将水中 Ca^{2+}、Mg^{2+} 的总量折合成 CaO 或 $CaCO_3$ 来计算。每升水中含 1mg CaO 定为 1 度，每升水含 10mg CaO 称为一个德国度（°）。水的硬度用德国度（°）作为标准来划分时，一般小于 4°的水称为很软水，4°～8°的水称为软水，8°～16°的水称为中硬水，16°～32°的水称为硬水，大于 32°的水称为很硬水。用 EDTA 进行水的总硬度及 Ca^{2+}、Mg^{2+} 含量的测定时可先测定 Ca^{2+}、Mg^{2+} 的总量，再测定 Ca^{2+} 量，由总量与 Ca^{2+} 量的差求得 Mg^{2+} 的含量，并由 Ca^{2+}、Mg^{2+} 总量求总硬度。

Ca^{2+}、Mg^{2+} 总量的测定：用 NH_3-NH_4Cl 缓冲溶液调节溶液的 pH = 10，在此条件下，Ca^{2+}、Mg^{2+} 均可被 EDTA 准确滴定。加入铬黑 T 指示剂，用 EDTA 标准溶液滴定，滴定消耗 EDTA 的体积为 V_1。

Ca^{2+} 含量的测定：用氢氧化钠溶液调节待测水样的 pH = 12，将 Mg^{2+} 转化为 $Mg(OH)_2$ 沉淀，使其不干扰 Ca^{2+} 的测定。滴加少量的钙指示剂，溶液中的部分 Ca^{2+} 立即与之反应生成红色配合物，使溶液呈红色。当滴定开始后，随着 EDTA 的不断加入，溶液中的 Ca^{2+} 逐渐被滴定，接近计量点时，游离的 Ca^{2+} 被滴定完全后，EDTA 夺取与指示剂结合的 Ca^{2+} 使指示剂游离出来，溶液的颜色由红色变为蓝色，即为终点。设滴定消耗 EDTA 的体积为 V_2。按下式计算：

$$\rho_{Ca}\text{（mg/L）}=\frac{c_{EDTA}\cdot V_2\cdot M_{Ca}\times 1000}{V_{水样}}$$

$$\rho_{Mg}\text{（mg/L）}=\frac{c_{EDTA}\cdot (V_1-V_2)\cdot M_{Mg}\times 1000}{V_{水样}}$$

$$\text{总硬度（°）}=\frac{c_{EDTA}\cdot V_1\cdot M_{CaO}\times 1000}{V_{水样}\times 10}$$

【实训用品】

仪器：50ml 酸式滴定管，50ml 移液管，250ml 锥形瓶，10ml 量筒。

试剂：10% NaOH 溶液，pH = 10 的缓冲溶液；铬黑 T 指示剂（将 1g 铬黑 T 指示剂与 100g 分析纯 NaCl 混合、磨细，装瓶备用）；EDTA 标准溶液；钙指示剂（1g 钙指示剂与 100g 分析纯 NaCl 混合、磨细，装瓶备用）。

【实训步骤】

用移液管吸取水样 50.00ml 于 250ml 三角瓶中，加 5ml pH=10 的缓冲溶液，再加少许（约 0.1g）铬黑 T 混合指示剂，用 EDTA 标准溶液滴定至酒红色变为纯蓝色。记录 EDTA 消耗体积 V_1（ml），平行滴定 3 次。

另取 50.00ml 水样于 250ml 锥形瓶中，加入 5ml 10% NaOH 溶液摇匀，加入少许（约 0.1g）钙指示剂，用 EDTA 标准溶液滴定至酒红色变为纯蓝色。记录 EDTA 消耗体积 V_2（ml）。平行滴定 3 次。

【实训结果】

1. 自来水中钙镁离子的含量测定数据

项　目	测定次数		
	1	2	3
水样体积 V（ml）			
EDTA 滴定液浓度 c（mol/L）			
EDTA 滴定液体积 V_1（ml）			
EDTA 滴定液体积 V_2（ml）			
ρ_{Ca}（mg/L）			
绝对偏差（d）			
平均偏差（$\bar{d}$）			
相对平均偏差（$R\bar{d}$）			
ρ_{Mg}(mg/L)			
绝对偏差（d）			
平均偏差（$\bar{d}$）			
相对平均偏差（$R\bar{d}$）			

2. 自来水的总硬度的测定数据

项　目	测定次数		
	1	2	3
水样体积 V（ml）			
EDTA 滴定液浓度 c（mol/L）			
EDTA 滴定液体积 V_1（ml）			
自来水的总硬度（°）			
绝对偏差（d）			
平均偏差（$\bar{d}$）			
相对平均偏差（$R\bar{d}$）			

【实训思考】

1. EDTA、铬黑 T 分别与 Ca^{2+}、Mg^{2+} 形成的配合物稳定性顺序如何？

2. 为什么滴定 Ca^{2+}、Mg^{2+} 总量时要控制溶液 pH=10？滴定 Ca^{2+} 时要控制 pH=12？

（袁友泉）

第八章

氧化还原平衡与氧化还原滴定

学习目标

知识要求

1. **掌握** 氧化还原反应的基本概念及其反应方程式的配平；原电池，电极反应和电极电势的基本概念；Nernst 方程及其简单计算。
2. **熟悉** 电极电势的应用；常见氧化还原滴定法。
3. **了解** 氧化还原滴定的基本原理和方法。

技能要求

1. 掌握常用氧化还原标准溶液的配制及标定技能，熟练氧化还原滴定终点的判断。
2. 学会氧化还原滴定法测定食品药品的含量，能正确计算食品药品的含量。

案例导入

案例：现代生活中许多食品（如乳制品及含蛋白质的冷食类、乙醇饮料等）中还原糖的测定使用特定的测定方法，主要反应如下：

$$Cu_2O+Fe_2(SO_4)_3+H_2SO_4 = 2CuSO_4+2FeSO_4+H_2O$$

$$10FeSO_4+2KMnO_4+8H_2SO_4 = 5Fe_2(SO_4)_3+2MnSO_4+K_2SO_4+8H_2O$$

讨论：1. 还原糖测定方法属于哪一类反应？
2. 上述反应中的反应物和生成物有何特点？

氧化还原反应是一类重要的化学反应。它与生活、生产及食品药品的关系十分密切，例如金属腐蚀、消毒、杀菌，电解、电镀工业，生物体内的新陈代谢，药物的质量控制等都要涉及氧化还原反应。

第一节 氧化还原反应

一、氧化还原反应

氧化还原反应的本质是电子的转移或电子对的偏移。氧化反应与还原反应同时发生。为了方便判断氧化还原反应，引入了氧化数的概念。

（一）氧化数

元素的氧化数（又称氧化值）是指化合物或单质中元素一个原子的电荷数。这种电荷数假设把成键中的电子指定给电负性较大的原子求得。确定氧化数的方法如下：

1. 单质中，元素的氧化数为零。

2. 单原子离子，元素的氧化数即为离子的电荷数，如 K^+、S^{2-} 的氧化数分别为+1 和-2。

3. 氧在化合物中，一般氧化数为-2；过氧化物中为-1，如 H_2O_2、Na_2O_2 等；超氧化物中为$-\frac{1}{2}$，如 KO_2；O_2F_2 中，氧化数为+2。

4. 氢在化合物中，氧化数一般为+1，如 NH_3；活泼金属的氢化物中，氧化数为-1，如 LiH。

5. 化合物中，各元素氧化数代数和为零。金属化合物中，金属的氧化数为正值。

6. 元素的氧化数最大为族序数，如 H_2SO_4 中，硫的氧化数为+6 。

【例 8-1】 计算Fe_3O_4、$Na_2S_2O_3$、$Na_2S_4O_6$ 中 Fe、S 的氧化数。

Fe_3O_4：　$4\times(-2)+3x=0$，　$Fe=x=+\frac{8}{3}$

$Na_2S_2O_3$：　$2\times(+1)+2x+3\times(-2)=0$，　$S=x=2$

$Na_2S_4O_6$：　$2\times(+1)+4x+6\times(-2)=0$，　$S=x=+\frac{5}{2}$

由上讨论可知，氧化数不是 1 个元素原子所带的真实电荷，只是形式电荷数，它可以是整数、分数或小数，与化合价的概念不同。例如 C_2H_2 中的 C 氧化数为-1，而化合价为-4。

课堂互动

分别计算下列单质或化合物中碳、氧元素的化合价及氧化数：

CH_4；CH_3Cl；H_2O；NaOH；Na_2SO_4；O_3；MnO_2

（二）氧化剂与还原剂

化学反应前后元素的氧化数发生变化的反应称为氧化还原反应。氧化还原反应同时进行着两个过程：元素氧化数升高的过程为氧化，其物质称为还原剂；元素氧化数降低的过程为还原，其物质称为氧化剂。氧化还原反应的本质是化学反应过程中有电子的转移或偏移。如：

$$\overset{0}{Zn} + 2H\overset{+1}{Cl} \rightleftharpoons \overset{+2}{Zn}Cl_2 + \overset{0}{H_2}\uparrow \quad (Zn \xrightarrow{2e} H)$$

还原剂　氧化剂

常见的氧化剂和还原剂主要有：

1. 氧化剂是反应中氧化数容易降低的物质。常见的有活泼非金属氧、卤素等，以及氧化数较高的离子或化合物，如$KMnO_4$、$K_2Cr_2O_7$、浓 H_2SO_4、HNO_3 等。

2. 还原剂是反应中氧化数容易升高的物质。常见的有活泼的金属 Na、Mg、Al 和 Zn 等，以及氧化数低的离子或化合物，如 H_2S、KI、$SnCl_2$、$FeSO_4$ 等。

3. 一种元素有多种氧化数，处在中间值氧化数的元素，既可以作氧化剂，也可以作还原剂，如 FeO、H_2S、H_2O_2 等。

（三）氧化还原电对

氧化还原反应中，氧化剂与其还原产物及还原剂与其氧化产物称为氧化还原电对，简称电对。处于高氧化态的物质为该元素的氧化型，处于低氧化态的物质为该元素的还原型。

电对中的氧化型物质得电子，还原型物质失电子。氧化还原电对通常写成：氧化型/还原型（Ox/Red）。氧化还原半反应表示为：

$$Ox+ne \rightleftharpoons Red$$

任何氧化还原反应都是由两个半反应组成。例如：

$$Zn+Cu^{2+} \rightleftharpoons Cu+Zn^{2+}$$

两个半反应为：

$$Zn-2e \rightleftharpoons Zn^{2+}\text{（氧化反应）}$$

$$Cu^{2+}+2e \rightleftharpoons Cu\text{（还原反应）}$$

反应式中两个电对是 Zn^{2+}/Zn、Cu^{2+}/Cu。氧化还原反应实际上是两个电对间的电子转移反应。

二、氧化还原反应方程式的配平

简单的氧化还原反应可以通过目测进行配平。比较复杂的氧化还原反应，主要采用氧化数法和离子-电子法进行配平。

（一）氧化数法

氧化数法配平氧化还原反应方程式的原则是：反应必须符合质量守恒定律，即反应前后各元素的总数相等；氧化数降低的总数与氧化数升高的总数相等。下面以高锰酸钾与硫酸亚铁在酸性溶液中反应为例，说明氧化数法配平氧化还原反应的步骤。

（1）根据事实写出反应方程式。

$$KMnO_4+FeSO_4+H_2SO_4 \longrightarrow MnSO_4+Fe_2(SO_4)_3+K_2SO_4+H_2O$$

（2）标明氧化数有变化的元素。

$$K\overset{+7}{Mn}O_4+\overset{+2}{Fe}SO_4+H_2SO_4 \longrightarrow \overset{+2}{Mn}SO_4+\overset{+3}{Fe_2}(SO_4)_3+H_2O$$

求出得失电子的最小公倍数，确定氧化剂和还原剂化学式前的系数。

5×1×2 =10

$$K\overset{+7}{Mn}O_4 + \overset{+2}{Fe}SO_4 + H_2SO_4 \longrightarrow \overset{+2}{Mn}SO_4 + \overset{+3}{Fe_2}(SO_4)_3 + H_2O$$

1×2×5=10

（3）根据质量守恒定律，调整物质系数，使反应方程式两边各元素个数相等。

$$2KMnO_4+10FeSO_4+8H_2SO_4 \rightleftharpoons 2MnSO_4+5Fe_2(SO_4)_3+K_2SO_4+8H_2O$$

（二）离子-电子法

氧化还原反应大多数在水溶液中进行，一般只有部分离子参加反应。因此，常用离子-电子法进行配平。离子-电子法是将氧化还原反应拆成氧化剂得电子和还原剂失电子的两个半反应，根据两个半反应中得失电子的总数相等完成配平。

以 $K_2Cr_2O_7$ 与 $FeSO_4$ 在硫酸溶液中的反应为例，说明离子-电子法配平氧化还原反应方程式的步骤：

（1）根据化学反应写出离子方程式。

$$K_2Cr_2O_7+FeSO_4+H_2SO_4 \longrightarrow Cr_2(SO_4)_3+Fe_2(SO_4)_3+K_2SO_4+H_2O$$

$$Cr_2O_7^{2-}+Fe^{2+}+H^+ \longrightarrow Cr^{3+}+Fe^{3+}+H_2O$$

（2）根据氧化还原电对，将离子方程式拆成氧化和还原两个半反应并配平。

$$Fe^{2+}-e \rightleftharpoons Fe^{3+}\text{（氧化反应）}$$

$$Cr_2O_7^{2-}+14H^++6e \rightleftharpoons 2Cr^{3+}+7H_2O\text{（还原反应）}$$

（3）找出 2 个半反应得失电子数的最小公倍数并相加。

$$Cr_2O_7^{2-}+6Fe^{2+}+14H^+ \rightleftharpoons 2Cr^{3+}+6Fe^{3+}+7H_2O$$

（4）整理同类物质，得到配平的反应方程式。

$$K_2Cr_2O_7+6FeSO_4+7H_2SO_4 \rightleftharpoons Cr_2(SO_4)_3+3Fe_2(SO_4)_3+K_2SO_4+7H_2O$$

氧化还原反应中 H^+、OH^- 和 H_2O 常参与反应，它们的氧化数虽然没有发生变化，半反应中氧化剂、还原剂如有 O 原子数差额时，加 H^+、OH^- 或 H_2O 使反应式两边原子数相等。

第二节　原电池与电极电势

一、原电池

（一）原电池的组成

任一自发的氧化还原反应都可以设计成原电池。将氧化还原反应拆成 2 个半反应，用导线将两电极连接，盐桥沟通内电路，导线中有电子流动，这种把化学能转变成电能的装置称为原电池。

将 Zn 片插入 $ZnSO_4$ 溶液的烧杯中，Cu 片插入 $CuSO_4$ 溶液的烧杯中，两溶液用倒置的 U 型管盐桥（装满饱和 KCl 或 KNO_3 的琼胶溶液）相连，Zn 片和 Cu 片用导线连起来，检流计指针发生偏转，证明有电流通过，组成了 Cu-Zn 原电池，如图 8-1 所示。

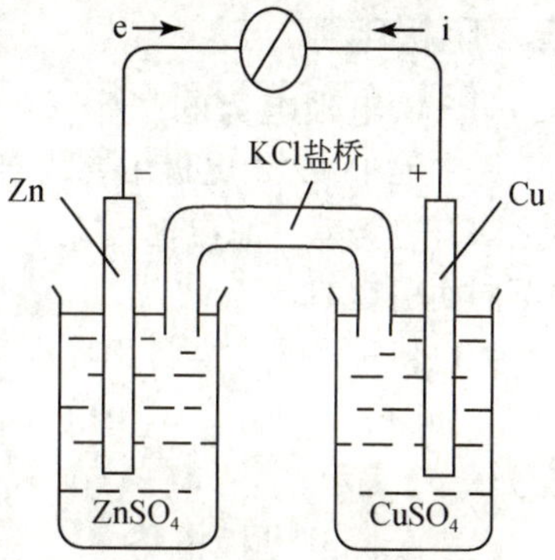

图 8-1　Cu-Zn 原电池

原电池由 2 个半电池组成，半电池也称电极。失去电子的电极称为负极，用“-”表示，发生了氧化反应；得到电子的电极称为正极，用“+”表示，发生了还原反应。电池的总反应是 2 个电极反应的总和。

Cu-Zn 原电池的电极反应如下：

正极：$Cu^{2+}+2e \rightleftharpoons Cu$　（还原反应）

负极：$Zn-Ze \rightleftharpoons Zn^{2+}$　（氧化反应）

电池的总反应：$Zn+Cu^{2+} \rightleftharpoons Zn^{2+}+Cu$

（二）原电池的符号表示

原电池装置常用电池符号表示，如 Cu-Zn 原电池表示如下：

$$(-)\ Zn \mid Zn^{2+}(c_1) \parallel Cu^{2+}(c_2) \mid Cu\ (+)$$

原电池符号将负极写在左边，用符号（-）表示，正极写在右边，用符号（+）表示，物质的顺序是反应物书写在前，产物书写在后，（c）表示该离子的活度或浓度，同一相中的不同物质用“,”隔开，不同相用“|”隔开，表示两相的界面；正负极之间用“‖”相连，表示溶液用盐桥连接（有接界面）。当气体或液体不能直接作电极，应以铂或碳惰性材料作电极。纯气体、液体和固体紧靠极板写。电极反应中的物质需标明状态，如不注明，一般指标准状态（温度 298.15K、压力为 101.3kPa）。

（三）电极类型

同一金属不同价态的离子或金属单质及其相应的离子都可以组成氧化还原电对，如 Fe^{3+}/Fe^{2+}，H^+/H_2 等，这类电对缺少组成电极的导体，需另加惰性材料作导体（只作导体，不参与化学反应），由惰性材料的导体和电对组成一个电极。通常将电极分为以下几种：

1. 金属-金属离子电极　金属作电极，插入该金属的盐溶液中构成的电极。如 Zn^{2+}/Zn

电极，电极反应如下：

$$Zn^{2+}+2e^{-}\rightleftharpoons Zn$$

2. 金属-金属难溶盐阴离子电极 将金属表面涂有其金属难溶盐的固体，浸入与该盐具有相同阴离子的溶液中所构成的电极。如在 Ag 的表面涂有 AgCl，然后浸入含有一定浓度 Cl^{-}的溶液中，组成 Ag-AgCl 电极，电极反应如下 ：

$$AgCl+e^{-}\rightleftharpoons Ag+Cl^{-}$$

3. 气体电极 将气体通入相应的离子溶液中，用惰性导体（如石墨或者金属铂）作电极。如氯气电极 $Pt\,|\,Cl_{2(p)}\,|\,Cl^{-}_{(c)}$，电极反应如下：

$$Cl_2+2e^{-}\rightleftharpoons 2Cl^{-}$$

4. 氧化还原电极 将惰性导体浸入离子型氧化还原电对的溶液中所构成的电极。如将 Pt 浸入含有 Fe^{2+}、Fe^{3+}的溶液中，构成 Fe^{3+}/Fe^{2+} 电极，表示为 $Pt\,|\,Fe^{2+}\ (c_1)，Fe^{3+}\ (c_2)$。电极反应如下：

$$Fe^{3+}+e^{-}\rightleftharpoons Fe^{2+}$$

由上讨论可知，原电池是将化学能转变成电能的一种装置，证实了氧化还原反应的实质是物质间的电子转移，为化学反应中的能量转换提供了可靠的实验依据。

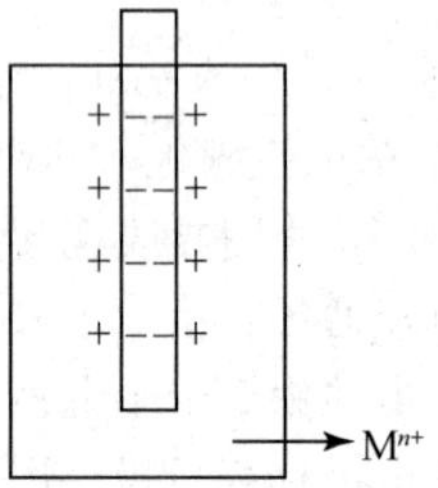

图 8-2 金属的电极电势

二、电极电势

（一）电极电势的产生

原电池中，2 个电极用导线连接有电流通过，说明两电极之间有电势差。原电池电流的产生是由于电极的电极电势不同而引起的。

无论何种情况，金属及其盐溶液之间都会产生电势差，这种电势差称为该金属的电极电势。如图 8-2 所示。电极电势的大小可以衡量金属在水溶液中失去电子能力的大小，用符号 $\varphi_{M^{n+}/M}$ 表示。

（二）标准电极电势

1. 标准氢电极（SHE）

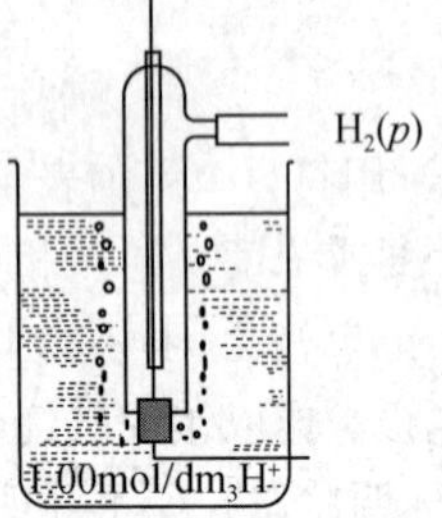

图 8-3 标准氢电极

电极电势的绝对值无法测定，但电池的电动势可以测出。1953 年，国际纯粹与应用化学联合会建议，采用标准氢电极作标准电极，规定标准状态其电极电势为零。

298.15K 时，将铂片表面镀上一层多孔的铂黑（细粉状的铂），放入氢离子浓度为 1mol/L（严格地说为活度）的溶液中，并不断通入压力为 101.3kPa 的纯氢气，使铂黑吸附氢气达到饱和，形成的电极为标准氢电极。如图 8-3 所示。电极反应如下：

$$2H^{+}\ (aq)\ +2e\rightleftharpoons H_2\ (g)$$

在 298.15K、101.3kPa 标准条件下，标准氢电极电势为零。即：

$$\varphi^{\ominus}_{H^{+}/H_2}=0.000V$$

2. 标准电极电势

标准状态下，金属及其盐溶液组成的电极（待测电极）和标准氢电极组成原电池，用伏特计测出原电池的标准电动势，由此测定得到了金属的标准电极电势。

【例 8-2】 298.15K 时，将标准锌电极与标准氢电极组成原电池。实验测得该电池电动势 $E^{\ominus}$为 0.7628V，计算锌的电极电势。

$(-)\ Zn\,|\,Zn^{2+}\ (1mol/L)\ \|\ H^{+}\ (1mol/L)\ |\ H_2\ (p^0)\ |\ Pt\ (+)$

解：电池电动势的计算表达式为：$E^0=\varphi^{\ominus}_{H^+/H_2}-\varphi^{\ominus}_{Zn^{2+}/Zn}$

代入已知数据：

$$0.7628=0.000-\varphi^{\ominus}_{Zn^{2+}/Zn}$$

Zn^{2+}/Zn 的标准电极电势为：$\varphi^{\ominus}_{Zn^{2+}/Zn}=-0.7628V$

【例 8-3】 标准状态下，铜电极与标准氢电极组成原电池。实验测得该电池电动势 $E^{\ominus}$ 为 0.3419V，计算铜的电极电势。

解：$(-)\ Pt\,|\,H_2\ (p^0)\ |\ H^{+}\ (1.00mol/L)\ \|\ Cu^{2+}\ (1.00mol/L)\ |\ Cu\ (+)$

$$E^0=\varphi^{\ominus}_{Cu^{2+}/Cu}-\varphi^{\ominus}_{H^+/H_2}$$

代入已知数据：$0.3419=\varphi^{\ominus}_{Cu^{2+}/Cu}-0.000$

Cu^{2+}/Cu 的标准电极电势为：$\varphi^{\ominus}_{Cu^{2+}/Cu}=0.3419V$

利用同样方法，可以测量其他电极的标准电极电势。电极的标准电极电势见附录 9 。

标准电极电势表应用时，需要注意以下几点：

（1）标准电极电势表分为酸表和碱表，查表时应相对应。电极反应中没有 H^+ 或 OH^- 参加的应查酸表。

（2）表中的电极反应均以还原反应的形式表示：$Ox+ne \rightleftharpoons Red$。

（3）电极电势值没有加和性，与物质的量无关。如：

$$Zn^{2+}+2e \rightleftharpoons Zn \qquad \varphi^{\ominus}_{Zn^{2+}/Zn}=-0.7628V$$

$$\frac{1}{2}Zn^{2+}+e \rightleftharpoons \frac{1}{2}Zn \qquad \varphi^{\ominus}_{Zn^{2+}/Zn}=-0.7628V$$

（4）标准电极电势是平衡电势，电极电势的正负号不随电极反应的方向而改变。

（5）$\varphi^{\ominus}_{M^{n+}/M}$ 值越大，氧化型 M^{n+} 氧化能力越强，M 还原能力越弱；$\varphi^{\ominus}_{M^{n+}/M}$ 值越小，还原型 M 还原能力越强，氧化型 M^{n+} 氧化能力越弱。

电极电势值仅适用于标准态的水溶液，对于非水溶液、高温、固相反应均不适用。因此，电极电势值具有一定的局限性。

（三）电极电势的应用

1. 比较氧化剂和还原剂的相对强弱 电极电势的大小，反映了元素得失电子的能力。$\varphi_{M^{n+}/M}$ 值越小，电对中的还原态 M 失电子能力越强，是强的还原剂，其氧化态 M^{n+} 得电子能力弱，是弱的氧化剂；$\varphi_{M^{n+}/M}$ 值越大，氧化态 M^{n+} 容易得到电子，是强的氧化剂，其还原态 M 失电子能力弱，是弱的还原剂。因此，通过 $\varphi_{M^{n+}/M}$ 大小可以判断电对氧化态和还原态得失电子能力的强弱。

【例 8-4】 比较 Cl_2、Br_2、I_2 的氧化能力。

解：查表得：

$$I_2+2e \rightleftharpoons 2I^- \qquad +0.535V$$

$$Br_2+2e \rightleftharpoons 2Br^- \qquad +1.065V$$

$$Cl_2+2e \rightleftharpoons 2Cl^- \qquad +1.360V$$

$\varphi^{\ominus}$ 值愈大，氧化型氧化能力愈强，还原型失电子能力愈弱。因此：

氧化能力：$Cl_2>Br_2>I_2$；还原能力：$Cl_2<Br_2<I_2$。

2. 判断氧化还原反应自发进行的方向 将氧化还原反应分成 2 个半电池反应，并组成一个原电池，根据原电池的电动势 $E=\varphi_+-\varphi_-$ 值，可判断反应进行的方向。若 $E=\varphi_+-\varphi_->0$ ，反应正向自发进行；反之，反应逆向自发进行。

【例 8-5】 判断下列反应在标准状态下能否进行？

$$2Fe^{3+}+2I^-=2Fe^{2+}+I_2$$

解：正极反应：　$Fe^{3+}+e \rightleftharpoons Fe^{2+}$；$\varphi^{\ominus}_{Fe^{3+}/Fe^{2+}}=+0.77V$

负极反应：　$I_2+2e \rightleftharpoons 2I^-$；$\varphi^{\ominus}_{I_2/I^-}=+0.54V$

$$E^0=\varphi^{\ominus}_{Fe^{3+}/Fe^{2+}}-\varphi^{\ominus}_{I_2/I^-}=0.77-0.54=0.23V>0$$

所以，反应正向自发进行。

课堂互动

将标准电极电势数值由小到大排列成表得：

Zn^{2+}/Zn	$Zn^{2+}+e \rightleftharpoons Zn$	-0.762V
H^+/H_2	$2H^++2e \rightleftharpoons H_2$	0.000V
Cu^{2+}/Cu	$Cu^{2+}+2e \rightleftharpoons Cu$	+0.337V
Cl_2/Cl^-	$Cl_2+2e \rightleftharpoons 2Cl^-$	+1.360V

试根据以上 $\varphi^{\ominus}$ 数值大小，判断氧化型及还原型能力的大小。

三、能斯特（Nernst）方程

电极电势的大小，不仅取决于电极本身的性质，还与温度、气体的分压、溶液中的相关离子浓度等因素有关。Nernst 从理论上推导出电极电势与温度、溶液中的离子浓度等因素的关系，给出了能斯特方程式。

对于任意电极反应：

$$a\text{Ox}+ne \rightleftharpoons d\text{Red}$$

$$\varphi=\varphi^{\ominus}+\frac{2.303\times R\times T}{n\times F}\lg\frac{[\text{Ox}]^a}{[\text{Red}]^d}\times\frac{[\text{介质}]^m}{[\text{其它产物}]^k} \tag{8-1}$$

式（8-1）中，n 是电极反应中转移的电子数，F 是法拉第常数（96484C/mol），R 是普适常数 8.314 J/（mol·K），计算结果要求不太精确可以用浓度代替活度。

当 $T=298.15$K 时，上式为：

$$\varphi=\varphi^{\ominus}+\frac{0.0592}{n}\lg\frac{[\text{Ox}]^a}{[\text{Red}]^d}\times\frac{[\text{介质}]^m}{[\text{其它产物}]^k} \tag{8-2}$$

Nernst 方程应用时，必须注意以下几点：

（1）电对中的固体、纯液体浓度为 1；若为气体反应，气体相对分压可以代替浓度。

（2）氧化型、还原型物质的系数，是 Nernst 方程的指数项中的幂次。

（3）有 H^+，OH^- 参与的反应，方程式中必须体现。

（4）Nernst 方程与温度有关。

（5）Nernst 方程的书写与电极反应有关。例如：

MnO_2（s）$+4H^++2e \rightleftharpoons Mn^{2+}+2H_2O$（l）　　$\varphi=\varphi^{\ominus}+\frac{0.0592}{2}\lg\frac{[H^+]^4}{[Mn^{2+}]}$

O_2（g）$+4H^++4e \rightleftharpoons 2H_2O$（l）　　$\varphi=\varphi^{\ominus}+\frac{0.0592}{4}\lg[p_{O_2}]\times[H^+]^4$

【例 8-6】 将 Zn 片插入 0.01mol/L 的 $ZnSO_4$ 溶液中，计算 298.15K 时 Zn^{2+}/Zn 电极的电势。

解：由题意已知：$[Zn^{2+}]=0.01$mol/L；查表得 $\varphi^{\ominus}_{Zn^{2+}/Zn}=-0.7628V$

按公式（8-2）可知：

$$\varphi_{Zn^{2+}/Zn} = \varphi^{\ominus}_{Zn^{2+}/Zn} + \frac{0.0592}{2}\lg[Zn^{2+}]$$

代入已知数据得：

$$\varphi_{Zn^{2+}/Zn} = -0.7628 + \frac{0.0592}{2}\lg 0.01 = -0.8220\text{V}$$

第三节 氧化还原滴定

氧化还原滴定是以氧化还原反应为基础的滴定分析方法。该法可以测定具有氧化性或还原性的物质，还可以间接测定与氧化剂或还原剂定量反应生成沉淀的物质。例如，食品中测定水、双氧水、过氧乙酸、还原糖等成分；常见药物维生素 C、硝苯地平、盐酸普鲁卡因、磺胺嘧啶等含量检测。因此，氧化还原滴定法在食品药品中的应用十分广泛。

一、概述

（一）氧化还原滴定的条件

在实际应用中，能够发生氧化还原的反应很多，要进行氧化还原反应滴定，必须符合以下条件：

（1）反应要完全；

（2）反应不能太慢（必要时可加热或加催化剂）；

（3）控制酸度、浓度，防止副反应发生。

（二）氧化还原滴定的指示剂

1. 氧化还原指示剂 这类指示剂本身具有氧化还原的性质，且氧化态和还原态颜色不同。常用的有二苯胺磺酸钠 、邻二氮菲等。

2. 自身指示剂 若标准溶液或被滴定的物质，反应前后颜色能发生改变，则滴定时不必另加指示剂。如高锰酸钾在酸性介质中的电极反应为：

$$\underset{\text{紫红}}{MnO_4^-} + 8H^+ + 5e \rightleftharpoons \underset{\text{淡粉}}{Mn^{2+}} + 4H_2O$$

此时$KMnO_4$ 作滴定剂，颜色由紫红色变为淡粉色，可以直接判断终点，不需要另加指示剂。

3. 专用指示剂 某些物质本身不具氧化还原性，但能与氧化剂或还原剂产生特殊的颜色，因而可以指示终点。如碘量法中，用淀粉作指示剂，碘遇淀粉显深蓝色。因此，淀粉是碘滴定的专用指示剂。

氧化还原滴定法依据使用的氧化剂不同进行分类，常见的有高锰酸钾法、重铬酸钾法、碘量法、溴酸钾法、铈量法、亚硝酸钠法等，下面主要介绍前三种方法。

二、高锰酸钾法

（一）基本原理

高锰酸钾法是以$KMnO_4$ 作标准溶液的氧化还原滴定法。$KMnO_4$ 是紫红色晶体，属于强的氧化剂，滴定过程溶液颜色将发生变化。不同的介质中，$KMnO_4$ 反应生成的产物不同。

强酸性溶液中，$KMnO_4$ 获得 5 个电子被还原为Mn^{2+}：

$$MnO_4^- + 8H^+ + 5e \rightleftharpoons Mn^{2+} + 4H_2O$$

中性溶液中，生成黑色（或棕色）的MnO_2：

$$MnO_4^-+2H_2O+3e \rightleftharpoons MnO_2\downarrow+4OH^-$$

强碱性溶液中，生成绿色的MnO_4^{2-}：

$$MnO_4^-+e \rightleftharpoons MnO_4^{2-}$$

由于产物 MnO_2 和 MnO_4^- 均有较深的颜色，不利于滴定终点的观察。所以，高锰酸钾法一般在硫酸介质中进行。

高锰酸钾法的优点是氧化能力强（$\varphi^{\ominus}_{MnO_4^-/Mn^{2+}}=1.507V$），应用范围广。直接滴定用于测定$Fe^{2+}$、$H_2O_2$、$C_2O_4^{2-}$、$NO_2^-$等还原性离子；间接滴定一些非氧化性物质，如$Ca^{2+}$测定。$KMnO_4$ 溶液呈紫红色，反应产物 Mn^{2+}浓度很低时近于无色，因此，属于自身指示剂法。

$KMnO_4$ 水溶液不稳定，使用时需标定浓度。此外，滴定干扰较多，滴定时必须严格控制条件。

（二）$KMnO_4$ 滴定液的配制与标定

1. $KMnO_4$ 标准溶液的配制 市售$KMnO_4$ 含 MnO_2 杂质，同时 H_2O 中有挥发性杂质，光、热都能促使$KMnO_4$ 分解。因此，$KMnO_4$ 标准溶液不能直接配制，先配制近似浓度的溶液，再用基准物质进行标定。

称量$KMnO_4$ 固体（稍多于理论计算值）溶于新鲜煮沸冷却的蒸馏水中，混匀，置棕色瓶中，暗处放置一段时间，用垂熔漏斗过滤，保存在棕色瓶。

2. $KMnO_4$ 滴定液的标定 精密称取干燥至恒重的蒸馏水置锥形瓶中，加新鲜蒸馏水配制成溶液，滴入 H_2SO_4 摇匀，恒温加热，取出后迅速加入滴定液，待褪色后，继续滴定至淡红色，保持半分钟不褪色即到达滴定终点。标定反应如下：

$$2MnO_4^-+5C_2O_4^{2-}+16H^+ \rightleftharpoons 2Mn^{2+}+10CO_2\uparrow+8H_2O$$

$KMnO_4$ 的浓度为：

$$c_{KMnO_4}=\frac{5\times m_{Na_2C_2O_4}\times 10^3}{V_{KMnO_4}\times M_{Na_2C_2O_4}\times 2}$$

3. 标定$KMnO_4$ 溶液应注意的事项

（1）温度　室温下反应的速率缓慢，常将溶液加热至70～85℃（一般是水浴加热至刚好冒蒸气）时进行滴定；若高于90℃，部分草酸发生分解。

（2）酸度　酸度过低，高锰酸钾易分解为二氧化锰；酸度过高，草酸易分解。一般滴定开始的酸度应控制在0.5～1mol/L。

（3）滴定速度　开始滴定时速度不宜过快，否则，加入的高锰酸钾溶液来不及与草酸根离子反应，在热的酸性溶液中发生分解。

（4）催化剂　滴定开始应逐滴加入$KMnO_4$，随着滴定产物Mn^{2+}的生成，反应速率逐渐加快。因此，滴定前加入几滴$MnSO_4$ 作催化剂。

（5）终点　滴定终点溶液的颜色由紫红色变为浅粉红色，终点前滴定速度应减慢，并逐滴或半滴加入以控制终点，减少滴定误差。

（三）实例分析

1. 30%H_2O_2 溶液的含量测定

量取一定体积30% H_2O_2 置于容量瓶中，加水溶解后稀释至刻度，摇匀，量取一定体积于锥形瓶中，加稀 H_2SO_4，用 $KMnO_4$ 滴定液滴定溶液由紫红色变为浅粉色，消耗 $KMnO_4$ 滴定液 Vml，反应如下：

$$2MnO_4^- + 5H_2O_2 + 6H^+ \rightleftharpoons 2Mn^{2+} + 5O_2\uparrow + 8H_2O$$

H_2O_2 含量计算：

$$\omega_{H_2O_2}\% = \frac{\frac{5}{2}(c\times V)_{MnO_4^-}\times 10^{-3}\times M_{H_2O_2}}{W_{样品}}\times 100\%$$

课堂互动

若用高锰酸钾法测定 MnO_2 的含量，采用何种滴定方式？试设计一个合理的实验方法。

三、碘量法

（一）基本原理

碘量法是利用 I_2 的氧化性和 I^- 的还原性进行滴定的分析方法。它是氧化还原滴定法中，应用比较广泛的一种方法。碘在水中的溶解度很小，配制时需加入 KI，可以增大 I_2 的溶解度（$I_2+I^-=I_3^-$）。

I_2 与 I^- 电极的半反应为：

$$I_2 + 2e \rightleftharpoons 2I^- \qquad \varphi^{\ominus}_{I_2/I^-} = 0.54\ V$$

电对 I_2/I^- 的标准电位既不高也不低，I_2 可作氧化剂被中强的还原剂（如 Sn^{2+}，H_2S 等）还原，I^- 也可作还原剂被强或中强的氧化剂（如 H_2SO_4、$Cr_2O_7^{2-}$、IO_3^-、$KMnO_4$ 等）氧化。

滴定方式有直接碘量法（碘滴定法）和间接碘量法（滴定碘法）两种方法。

1. 直接滴定法（碘滴定法） I_2 是较弱的氧化剂，$\varphi^{\ominus} < \varphi^{\ominus}_{I_2/I^-}$ 的还原性物质，都可用 I_2 标准溶液直接滴定。例如 S^{2-}、$S_2O_3^{2-}$、SO_3^{2-}、$As_2O_3^{3-}$、维生素 C 等。溶液 pH＝8 时，反应如下：

$$H_3AsO_3 + I_2 + H_2O \rightleftharpoons H_3AsO_4 + 2I^- + 2H^+$$

用淀粉作指示剂，终点时，稍过量的 I_2 会使溶液显蓝色，终点非常灵敏。

直接滴定法只能在弱酸（HAc 溶液 pH＝5 ）、中性、弱碱性（Na_2CO_3 溶液 pH＝8）溶液中进行。强酸性介质中，发生如下反应：

$$4I^- + O_2 + 4H^+ \rightleftharpoons 2I_2 + 2H_2O$$

强碱性介质中，发生歧化反应：

$$3I_2 + 6OH^- \rightleftharpoons IO_3^- + 5I^- + 3H_2O$$

酸性溶液中，只有少数还原能力强且不受 H^+ 浓度影响的物质才能发生定量反应。因此，直接滴定法具有一定的局限性。

2. 间接碘量法（滴定碘法） I^- 是中等强度的还原剂。选择 $\varphi^{\ominus} > \varphi^{\ominus}_{I_2/I^-}$ 的氧化性物质，产生一定量的 I_2，然后用 $Na_2S_2O_3$ 标准溶液滴定析出 I_2，这种方法称为间接碘量法，又称滴定碘法。利用此法可以测定许多氧化性物质，如 ClO_3^-、$Cr_2O_7^{2-}$、H_2O_2、$KMnO_4$、Cu^{2+} 等含量的测定。$Cr_2O_7^{2-}$ 的测定反应如下：

$$Cr_2O_7^{2-} + 6I^- + 14H^+ \rightleftharpoons 2Cr^{3+} + 3I_2 + 7H_2O$$

$$I_2 + 2S_2O_3^{2-} \rightleftharpoons 2I^- + S_4O_6^{2-}$$

因此，间接碘量法的应用范围较为广泛。

间接碘量法应注意以下事项：

（1）酸度的影响　反应必须在中性、弱酸性溶液中进行。因为 I_2 与 $Na_2S_2O_3$ 在碱性、酸性溶液中发生歧化反应。

碱性溶液中：$S_2O_3^{2-}+4I_2+10OH^- \rightleftharpoons 2SO_4^{2-}+8I^-+5H_2O$

$$3I_2+6OH^- \rightleftharpoons IO_3^-+5I^-+3H_2O$$

在酸性溶液中：$S_2O_3^{2-}+2H^+ \rightleftharpoons SO_2+S\downarrow+H_2O$

$$4I^-+O_2（空气中）+4H^+ \rightleftharpoons 2I_2+2H_2O$$

（2）防止 I_2 挥发　加入过量 KI（比理论值大 2 ~ 3 倍）与 I_2 生成 I_3^-，可以减少 I_2 挥发；室温下进行滴定时，不能剧烈摇动。

（3）指示剂　直链淀粉遇碘才能变蓝色；支链淀粉遇碘显紫色，且颜色变化不敏锐。淀粉指示剂用前配制，不宜久存。指示剂在近于终点方可加入，否则与淀粉吸附，影响滴定终点。

（4）防止 I^- 被氧化　I_2 易升华，应避免光照；析出 I_2 后不要放置过久（一般暗处 5 ~ 7 分钟）；滴定速度适当要快。

（二）$Na_2S_2O_3$ 滴定液的配制与标定

1. $Na_2S_2O_3$ 标准溶液的配制　粗称 $Na_2S_2O_3 \cdot 5H_2O$，用新鲜煮沸、放冷的蒸馏水溶解，并加少量的 Na_2CO_3 使溶液呈碱性，放置 10 ~ 15 天再进行标定。

配制 $Na_2S_2O_3$ 溶液时，应注意以下问题：$Na_2S_2O_3$ 固体易风化潮解，应先配制成近似浓度的溶液；$Na_2S_2O_3$ 溶液在放置过程中，溶解在水中的 CO_2 使 $Na_2S_2O_3$ 分解；溶剂中如有嗜硫菌等微生物存在，能分解 $Na_2S_2O_3$，降低溶液的浓度；空气中的 O_2 能与 $Na_2S_2O_3$ 发生反应。因此，配制 $Na_2S_2O_3$ 溶液时，需要用新煮沸并冷却了的蒸馏水，同时加入少量的 Na_2CO_3，使溶液呈弱碱性，以抑制细菌生长。日光能促进 $Na_2S_2O_3$ 分解，故应将 $Na_2S_2O_3$ 溶液储存于棕色瓶中，放置暗处一段时间，待溶液稳定后再进行标定。

2. $Na_2S_2O_3$ 滴定液的标定　精密称取 $K_2Cr_2O_7$，溶解后转移至容量瓶中，稀释至刻度，备用。移取一定量 $K_2Cr_2O_7$ 溶液于碘量瓶中，加入过量 KI，加水溶解，并加适量的盐酸，摇匀，放黑暗处静置 10 分钟。加 H_2O 稀释，用 $Na_2S_2O_3$ 标准溶液滴定至近终点，滴加淀粉指示剂，继续滴定至蓝色消失而显亮绿，即为终点。

标定 $Na_2S_2O_3$ 溶液时应注意以下问题：

（1）滴定时不能剧烈摇荡溶液，使用带有玻璃塞的锥形瓶。

（2）析出 I_2 后不宜让溶液放置过久，滴定速度宜适当加快。

（3）淀粉指示液应在滴定近终点时加入，如果加入过早，淀粉会吸附较多的 I_2，使滴定结果产生误差。

（4）所用 KI 溶液中不应含有 KIO_3 或 I_2，如果 KI 溶液显黄色或将溶液酸化后加入淀粉指示液显蓝色，则应事先用 $Na_2S_2O_3$ 溶液滴定至无色后再使用。

应该注意，每次标定均应使用新鲜制备的蒸馏水，或将蒸馏水重新煮沸 10 分钟，冷却后使用。滴定反应为：

$$Cr_2O_7^{2-}+6I^-+14H^+ \rightleftharpoons 2Cr^{3+}+3I_2+7H_2O$$

$$I_2+2S_2O_3^{2-} \rightleftharpoons 2I^-+S_4O_6^{2-}$$

计算公式如下：

$$c_{Na_2S_2O_3}=\frac{6\times W_{K_2Cr_2O_7}}{M_{K_2Cr_2O_7}\times V_{NaS_2O_3}\times 10^{-3}}$$

拓展阅读

你知道吗?

碘是合成甲状腺素的重要原料，人体缺碘会引起“大脖子病”，即地方性甲状腺肿大；当碘摄入量太多或精神压力增大时，容易造成甲状腺素分泌过度，引起甲亢。因此，人体摄入碘的量必须合理。

2011年9月15日，中国卫生部发布了食品安全国家标准《食用盐碘含量》（GB26878—2011）。该标准于2012年3月15日正式实施，提出了各地根据人群实际碘营养水平，食用盐中碘含量的平均水平（以碘元素计）为20～30mg/kg，提出了食用盐中碘含量的允许范围为碘含量平均水平±30%。

（三）实例分析

1. 含碘食盐中碘含量的测定

准确称取一定量食盐于烧杯，溶解后，转至容量瓶，稀释至刻度。吸取一定量于碘量瓶中，加入2mol/L的H_2SO_4，再加入10% KI，摇匀，暗处静置，用$Na_2S_2O_3$标准溶液滴至浅黄色，加入淀粉指示剂，继续滴至蓝色消失。反应如下：

$$IO_3^- + 5I^- + 6H^+ \rightleftharpoons 3I_2 + 3H_2O$$

$$I_2 + 2S_2O_3^{2-} \rightleftharpoons 2I^- + S_4O_6^{2-}$$

食盐中碘含量的计算：$I_{2\ (mg/kg)} = (c \times V)_{Na_2S_2O_3} \times \dfrac{21.15 \times 10^3}{W_{样品}}$

课堂互动

含碘食盐中碘含量测定时，加入KI过量的目的是什么?

2. 维生素C含量的测定

中国药典维生素C含量的测定方法：精密称定适量试样于250ml碘量瓶中，加新煮沸并冷却至室温的蒸馏水与稀醋酸使其溶解，加淀粉指示液，立即用碘滴定液滴定至溶液显蓝色，30秒内不褪色。每1ml碘滴定液（0.1mol/L）相当于8.806mg的$C_6H_8O_6$。碘量法对维生素C含量的测定，是利用了直接碘量法，反应定量并且进行完全：

$$I_2 + C_6H_8O_6 \rightleftharpoons C_6H_6O_6 + 2HI$$

维生素C含量的计算：

$$维生素C(\%) = (c \times V \times 10^{-3})_{I_2} \times \frac{M_{维生素C} \times 100\%}{W_{样品}}$$

四、亚硝酸钠法

（一）基本原理

以$NaNO_2$为滴定液的分析法称为重氮化法，也称为亚硝酸钠法。

在盐酸存在的条件下，已知浓度的$NaNO_2$定量与芳香伯胺类化合物产生重氮化反应，根据消耗$NaNO_2$滴定液（用永停法指示终点）的浓度和体积，计算芳伯胺类化合物的含量。芳伯胺与亚硝酸钠反应如下：

$$ArNH_2 + NaNO_2 + 2HCl \longrightarrow (Ar{-}N^+ \equiv N)Cl^- + NaCl + 2H_2O$$

1. 重氮化滴定反应条件

（1）酸的介质不同，$NaNO_2$ 的反应速率也有差别。因 HBr 的价格较高，常用 HCl 作介质，并且芳香伯胺类盐酸盐有较大的溶解度。

（2）酸度较高可增加重氮盐的稳定性，一般酸度控制在 1～2mol/L 左右。

（3）温度升高反应速度加快。反应温度在 15℃以下，反应速度稍慢，但测定结果却较准确。如果采用“快速滴定”法，则在 30℃以下均能得到满意结果。

（4）采用快速滴定法。将滴定管的尖端插入液面下约 2/3 处，用亚硝酸钠滴定液迅速滴定，近终点时，将滴定管的尖端提出液面，并用少量水淋洗尖端，洗液并入溶液中，继续缓缓滴定，至永停仪的电流计指针突然偏转，并持续 1 分钟不再恢复，即为滴定终点。

（5）苯环上取代基团的影响。苯胺环上，特别是在对位上，有其他取代基团存在时，能影响重氮化反应的速度。对于慢的重氮化反应常加入适量 KBr 加以催化。

2. 终点的指示 常用指示剂法和永停滴定法（属于电位滴定法）两种。这里主要介绍指示剂法，指示剂法常用 KI-淀粉作指示剂，I_2 遇到淀粉即显蓝色。滴定到达终点时，稍过量的HNO_2 将 I^-氧化成 I_2，反应如下：

$$2NO_2^- + 2I^- + 4H^+ \rightleftharpoons I_2 + 2NO + 2H_2O$$

滴定临近终点时，用玻璃棒蘸出少量滴定液与指示剂在外边接触，观察蓝色的出现以确定终点，此种方法称为外指示剂法。外指示剂操作麻烦，终点不易掌握而造成误差。

（二）亚硝酸钠滴定液的配制与标定

1. $NaNO_2$ 标准溶液的配制 粗称$NaNO_2$ 加入适量水溶解，加无水 Na_2CO_3，加适量水溶解，摇匀备用。

2. $NaNO_2$ 滴定液的标定 精密称取干燥至恒重的对氨基苯磺酸（基准物质），加水与浓氨试液溶解后，加盐酸，搅拌，在一定温度下用 $NaNO_2$ 迅速滴定，滴定时将滴定管尖端插入液面下，边滴边搅拌；滴定近终点时，将滴定管尖端提出液面，用少量水淋洗尖端，洗液并入溶液中，继续缓缓滴定，用永停法指示终点。根据 $NaNo_2$ 滴定液的消耗量与对氨基苯磺酸的取用量，计算$NaNO_2$ 溶液的浓度。标定反应及计算如下：

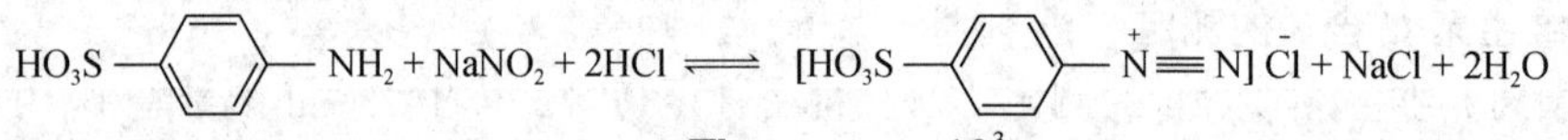

$$c_{NaNO_2} = \frac{W_{对氨基苯磺酸} \times 10^3}{V_{NaNO_2} \times M_{对氨基苯磺酸}}$$

（三）实例分析

1. 扑热息痛的测定 精密称取样品，置于烧瓶中，加入稀硫酸，回流冷凝管，用小火加热，冷却。加入蒸馏水、盐酸及 KBr。在一定温度下，用亚硝酸钠标准溶液按快速滴定法滴定，用细玻璃棒蘸取溶液少许，点在 KI-淀粉试纸上，立即出现蓝色斑点时，停止滴定。5 分钟后再蘸再试，如仍显示蓝色斑点，即为终点。扑热息痛的含量：

$$扑热息痛\% = \frac{(c \times V)_{NaNO_2} \times M_{扑热息痛} \times 10^{-3}}{W_{样品}} \times 100\%$$

重点小结

1. 氧化还原反应是一类有电子转移或电子对偏移的反应。

2. 氧化还原反应方程式配平方法可以采用氧化数法和离子-电子法。

3. 原电池是将化学能转变成电能的一种装置。原电池符号将负极写在左边，用符号（-）表示，正极写在右边，用符号（+）表示。

4. 原电池电极分为四类：金属-金属离子电极；金属-金属难溶盐阴离子电极；气体电极；氧化还原电极。

5. 电动势是原电池正、负两个电极电势之差值。

6. 标准状态下，待测电极和标准氢电极组成原电池，用伏特计测出原电池的标准电动势，由此测定得到待测电极的标准电极电势。

7. 应用标准电极电势，可以判断氧化与还原电对中，氧化态或还原态氧化与还原能力的高低，还可判断氧化与还原反应进行的方向。

8. Nernst 方程式表示非标准状态下，原电池的电极电势与反应物的浓度、温度有关。

9. 氧化还原标准溶液的配制有直接法和间接配制法，标定方法有基准物质标定法和间接法等。

10. 氧化还原滴定法可以分为高锰酸钾法、碘量法、亚硝酸钠法等。常用的氧化还原指示剂有二苯胺磺酸钠、自身指示剂（$KMnO_4$）、专用指示剂（淀粉）等。应用方法中应注意滴定条件的控制等。

目标检测

一、选择题

（一）单选题

1. 间接碘量法加入淀粉指示剂的适宜时间是（　　）。

A. 滴定开始前　　B. 滴定开始后

C. 滴定近终点　　D. 滴定至红棕色褪尽至无色

2. $Na_2C_2O_4$ 在酸性溶液中还原 0.2mol 的$KMnO_4$ 时，所需$Na_2C_2O_4$（　　）。

A. 2mol　　B. 0.5mol　　C. 0.2mol　　D. 5mol

3. 反应$Ce^{4+}+Fe^{2+} \rightleftharpoons Ce^{3+}+Fe^{3+}$的标准电动势为（　　）。

（电对标准电极电势分别为 $Ce^{4+}/Ce^{3+}=1.44V$，$Fe^{3+}/Fe^{2+}=0.68V$）

A. 1.44V　　B. 0.68V　　C. 1.06V　　D. 0.76V

4. 已知 298.15K 时，电极反应$MnO_4^-+8H^++5e \rightleftharpoons Mn^{2+}+4H_2O$ 的 $\varphi^\ominus=1.5V$，若［H^+］由 lmol/L 减少到 10^{-4}mol/L，则该电对电势变化值是（　　）。

A. 上升 0.38V　　B. 上升 0.047V　　C. 下降 0.38V　　D. 下降 0.047V

5. 已知 $Zn+2H^+ \rightleftharpoons Zn^{2+}+H_2$ 反应组成原电池的电动势 $E=0.46V$，$\varphi^\ominus_{Zn^{2+}/Zn}=-0.76V$，则氢电极的电极液 pH 为（　　）。

A. 10.2　　B. 2.5　　C. 3　　D. 5.1

（二）多选题

1. 下列属于氧化还原滴定法的是（　　）。

A. 碘量法　　B. 非水碱量法　　C. 高锰酸钾法　　D. 亚硝酸钠滴定法

2. 在酸性介质中，用$KMnO_4$ 溶液滴定草酸盐，滴定不正确的是（　　）。

A. 快速滴定　　B. 开始时缓慢进行，以后逐渐加快

C. 始终缓慢地进行　　D. 开始时快，然后缓慢

3. 用$Na_2C_2O_4$ 基准物质标定$KMnO_4$ 溶液，合适条件为（　　）。

A. 终点时，粉红色应保持 30 秒内不褪色

B. 温度在70~80℃

C. 需加入Mn^{2+}催化剂

D. 滴定速度开始要快

4. 间接碘量法中应正确使用淀粉指示剂，下列做法不正确的是（　　）。

A. 滴定开始时就应该加入指示剂　　B. 为使指示剂变色灵敏，应适当加热

C. 指示剂必须在终点时加入　　D. 指示剂必须在接近终点时加入

5. 配制$Na_2S_2O_3$溶液时，用新煮沸并冷却的蒸馏水，其原因是（　　）。

A. 使水中杂质都被破坏　　B. 除去NH_3

C. 除去CO_2和O_2　　D. 杀死细菌

二、填空题

1. 氧化还原反应中，氧化剂的氧化数________，________电子，是________反应；还原剂的氧化数________，________电子，是________反应.

2. 标准电极电势是指________，________，________，________条件下的电势，$\varphi^{\ominus}$值越大，表明电对中________型的物质________能力越强；$\varphi^{\ominus}$代数值越小，表明电对中________型的物质________能力越强。

三、简答题

1. 氧化数和化合价有何异同点？

2. 氧化还原滴定的条件有哪些？

3. 碘量法中，使用淀粉指示剂应注意哪些问题？

4. 配平下列反应式：

（1）$Cr_2O_7^{2-}+I^-+H^+ \longrightarrow Cr^{3+}+I_2+H_2O$

（2）$Mn^{2+}+BiO_3^-+H^+ \longrightarrow MnO_4^-+Bi^{3+}+H_2O$

（3）$MnO_4^-+Fe^{2+}+H^+ \longrightarrow Mn^{2+}+Fe^{3+}+H_2O$

四、综合应用题

1. 将Ni片置于0.1mol/L $NiSO_4$溶液中和Cu片置于0.02 mol/L $CuSO_4$溶液中组成原电池，已知$\varphi^{\ominus}_{Ni^{2+}/Ni}=-0.23V$，$\varphi^{\ominus}_{Cu^{2+}/Cu}=0.34V$，问：

（1）写出原电池符号及电池反应式；

（2）计算电池的电动势E。

2. 精密称取0.1136g基准物质$K_2Cr_2O_7$溶于水，酸化后加入足量KI，用硫代硫酸钠标准液滴定，消耗体积24.65ml，求$Na_2S_2O_3$溶液的浓度。

3. 精密称取漂白粉样品2.6620g，加少量蒸馏水研磨，转入500ml容量瓶中，用蒸馏水稀释至标线，摇匀，精密量取悬浊液50.00ml，置于碘量瓶中加过量的碘化钾，加酸酸化，析出的碘用硫代硫酸钠（0.1109mol/L）滴定液滴定，终点时，消耗体积21.50ml，求样品中有效氯的含量。

实训十五　食用盐中碘含量的测定（间接碘量法）

【实训目的】

1. 掌握碘量法原理及碘盐的操作过程。

2. 掌握硫代硫酸钠滴定液的配制方法和注意事项。

3. 了解淀粉指示剂指示终点的原理，能熟练判断终点。

【实训原理】

标定$Na_2S_2O_3$滴定反应为：

$$Cr_2O_7^{2-}+6I^-+14H^+ \rightleftharpoons 2Cr^{3+}+3I_2+7H_2O$$

$$I_2+2S_2O_3^{2-} \rightleftharpoons 2I^-+S_4O_6^{2-}$$

$Na_2S_2O_3$ 溶液的浓度为：

$$c_{Na_2S_2O_3}=\frac{6\times W_{K_2Cr_2O_7}}{M_{K_2Cr_2O_7}\times V_{NaS_2O_3}\times 10^{-3}}$$

碘盐里的碘酸盐在酸性环境中，加入碘化钾析出碘，以淀粉作指示剂，用硫代硫酸钠标准溶液滴定，反应如下：

$$IO_3^-+5I^-+6H^+ \rightleftharpoons 3I_2+3H_2O$$

$$I_2+2S_2O_3^{2-} \rightleftharpoons 2I^-+S_4O_6^{2-}$$

碘含量计算公式为：

$$I_2(mg/kg)=\frac{V_{Na_2S_2O_3}\times c_{Na_2S_2O_3}\times 21.15\times 5\times 10^3}{W_{样品}}$$

【实训用品】

仪器：电子天平，碱式滴定管（25.00ml），移液管（20.00ml），碘量瓶（250ml）。

试剂：$Na_2S_2O_3$ 标准溶液（0.1mol/L），$K_2Cr_2O_7$（AR）；HCl 溶液（4mol/L），KI（LR），碘盐（s），淀粉指示剂（0.5%–1%）。

【实训步骤】

（一）**硫代硫酸钠滴定液（0.1mol/L）的配制和标定**

1. 0.1mol/L $Na_2S_2O_3$ 标准溶液的配制 称 $Na_2S_2O_3\cdot 5H_2O$ 26.0g 用 1000ml 含有 0.2gNa_2CO_3 的新鲜煮沸、放冷的 H_2O 溶解，放置两周后标定。

2. 0.1mol/L $Na_2S_2O_3$ 滴定液的标定 精密称取 $K_2Cr_2O_7$ 1.2258g，溶解于 250ml 容量瓶中，稀至刻度，备用。移取 20.00ml $K_2Cr_2O_7$ 溶液于碘量瓶中，加入 KI 2g，加水 15ml，加入 5ml 4mol/L HCl，摇匀，放黑暗处 10 分钟。加 50ml 水稀释，用$Na_2S_2O_3$ 滴定液滴定至近终点，滴加淀粉指示剂 1ml，继续滴定至蓝色消失而显亮绿，即为终点，记录$Na_2S_2O_3$ 溶液消耗的体积。平行测定 3 次。

（二）**加碘盐中碘含量的测定**

1. 粗称 50g 碘盐溶解，定容至 250ml（容量瓶）；

2. 量取 50ml 上述盐水于 250ml 碘量瓶中，加入 1ml 2mol/L 硫酸，再加入 5ml 10% KI 溶液，密塞，摇匀，水封，在暗处放置 10 分钟。

3. 用硫代硫酸钠滴定液（0.002mol/L）滴定至浅黄色，加入 1ml 淀粉指示剂，继续滴定至溶液蓝色消失，记录消耗的硫代硫酸钠滴定液体积，平行测定 3 次。

【实训结果】

（1）0.1mol/L $Na_2S_2O_3$ 溶液标定结果：

项目	测定次数		
	1	2	3
基准 $K_2Cr_2O_7$ 质量 m（g）			
$Na_2S_2O_3$ 滴定液体积 V（ml）			

续表

项目	测定次数		
	1	2	3
$Na_2S_2O_3$ 滴定液浓度 c（mol/L）			
$Na_2S_2O_3$ 滴定液平均浓度 $\bar{c}$（mol/L）			
绝对偏差（d）			
平均偏差（$\bar{d}$）			
相对平均偏差（$R\bar{d}$）			

（2）加碘盐中碘含量的测定结果：

项　目	测定次数		
	1	2	3
加碘盐质量 m（g）			
$Na_2S_2O_3$ 滴定液体积 V（ml）			
碘含量 I_2（mg/kg）			
碘含量平均值（mg/kg）			
绝对偏差（d）			
平均偏差（$\bar{d}$）			
相对平均偏差（$R\bar{d}$）			

【实训提示】

1. 滴定反应在室温下进行，滴定时不要剧烈摇荡溶液。
2. 淀粉指示剂应在滴定至溶液浅黄色时加入。
3. 加碘盐中碘含量的测定中需使用碘量瓶，须在暗处静置10分钟。

【实训思考】

1. 配制硫代硫酸钠标准溶液为什么放置2周？
2. KI为什么必须过量？
3. 为什么要用新煮沸的含有 Na_2CO_3 放冷的蒸馏水配制？

实训十六　药用硫酸亚铁铵含量的测定（高锰酸钾法）

【实训目的】

1. 掌握 $KMnO_4$ 滴定液的配制和保存方法。
2. 掌握用 $Na_2C_2O_4$ 作基准物质标定 $KMnO_4$ 溶液的原理、方法及滴定条件。
3. 掌握硫酸亚铁铵含量的测定方法。

【实训原理】

$Na_2C_2O_4$ 标定 $KMnO_4$ 反应如下：

$$2MnO_4^- + 5C_2O_4^{2-} \rightleftharpoons 2Mn^{2+} + 10CO_2\uparrow + 8H_2O$$

$KMnO_4$ 溶液的浓度计算：

$$c_{KMnO_4} = \frac{5 \times m_{Na_2C_2O_4} \times 10^3}{V_{KMnO4} \times M_{Na_2C_2O_4} \times 2}$$

测定硫酸亚铁铵在 H_2SO_4 酸性溶液中，与 $KMnO_4$ 反应：

$$2KMnO_4+10FeSO_4+8H_2SO_4 \rightleftharpoons 2MnSO_4+5Fe_2(SO_4)_3+8H_2O$$

利用$KMnO_4$自身作指示剂，终点敏锐。硫酸亚铁铵含量的计算：

$$Fe\% = \frac{c_{KMnO_4} \times V_{KMnO_4} \times 55.85}{W_{样品} \times 10^3} \times 100\%$$

【实训用品】

仪器：电子天平，酸式滴定管（25.00ml），移液管（20.00ml），水浴锅，锥形瓶（250ml）。

试剂：H_2SO_4（3mol/L），硫酸亚铁铵（s），$KMnO_4$（cp），H_3PO_4（1mol/L），$Na_2C_2O_4 \cdot 2H_2O$（AR）。

【实训步骤】

（一）$KMnO_4$滴定液的配制与标定

1. $KMnO_4$标准溶液的配制 称量$KMnO_4$ 1.6g，溶于500ml新鲜煮沸冷却的蒸馏水，混匀，置于棕色瓶，暗处放置7～10天，用垂熔漏斗过滤，滤液保存在棕色瓶中备用。

2. $KMnO_4$滴定液的标定 取105℃干燥至恒重的$Na_2C_2O_4$，精密称定0.15g，置于250ml锥形瓶中，加入蒸馏水125ml，再加入浓H_2SO_4 5ml，摇匀，加热至75～85℃，取出，迅速加入滴定液15ml，待褪色后，继续滴定至淡红色，保持半分钟不褪色（此时溶液温度不低于55℃）。记录$KMnO_4$滴定液消耗的体积。平行测定3次。

（二）硫酸亚铁铵含量的测定

精密称取硫酸亚铁铵0.7g，加H_2SO_4（3mol/L）与蒸馏水各15ml，加入2ml H_3PO_4（1mol/L），溶解后立即用$KMnO_4$滴定液滴定至浅红色，即为终点。记录消耗$KMnO_4$滴定液的体积。平行测定3次。

【实训结果】

（1）$KMnO_4$滴定液的标定结果：

项　目	测定次数		
	1	2	3
基准$Na_2C_2O_4$质量m（g）			
$KMnO_4$滴定液体积V（ml）			
$KMnO_4$滴定液浓度c（mol/L）			
$KMnO_4$滴定液平均浓度$\bar{c}$（mol/L）			
绝对偏差（d）			
平均偏差（$\bar{d}$）			
相对平均偏差（$R\bar{d}$）			

（2）硫酸亚铁铵的含量测定结果：

项　目	测定次数		
	1	2	3
硫酸亚铁铵重量m（g）			
$KMnO_4$滴定液体积V（ml）			
Fe（%）			
Fe（%）			

续表

项目	测定次数		
	1	2	3
绝对偏差（d）			
平均偏差（$\bar{d}$）			
相对平均偏差（$R\bar{d}$）			

【实训提示】

1. $KMnO_4$ 棕色瓶中放置 7～10 天，过滤后再进行标定。

2. 滴定开始速度不宜过快，随着滴定锰离子的生成，反应速率逐渐加快，滴定速度可以加快。

【实训思考】

1. 加入$MnSO_4$ 有何作用？

2. 用草酸钠标定高锰酸钾时，为什么要加热到 75～85℃？

（陈文）

第九章

电化学分析法

学习目标

知识要求

1. **掌握** 参比电极、指示电极的概念；直接电位法测定溶液 pH 的原理和方法；电位滴定法的测定原理和应用；永停滴定法的原理和应用。
2. **熟悉** 电化学分析法中常用的参比电极和指示电极。
3. **了解** 电化学在食品药品分析中的应用。

技能要求

1. 掌握 pH 酸度计操作技能，熟练准确记录实验数据。
2. 学会电位滴定法测定酱油中氨基酸总量的方法，正确计算酱油中氨基酸的含量。

应用物质在溶液中的电化学原理进行分析的方法称为电化学分析法。通常将被测物制成溶液，根据电化学性质选择适当的电极组成原电池，测量某些电物理量（如电极电势、电流、电阻、电量等）的强度及其变化，从而对被测组分进行分析。

电化学分析方法可分为电位分析法、电导分析法、电解分析法和伏安分析法四类。电化学分析法具有灵敏度高、选择性好、响应时间短和方法简便等优点。在药物分析中应用较多，包括经典的极谱法、伏安法、脉冲法、溶出法和库仑法等。食品检测中，电位分析法、伏安分析法和极谱分析法等应用比较广泛，由于食品样品组分复杂，干扰成分较多，在一定程度上限制了电化学分析法的应用。

第一节 基本原理

电位分析法是在零电流条件下，测定两电极间的电位差（即原电池的电动势）进行分析测定，以能斯特方程式为理论基础，建立了电极电位与待测离子浓度（或活度）之间的线性关系。主要有直接电位法和电位滴定法两种。

电位分析法的化学电池由两种性能不同的电极组成，主要有参比电极和指示电极。

一、参比电极

电极电势与被测物质浓度无关的电极称为参比电极。参比电极具有制作方便、重现性好、电极电势稳定等特点。一般用难溶盐电极作参比电极。

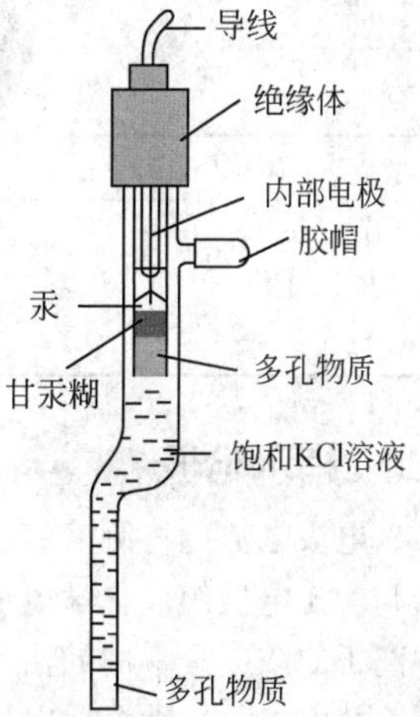

图 9-1 饱和甘汞电极构造

标准氢电极（SHE）是国际纯粹与应用化学联合会（IUPAC）确定其他电极电势的基准电极，但制作麻烦，故使用较少。实际测量中，常用的参比电极有饱和甘汞电极和银-氯化银电极。

（一）饱和甘汞电极（SCE）

甘汞电极由金属汞、甘汞（Hg_2Cl_2）和 KCl 溶液组成，其构造如图 9-1 所示。电极反应为：

$$Hg_2Cl_2+2e^- \rightleftharpoons 2Hg+2Cl^-$$

298.15K 时，电极电势为：

$$\varphi = \varphi^{\ominus}_{Hg_2cl_2/Hg} - 0.0592\lg c_{Cl^-} \tag{9-1}$$

由式（9-1）可见，甘汞电极的电势与温度、KCl 浓度有关。一定温度下，溶液中 Cl^- 浓度一定，甘汞电极的电极电势是定值。不同浓度 KCl 甘汞电极的电极电势见表 9-1。

表 9-1　不同浓度 KCl 溶液甘汞电极的电极电势（298.15K）

KCl 溶液浓度	电极名称	电极电位 φ/V
0.1mol/L	0.1mol 甘汞电极	0.3337
1mol/L	标准甘汞电极	0.2801
饱和	饱和甘汞电极（SCE）	0.2412

甘汞电极在较高温度时性能较差，因此，使用受温度的限制。

（二）银-氯化银电极（SSE）

表面涂有氯化银的银丝，插入一定浓度的 KCl 溶液中构成了银-氯化银电极，构造如图 9-2 所示。银-氯化银电极表示为：

$$Ag\ (s)\ |\ AgCl\ (s)\ |\ Cl^-\ (c)$$

其电极反应为：

$$AgCl+e^- \rightleftharpoons Ag+Cl^-$$

298.15K 时，电极电势为：

$$\varphi = \varphi^{\ominus}_{AgCl/Ag} - 0.0592\lg c_{Cl^-} \tag{9-2}$$

由式（9-2）可知，银-氯化银电极的电极电势随温度、KCl 浓度的改变而发生变化。一定温度下，溶液中 Cl^- 浓度一定，银-氯化银电极的电极电势是定值。不同浓度 KCl 溶液的电极电势见表 9-2。

银-氯化银电极具有结构简单、性能稳定、体积小、灵活等优点，高于 60℃ 的体系中仍可使用。因此，银-氯化银电极是常用的参比电极。

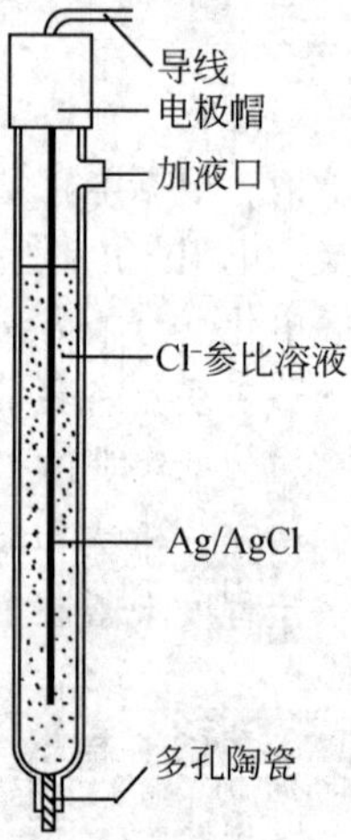

图 9-2　银-氯化银电极构造

表 9-2　银-氯化银电极的电极电势（298.15K）

KCl 溶液浓度	电极名称	电极电位 φ/V
0.1mol/L	0.1mol 银-氯化银电极	0.2880
1mol/L	标准银-氯化银电极	0.2223
饱和	饱和银-氯化银电极	0.2000

二、指示电极

电极电势随待测溶液离子浓度（或活度）的变化而变化的电极称为指示电极。指示电极与参比电极组成化学电池，通过测定电池的电动势或电解池的电流，即可得到溶液中某种离子的浓度。常用的指示电极种类很多，下面主要了解金属-金属离子电极、金属-金属难溶盐电极、惰性金属电极和膜电极四种指示电极。

（一）**金属-金属离子电极**

金属-金属离子电极是能够发生氧化还原的金属浸在该金属离子溶液中所形成的电极。电极电势与溶液中金属离子的浓度（或活度）有关，用于测定金属离子的浓度。如银丝插入含 Ag^+ 的溶液中组成的银电极，表示为：$Ag|Ag^+(c)$。

电极反应为：

$$Ag^+ + e^- \rightleftharpoons Ag$$

298.15K 时，电极电势为：$\varphi = \varphi^{\ominus}_{Ag^+/Ag} + 0.0592\lg c_{Ag^+}$ （9-3）

此类电极只有一个相界面，习惯称为第一类电极。如 Cu-Zn 原电池的 Cu^{2+}/Cu 电极和 Zn^{2+}/Zn 电极。

（二）**金属-金属难溶盐电极**

金属-金属难溶盐电极是表面涂有同一种金属难溶盐的金属，置于该难溶盐的阴离子溶液中构成的电极。其电极电势随溶液中阴离子的浓度（或活度）而发生变化。金属-金属难溶盐电极用于测定难溶盐阴离子的浓度，是常用的参比电极，可用通式 $M|MX|X^{n-}$ 表示。此类电极有两个相界面，称为第二类电极。如银-氯化银电极、甘汞电极等。

（三）**惰性金属电极**

惰性金属（铂或金）插入含有某氧化态和还原态电对的溶液中构成的电极，称为惰性金属电极，也称为零类电极。惰性金属不参与电极反应，电极反应过程中只起传递电子的作用。其电极电势取决于溶液中氧化态和还原态物质的浓度（或活度）之比。如将 Pt 插入含有 Fe^{3+}、Fe^{2+} 的溶液中，Pt 仅作为 Fe^{2+}、Fe^{3+} 电子转移的场所，表示为：$Pt|Fe^{3+}, Fe^{2+}$。

电极反应为：

$$Fe^{3+} + e^- \rightleftharpoons Fe^{2+}$$

298.15K 时，电极电势为：$\varphi = \varphi^{\ominus}_{Fe^{3+}/Fe^{2+}} + 0.0592\lg \dfrac{c_{Fe^{3+}}}{c_{Fe^{2+}}}$ （9-4）

此类电极用于测定氧化态或还原态的浓度（或活度）。

（四）**膜电极**

以固体膜或液体膜为传感体，用以指示溶液中某种离子浓度（或活度）的电极称为膜电极，也称为离子选择性电极。这类电极界面上没有半电池反应，不存在电子交换，电极电势的形成是离子在膜上扩散和交换的结果。各种离子选择电极和测量溶液 pH 的玻璃电极均属于膜电极。此类电极具有选择性好、灵敏度高的特点，是一类发展较快和应用较广的指示电极。

第二节　直接电位法

案例讨论

案例： 用酸度计测定溶液的 pH 时，通常先用 pH 试纸测试待测溶液，再用与待测溶液 pH 相接近的标准缓冲溶液进行定位（仪器校正），即在酸度计上直接读出被测溶液的 pH，这种方法称为两次测定法，是实际工作中常用测定溶液 pH 的方法。

讨论： 1. 为什么要采用两次测定法测溶液的 pH？

2. 定位操作时，为什么选择标准缓冲溶液与待测溶液 pH 相接近？

选择合适的指示电极与参比电极，插入待测组分溶液中组成原电池，通过测量原电池的电动势，求出待测组分含量的方法称为直接电位法。直接电位法属于电位分析法的一种，通常用于测定溶液的 pH 和其他离子的浓度。

一、溶液 pH 的测定

测定溶液 pH 常用玻璃电极作指示电极，饱和甘汞电极作参比电极。pH 玻璃膜电极属于非晶体膜电极中的固定基体电极，是重要的 H^+ 选择性电极，溶液中氧化剂或还原剂、有色溶液或浑浊溶液不会影响电极电势的测定。其特点是过程响应快，操作简便，不污染溶液，广泛应用于各种溶液 pH 的测定。

（一）玻璃电极

1. 玻璃电极的构造 如图 9-3 所示。主要部分是玻璃管下端特殊玻璃（SiO_2 基质中加入 Na_2O 和 CaO 烧结而成）制成厚度约 0.05 ~ 0.1mm 的球形玻璃膜（电极的核心部位）。内置 0.1mol/L 盐酸和 Ag-AgCl 电极。

玻璃电极内阻较高（约为 100MΩ），因此电极引出线及导线必须高度绝缘，以防漏电和静电干扰。

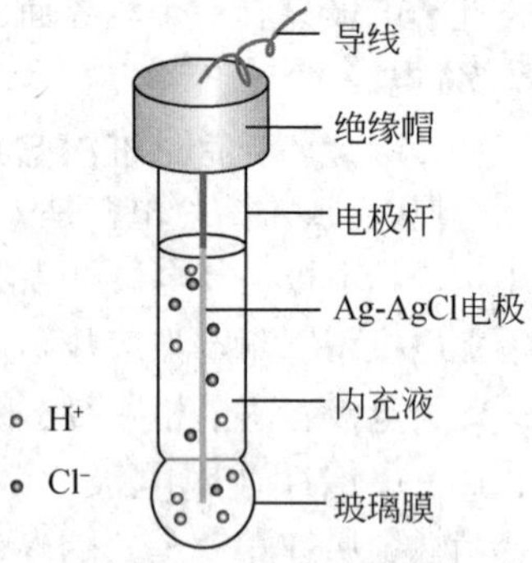

图 9-3 玻璃球膜电极

2. 玻璃电极的原理 玻璃电极使用前必须在水中浸泡，这一过程称为水化。当玻璃膜浸入水中，表面形成很薄的水化凝胶层，厚度约为 10^{-5} ~ 10^{-4}mm。该层中的 Na^+ 与溶液中的 H^+ 发生离子交换反应，水化层表面的 Na^+ 几乎全部被交换。同样，玻璃膜内表面也形成水化层。浸泡好的玻璃电极浸入溶液时，H^+ 活度在溶液中与水化凝胶层中不同，H^+ 从活度高的一方向活度低的一方扩散，产生外相界电极电势 $\varphi_{外}$。玻璃膜电极内膜与参比溶液产生内相界电极电势 $\varphi_{内}$。玻璃膜内、外表面之间的电极电势差 $\varphi_{膜}$（$\varphi_{膜}=\varphi_{外}-\varphi_{内}$）抑制了 H^+ 的继续扩散，当扩散作用达到动态平衡时，$\varphi_{膜}$ 为定值。玻璃电极电势表达为：

$$\varphi_{玻}=\varphi_{Agcl/Ag}+\varphi_{膜}$$

在一定条件下，Ag-AgCl 内参比电极电位 $\varphi_{Agcl/Ag}$ 是定值，298.15K 时，则有：

$$\varphi_{玻}=K_{玻}+\frac{2.303RT}{F}\lg a_{H^+}=K_{玻}-0.0592\text{pH} \qquad (9-5)$$

式（9-5）中，$K_{玻}$ 为常数，表示一定温度下，玻璃电极的电位 $\varphi_{玻}$ 与外部溶液 H^+ 活度呈线性关系，通过 H^+ 活度可以测定电极电势。

3. 溶液 pH 测定装置 如图 9-4 所示。玻璃电极作指示电极，饱和甘汞电极为参比电极，他们与待测溶液组成原电池，表示为：

$(-)$Ag，AgCl(s) | HCl(c_1) | 玻璃膜 | 样品溶液(c_x) ‖ KCl(饱和) | Hg_2Cl_2(s)，Hg(l) $(+)$

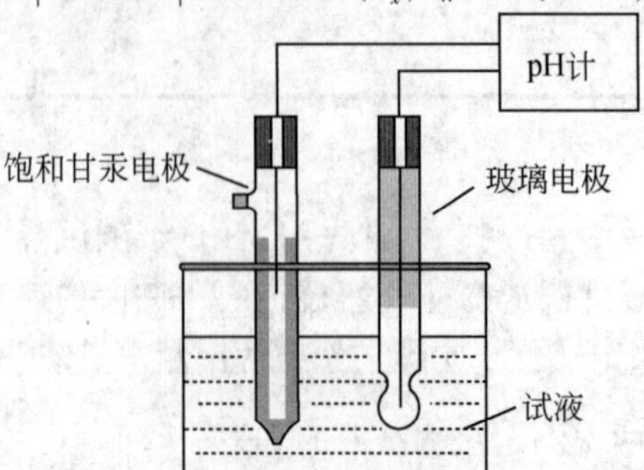

图 9-4 溶液 pH 测定装置

原电池的电动势为：

$$E = \varphi_{甘汞} - \varphi_{玻} \tag{9-6}$$

将式（9-5）代入式（9-6），298.15K 时，电动势为：

$$E = \varphi_{甘汞} - K_{玻} + 0.0592\text{pH} = K + 0.0592\text{pH} \tag{9-7}$$

式（9-7）中，K 为常数，较难确定，一般采取二次测量法消除影响。即先测量已知 pH（pH_s）标准溶液的电动势 E_s，再测量待测溶液 pH（pH_x）的 E_x。

298.15K 时，电池电动势与 pH 之间的关系为：

$$E_x = K + 0.0592\ \text{pH}_x \tag{9-8}$$

$$E_s = K + 0.0592\ \text{pH}_s \tag{9-9}$$

由式（9-8）-（9-9）得：

$$\text{pH}_x = \text{pH}_s - \frac{E_s - E_x}{0.0592} \tag{9-10}$$

应该注意，测定时，饱和甘汞电极在标准缓冲溶液和待测溶液中产生的液接电势不同，会引起测定误差，当 pH_s 与 pH_x 非常接近（$\Delta\text{pH}<3$），测定误差可以忽略不计。因此，选择标准缓冲溶液与样品的 pH 尽量接近，以减小误差。

（二）玻璃电极的性能

玻璃电极的性能指标包括电极响应斜率、不对称电位等。

1. 响应斜率 根据能斯特方程式，溶液 pH 改变一个单位，电极电势相应改变 0.059V，此值称为电极响应斜率，用 S 表示，即：

$$S = \frac{\Delta\varphi}{\Delta\text{pH}} \tag{9-11}$$

玻璃电极长期使用会老化，实际响应斜率略小于理论值。常温下，当实际响应斜率<52mV/pH，则不宜使用。

2. 不对称电位 当玻璃膜内、外两侧的 H^+ 活度（或浓度）相等时，理论上膜电位 $\varphi_{膜}=0$。但实际上 $\varphi_{膜}\neq0$，仍有 1～30mV 的电位差存在，此电位差称为不对称电位。不对称电位在电极电势公式的常数项内，只要维持恒定不变，对 pH 测量无影响。它与电极自身有关，同一电极，一定条件下是常数。

玻璃电极使用前，需在纯水中充分浸泡（一般 24 小时左右），不对称电位可降至最低，趋于稳定，并使玻璃膜充分活化，有利于 H^+ 产生响应。使用中，膜的表面被腐蚀、污染、脱水等，不对称电位将发生变化。因此，玻璃电极必须规范操作。

3. 碱差和酸差 测定溶液的 H^+ 浓度（或活度）太大，即 pH<1 产生的误差称为酸差；若溶液 pH>12，主要是 Na^+ 与相界面交换产生的误差，称为碱差或钠差。新型锂电极在溶液 pH>13 时才发生碱差。

4. 电极内阻 内阻较高，一般在 10^6～$10^9\ \Omega$ 之间。内阻的产生与玻璃膜成分、厚度及温度有关。玻璃电极使用温度通常在 0～50℃内，温度过低，内阻增大；温度过高，电极的寿命下降。测定标准溶液和待测溶液的 pH，温度必须相同，否则影响直线的斜率和截距，从而影响测定的准确度。

课堂互动

玻璃电极在使用前一定要在纯水中浸泡，目的主要在于：

(1) 清洗电极　(2) 活化电极　(3) 校正电极　(4) 检查电极好坏

（三）复合 pH 电极

pH 玻璃电极（指示电极）和参比电极（Ag-AgCl 或 $Hg-Hg_2Cl_2$）组成的电极称为复合 pH 电极。其结构如图 9-5 所示。复合 pH 电极由两个同心玻璃套管构成，内管是一般的玻璃电极，外管是参比电极，内部有 Ag-AgCl 或 $Hg-Hg_2Cl_2$ 电极，下孔为微孔隔离材料层，防止电极内外溶液混合，起盐桥的作用。

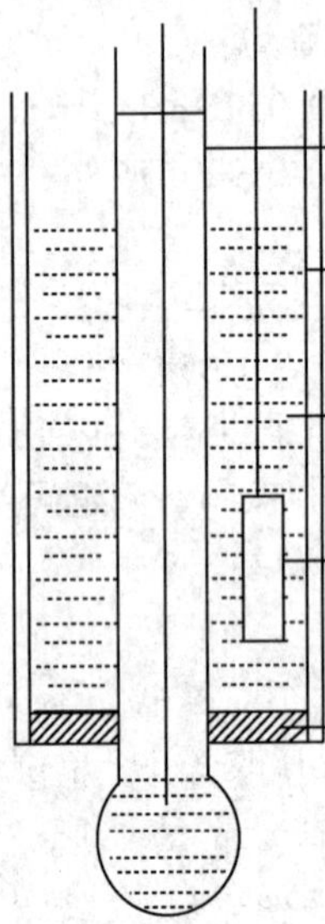

图 9-5 复合 pH 电极结构图

复合 pH 电极插入试样溶液中，组成完整的电池体系。此类电极使用方便，适用于小体积溶液 pH 的测定。

二、其他离子浓度的测定

直接电位法除测定溶液 H^+ 活度（或浓度）外，同时广泛用于测定阴、阳离子的活度（或浓度）。对阴、阳离子都具有选择性响应的电极，统称为离子性选择电极（ISE）。它具有选择性好、灵敏度高、适于微量分析等特点。玻璃电极实际是 H^+ 选择电极。

（一）离子选择电极的测量原理

离子选择性电极是一种电化学传感器，电极电势与溶液特定离子的活度存在对数关系。离子选择性电极大多属于膜电极，敏感膜是主要组成部分。如图 9-6 所示。

图 9-6 离子选择性电极结构图

离子选择性电极的膜电位与待测离子活度的关系为：

$$\varphi = K \pm \frac{2.303RT}{nF}\lg a_i \qquad (9-12)$$

式（9-12）中，K 为电极常数，a 为活度，n 为响应离子电荷（阳离子为“+”，阴离子为“-”）。

（二）离子选择电极的种类

敏感膜的特征是离子选择性电极的分类依据。

1. 晶体膜电极 一般由导电性难溶盐晶体经过加压或拉制成单晶、多晶或混晶的活性膜。由于制备方法不同，晶体膜又分为均相膜和非均相膜两类。

氟离子选择性电极是常用的晶体膜电极。敏感膜是掺有氟化铕的氟化镧单晶膜，膜封在聚四氟乙烯管中，管内充入 0.1mol/L 的 NaF 和 NaCl 内充溶液，插入 Ag-AgCl 内参比电极，结构如图 9-7 所示。晶体膜与溶液界面上建立双电层结构，产生相界电位 E，即：

$$E = K - \frac{2.303RT}{F}\lg a_{F^-} \tag{9-13}$$

式（9-13）中，E 为氟离子选择电极电位，a_{F^-} 为氟离子活度，K 为常数。由上式可知，电位 E 与氟离子活度有关。

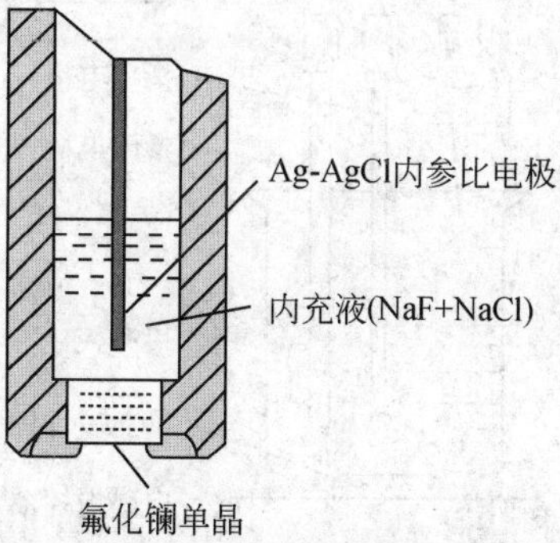

图 9-7　氟离子选择性电极结构图

2. 非晶体膜电极　电极膜由非晶体材料组成。根据膜的物理状态，分为刚性基质电极和流动载体电极。此外，还有流动载体电极、气敏电极、酶电极等类型的离子选择性电极。

拓展阅读

离子选择性电极的发展

1906 年生理学家 Cremer 首先观察到，与玻璃接触的水溶液酸碱度发生变化时，通过膜的电位也发生了变化。随后德国 Haber 等人制成了第一种离子选择性电极，即测量溶液 pH 的玻璃电极。19 世纪 50 年代，由于真空管的发明，阻抗 > 100MΩ 的电极电位很容易被测量，玻璃电极的应用得以普及。1966 年，美国 M. S. Frant 和 J. W. Ross 用氟化镧单晶制成了高选择性的氟离子电极，这是离子选择性电极发展史上的重要贡献。次年，Ross 又制成第一种液体离子交换型的钙离子电极。19 世纪 60 年代，随着 pH 敏感膜被大量而系统的研究，离子选择性电极的商品已有 20 种左右，这一分析技术已成为电化学分析法的独立分支学科。

第三节　电位滴定法

电位滴定法根据电动势的变化确定滴定终点，定量参数是滴定液的体积，其准确度优于直接电位法。电位滴定法与指示剂滴定法相比，具有客观可靠、准确度高、易于自动化、不受溶液有色、浑浊的限制等优点。

一、测定原理

电位滴定法是通过测量滴定过程中指示电极电动势的变化来确定滴定的终点。电位滴定时，将指示电极和参比电极插入待测溶液组成原电池。随着滴定液的加入，待测离子的浓度不断降低，电池的电动势发生变化。化学计量点附近，待测离子浓度的变化，使电池电位发生突变，指示滴定到达终点。被测物含量的计算方法与化学滴定法相同。电位滴定的装置如图9-8所示。

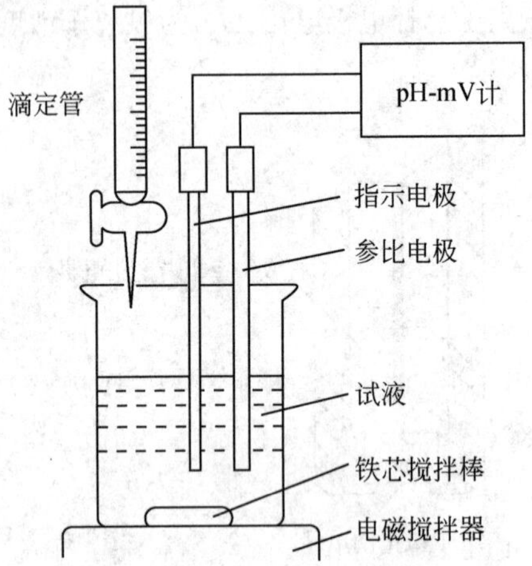

图9-8 电位滴定装置图

二、确定终点的方法

电位滴定法是加入滴定液与测量电动势同时进行，直至化学计量点以后，由此得到一系列滴定液体积 V 与电动势 E 的数据。化学计量点附近，电动势变化增大，应减小滴定剂的加入量，每次约加入0.05～0.10ml。典型的电位滴定数据见表9-3。

表9-3 典型的电位滴定数据

滴定剂体积 V /ml	电位计读数 E /mV	ΔE /mV	ΔV /ml	$(\Delta E/\Delta V)$ /(mV/ml)	平均体积 $\bar{V}$ /ml	$\Delta(\Delta E/\Delta V)$ /(mV/ml)	$\Delta^2E/\Delta V^2$ /$(mV/ml)^2$
0.00	114						
0.10	114	0	0.10	0.0	0.05		
5.00	130	16	4.90	3.3	2.55		
8.00	145	15	3.00	5.0	6.50		
10.00	168	23	2.00	11.5	9.00		
11.00	202	34	1.00	34	10.50		
11.20	218	16	0.20	80	11.10		
11.25	225	7	0.05	140	11.225		
11.30	238	13	0.05	260	11.275	120	2400
11.35	265	27	0.05	540	11.325	280	5600
11.40	291	26	0.05	520	11.375	-20	-400
11.45	306	15	0.05	300	11.425	-220	-4400
11.50	316	10	0.05	200	11.475		
12.00	352	36	0.05	72	11.75		
13.00	377	25	1.00	25	11.50		
14.00	389	12	1.00	12	13.50		

表 9-3 中，ΔV 为相邻 2 次加入滴定液体积差，ΔE 为相邻 2 次测得的电动势之差，$\bar{V}$ 为相邻 2 次滴定液体积的平均值。

（一）$E-V$ 曲线法

以表 9-3 中滴定液体积 V 作横坐标，测得电池电动势 E 作纵坐标，绘制 $E-V$ 曲线，如图 9-9（a）所示。曲线拐点对应的体积，是滴定到终点消耗滴定液的体积。

$E-V$ 曲线法适用于有明显突跃的滴定。电动势突跃范围越大，分析误差越小。当滴定曲线斜率不够大时，较难确定滴定的终点，此方法准确度较低，。

（二）$\Delta E/\Delta V-\bar{V}$ 曲线法

以表 9-3 中 $\Delta E/\Delta V$ 对平均体积 $\bar{V}$ 作图，得到图 9-9（b）所示的峰状曲线，该曲线最高点对应的体积，是滴定到终点消耗滴定液的体积。

从表 9-3 中的数据可见，化学计量点附近，$\Delta E/\Delta V$ 的变化率越大，则准确度越高。如选用的 ΔV 足够小，则 $\Delta E/\Delta V$ 趋近于 dE/dV，因此，$\Delta E/\Delta V-\bar{V}$ 曲线法也称一阶导数法。

（三）$\Delta^2E/\Delta V^2-V$ 曲线法

以表 9-3 中 $\Delta^2E/\Delta V^2$ 对 V 作图，得到有两条极值的曲线，如图 9-9（c）所示。该曲线看成是 $E-V$ 曲线的近似二阶导数曲线，又称二阶微商法。$\Delta^2E/\Delta V^2=0$ 时对应的体积，即为滴定到终点消耗滴定液的体积。

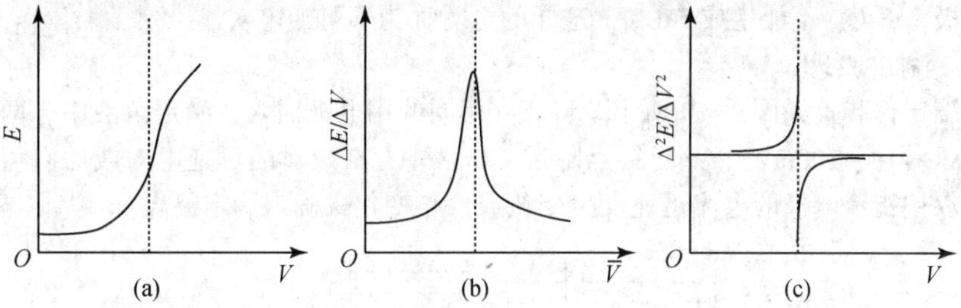

图 9-9　电位滴定曲线图

三、电位滴定法的应用

电位滴定的反应类型与滴定分析法相同。滴定时，应根据不同的反应选择合适的指示电极，电极指示的物质必须是直接或间接参加滴定反应的物质。电位滴定法具有准确度高的特点。

1. 酸碱滴定　选用 pH 玻璃电极作指示电极，甘汞电极作参比电极。指示剂确定终点时，化学计量点附近 pH 突跃范围必须大于 2 个单位；而电位滴定法，化学计量点附近 pH 突跃范围大于 0.5 个 pH 单位即可。因此，许多弱酸（碱）及多元酸（碱）都可以用电位滴定法测定。

2. 氧化还原滴定　一般用铂电极作指示电极，甘汞电极作参比电极。化学计量点附近，溶液中氧化态和还原态的浓度发生突变，引起电极电动势的突跃，由此确定滴定的终点。

3. 沉淀滴定　根据不同沉淀反应采用不同的指示电极。如硝酸银测定卤素离子，用银电极作指示电极，饱和甘汞电极或玻璃电极作参比电极。

4. 配位滴定　利用配位滴定进行电位滴定时，根据不同的反应选择不同的指示电极。常用的指示电极有铂电极、汞电极及金属离子选择性电极。当共存离子对指示剂有封闭或僵化作用使滴定反应难以进行时，此滴定法是最佳的选择。

第四节 永停滴定法

永停滴定法是根据电池中双铂电极电流的变化来确定滴定终点的滴定法，又称双电流或双安培滴定法，是建立在电解池基础上的电化学分析法。

一、测定原理

（一）电对类型

1. 可逆电对 将2支相同的铂电极插入含有I_2/I^-电对的溶液中，并在两电极间加一低电压，电池发生电解反应。

阳极发生氧化反应：$2I^- - 2e^- \rightleftharpoons I_2$

阴极发生还原反应：$I_2 + 2e^- \rightleftharpoons 2I^-$

像I_2/I^-电对，在两个铂电极上分别进行氧化和还原反应，称为可逆电对。

2. 不可逆电对 如果在含有电对$S_4O_6^{2-}/S_2O_3^{2-}$溶液中插入2支相同的铂电极，并外加一低电压，只在阳极上发生氧化反应：

$$2S_2O_3^{2-} - 2e \rightleftharpoons S_4O_6^{2-}$$

在阴极上$S_4O_6^{2-}$不能生成$S_2O_3^{2-}$，这样的电对称为不可逆电对。

（二）测定原理

永停滴定仪装置如图9-10所示。将2支相同的铂电极插入待滴定溶液中，两电极间外加一低电压（10～100mV），滴定终点附近，试液中存在成对的可逆电对或原有可逆电对消失，导致双铂指示电极的电流迅速发生变化或停止变化来确定滴定终点。

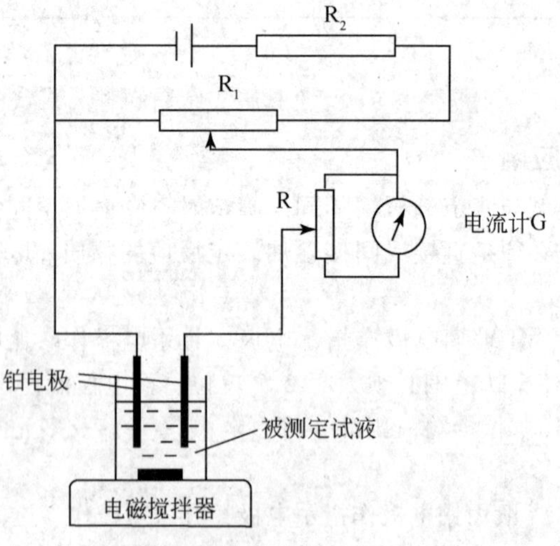

图9-10 永停滴定仪装置示意图

永停滴定法是依据外加小电压，可逆电对产生电流，不可逆电对不产生电流的现象来确定滴定终点，电流的突变点即为滴定终点。

二、测定类型

永停滴定法中，根据电流的变化情况，分为以下三种类型。

（一）可逆电对滴定不可逆电对

以I_2滴定液滴定$Na_2S_2O_3$溶液为例。滴定反应如下：

$$2S_2O_3^{2-}+I_2 \rightleftharpoons S_4O_6^{2-}+2I^-$$

滴定开始，化学计量点前，溶液中含有 I^-、$S_4O_6^{2-}$ 和 $S_2O_3^{2-}$，没有成对的可逆电对，电流计的指针停在零点。化学计量点后，I_2 稍过量，产生可逆电对 I_2/I^-，有电流通过，电流计指针突然偏转，指示达到终点。在 $I-V$ 曲线上，电流的转折点所对应的体积即为滴定到终点消耗滴定液的体积。如图 9-11（a）所示。

（二）**不可逆电对滴定可逆电对**

以 $Na_2S_2O_3$ 滴定液滴定含有 KI 的 I_2 溶液为例。滴定开始至化学计量点前，溶液中有 I_2/I^- 可逆电对，因此，有电流产生。当反应进行到 1/2 时，$[I^-]=[I_2]$，电流达到最大；继续滴定，随着 $[I_2]$ 减小，电流逐渐减小。到达化学计量点时，溶液中无电对存在，电流为零（即降到最低）。化学计量点后，溶液中只有 $S_4O_6^{2-}/S_2O_3^{2-}$ 不可逆电对，因此，电流计指针停在零点，故称为永停滴定法。在 $I-V$ 曲线上，电流转变为零的点为滴定终点，此点的体积为滴定到终点消耗滴定液的体积。如图 9-11（b）所示。

（三）**可逆电对滴定可逆电对**

以 $Ce(SO_4)_2$ 测定 Fe^{2+} 为例。反应如下：

$$Ce^{4+}+Fe^{2+} \rightleftharpoons Ce^{3+}+Fe^{3+}$$

滴定前，溶液中只有 Fe^{2+}，没有可逆电对，无电流通过。滴定开始，溶液中有 Fe^{3+} 生成，产生可逆电对 Fe^{2+}/Fe^{3+}，故有电流产生，电流的大小由 Fe^{3+} 浓度决定。当 $[Fe^{2+}]=[Fe^{3+}]$ 时，电流达到最大值。化学计量点时，溶液中只有 Ce^{3+}、Fe^{3+}，没有可逆电对，故电流为零。化学计量点后，溶液中有 Ce^{4+}/Ce^{3+}、Fe^{3+}，继续产生电流，随着滴定剂的过量，电流逐渐增大。在 $I-V$ 曲线上，电流为零（几乎为零）时对应的体积即为滴定到终点消耗滴定液的体积。如图 9-11（c）所示。

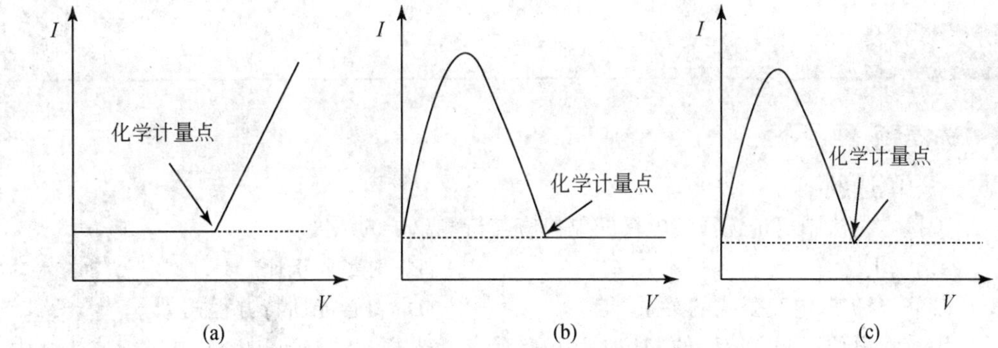

图 9-11　永停滴定法滴定曲线

三、实例分析

磺胺嘧啶含量的测定可用亚硝酸钠作标准溶液，永停滴定法确定终点。

磺胺嘧啶在酸性溶液中可与 $NaNO_2$ 定量完成重氮化反应而生成重氮盐，反应式如下：

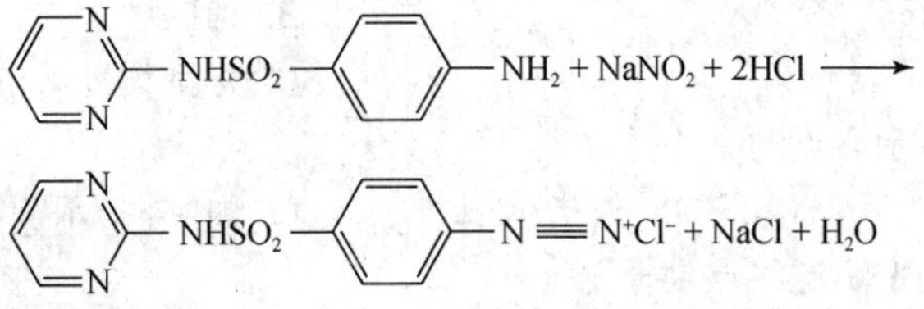

化学计量点前，溶液中无可逆电对存在，电流表指针停留在零点。化学计量点后，HNO_2稍微过量，与其分解产物NO在有数十毫伏外加电压的两个铂电极上发生反应：

阳极：$NO+H_2O-e^- \rightleftharpoons HNO_2+H^+$

阴极：$HNO_2+H^++e^- \rightleftharpoons NO+H_2O$

可逆电对HNO_2/NO存在，使两个极上发生电解反应，产生电流，指针发生偏转，并且不再回零，表明到达终点。

重点小结

1. 电位分析法分为直接电位法和电位滴定法，是通过在零电流条件下测定两电极间的电位差（电池电动势）进行分析测定。以能斯特方程式为理论基础，建立了电极电位与待测离子活（浓）度之间的线性关系。

2. 电位分析法化学电池由参比电极、指示电极和待测溶液组成。饱和甘汞电极（SCE）和银-氯化银电极（SSE）是常用参比电极。指示电极有金属-金属离子电极、金属-金属难溶盐电极、惰性金属电极和膜电极四类，前三类电极的电位来自电极反应，膜电极的膜电位一般来自响应离子在电极膜上的交换和扩散作用。

3. 直接电位法通过测定电池电动势而直接求得样品溶液中待测组分的浓度。可用于测定溶液的pH和其他离子浓度。

4. 电位滴定法是通过测量滴定过程中指示电极电动势的变化来确定滴定终点的滴定方法。

5. 永停滴定法原理不同于一般的电位滴定法，是通过测定电流的变化来确定滴定终点，属于电流滴定法。

目标检测

一、选择题

（一）单选题

1. 直接电位法中离子选择性电极的电位应与待测离子的浓度（　　）。

A. 成正比　　B. 对数成正比

C. 符合扩散电流公式的关系　　D. 符合能斯特方程式

2. 用直接电位法测定溶液的pH时，电极系统由玻璃电极与饱和甘汞电极组成，其中玻璃电极是作为测量溶液中氢离子活度（浓度）的（　　）。

A. 金属电极　　B. 参比电极　　C. 指示电极　　D. 电解电极

3. 为使pH玻璃电极对H^+响应灵敏，pH玻璃电极使用前应在（　　）浸泡24小时以上。

A. 自来水中　　B. 稀碱中

C. 纯水中　　D. 标准缓冲溶液中

4. 电位滴定法指示终点的方法是（　　）。

A. 内指示剂　　B. 外指示剂　　C. 内-外指示剂　　D. 电位的变化

5. 永停滴定法确定滴定终点是根据（　　）。

A. 电流变化　　B. 电压变化　　C. 电阻变化　　D. 颜色变化

（二）多选题

1. 参比电极一般具有（　　）等特点。

A. 制作方便　　B. 重现性好
C. 电极电势稳定　　D. 对溶液中待测离子有响应

2. 银-氯化银电极的电极电势与（　　）有关。

A. H^+浓度　　B. Cl^-浓度　　C. KCl 浓度　　D. 溶液温度

3. 玻璃电极的构造包括（　　）。

A. Ag-AgCl 内参比电极　　B. 一定浓度的 HCl 溶液
C. 饱和 KCl 溶液　　D. 玻璃膜

4. 下列关于玻璃膜电极的说法正确的是（　　）。

A. 电极界面上发生半电池反应
B. 玻璃膜起传导电子的作用
C. 膜电位形成基于离子在膜上的扩散和交换作用
D. 不存在电子交换

5. 下列参量中，（　　）是属于电分析化学方法所测量的。

A. 电动势　　B. 电流　　C. 电容　　D. 电场

二、简答题

1. 何谓指示电极及参比电极？试各举例说明其作用。
2. 为什么一般来说，电位滴定法的误差比电位测定法小？

三、综合应用题

当下述电池中的溶液是 pH＝4.00 的缓冲溶液时，在 298.15K 时测得下列电池的电动势为 0.270V：

（-）玻璃电极 | H^+（$x$mol/L）‖ 饱和甘汞电极（+）

当缓冲溶液由未知溶液代替时，测得电动势为 0.304V，试计算未知溶液的 pH。

实训十七　饮用水 pH 的测定

【实训目的】

1. 掌握饮用水 pH 测定原理。
2. 掌握酸度计的使用。

【实训原理】

pH 大小是确定水质指标之一，饮用水 pH 要求在 6.5～8.5 之间。

玻璃电极法测定水样 pH，通常以饱和甘汞电极为参比电极，玻璃电极为指示电极组成原电池，通过测量电池的电动势得到 pH。氢离子浓度发生变化时，溶液变化 1 个 pH 单位，电动势改变 59.16mV。调节仪器补偿温度差异，读取 pH。

酸度计测定溶液 pH 时，用已知 pH 的标准缓冲溶液校正酸度计，应选用与被测溶液 pH 接近的标准缓冲溶液，以减少测量过程中可能的误差。校正后的酸度计，可直接测量饮用水水样的 pH。

【实训用品】

仪器：酸度计或离子活度计（精确到 0.1 个 pH 单位，pH 范围 0～14）；复合电极；50ml 烧杯（聚乙烯或聚四氟乙烯烧杯）；250ml 锥形瓶。

试剂：pH 标准溶液甲（298.15K，pH＝4.0）、pH 标准溶液乙（298.15K，pH＝6.86）、

pH 标准溶液丙（298. 15K，pH = 9. 18）、邻苯二甲酸氢钾溶液（10. 12g/L）、磷酸二氢钾（KH_2PO_4）溶液（3. 388g/L）、磷酸氢二钠（Na_2HPO_4）（3. 533g/L）。

【实训步骤】

（一）仪器校准

1. 玻璃电极使用前在蒸馏水中浸泡 24 小时。

2. 检查电极连接，打开 pH 计电源，预热。

3. 将水样与标准溶液调至同一温度，记录测定温度，将仪器温度补偿旋钮调至该温度。

4. 从小烧杯中取出电极，用蒸馏水冲洗并用滤纸吸干。电极头浸入 pH = 6. 86 标准溶液（与水样 pH 相差不超过 2 个 pH 单位），调节粗调/截距旋钮至读数 6. 86。

5. 取出电极，冲洗并用滤纸吸干，浸泡在第 2 个 pH = 9. 18 的标准溶液中（pH 约与第 1 个标准溶液差 3 个 pH 单位），调节微调/斜率旋钮至读数 9. 18。

6. 取出电极，冲洗并用滤纸吸干，浸泡在第 1 个标准溶液中，如果仪器响应的显示值与第 1 次测量的第 1 个标准溶液的 pH 之差大于 0. 1 个 pH 单位，重复上述两步。直到两次读数相符，可用于测定样品。

（二）样品测定

测定样品时，先用蒸馏水冲洗电极，再用水样冲洗，然后将电极浸入样品中，小心摇动使其均匀，静置，待读数稳定记录 pH。

重复测定 3 次，极差不超过 0. 05，求出平均值即为水样的 pH。

【实训结果】

饮用水 pH 测定值

测定次数	1	2	3	平均
pH 读数				

【实训提示】

1. 玻璃电极使用前在蒸馏水中浸泡 24 小时以上，用后冲洗干净，浸泡在水中。

2. 每次测量后，必须用蒸馏水充分清洗电极。

3. 取下电极护套时，应避免敏感玻璃泡与硬物接触（破损或擦毛会使电极失效）。

4. 电极的引出端必须保持清洁干燥；电极引入导线和溶液应保持静止，否则引起仪器读数不稳定。

【实训思考】

1. 测量溶液 pH 时，为什么 pH 计要用标准 pH 缓冲溶液进行校正？

2. 测量水样前，为什么不能提前打开水样瓶？

实训十八　酱油中氨基酸总量的测定（电位滴定法）

【实训目的】

1. 掌握电位滴定法测定氨基酸总量的原理。

2. 了解电位滴定法确定酸碱滴定终点的原理。

3. 熟练规范使用酸度计。

【实训原理】

氨基酸含有羧基（—COOH）和氨基（$—NH_2$）能形成内盐。加入甲醛溶液时，$—NH_2$

与甲醛结合，碱性消失，用碱滴定—COOH，并用间接的方法测定氨基酸的含量。将酸度计的玻璃电极和甘汞电极（或复合电极）插入被测液中构成电池，用碱液滴定，根据酸度计指示的 pH 判断和控制滴定终点。

【实训用品】

仪器：酸度计、复合玻璃电极、磁力搅拌器、电子天平、烧杯（250ml）、微量滴定管（10ml）、容量瓶（100ml）、移液管（10ml、20ml）、量筒。

试剂：20% 中性甲醛、NaOH（0.050mol/L）、pH=6.18 标准缓冲溶液（25℃）

【实训步骤】

（一）仪器校正

开启酸度计电源，预热 30 分钟，连接复合电极。选择适当 pH 缓冲溶液，测量缓冲溶液的温度，调节温度补偿旋钮至实际温度。将电极浸入缓冲溶液中，调节定位旋钮，使酸度计与缓冲溶液的 pH 一致。校正后，定位调节旋钮不可再动，否则必须重新校正。

（二）样品处理

准确称取 5.0g 酱油试样，置于 100ml 容量瓶中，加水至刻度，混匀后量取 20.00ml，置于 250ml 烧杯中，加 60ml 水，开启磁力搅拌器，用 NaOH（0.050mol/L）滴定液滴定至酸度计指示 pH=8.2。记录消耗氢氧化钠滴定液的体积（可用于计算试样的总酸含量）。

（三）氨基酸的滴定

上述溶液滴定至 pH=8.2，加入 10.00ml 甲醛溶液，混匀。用 NaOH 滴定液继续滴定至 pH=9.2，记录消耗氢氧化钠滴定液的体积 V_1。

（四）空白实验

量取 80ml 蒸馏水于 200ml 烧杯中，先用 NaOH（0.050mol/L）滴定液滴至 pH=8.2，加入 10.0ml 中性甲醛溶液，混匀。用 0.05mo1/L 的氢氧化钠滴定液继续滴定至pH=9.2，记录加入甲醛后，滴定消耗氢氧化钠滴定液的体积 V_2。

【实训结果】

（一）数据记录

测定	样品 1	样品 2
V_1（ml）		
V_2（ml）		

（二）结果计算

$$\text{氨基酸态氮}(\%) = \frac{(V_1 - V_2) \times c \times 0.014}{m \times 20/100} \times 100\%$$

式中 V_1——样品稀释液加入甲醛后，滴定至终点（pH=9.2），消耗 NaOH 滴定液的体积（ml）；

V_2——空白实验中，加入甲醛后，滴定至终点（pH=9.2）消耗 NaOH 滴定液的体积（ml）；

c——氢氧化钠滴定液的浓度（mol/L）；

m——测定样品溶液的质量（g）；

0.014——氮的摩尔质量（mg/mol）。

【实训提示】

1. 标准 pH 缓冲液配制后不宜久存，否则影响滴定终点，导致检测结果不准确。
2. 久置的复合电极初次使用时，必须浸泡在饱和 KCl 溶液中 24 小时以上。

【实训思考】

总酸测定和氨基态氮的测定有什么区别？

（郝瑞峰）

第十章

光谱分析法

学习目标

知识要求

1. **掌握** 紫外-可见吸收光谱产生的原因及特征；影响紫外-可见吸收光谱的因素；Lambert-Beer定律、影响因素及有关计算；紫外-可见分光光度法单组分定量分析的各种方法；红外吸收光谱产生的条件及吸收峰的强度；吸收峰位置的分布规律及影响峰位的因素。
2. **熟悉** 紫外-可见分光光度计的基本结构，工作原理及对化合物进行定性鉴别和纯度检查的方法；红外光谱仪的性能。
3. **了解** 紫外光谱与有机物分子结构的关系；紫外-可见分光光度计的类型；红外光谱仪的结构、类型以及试样的制备。

技能要求

1. 掌握紫外-可见分光光度计的操作技能；熟练测量条件的选择及含量测定计算。
2. 学会红外光谱仪的操作及样品的制备方法；会用所学仪器完成物质的定性及定量分析。

案例导入

案例：2006年4月24日，中山大学第三附属医院，65名患者使用齐齐哈尔第二制药厂生产的“亮菌甲素注射液”后，出现急性肾衰竭。导致13名患者死亡，2名患者受到严重肾伤害。广东省食品药品检验所经检验查明，该批号注射液含有毒有害物质二甘醇。卫生部、国家食品药品监督管理总局组织医学专家论证，本次事件是由于该厂原辅料采购、质量检验工序管理不善和相关人员违规操作，购进了以“二甘醇”冒充“丙二醇”并用于生产亮菌甲素注射液，“二甘醇”是导致该事件的元凶。这是轰动一时的“齐二药”假药事件。

讨论：1. 案例中涉及的二甘醇和丙二醇，有何区别？
2. 丙二醇的检测方法有哪些？

以物质发射的电磁辐射或物质与辐射能相互作用建立起来的分析方法称为光学分析法。根据物质与辐射能作用性质不同，光学分析法又分为光谱法和非光谱法两大类。

物质与辐射能作用时，物质内部发生电子跃迁产生的辐射能随波长变化得到的图谱称为光谱。利用光谱学的原理和实验方法，确定物质的结构和化学成分的分析方法称为光谱分析法。光谱分析法有不同的分类标准，按作用物质（原子或分子）的特点分为原子光谱法和分子光谱法；按物质与辐射能的转换方向，分为吸收光谱法和发射光谱法；按辐射源波长特征，分为红外光谱法、可见光谱法、紫外光谱法、X射线光谱法。

非光谱法是根据物质与辐射能相互作用时，测量辐射的某些性质，如折射、散射、干涉、衍射等变化的分析方法。

第一节 光谱分析法基础

一、光谱分析法特点

1. 操作简便 有些样品不经任何化学处理，即可直接进行光谱分析。在毒剂报警、大气污染检测等方面，采用分子光谱法遥测，不需采集样品，在数秒内，便可发出警报或检测出污染程度。

2. 灵敏度高 可以测定溶液中含有 10^{-8} ~ 10^{-9}g/ml 的物质。

3. 精密度和准确度较高 一般情况相对误差范围在1%~3%。

4. 应用广泛 大部分无机离子和有机化合物均可直接或间接地用光谱法测定。因此，光谱分析法广泛用于医药、食品、生物化学、环境保护、地质、化工、农业等方面。

二、物质对光的选择吸收

（一）光的基本性质

光是一种电磁波，不需要借助任何介质在空间传播。光按波的形式传播，光的折射、散射、反射、干涉、衍射等现象表现出波动性；光作用于物质时，产生光压、光电效应及光化学反应，说明光具有能量，表现出粒子性。因此，光具有波动性和粒子性，即波粒二象性。光的最小单位是光子，光子的能量（E）与频率（v）或波长（λ）的关系为：

$$E = hv = h\frac{c}{\lambda} \tag{10-1}$$

式（10-1）中：h 为普朗克常量 6.626×10^{-34}J·s；c 为光的速度 3.0×10^{10}cm/s。

从上式可以看出，光的能量与波长成反比，即短波的能量高，长波的能量低。按波长（或频率）的大小将电磁波划分成不同的光谱区域。各波段的光具有不同的用途，表10-1列出不同的电磁辐射的波谱区。

表10-1 电磁波谱表

波谱名称	波长范围	能级跃迁类型	分析方法
γ射线	5×10^{-3} ~ 0.14nm	核能级	
X射线	10^{-3} ~ 10nm	内层电子	X射线衍射法
远紫外区	10~200nm	内层电子	真空紫外光谱法
近紫外区	200~400nm	价电子	紫外光谱法
可见区	400~760nm	价电子	可见光谱法
红外区	0.76~1000μm	分子振动	红外光谱法
微波区	0.1~100cm	分子转动	微波光谱法
无线电波区	1~1000m	电子自旋及核自旋	核磁共振谱法

（二）复合光和单色光

具有一定波长的光称为单色光，复合光是由不同波长的光组成。不同波长的可见光呈现不同的颜色，人的眼睛能够感知的光称为可见光，波长范围在400~760nm。把一束白光通过三棱镜，由于折射作用分解为红、橙、黄、绿、青、蓝、紫七种颜色的光。由此可知，白光是一种复合光。可见光的颜色与波长对应关系见表10-2。

表10-2 不同颜色可见光的波长范围

光的颜色	红色	橙色	黄色	绿色	青色	蓝色	紫色
波长范围（nm）	760～650	650～610	610～560	560～500	500～480	480～450	450～400

如果将2种颜色的单色光按一定比例混合可以形成白光，这2种单色光称为互补光或互补色，如红光与青光互补，蓝光与黄光互补。光的互补关系如图10-1所示。

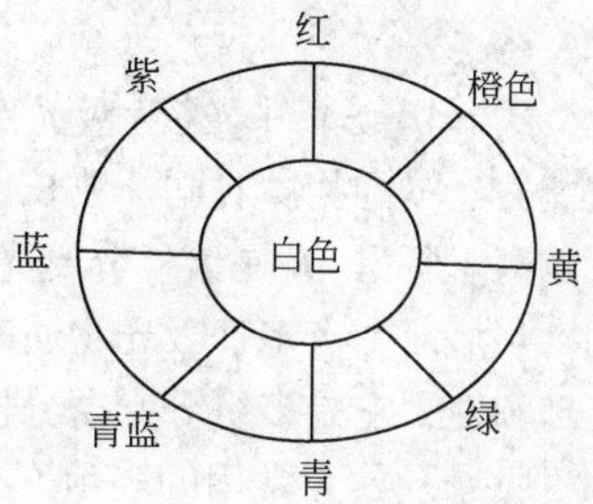

图10-1 光的互补色

(三) **物质对光的选择吸收**

不同的物质，具有不同的组成和结构，其内部特征、能量也不同，物质只能吸收与内部能量相当的光辐射。用白光照射固体时，不同波长的光发生吸收、透过、反射、折射的程度不同，因此，物质呈现出不同的颜色。若物质对各种波长的光完全吸收，则呈现出黑色；如果完全反射，则呈现白色；如果物质选择性地吸收某些波长的光，则呈现的颜色是所吸收光的互补色。

溶液呈现的颜色，是溶液中的粒子对不同波长光的选择性吸收引起的。当白光通过溶液时，如果溶液对各种光吸收程度相同，则溶液无色透明；如果某种波长的光被吸收，溶液的颜色由透射光的颜色决定。透射光与吸收光为互补色。因此，溶液的颜色实质是吸收光的互补色。

课堂互动

高锰酸钾溶液呈现紫色，是因为吸收了白光中什么颜色的光?

第二节 紫外-可见分光光度法

一、紫外-可见分光光度法基本原理

朗伯（Lambert）和比尔（Beer）分别研究了有色溶液的液层厚度、溶液浓度及吸光度的定量关系，奠定了分光光度法的理论基础，称为光的吸收定律或朗伯-比尔定律。它是吸收光谱分析法定量分析的依据。

(一) **光吸收基本定律（Lambert-Beer定律）**

1. 透光率和吸光度 当一束平行的单色光垂直通过任何均匀、无散射现象的溶液体系时，若入射光强度为I_0，吸收光强度为I_a，透射光强度为I_t，则三者之间的关系为：

$$I_0 = I_a + I_t \tag{10-2}$$

透射光强度I_t与入射光强度I_0的比值称作透光率或透光度，用T表示，即：

$$T = \frac{I_t}{I_0} \times 100\% \tag{10-3}$$

从式（10-3）可以看出，溶液的透光率越大，吸光度越小，溶液对光的吸收越小；透

光率越小，吸光度越大，对光的吸收越大。透光率的倒数反映了物质对光的吸收程度。实际应用时，透光率的倒数取对数，称为吸光度 A 。吸光度与透光率之间的关系为：

$$A = \lg \frac{1}{T} = -\lg T = \lg \frac{I_0}{I_t} \tag{10-4}$$

2. 朗伯-比尔定律 一束平行的单色光，通过均匀无散射的含有吸光物质的溶液时，入射光的波长、强度及溶液的温度等条件不变的情况下，溶液吸光度 A 与溶液浓度 c 及液层厚度 L（cm）乘积成正比。即：

$$A = KcL \tag{10-5}$$

式（10-5）中，K 为吸光系数，是物质的特性常数，表明物质对某一特定波长光的吸收能力。不同物质对同一波长单色光的 K 不同，K 越大，表明该物质的吸光能力越强，灵敏度越高。所以，K 是紫外分光光度法用于药物定性和定量的依据。

当溶液中有多种吸光物质时，A 等于吸收介质内各吸光物质吸光度的总和，即吸光度具有加和性，它是多组分光谱分析法的理论基础。

吸光系数 K 常用的表示方式为：

（1）摩尔吸光系数 一定的波长时，物质的浓度为 1mol/L、液层厚度为 1cm 时，溶液的吸光度，用 ε 表示。

（2）百分吸光系数（或比吸光系数） 一定波长时，物质的浓度为 1%（W/V）、液层厚度为 1cm 时，溶液的吸光度，用 $E_{1cm}^{1\%}$ 表示。二者的关系为：

$$\varepsilon = \frac{M}{10} E_{1cm}^{1\%} \tag{10-6}$$

式（10-6）中，M 为吸光物质的摩尔质量。

摩尔吸光系数和百分吸光系数不能直接测定，只能通过测定已知浓度稀溶液的吸光度，根据朗伯-比尔定律公式计算求得。

（二）偏离光吸收定律的主要因素

根据 Lambert-Beer 定律，当吸收池厚度不变，以吸光度对浓度作图，应得到一条通过原点的直线。但实际工作中，吸光度与浓度的线性关系常发生负偏离。引起偏离的主要原因有化学因素和光学因素两方面。

1. 化学因素

（1）溶液浓度高 朗伯-比尔定律只适用于稀溶液，当溶液浓度太高时，吸光物质粒子间的平均距离减小，受粒子间电荷分布相互作用的影响，摩尔吸收系数会发生改变。

（2）介质不均匀 朗伯-比尔定律适用于均匀、非散射的溶液。如果被测试液是胶体溶液、乳浊液或悬浮液，则入射光通过后，除了一部分被吸收外，还有反射、散射的损失，因而实际测量的吸光度增大，使标准曲线偏离直线向吸光度轴弯曲。

（3）溶质的变化 溶质因浓度或其他因素的改变而发生变化。如解离、缔合、生成配合物或溶剂化、配合物组成改变；某些有色物质在光照下发生化学分解、自身氧化还原反应、干扰离子和显色剂的作用等，使吸光物质的存在形式发生改变，从而影响对光的吸收。

2. 光学因素 主要来源于仪器本身光路系统以及溶液对光产生散射和反射的影响。

（1）非单色光的影响 Lambert-Beer 定律适用单色光，而纯单色光很难得到。实际工作中，只能选择靠近单色光波长附近的光。

（2）杂散光的影响 单色器得到的单色光与所需波长相隔较远的光为杂散光。杂散光一般来源于仪器制造过程中不可避免的瑕疵。此外，仪器保养不善，光学元件受到尘染、腐蚀会使杂散光增多。

（3）光的散射和反射的影响　这种影响会导致吸光度增大，进行空白对照实验以减少误差。当空白溶液与供试品溶液折射率有较大差异时，此误差不能完全消除。

（4）非平行光的影响　非平行的入射光、反射光、散射光等会导致吸光度增大。

（三）吸收光谱

以波长 λ（nm）为横坐标，吸光度 A 或透光率 T 为纵坐标绘制的曲线称为吸收曲线，也称吸收光谱，如图 10-2 所示。吸收曲线上极大值的部分称为吸收峰，对应的波长为最大吸收波长 λ_{max}；吸收曲线上极小值的部分称为吸收谷，对应的波长称为最小吸收波长 λ_{min}。如果最大吸收峰旁边有一个小的曲折称为肩峰 λ_{sh}；吸收曲线上波长最短的一端，吸收强度大但不形成峰的部分称为末端吸收。

同一物质的不同浓度，吸收曲线形状相似及 λ_{max} 不变；不同的物质，吸收曲线形状和 λ_{max} 均不同。因此，λ_{max} 是物质定性分析的依据之一。

同一物质的不同浓度，一定的波长下吸光度 A 不同，A 随浓度的增大而增大 。因此，A 是物质定量分析的理论依据。

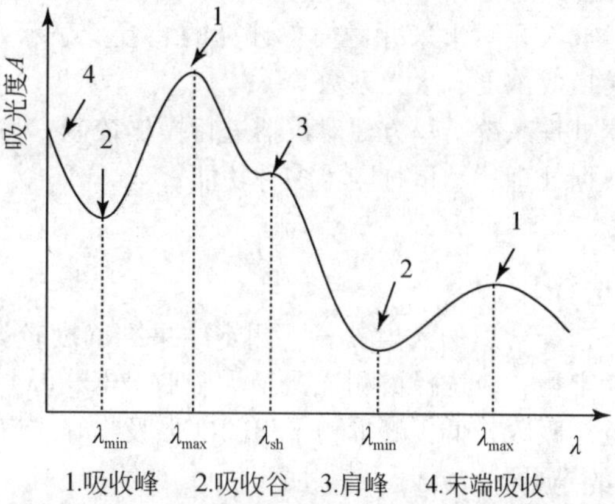

图 10-2　物质紫外-可见吸收光谱示意图

光吸收曲线描述了溶液对不同波长光的吸收情况，最大吸收峰位置随浓度变化的幅度最大。因此，通常选用溶液的 λ_{max} 作为测定波长，以提高测定的灵敏度。吸收曲线是定量分析中选择入射光波长的重要依据。

二、紫外-可见分光光度计的基本结构

紫外-可见分光光度计种类、型号繁多，其基本结构和原理相似，主要由光源、单色器、吸收池、检测器、显示和数据处理系统五部分组成。一般构造如下：

光　源 → 单色器 → 吸收池 → 检测器 → 显示和数据处理系统

（一）光源

提供入射光的装置。要求在所需光谱范围内，发射连续的、有足够强度的紫外光或可见光，稳定性好。可见光区一般用钨灯作光源，发射光谱的波长范围是 320 ~ 1000nm，使用波长为 360 ~ 1000nm；紫外光区常用的光源为氢灯或氘灯，发射的连续波长范围约 150 ~ 400nm。其中氘灯比氢灯价格高，但氘灯发光强度和使用寿命比氢灯大 2 ~ 3 倍，目前氘灯使用居多。

（二）单色器

将光源发射的复合光分成单色光的装置。单色器一般由狭缝、色散元件及透镜系统组

成。常用的色散元件有棱镜和光栅，目前光栅使用较多。

（三）**吸收池**

吸收池又称比色皿或比色杯，是分光光度计中盛放样品溶液的装置。一般可见光区用玻璃吸收池，紫外光区用石英吸收池。吸收池的规格为0.1～5cm，以1cm光径吸收池最为常用。

课堂互动

紫外光区能不能用玻璃吸收池？为什么？

（四）**检测器**

将光信号转变为电信号的装置。常用的检测器有光电池、光电管、光电倍增管和光电二极管阵列检测器。目前，高中档分光光度计常用光电二极管阵列检测器，扫描速率快，在极短的时间内，可以获得三维全光光谱图。

（五）**显示和数据处理系统**

将检测器输出的信号放大显示出来并做简单计算的装置。显示方式一般有透光率与吸光度，某些仪器还可以转换成浓度、吸光系数等。

高性能仪器配有数据处理系统，一方面对仪器进行操作控制，另一方面还有定量测定、光谱扫描、时间扫描、数据处理、结果打印等多种功能。

三、测量条件的选择

（一）**入射波长的选择**

使用分光光度计时，选择合适的入射波长，测定结果准确度较高。其选择的原则是吸收最大、干扰最小。若无干扰，应选择被测成分最大吸收波长（λ_{max}）作为入射光；当干扰成分存在时，则需要选用吸收较低、峰形稍平坦的次强吸收峰或肩峰作为入射光波长。

（二）**吸光度范围的选择**

分光光度法中，透光率测量误差，也称为光度误差，它是仪器的主要误差。通过控制溶液的浓度或选择不同厚度的比色杯，将吸光度读数控制在适当的范围内，可以减少光度误差。一般情况下，被测溶液和标准溶液的吸光度在0.3～0.7范围内，仪器的测量误差最小，测定结果准确度较高。

（三）**参比溶液的选择**

参比溶液也称空白溶液，用来调节仪器的零点（$A=0.000$ 或 $T=100\%$）。作为测量的相对标准，以消除溶液中其他成分、试剂对光的吸收或反射、吸收池带来的误差，并扣除显色之后其他有色物质的干扰。因此，合理选择参比溶液对提高分析结果的准确度至关重要。常用的参比溶液见表10-3。

表10-3 常用的参比溶液

参比溶液类型	配制方法	可消除影响
纯化水	用纯化水调零	吸收池+杂散光
溶剂参比	用溶剂调零	吸收池+杂散光+溶剂
试剂参比	不加试样，其他均加	吸收池+杂散光+显色剂
试液参比	不加显色剂，其他均加	吸收池+杂散光+干扰离子
试样参比	掩蔽试液中的被测物，其他均加	吸收池+杂散光+显色剂+干扰离子

四、紫外-可见分光光度计的类型

（一）单光束分光光度计

单光束分光光度计从光源到检测器只有一束光。常见的单光束紫外-可见分光光度计有751型、752型、754型等。常见的单光束可见分光光度计有721型、722型、723型、724型等。

单光束分光光度计结构简单、价格低，测量结果受电源波动影响产生较大的误差，只适用于定量分析，而不能用于制药、质量检验等行业。

（二）双光束分光光度计

双光束是目前被广泛使用的光路。从单色器发出的单色光，用旋转的折光镜分成交替的两束单色光，分别通过参比池和样品池，再由检测器交替接收参比信号和样品信号。最后由显示器显示出透光率、吸光度和浓度等。特点是能连续改变波长、自动比较样品及参比溶液的透光强度、自动消除光源强度变化所引起的误差，适用于较宽波长范围内复杂的吸收光谱曲线的分析。常用的双光束紫外-可见分光广度计有730型、760MC型、日本岛津UV-2450型等。

（三）双波长分光光度计

同一光源发出的光分成两束，分别经过2个光栅单色器，产生不同波长的两束光，以一定的时间间隔交替照射在装有试液的同一吸收池上，得到试液对不同波长吸光度的差值。同一测定条件下，不同波长的吸光度差值与待测组分的浓度成正比。

双波长分光光度计适用于高浓度试样、多组分混合试样的测量。与单波长分光光度计对浑浊样品的测定相比，具有灵敏性高及选择性好的特点。双波长测定时，两个波长的光通过同一吸收池，可以消除因吸收池的参数不同、位置不同以及制备参比溶液等带来的误差，提高测定的准确度。

（四）多通道分光光度计

多通道分光光度计使用了一个光电二极管阵列检测器，对全部波长同时进行检测，一般在1/10秒的极短时间内获得190～820nm范围的全光光谱。多通道分光光度计具有光谱响应宽、数字化扫描准确、性能稳定等优点，作为追踪化学反应和反应动力学研究的重要工具。

随着仪器的改进和计算机的应用，如1～4阶导数光谱测量技术，双波长或三波长分光光度法，速率分析或动力学分析，化学计量点的应用等新的测量技术不断出现。

五、紫外-可见分光光度计的应用

紫外-可见吸收光谱主要是由分子中生色团和助色团的特性所决定，不同的有机化合物吸收光谱不同。目前，紫外-可见分光光度计主要发展方向是微型、微量、快速、专用。微型是便携式、现场检测的需要；微量是生命科学、医学、海洋科学等领域科研工作的需要（样品量很少、很贵）；快速是食品疾病控制、安全、应急现场检测的需要；专用是功能专一、但可靠性要求很高的在线自动检测的需要。

（一）定性鉴别

紫外-可见分光光度计（UV-Vis）用于定性分析时，一般采用对比法。可根据吸收光谱的特征，如吸收光谱形状、吸收峰数、各峰的波长位置、强度和相应的吸光系数等对比。按规定的方法配制供试品溶液与对照品溶液，通过对比吸收光谱的特征数据、吸光度或吸光系数、吸收光谱的一致性进行鉴别。

1. 标准品或标准图谱对照法 相同条件下，分别测定被测物和标准品的吸收光谱曲线，两者进行对比、判断。

无标准品时，将被测药物的吸收光谱与《化学药品对照品图谱集》中收录的该药品标准图谱进行对比。若两个吸收光谱曲线的形状、光谱特征完全一致，则初步确认为同一化合物。但必须用其他光谱方法进一步证实后，才能得出肯定的结论。因为结构相似的物质可能会产生相似的光谱。例如，醋酸可的松、醋酸氢化可的松、醋酸泼尼松三种药品的吸收光谱曲线仅有微小的差别，而最大吸收波长、摩尔吸光系数和百分吸光系数几乎完全相同。总之，紫外吸收光谱用于药物定性分析时，同一物质图谱相同；但图谱相同却不一定是同一物质。

2. 对比吸收光谱特征数据法 常用于鉴别的吸收光谱特征数据有 λ_{max}、吸光系数 $E_{1cm}^{1\%}$、ε，有时也用 λ_{min}、λ_{sh}、A_{max} 和 A_{min} 的特征值同时作为鉴别的依据。例如，维生素 B_{12} 注射液的鉴别，《中国药典》(2015 版) 规定，361nm 与 550nm 的波长处有最大吸收；361nm 波长处的吸光度与 550nm 波长处的吸光度的比值应为 3.15～3.45。

（二）纯度检查

1. 化合物无吸收 化合物在一定的波长范围内没有明显吸收，但杂质有相当强的吸收，少量的杂质用紫外–可见分光光度法可以进行检测。例如，原料药维生素 B_2，若含有杂质感光黄素，440nm 处产生吸收，而维生素 B_2 此处无吸收。因此，在此波长下测定本品，以吸收度不超过 0.016，作为维生素 B_2 中杂质感光黄素的限量依据。

2. 化合物有较强的吸收峰 化合物有较强的吸收，杂质无吸收或吸收很弱，则杂质的存在使化合物的吸光系数降低。若杂质的吸收大于化合物，则杂质使化合物的吸光系数值增大，并使化合物的吸收光谱发生变形。

（三）含量测定

紫外–可见分光光度法定量分析的理论依据是朗伯–比尔定律。定量方法分单组分和多组分含量的测定。本章主要介绍单组分含量的方法。

1. 吸光系数法 根据朗伯–比尔定律，若 L 和 $E_{1cm}^{1\%}$ 已知，根据测得的 A 求出被测物质的浓度。

$$c = \frac{A}{E_{1cm}^{1\%} L} \tag{10-7}$$

【例 10–1】 精密称定对乙酰氨基酚原料（$C_8H_9NO_2$）42.0mg，置 250ml 容量瓶中，加 0.4% 的氢氧化钠溶液 50ml 溶解，加水至刻度，摇匀，精密量取 5ml，置 100ml 容量瓶中，加 0.4% 氢氧化钠溶液 10ml，加水至刻度，摇匀，按照紫外–可见分光光度法，在 257nm 处测定吸光度为 0.598，已知 $C_8H_9NO_2$ 的百分吸收系数（$E_{1cm}^{1\%}$）为 715，按干燥品计算，求 $C_8H_9NO_2$ 的含量。（$C_8H_9NO_2$ 含量应为 98.0%～102.0%）

已知：$m_s = 40.2\text{mg}$，$A = 0.598$，$L = 1\text{cm}$，$V = 250\text{ml}$，$E_{1cm}^{1\%} = 715$，$D = 20$（D 为稀释倍数）

解：$C_8H_9NO_2$ 的百分含量 $= \dfrac{A \times D \times V}{E_{1cm}^{1\%} \times 100 \times L \times m_s} \times 100\%$

$$= \frac{0.598 \times 20 \times 250}{715 \times 100 \times 1 \times 42.0 \times 10^{-3}} \times 100\%$$

$$= 99.6\%$$

因此，结果符合规定。

2. 对照品比较法 相同条件下，分别配制供试品和对照品溶液，对照品溶液中所含被测成分的量应为供试品溶液中被测组分标示量的（100±10)%，在规定波长处测定供试品溶液及对照品溶液的吸收度，又称比较法或外标一点法。即：

$$\frac{A_{供}}{A_{对}}=\frac{c_{供}}{c_{对}} \tag{10-8}$$

【例 10-2】 精密称定贝诺酯37.1mg，置250ml容量瓶中，加无水乙醇溶解并稀释至刻度，摇匀，精密量取5ml，置100ml容量瓶中，加无水乙醇稀释至刻度，摇匀，按照紫外-可见分光光度法，240nm处测定吸光度为0.516；另取贝诺酯对照品适量，精密称定，同法配制对照品溶液浓度为7.4μg/ml，同法测定，吸光度为0.520。本品按干燥品计算，贝诺酯含量是多少？(贝诺酯的含量不得少于98.5%)

已知：$m_s=37.1\text{mg}, A_x=0.516, A_r=0.520, V=250\text{ml}, c_r=7.4\mu\text{g/ml}, D=20$

解：贝诺酯的百分含量 $=\dfrac{\dfrac{A_x}{A_r}\times c_r\times V\times D}{m_s}\times 100\%$

$$=\frac{\dfrac{0.516}{0.520}\times 7.4\times 10^{-3}\times 250\times 20}{37.1}\times 100\%$$

$$=99.0\%$$

因此，结果符合规定。

3. 标准曲线法 又称工作曲线法、校正曲线法。它是紫外-可见分光光度法中最经典的方法。测定时，配制一系列不同浓度的标准溶液，以不含被测组分的空白溶液作参比，相同条件下测定标准溶液的吸光度，绘制 $A-c$ 曲线。并在同条件下测定试样溶液的吸光度，从标准曲线上找到与之对应的浓度，即为该试样的浓度。

标准曲线法对仪器要求不高，简单易行，适合于大批量样品的分析。在测定条件固定的情况下，标准曲线可以反复使用。

课堂互动

工作曲线出现弯曲的主要原因有哪些?

第三节　红外吸收光谱法

红外吸收光谱法（IR）是利用物质对红外线的特征吸收建立起来的分析方法，简称红外吸收光谱法。红外吸收光谱法的特点是适用范围广、特征性强，除光学异构体及长链烷烃同系物外，几乎没有两个化合物具有相同的红外光谱。因此，红外光谱法广泛应用于有机化合物的结构分析和定性鉴别，尤其是对某些化学结构比较复杂或结构相似的有机药品，是一种行之有效的鉴别手段。

一、红外线及红外吸收光谱

（一）红外线

电磁波谱中，波长位于0.76～1000μm范围内的电磁辐射称为红外线或红外光。按波长不同分为近红外区（0.76～2.5μm）、中红外区（2.5～25μm）、远红外区（25～1000μm），其中应用最广泛的是中红外区。

（二）红外吸收光谱（IR）

物质吸收中红外区的电子辐射得到的吸收光谱称为中红外吸收光谱，简称红外吸收光谱或红外光谱。

红外吸收光谱常用 T–σ 或 T–λ 曲线表示。即以波数 σ（cm^{-1}）或波长 λ（μm）为横坐标，表示吸收峰的位置，以透光率 T 为纵坐标，表示吸收峰的强度。目前，红外光谱图常采用 T–σ 曲线。苯酚的红外光谱如图 10–3 所示。

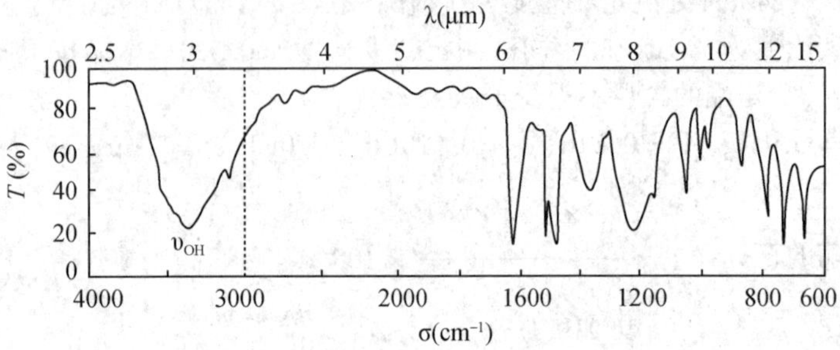

图 10–3　苯酚的红外光谱图（T–σ 曲线）

二、 红外光谱和紫外–可见光谱的区别

（一）产生原因不同

红外吸收光谱和紫外吸收光谱同属于吸收光谱范畴。红外光谱是分子吸收红外辐射后，引起分子振动能级跃迁并伴随转动能级跃迁而产生的，故又称分子振动–转动光谱；紫外–可见光谱是分子吸收紫外–可见光后，引起外层电子能级跃迁所产生的，又称电子光谱。

（二）特征性不同

红外吸收光谱与分子结构密切相关，峰密集、形状复杂、专属性强。而紫外–可见吸收光谱只反映少数官能团的特性，吸收峰较少、峰形简单 。

（三）用途不同

红外吸收光谱的峰形复杂，所提供的信息量较多，能产生红外吸收的物质，都有特征的红外光谱，用于化合物的定性与定量分析，主要用于有机化合物的结构鉴定。紫外–可见吸收光谱的峰形平缓且缺少细节，所提供的信息量少，主要用于定量分析，有机物的定性鉴别和结构分析方面仅作为红外光谱的一种辅助方法。

拓展阅读

近红外光谱技术的应用

近年来，三聚氰胺、染色馒头、地沟油、塑化剂、毒奶粉等食品卫生安全事件屡屡出现，食品安全受到了全社会的关注，食品安全已成为当前社会的热门话题。近红外光谱分析技术是一项基于近红外光谱技术与化学计量学分析模型技术的综合分析技术，具备快速、低成本、无损测量等特点，应用于食品成分含量现场快速筛查及加工过程实时检测，是目前新型食品安全检测的理想手段。近红外光谱分析仪种类繁多，因其新型分光元件 AOTF 光谱特性稳定，光谱电控选择灵活、快速、无需运动等，近年来得到了广泛的发展与应用。 除此之外，近红外光谱仪还广泛应用于医药、农业、石油化工、环境等行业。

三、 基本原理

红外吸收曲线是分子中原子多种形式的振动产生的，不同基团振动的吸收峰总是出现在某一特定的区域，如羟基吸收峰在 3700～3000cm^{-1}、羰基在 1850～1640cm^{-1}。为了便于解析红外图谱，通常把红外光谱分为特征区和指纹区两大区域。波数在 4000～1250cm^{-1}区间的吸收强度大，可用于官能团的鉴别，此区间为特征区，产生的峰称为特征吸收峰；波数在 1250～200cm^{-1}区间吸收峰较密集，犹如人的指纹，称为指纹区。此区化合物的结构稍有不同，光谱有较大的差别，主要用于化合物的定性分析。

吸收峰的位置由化学键常数、成键原子质量、内外影响因素等决定。化学键常数越大，吸收峰频率越高；成键原子的质量越小，吸收峰频率越高。此外，化合物内部的诱导效应、共轭效应、氢键、杂化及物质的溶剂也会影响吸收峰的位置。

四、 红外分光光度计

目前，红外分光光度计主要有色散型和傅里叶变换型（FT-IR）两大类。色散型扫描速度较慢、灵敏度较低，无法实现色谱-光谱联用；FT-IR 型具有高分辨率、高灵敏度和快速扫描的特点，仪器的性价比高。因此，FT-IR 型红外分光光度计的应用范围日趋广泛，不仅作中红外区的测量，也用于远红外、近红外、可见光甚至紫外光区的测量，是实现光谱-色谱联用较理想的仪器，目前已有 GC-FTIR、HPLC-FTIR 等联用的仪器。

（一）色散型红外分光光度计

色散型红外分光光度计其构造系统与紫外-可见分光光度计类似。主要由光源、吸收池、单色器、检测器、放大器及记录机械装置五个部分组成。如图 10-4 所示。

常用的色散型红外分光光度计大多数为双光束型，即从光源发出的红外线对称的分成两束，一束透过样品池，另一束通过参比池。两束光经过扇形镜切光器调制后进入单色器和检测器，当样品有选择地吸收特定波长的红外光时，两束光强度就有差别，检测器上产生与两束光强度差成正比的交流信号电压，经放大器放大后，由记录仪记录试样吸收情况的变化。与此同时，光栅也按一定速度运动，到达检测器上的入射光的波数也随之变化，由于记录纸与光栅同步运动，即可绘制出光吸收强度随波数变化的红外吸收光谱图。

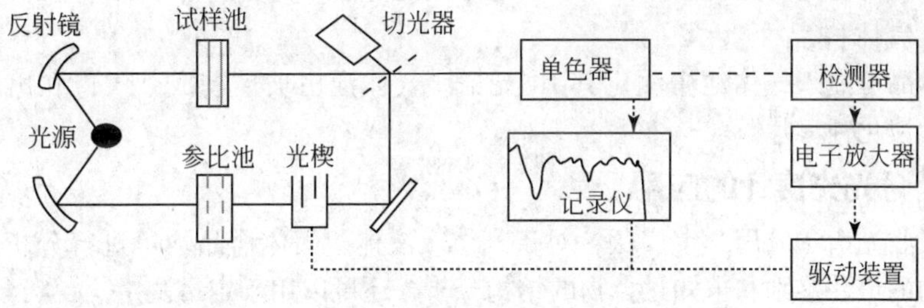

图 10-4 色散型红外分光光度计结构示意图

（二）傅立叶变换型（FT-IR）红外分光光度计

FT-IR 与色散型红外分光光度计的工作原理不同，主要区别是单色器和检测器。FT-IR 的单色器主要为麦克尔逊（Michelson）干涉仪。FT-IR 的工作原理如图 10-5 所示。

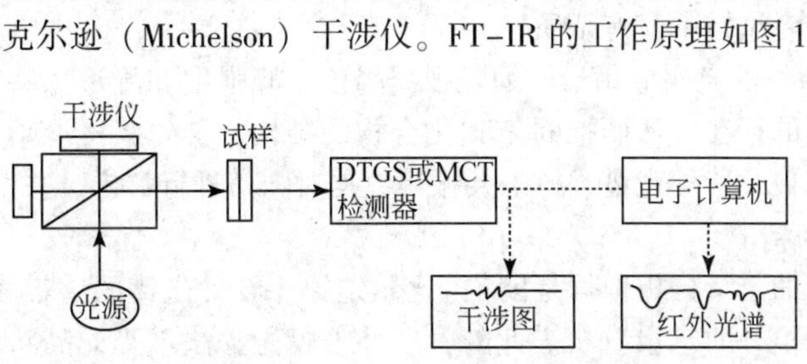

图 10-5 FT-IR 工作原理图

由光源发出的红外光，经准直系统变为一束平行光束，再进入 Michelson 干涉仪调制得到一束干涉光。干涉光通过样品后，带有光谱信息到达检测器变为电信号，通过计算机对干涉图进行傅里叶变换计算，得到与色散型红外分光光度计完全相同的图谱。

五、样品的制备

利用红外光谱可以测定气体、液体及固体样品，其中固体样品最为方便。一般要求试样中不含水分（羟基峰受到干扰），并且纯度>98%，否则需要分离提纯。因此，要保证红外光图谱的质量，必须保证样品制备方法的正确性。

（一）固体样品

固体样品可用压片法、糊法和薄膜法制样。其中压片法使用最多。

1. 压片法 固体样品常用的制备方法，KBr 被用作固体分散介质。将样品与无水 KBr 粉末按一定比例置于玛瑙研钵中研磨均匀，装入压片模具中制备样片。为防止潮解，整个操作过程应在红外灯下进行。若测定样品为盐酸盐，改用 KCl 作分介散质。

2. 糊法 将固体试样研细后，分散在与其折射率相近的液体介质中，制成糊状，从而得到可靠的光谱。常用液体石蜡作分散介质，但不适合分析与石蜡结构相似的饱和烷烃。

3. 薄膜法 将试样直接加热熔融后涂制或压制成膜；或将试样溶解在低沸点、易挥发溶剂中，涂在盐片上，待溶剂挥发后成膜。薄膜法是获取没有溶剂和分散介质影响的理想光谱。

（二）液体样品

1. 夹片法 将液体样品夹于两块盐片之间，通过毛细作用吸附液层形成液膜，放入光路中即可测定。适用于沸点较高、黏度较低、挥发性小的液体样品。

2. 涂片法 适用于沸点较高、黏度较大、挥发性较小的液体样品。可以涂在一空白片上测定，不必夹片。由于涂膜的厚度难以掌握，故涂片法一般只用于定性分析。

3. 液体池法 测量时，用注射器将样品或样品溶液直接注入密封的吸收池中即可。一般液体样品或有合适溶剂的固体样品，均可采用此方法。其更适合于低沸点的易挥发试样。

（三）气体样品

气体样品可灌入气体池中测定其 IR 光谱。气体池由玻璃制成，入口和出口处均有活塞，两端为溴化钾窗片。

六、红外分光光度计的应用

红外吸收光谱法应用非常广泛，对于气体、液体、固体样品均可进行分析。不仅用于已知化合物的定性鉴别和未知化合物的结构分析，还可以用于定量测定。

（一）定性分析与结构分析

1. 定性分析 相同的条件下，测定试样和标准品的吸收光谱曲线，用标准品或标准图谱进行比较。若两者图谱完全一致，则为同一物质；若图谱不一样或峰位不一致，则说明不是同一物质，或者试样中含有杂质。

2. 结构分析 红外光谱应用最广的是根据峰位、峰强度和峰形等特征判断化合物的类别，推测某种基团的存在，从而推断未知化合物的结构。首先获得清晰可靠的图谱，其次依据必要的物理常数、紫外光谱、核磁共振等数据对图谱进行解析，并做出正确的判断。

（二）定量分析

红外吸收光谱的定量分析依据是朗伯-比尔定律。红外光谱的谱带较多，选择余地大，适合于单组分或多组分的定量分析。此外，红外吸收光谱法不受样品状态的限制，能定量测定样品而被广泛应用。但该方法灵敏度较低，不适用于微量组分的测定。

重点小结

1. 光的本质是电磁波，具有波粒二象性；物质对光的吸收具有选择性。

2. 朗伯-比尔定律又称光的吸收定律：$A = KcL$，它是分光光度法的理论基础。

3. 透射光强度 I_t 与入射光强度 I_0 的比值称作透光率或透光度（T），透光率的倒数取对数，称为吸光度（A），二者之间的关系：$A = -\lg T$。

4. 偏离光吸收定律的主要因素有化学因素（溶液浓度、介质不均匀、溶质的变化）和光学因素（非单色光、杂散光、光的散射和反射、非平行光的影响）。

5. 吸收曲线是溶液在一定条件的吸光度随入射光波长变化而变化的曲线，与溶液的性质有关。吸收曲线的形状和最大吸收波长等吸收特征可以作为物质的定性依据。

6. 紫外-可见分光光度计的构成：光源、单色器、吸收池、检测器、显示和数据处理系统。

7. 紫外-可见分光广度法测量条件的选择：入射波长、吸光度的范围、参比溶液。

8. 紫外-可见分光光度法主要用于物质的定性分析、纯度检查及含量测定。定性方法有标准品或标准图谱对照、对比吸收光谱特征数据；定量的方法有吸光系数法、对照品比较法、标准曲线法。

9. 红外光谱与紫外-可见光谱的相同点是同属于分子吸收光谱，不同之处是产生的原因、特征性和用途不同。

10. 红外光谱法主要用于物质的定性和结构鉴定，在定量分析方面受测定条件和灵敏度的限制。红外光谱样品状态不同，制备方法也不同。

目标检测

一、选择题

（一）单选题

1. 紫外-可见分光光度计测定的波长范围是（　　）。

A. 200～400nm　　B. 400～760nm　　C. 760～1000nm　　D. 1000～1200nm

2. 在紫外-可见光谱区有吸收的化合物是（　　）。

A. $CH_3—CH=CH—CH_3$　　B. $CH_3—CH_2—OH$

C. $CH_2=CH—CH_2—CH=CH_2$　　D. $CH_2=CH—CH=CH—CH_3$

3. 物质的颜色是由于选择性地吸收了白光中的某些波长所致，$CuSO_4$溶液呈蓝色是吸收了白光中的（　　）。

A. 蓝色光　　B. 绿色光　　C. 黄色光　　D. 红色光

4. 依据朗伯-比尔定律，有色物质的浓度、最大吸收波长、吸光度三者的关系是（　　）。

A. 增加、增加、增加　　B. 减小、不变、减小

C. 减小、增加、增加　　D. 增加、不变、减小

5. 红外光谱法，试样状态可以是（　　）。

A. 气体状态　　B. 固体状态

C. 固体，液体状态　　D. 气体，液体，固体状态都可以

（二）**多选题**

1. 紫外-可见分光光度计常使用的检测器有（　　）。

A. 热电偶　　B. 光电倍增管　　C. 光电池　　D. 光电管

2. 偏离朗伯-比尔定律的因素有（　　）。

A. 介质不均匀　　B. 杂散光进入检测器

C. 比色皿的厚度　　D. 溶液浓度过高

3. 下面说法不正确的是（　　）。

A. 依据朗伯-比尔定律，浓度 c 与吸光度 A 之间的关系是通过原点的直线

B. 朗伯-比尔定律成立的必要条件是稀溶液，与是否为单色光无关

C. 透光率越大，则吸光度也越大

D. 同一物质在不同波长处吸光系数不同，不同物质在同一波长处吸光系数相同

4. 紫外-可见分光光度法在药物分析的应用有（　　）

A. 鉴别　　B. 杂质检查　　C. 含量测定　　D. 标准对照

5. 紫外-可见分光光度计操作正确的是（　　）。

A. 取吸收池时，手拿毛玻璃的两侧

B. 盛装样品溶液以吸收池体积的 4/5 为宜

C. 使用挥发性溶液时应加盖子

D. 待测溶液吸光度读数在 0.3～0.7 之间误差较小

二、填空题

1. ________为光的吸收定律，它是紫外分光光度法定量分析的依据，其数学表达式为________。

2. 紫外-可见分光光度计主要由________、________、________、________、________等部分组成。

3. 紫外-可见分光光度法测定时，除另有规定外，应在________处，再测几点的吸光度，以核对供试品的吸收峰位置是否正确，并以吸光度最大的波长作为测定波长。

4. 红外光区在可见光区和微波光区之间，习惯上将其分为三个区：________、________和________，其中________的应用最广。

5. 中红外光区，一般把 $4000\sim1250cm^{-1}$ 区域叫做________，而把 $1250\sim400cm^{-1}$ 区域叫做________。

三、综合应用题

1. 安络血的相对摩尔质量为 236，将其配成 100ml 含安络血 0.4300mg 的溶液，盛于 1cm 吸收池中，在 $\lambda_{max}=550nm$ 处测得 A 值为 0.483，试求安络血的 $E_{1cm}^{1\%}$ 和 ε。

2. 精密称取干燥失重为 5.0% 的维生素 B_{12} 0.0075g 置 50ml 容量瓶中，加水溶解稀释至刻度，摇匀，稀释 5 倍后，按照紫外-可见分光光度法于 361nm 处测得吸收度为 0.580。已知本品药品标准给定的吸收系数（$E_{1cm}^{1\%}$）为 207，求其百分比含量。

实训十九 维生素 B_{12}注射液含量的测定

【实训目的】

1. 掌握紫外-可见分光光度计的操作方法。
2. 熟悉紫外-可见分光光度法含量的测定方法。
3. 了解紫外-可见分光光度计的结构原理。

【实训原理】

维生素 B_{12}是一种含钴的卟啉类混合物，共有七种物质，具有很强的生血作用，可用于治疗恶性贫血等疾病。一般维生素 B_{12}是指其中的氰钴素，为深红色吸湿性结晶，制成注射液的标示含量有每毫升含维生素 B_{12}50g、100g 或 500g 等规格。

维生素 B_{12}的水溶液在 278±1nm、361±1nm 与 550±1nm 三波长处有最大吸收。361nm 处的吸收峰干扰因素少，药典规定以 361±1nm 处吸收峰的吸光系数 $E_{1cm}^{1\%}$ 值（207）为测定注射液实际含量的依据。

【实训用品】

仪器：紫外-可见分光光度计，石英比色皿，5ml 移液管，10ml 容量瓶

试剂：维生素 B_{12}注射液

【实训步骤】

1. 波长扫描 选择光谱测量功能，设置扫描波长范围 250～600nm，光度读数方式为 Abs，光度读数范围 0～1，进行光谱扫描，通过光谱扫描曲线确定吸收峰位置。

2. 比色皿校核 将两只石英比色皿编号标记，装入蒸馏水，分别在 278nm、361nm、550nm 处比较两只比色皿的透光率。以透光率最大的比色皿为 100% 透光，测定另一只比色皿的透光率，换算成吸光度作为校正值。测定溶液时，以透光率最大的比色皿作空白，另一只比色皿装待测溶液，测定的吸光度减去其校正值即为该波长处待测液的吸光度。

3. 含量测定 取维生素 B_{12}注射液样品，按照其标示含量，精密量取本品，用水定量稀释成每 1ml 溶液含维生素 B_{12}25μg，作供试液，依据紫外-可见分光光度法在 361nm 的波长处测定吸光度，按 $C_{63}H_{88}CoN_{14}O_{14}P$ 的吸收系数（$E_{1cm}^{1\%}$）为 207 计算，即得。

【实训结果】

$c_{B_{12}}$（μg/ml）$= A_{样} \times 48.31$ 计算含量，并折合成稀释前的浓度，与药品标示量比较，判断是否合格。

【实训提示】

1. 试验中所用的容量瓶和移液管均需检定校正、洗净后使用。
2. 石英吸收池必须洁净。
3. 取吸收池时，手指拿毛玻璃面的两侧。装样品溶液的体积以池体积的 4/5 为度。透光面要用擦镜纸由上而下擦拭干净，检视应无残留溶剂，为防止溶剂挥发后溶质残留在吸收池的透光面，可先用蘸有空白溶剂的擦镜纸擦拭，然后再用干擦镜纸拭净。吸收池放入样品室应注意每次放入方向相同。使用后用溶剂及水冲洗干净，晾干防尘保存，吸收池如污染不易洗净可用硫酸-发烟硝酸混合液稍加浸泡后，洗净备用。如用铬酸钾清洁液清洗，吸收池不宜在清洁液中长时间浸泡，否则清洁液中的铬酸钾结晶将损坏吸收池的光学表面，并应充分用水冲洗，以防铬酸钾吸附于吸收池表面。
4. 供试品溶液的浓度，除各品种项下已有注明者外，供试品溶液的吸光度以在 0.3～0.7 之间为宜，吸光度读数在此范围误差较小。

【实训思考】

标准曲线法与吸光系数法定量各有何特点？

实训二十　食品中亚硝酸盐含量的测定

【实训目的】

1. 掌握样品制备、提取的基本操作技能。

2. 掌握紫外-可见分光光度计的使用。

3. 掌握比色法测定食品中亚硝酸盐的原理与方法。

4. 熟悉食品中亚硝酸盐含量的卫生标准。

【实训原理】

食品中亚硝酸盐含量测定采用盐酸萘乙二胺法，利用碱性硼砂将脂肪从样品中分离，用乙酸锌和亚铁氰化钾使蛋白质变性分离。试样经沉淀蛋白质、除去脂肪后，弱酸条件下亚硝酸盐与对氨基苯磺酸重氮化后，与盐酸萘乙二胺偶合形成紫红色染料，采用分光光度法的标准曲线法，根据朗伯-比尔定律测定食品中亚硝酸盐的含量。

【实训用品】

仪器：天平（感量为0.1mg 和1mg）、容量瓶（50ml、100ml、500ml、1000ml）、移液管（2ml、5ml、10ml、20ml）、吸耳球、胶头滴管、漏斗、烧杯（50ml）、组织捣碎机（或匀浆机）、超声波清洗器、电炉、恒温水浴锅、紫外-可见分光光度计等。

试剂：实验用水为蒸馏水，试剂不加说明者，均为分析纯试剂。

1. 亚铁氰化钾溶液（106g/L）　称取106.0g 亚铁氰化钾，用水溶解，并稀释至1000ml。

2. 乙酸锌溶液（220g/L）　称取220.0g 乙酸锌，先加30ml 冰醋酸溶解，用水稀释至1000ml。

3. 饱和硼砂溶液（50g/L）　称取5.0g 硼酸钠，溶于100ml 热水中，冷却后备用。

4. 对氨基苯磺酸溶液（4g/L）　称取0.4g 对氨基苯磺酸，溶于100ml 20%（V/V）盐酸中，置棕色瓶中混匀，避光保存。

5. 盐酸萘乙二胺溶液（2g/L）　称取0.2g 盐酸萘乙二胺，溶于100ml 水中，混匀后，置棕色瓶中，避光保存。

6. 亚硝酸钠标准溶液（200μg/ml）　准确称取0.1000g 于110～120℃干燥恒重的亚硝酸钠，加水溶解，稀释至500ml，混匀。

7. 亚硝酸钠标准使用液（5.0μg/ml）　使用前，吸取亚硝酸钠标准溶液5.00ml，置于200ml 容量瓶中，加水稀释至刻度。

【实训步骤】

1. 样品处理　用四分法取适量样品，用食品匀浆机捣碎，制成匀浆备用。

2. 试样提取　称取匀浆试样5g（精确至0.01g），（若制备过程中加水，应按加水量折算）置于50ml 烧杯中，加入12.5ml 饱和硼砂溶液，搅拌均匀，以70℃左右的水将样品匀浆液洗入500ml 容量瓶中，置沸水浴中加热15 分钟，取出置冷水浴中冷却至室温。

3. 提取液净化　上述提取液中加入5ml 亚铁氰化钾溶液，摇匀；再加入5ml 乙酸锌溶液，充分振摇混匀，沉淀蛋白质。加水至刻度，摇匀，放置30 分钟，除去上层脂肪，过滤，弃初滤液30ml，剩余滤液备用。

4. 亚硝酸盐标准曲线的制备及样品的测定　量取40.0ml 上述滤液于50ml 带塞比色管中，编号为样品管；另量取0.00ml、0.20ml、0.40ml、0.60ml、0.80ml、1.00ml、1.50ml、2.00ml、2.50ml 亚硝酸钠标准使用液（相当于0.0μg、1.0μg、2.0μg、3.0μg、4.0μg、

5.0μg、7.5μg、10.0μg、12.5μg 亚硝酸钠)，并置于 50ml 带塞比色管中，并编号 0~8 号标准管。分别于标准管与样品管中加入 2ml 对氨基苯磺酸溶液，混匀，静置 3~5 分钟后各加入 1ml 盐酸萘乙二胺溶液，加水至刻度，混匀，静置 15 分钟，用 2cm 比色杯，以 0 号管调节零点，于波长 538nm 处测吸光度，绘制标准曲线比较，同时做试剂空白。

5. 结果记录并计算 以重复性条件下获得的 2 次独立测定结果的算术平均值表示，结果保留两位有效数字。重复性条件下，获得的 2 次独立测定结果的绝对差值，不得超过算术平均值的 10%。

【实训结果】

亚硝酸盐（以亚硝酸钠计）的含量按下式计算，并按照 GB2760-2011 对试样质量进行评价。

$$X_1 = \frac{m_1 \times 1000}{m \times \frac{V_1}{V_0} \times 1000}$$

上式中，试样中亚硝酸钠的含量 X_1（mg/kg）；测定用样液中亚硝酸钠的质量 m_1（μg）；试样质量 m（g）；测定用样液体积 V_1（ml）；试样处理液总体积 V_0（ml）。

【实训提示】

1. 加入亚铁氰化钾和乙酸锌后必须充分振摇。
2. 显色后，温度为 15~30℃，在 20~30 分钟内比色较好。
3. 为使亚硝酸盐提取完全，进行加热处理，控制加热时间为 15 分钟。

【实训思考】

1. 影响实验结果准确性的因素有哪些？
2. 试样处理中加入硼砂溶液的作用？
3. 试样中加入亚铁氰化钾和乙酸锌有何用途？

实训二十一　阿司匹林原料药的红外鉴别

【实训目的】

1. 掌握红外光谱法进行物质结构分析的基本原理，能利用红外光谱鉴别官能团，并根据官能团确定未知组分的主要结构。
2. 掌握红外光谱仪的操作。
3. 学会固体样品的制备方法。
4. 了解傅立叶红外光谱仪的结构和工作原理。

【实训原理】

不同物质对红外辐射的吸收不同，其红外光谱图也不相同；吸收光谱的谱带强度遵循朗伯-比尔定律。发射光谱以样品为红外辐射源，测量样品的红外发射光谱。发射强度取决于发射温度和物质结构。物质的发射谱带同样也是吸收谱带。利用物质吸收或发射红外光谱原理，对物质进行定性及结构分析。

【实训用品】

仪器：玛瑙研钵、红外灯、压片机

试剂：阿司匹林原料药、KBr

其他：《药品红外光谱集》

【实训步骤】

1. 纯 KBr 薄片扫描 取少量 KBr 固体，玛瑙研钵中充分磨细后，红外灯下烘烤 10 分钟。称取约100mg装于干净的压膜内（均匀铺撒并使中心凸起），在压力为29.4MPa的压力机上压1分钟制成透明薄片。将此薄片装于样品架上，放入红外光谱仪的试样安放处，从4000～600cm^{-1}进行波数扫描。

2. 扫描固体样品 取1～2mg阿司匹林药品（经过干燥处理），在玛瑙研钵中充分研磨后，再加入400mg干燥的KBr粉末，继续研磨至完全混合均匀，并将其在红外灯下烘烤10分钟。称取100mg按照步骤1同样的方法操作，得到吸收光谱，与标准光谱图比较。

3. 整理 取下样品架，取出薄片，将模具、样品架擦净收好。

【实训结果】

将所得红外光谱和标准谱图对比，并对各个吸收峰进行归属。

【实训提示】

1. 除另有规定外，应按照国家药典委员会编订的《药品红外光谱集》各卷收载的各光谱图所规定的方法制备样品。

2. 采用固体制样技术时，常遇多晶现象，固体样品的晶型不同，红外光谱会产生差异。

3. 光谱图主要比较吸收谱带的数目、波数、形状和强度，主要官能团的谱带要核对。

【实训思考】

红外光谱分析中，为什么用KBr制作试样池？

（郝晶晶）

第十一章

色谱分析法

学习目标

知识要求

1. **掌握** 色谱分离原理；色谱法常用术语；气相色谱仪的各组成部分；高效液相色谱仪的各组成部分；GC 与 HPLC 定量方法。
2. **熟悉** 塔板理论；速率理论；薄层色谱法在药学中的应用；HPLC 分离条件选择。
3. **了解** 色谱法分类；薄层色谱吸附剂与展开剂的选择；纸色谱法操作规程与实验条件。

技能要求

1. 掌握薄层色谱法操作技术；熟练高效液相色谱法中流动相与色谱柱的选择。
2. 学会 GC 气相色谱仪单次进样分析操作；LC 型高效液相色谱仪单次进样分析操作。

案例导入

案例：1906 年，俄国植物学家茨维特（M. S. Tswett）研究植物色素时，将绿色植物叶子的石油醚抽取液加在装有碳酸钙的玻璃管中，用石油醚冲洗时，植物叶子中的几种色素在玻璃管中分离，形成有规则的与光谱相似的色带。

讨论：1. 茨维特叶绿素实验中的色带是怎样形成的？

2. 其中的石油醚、碳酸钙起什么作用？

色谱法是一种物理分离方法，也称层析法，它是根据物质的物理化学性质不同对多组分混合物的一种分离和分析方法。其特点是高效能、高灵敏度、高选择性和分析速度快，在食品行业、医药卫生、环境科学等领域有着广泛的应用。

第一节　色谱分析法基础

一、 色谱分析法分类

色谱法有多种分类方法，常见的主要有以下三种。

（一）按固定相使用的形式分类

色谱法可以分为柱色谱法、平面色谱法和毛细管电泳法。柱色谱可以分为填充柱色谱和毛细管柱色谱；平面色谱可以分为薄层色谱和纸色谱。

（二）按两相所处的状态分类

1. 按流动相所处的状态分类　分为气相色谱法（GC）、液相色谱法（LC）和超临界流体色谱法（SFC）。

2. 按固定相所处的状态分类 固定相又有固体吸附剂、固定液（附着在惰性载体上的一薄层有机化合物液体）和键合固定相（通过化学反应将固定液键合到载体表面）。因此，色谱法又可以分为气液色谱（GLC）、气固色谱（GSC）、液液色谱（LLC）、薄层色谱（TLC）、纸色谱（PC）、液固色谱（LSC）、键合相色谱（CBPC）等。

（三）按分离机理分类

1. 吸附色谱 利用吸附剂对不同组分吸附性能的差异进行分离的分析方法。

2. 分配色谱 利用固定液对不同组分分配性能的差异进行分离的分析方法。

3. 离子交换色谱 利用离子交换剂对不同离子亲和力的差异进行分离的分析方法。

4. 凝胶色谱法 利用凝胶对不同组分分子阻滞作用的差异进行分离的分析方法。

二、色谱分离原理

色谱分析法中有相对运动的两相即固定相和流动相。其中固定不动的相称为固定相，常为固体或液体；另一相是携带组分经过固定相向前移动的流动相，常为液体或气体。

色谱分离是组分在流动相和固定相间多次“分配”的过程，如图 11-1 所示。含有 A、B、C 三组分的样品试液加入色谱柱被吸附剂吸附，形成起始谱带，然后加入流动相洗脱，三组分随着流动相继续流动而被解吸。当遇到新的吸附剂颗粒时，又重新被吸附，如此反复多次地在色谱柱上吸附、解吸。吸附剂对样品组分的吸附能力不同，流动相对组分的溶解能力也有差异。因此，经过一定时间的洗脱，三组分在色谱柱中的距离逐渐拉开，吸附能力弱的 A 组分在柱中迁移速度较快，先流出色谱柱；而吸附能力强的 B 组分、C 组分在柱内运动速度较慢，后流出色谱柱。因此，混合物中组分按吸附力由弱到强依次流出色谱柱，从而达到不同组分的分离。

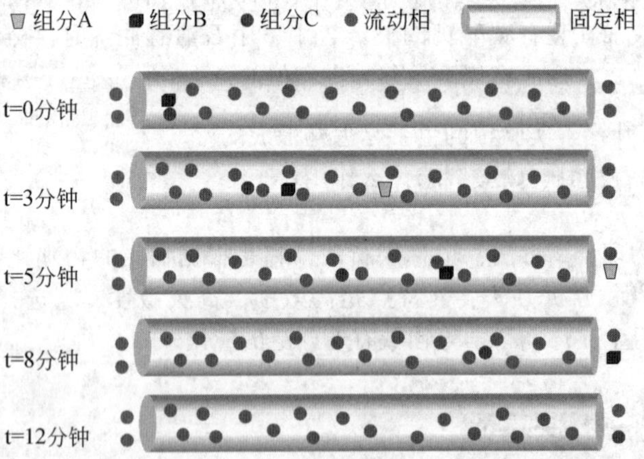

图 11-1 色谱分离过程示意图

三、色谱法常用术语

（一）分配系数

组分在固定相与流动相之间发生的吸附与脱附、溶解与挥发的过程，称为分配过程。分配系数是指在一定温度和压力下，组分在两相间达到分配平衡时，在固定相与流动相中浓度之比 K。即：

$$K=\frac{c_s}{c_m} \tag{11-1}$$

式（11-1）中 c_s、c_m 分别表示组分在固定相和流动相中的浓度。

K 的差异是色谱分离的先决条件，组分 K 值相差越大，越容易分离。色谱分离时，K 值大的组分在固定相中的浓度大，柱中滞留的时间长，出柱慢；K 值小的组分在流动相中的浓度大，不易被固定相保留，先流出色谱柱；$K=0$ 不被固定相保留，最先流出。

（二）分配比

分配比又称容量因子或保留因子，是在一定温度与压力下，组分在两相间达到分配平衡时，在固定相与流动相中质量之比 k。即：

$$k=\frac{m_s}{m_m} \tag{11-2}$$

式（11-2）中 m_s、m_m 分别表示组分在固定相和流动相中的质量。

容量因子与被分离组分、固定相和流动相的性质及柱温有关，还与固定相和流动相的体积有关。容量因子表示方便，易于测定，与柱效参数和定性参数密切相关，色谱分析中，一般都用容量因子代替分配系数。分配系数与保留因子之间关系为：

$$k=\frac{m_s}{m_m}=\frac{c_sV_s}{c_mV_m}=K\frac{V_s}{V_m} \tag{11-3}$$

（三）色谱图

色谱图又称色谱流出曲线，样品组分经色谱柱分离后，流经检测器产生的信号随时间变化的曲线，如图 11-2 所示。色谱流出曲线的纵坐标为检测信号，横坐标为保留时间。

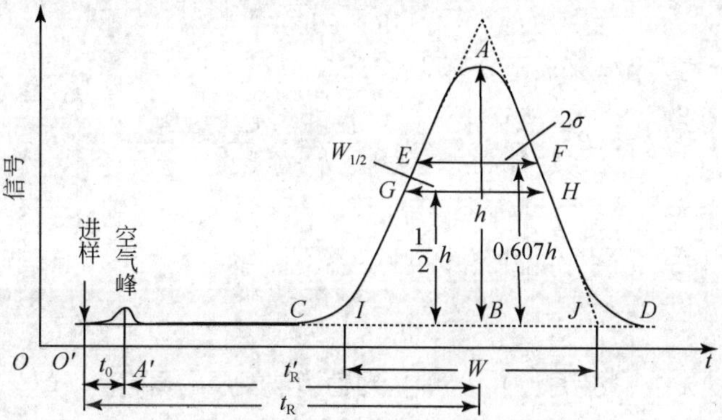

图 11-2　色谱流出曲线

1. 基线　操作条件下，色谱柱中没有组分通过检测器时流出的曲线。稳定的基线应是一条平行于横轴的直线。

2. 色谱峰　操作条件下，组分进入检测器时，产生的输出信号随组分浓度变化，流出曲线上突起的部分。

正常的色谱峰为对称的正态分布，每个峰至少代表样品中的一个组分。常见色谱峰的类型如图 11-3 所示。

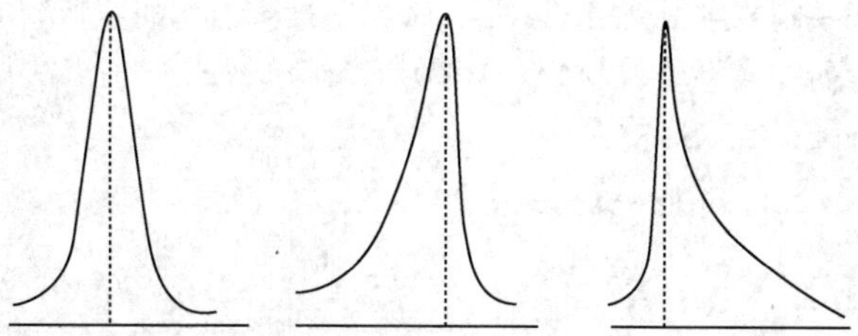

图 11-3　常见类型色谱峰

3. 峰高和峰面积 色谱定量的重要参数。峰高 h 是色谱峰顶至基线的垂直距离，表示组分在柱后出现浓度极大的检测信号。峰面积 A 是色谱曲线上突起部分与基线间所包围的面积。计算公式如下：

$$A = 1.065 \times h \times W_{1/2} \tag{11-4}$$

4. 色谱峰区域宽度 用来衡量色谱柱柱效的参数。区域宽度越小，组分流出越集中，说明柱效越高，有利于分离。色谱峰区域宽度有标准差、半峰宽和峰宽三种表示方法。

（1）标准差 σ：对于正常峰，σ 为 0.607 倍峰高处的峰宽之半 。σ 越小，柱效越高。

（2）半峰宽（$W_{1/2}$ 或 $W_{h/2}$）：色谱峰高一半处的峰宽。

（3）峰宽 W：通过色谱峰两侧的拐点作切线，在基线上的截距，也称为基线宽度。

$$W = 1.699W_{1/2} \text{ 或 } W = 4\sigma \tag{11-5}$$

5. 保留值 保留值是色谱定性参数，常用时间表示，说明色谱峰的位置。

（1）保留时间 t_R：从进样到柱后某组分出现浓度极大值的时间间隔。

（2）死时间 t_0：流动相携带组分不被固定相吸附或溶解的保留时间。

（3）调整保留时间 t'_R：扣除了死时间的保留时间。

$$t'_R = t_R - t_0 \tag{11-6}$$

6. 分离度 *R* 色谱柱总分离效能指标，可判断相邻两色谱峰的分离情况。一般来说，当 $R \geqslant 1.5$，表明相邻两峰完全分离。分离度和两组分的峰宽与保留时间关系如下：

$$R = \frac{2(t_{R(B)} - t_{R(A)})}{W_A + W_B} \tag{11-7}$$

也可用色谱分离方程式来表示分离度：

$$R = \frac{\sqrt{n}}{4} \cdot \frac{\alpha - 1}{\alpha} \cdot \frac{k}{1 + k} = \frac{\sqrt{n_{eff}}}{4} \cdot \frac{\alpha - 1}{\alpha} \tag{11-8}$$

注：$\alpha = \frac{t'_{R(B)}}{t'_{R(A)}} = \frac{k_B}{k_A} = \frac{K_B}{K_A}$，$k = \frac{t'_R}{t_0}$

拓展阅读

库恩（R. Kuhn）对色谱法发展的贡献

茨维特创立了色谱法的 20 多年里，几乎无人问津。 直到 1931 年，奥地利化学家库恩（R. Kuhn）利用茨维特的方法，在纤维状氧化铝和碳酸钙的吸附柱上，将约一个世纪公认为的单一结晶状胡萝卜素分离成 a 、b 两个同分异构体，并确定其分子式。 随后，他发现了八种新类胡萝卜素并制成纯品，进行了结构分析。同年，库恩又开始研究维生素，确定了维生素 A 的结构。 1933 年，库恩从 3.5×10^4 L 脱脂牛奶中分离出 1g 核黄素（即维生素 B_2），制得结晶，并测定其结构。此外，他用色谱法从蛋黄中分离出了叶黄素；把腌鱼腐败细菌中所含的红色类胡萝卜素离析出来并制成结晶。 1938 年，库恩在维生素和胡萝卜素的离析与结构分析中取得了重大研究成果，被授予诺贝尔化学奖。 从此，色谱法得到了人们的重视，并迅速被各国科学家广泛应用。

第二节 平面色谱法

薄层色谱法（TLC）是将固定相均匀地铺在表面光洁的平板上形成薄层，在此薄层上进行色谱分离的分析方法。纸色谱法（PPC）是以纸为载体，以纸上所含水分或者其他物质为固定相，用展开剂进行展开的色谱分离分析方法。薄层色谱法和纸色谱法固定相所依附的载体都是平面物体，因此，这两种色谱法称为平面色谱法。

一、薄层色谱法

（一）分离原理

薄层色谱法按原理可以分为吸附色谱法、分配色谱法、离子交换色谱法和凝胶色谱法，以吸附色谱法应用最为广泛。

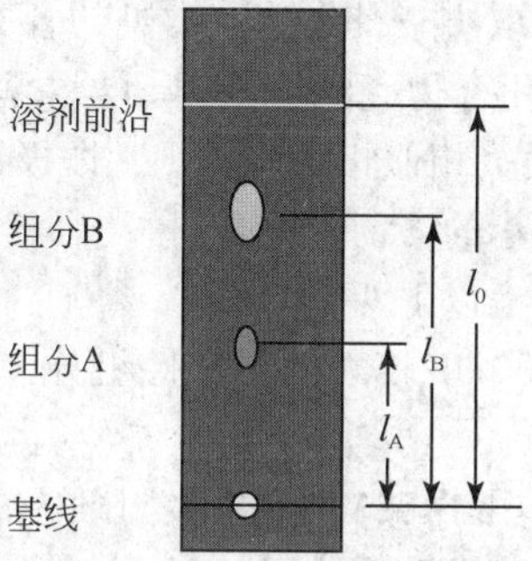

图 11-4 平面色谱示意图

如图 11-4 所示，将含有 A、B 两组分的试样溶液点在薄层板的基线一端，在密闭展开缸中用适当的展开剂展开。展开剂从薄层板的一端流向另一端时，两组分在吸附剂和展开剂之间反复进行吸附、解吸。吸附剂对两组分吸附能力不同，组分移动的速度不同，经过展开剂展开一段时间后，A、B 两组分的斑点距离逐渐变大，最终达到分离目的。

为了比较准确的表示两组分的分离结果，常用比移值 R_f 来表示。比移值是组分斑点中心至基线的距离与溶剂前沿至基线的距离的比值，公式如下：

$$R_f = \frac{\text{组分斑点中心至基线的距离}}{\text{溶剂前沿至基线的距离}} = \frac{l_i}{l_0} \tag{11-9}$$

色谱条件一定，R_f 值是常数。样品中各组分的 R_f 值相差越大，分离效果越好。实验证明，组分 R_f 可用范围是 0.2 ~ 0.8，最佳范围是 0.3 ~ 0.5，待分离的相邻两组分 R_f 值之间应相差 0.05 以上。

（二）吸附薄层色谱法的固定相

吸附薄层色谱法的固定相为吸附剂，最常用的吸附剂是硅胶，其次有氧化铝、硅藻土、聚酰胺微晶纤维素等。

1. 硅胶 硅胶为白色多孔无定形粉末。其吸附作用为硅胶表面带有的硅醇基（—Si—OH）与组分分子的极性基团形成氢键。按照吸附能力由高到低的顺序将硅胶的活性分为Ⅰ、Ⅱ、Ⅲ、Ⅳ、Ⅴ五级。硅胶由于吸附水分形成水合硅醇基会失去吸附能力，因此，硅胶含水量越高，吸附能力越弱，活性级数越高。将硅胶加热至 110℃左右，除去吸附的水分称为活化。硅胶表面 pH 约为 5，呈弱酸性，一般适用于酸性和中性组分的分离。薄层色谱法常用的硅胶型号有硅胶 H、硅胶 G 和硅胶 GF_{254} 等，粒径一般为 10 ~ 40μm。

2. 氧化铝 表面带有铝醇基（—Al—OH）与组分分子的极性基团形成氢键，其他类似于硅胶。因制备和处理方法不同大体有三种，碱性氧化铝 pH 为 9 ~ 10，适用于分析碱性和中性物质；中性氧化铝 pH≈7.5，适用于分析碱性和中性物质；酸性氧化铝 pH 为 4 ~ 5，适用于分析酸性和中性物质。

（三）吸附薄层色谱法的流动相

吸附薄层色谱法的流动相称为展开剂。常用的展开剂按照极性由强到弱的顺序排列为：水>酸>吡啶>甲醇>乙醇>正丙醇>丙酮>乙酸乙酯>乙醚>氯仿>二氯甲烷>甲苯>苯>三氯乙烷>四氯化碳>环己烷>石油醚。

（四）吸附剂与展开剂的选择

1. 吸附剂的选择 吸附剂与组分的作用强度应大小适宜。分离极性大的物质，选择活度级数大的吸附剂，以免吸附作用太强，无法展开；分离极性小的物质，选择活度级数小的吸附剂，以免吸附作用太弱，无法分离。一般来讲，物质分子的极性越大，与吸附剂的作用强度越大。物质分子的极性取决于其结构，常见的各类化合物官能团极性由小到大的顺序是：烷烃<烯烃<醚类<硝基化合物<酯类<醛类<胺类<醇类<酚类<羧酸类。

2. 展开剂的选择 一般遵循“相似相溶”原则，即极性大的物质选择极性大的溶剂为展开剂，极性小的物质选择极性小的溶剂为展开剂。

组分酸碱性对于展开剂应考虑以下两个方面：

（1）分离普通酸性组分和离解度较大的弱酸性组分，在展开剂中加入一定比例的酸，以防止拖尾现象。

（2）分离碱性组分（如某些生物碱），如果吸附剂为氧化铝，则选择中性溶剂作展开剂；如果吸附剂为硅胶，则选择碱性溶剂作展开剂。

通常情况下，先用单一溶剂展开，根据薄层分离效果，再改变展开剂的极性或使用两种以上混合溶剂作展开剂进行试验，直至达到预期的分离效果。

总之，展开剂对组分的推动力和吸附剂对组分的阻力应处于平衡状态，使组分以适宜的速度移动，以便组分在固定相中的保留时间在适当的范围内。

（五）操作规程

1. 薄层板准备 以市售硅胶类薄层板为例。薄层板用前放在温度为 100℃ 的烘箱中活化 30 分钟，然后置于干燥器中备用。应该注意，聚酰胺薄膜不需要活化；铝基片薄层板或聚酰胺薄膜根据需要裁剪，裁剪后边缘的涂层不得有破损。

2. 样品溶液制备 样品溶液或对照品溶液制备按照《中国药典》各规定项下要求制备。溶解样品的溶剂一般用甲醇、乙醇、丙酮、氯仿等挥发性的有机溶剂，以减少点样后色斑的扩散，同时，最好选用与展开剂极性相似的溶剂。

3. 展开剂制备 按照《中国药典》各规定项下要求制备。例如，药典中规定某展开剂是环己烷：乙酸乙酯为 3：1，即 30ml 环己烷 和 10ml 乙酸乙酯混合即可。

4. 点样 将试样溶液加载到薄层板上的操作过程。除另有规定外，在洁净干燥的环境下，先用铅笔标记基线及展开剂前沿，点样基线距底边 10 ~ 15mm，高效薄层板约为 8 ~ 10mm。然后用专用毛细管或自动（手动）点样器点样于薄层板上，一般为圆点状或窄细的条带状，点样位置应正确、集中。圆点状直径<3mm，高效板<2mm；接触点样时勿损伤薄层表面。点间距离可视斑点扩散情况，以相邻斑点互不干扰为宜，一般不少于 8mm，高效板不少于 5mm。

5. 展开剂预平衡 展开缸中一侧加入适量展开剂不要超过中间凸起，另一侧放入点好样的薄层板，密闭，一般保持15分钟。

6. 展开 将点好样的薄板与展开剂接触，利用毛细作用，使展开剂携带试样流经固定相薄层的操作过程。展开时，倾斜薄层缸将点好样品的薄层板迅速浸入展开剂中，深度距原点约5mm（切勿将样点浸入展开剂中），待展开剂达到一定距离时取出薄层板。一般地，20cm的板展开距离约8～15cm，10cm的高效薄层板展开约5～8cm左右。取出薄板层用铅笔迅速画出展开剂边缘作前沿位置，晾干，待溶剂挥干后斑点定位检视。

7. 斑点定位检视 有色物质日光下观察，划出色斑；无色物质采用物理检出法或者化学检出法。

（1）日光检视法 展开后的色谱斑点本身有颜色，可直接在日光下观察，目测检视。

（2）物理检视法 在紫外灯下观察薄板上有无荧光斑点或者暗斑。紫外灯一般有长波段（365nm）和短波段（254nm）两种。前者用于观察具有荧光的色谱，后者用于观察硅胶GF_{254}板在荧光背景下的荧光淬灭暗色斑点。

（3）化学检视法 利用显色剂与待测物质反应，使斑点产生颜色而定位。常见的有喷雾法、碘蒸气法、侧吮法、压板法。

（六）定性与定量分析

斑点定位后，根据要求进行定性和定量分析。薄层色谱法操作简便，常用于药物成分鉴别（中药制剂鉴别居多）、杂质检查及含量测定。其中成分鉴别、杂质检查属于定性分析，含量测定属于定量分析。

1. 成分鉴别 用适宜浓度的对照品与供试品，在同一薄层板上点样、展开与检视，供试品主斑点的颜色（或荧光）和位置（R_f值）与对照品的斑点比对进行分析。适用于中药制剂、化学药品、放射性药品及生物药品的鉴别。

2. 杂质检查 有对照品法和自身稀释对照法两种。用标准品与被测物溶液在同一薄层板上点样、展开与检视，观察斑点进行判断。

3. 含量测定 薄层色谱定量分析法常用的有洗脱法、目视比色法和薄层扫描法。药品检验中，主要用于中药含量测定，药典规定采用薄层色谱扫描法。

二、 纸色谱法

（一）分离原理

纸色谱法的固定相为纸纤维上吸附的水，流动相为与水不相溶的有机溶剂，纸纤维起惰性支持物的作用。纸色谱过程是组分在固定相和流动相之间连续萃取的过程。展开过程中，供试品中各组分随展开剂向前移动，各组分在两相间的分配系数不同，滤纸上移动的速度也不同，经过一段时间，不同的组分在滤纸上移动的距离不同，从而得到分离。纸色谱法常用于磺胺类药物、食品中氨基酸的分离和检出。

（二）操作规程

纸色谱法的分析过程一般包括滤纸准备、点样、展开、显色和检视四个步骤。

1. 滤纸准备 下行法展开时，取色谱滤纸按纤维长丝方向切成适当大小的纸条。上行法展开时，色谱滤纸长约25cm，宽度则根据需要而定，必要时可将色谱滤纸卷成筒形。层析纸使用前，应放在100℃烘箱中烘1～2小时干燥，否则会产生拖尾现象。

2. 点样 点样方法与薄层色谱相似。点样量取决于纸的厚薄程度及显色剂的灵敏度。下行法展开时，使色谱滤纸上端能足够浸入溶剂槽内的展开剂中，并使点样基线在溶剂槽侧的玻璃支持棒下数厘米处。上行法展开时，点样基线距滤纸下端10～15mm。

3. 展开 应从分离物质在两相中的溶解度和展开剂的极性来考虑。展开剂中溶解度较大的物质移动速度快，有较大的 R_f 值。为防止展开过程中固定相的水失去，展开剂先用水进行预处理。常用的展开剂是水饱和的正丁醇、正戊醇、酚等水的有机溶剂，展开方法有下行法和上行法。

4. 显色和检视 操作方法与薄层色谱法类似。检视时不能使用腐蚀滤纸的显色剂（如硫酸等），也不能在高温下显色。

（三）定性与定量

纸色谱的定性方法与薄层色谱完全相同，都是根据 R_f 值来鉴定物质。纸色谱定量时采用剪洗法，即定位后的斑点部分剪下，溶剂洗脱，用比色法或分光光度法测定。目前用光密度法对斑点直接扫描，根据扫描得到的积分值，求算样品的含量。

拓展阅读

影响比移值的因素

1. 物质的极性 对于吸附薄层色谱法，在一定条件下，物质的极性越大，R_f 值越小。

2. 薄层板 吸附剂的粒径、活度级数，薄层的厚度及均匀性，试样的分离效果都会对 R_f 值产生影响。

3. 展开剂的极性和 pH 对于极性组分，展开剂的极性增大，组分的 R_f 值变大；对于非极性组分，展开剂的极性减小，组分的 R_f 值变大。

4. 展开剂的饱和程度 饱和时的展开时间比不饱和的时间短，分离效果好，且可消除边缘效应。边缘效应是同组分在同一薄层板中间的 R_f 值比边缘的 R_f 值小的现象。

5. 展开时的温度和湿度 展开过程中要求恒温恒湿，否则影响 R_f 值和分离效果，降低重现性。活化后的硅胶板、氧化铝板，应注意空气的湿度，避免与空气接触，以免降低活性而影响分离效果。

第三节 气相色谱法

气相色谱法（GC）以气体为流动相采用冲洗法的柱色谱分离技术，能够同时对各组分进行定性定量分离的分析方法。气相色谱法具有分离效率高、分析速度快、灵敏度高、应用范围广等特点。目前，已在环境保护、药品检测、食品中农药残留检测等领域得到广泛应用。

一、气相色谱仪

气相色谱仪由气路系统、进样系统、分离系统、检测系统、数据处理系统和温度控制系统六大部分组成。气相色谱仪按气路结构可分为单柱气路和双柱气路两种类型。

（一）气路系统

气路系统包括气源、气体净化器、气体流速控制和测量器。气体从载气瓶经减压阀、流量控制器和压力调节阀，通过色谱柱，由检测器排出，形成气路系统。气路中载气的流动相是惰性气体，主要是载送样品进行分离，常用的载气有氮气、氢气、氦气和氩气。气相色谱仪对各种载气的压力要求为0.2～0.4MPa，载气最先打开，实验结束后再关闭。

（二）进样系统

进样系统是将样品引入色谱系统的一种特殊装置。即将样品定量引入色谱系统并使之汽化，然后用载气将样品快速“扫入”色谱柱。

进样系统包括进样器和汽化室，它有自动进样器和手动进样器（如尖头注射器、进样阀等）两种。高档气相色谱仪一般配置自动进样器。汽化室是将液体样品瞬间汽化为蒸气，要求汽化室容量大、体积小、无死角，防止样品扩散，减小死体积，提高柱效。

（三）分离系统

分离系统主要由柱箱和色谱柱组成。色谱柱是仪器的核心，有填充柱和毛细管柱两种。多组分样品在色谱柱中分离为单一组分样品逐一流出。

1. 填充柱 柱内均匀且紧密填充固定相颗粒或在固定相颗粒上涂渍很薄的液膜色谱柱。常用的柱长0.5～6m，内径为2～3mm。常用柱材多为不锈钢和玻璃，不锈钢柱材质地坚硬、化学稳定性好。

2. 毛细管柱 又称空心柱，常用的柱长为10～100m，内径为0.1～0.53mm。柱材多为不锈钢和熔融石英。毛细管柱按涂渍方式分为涂壁空心柱、涂载体空心柱和多孔性空心柱。

（四）检测系统

检测系统由检测器与放大器组成。检测器将各组分浓度或质量变化转换成易于测量的电信号，经放大器输出至数据处理系统。最常用的检测器有氢火焰离子化检测器（FID）和热导池检测器（TCD）。

（五）数据处理系统

数据处理系统包括电子电位差计、积分仪、色谱数据处理机及色谱工作站（目前应用最为广泛）。其作用是将检测器输出的模拟信号随时间变化曲线（色谱图）绘制出来，是气相色谱仪必不可少的组成部分。

（六）温度控制系统

气相色谱分析仪对色谱柱、汽化室与检测器进行温度控制的系统。检测器和汽化室均有独立的恒温调节装置。

二、色谱法基本理论

为了解释色谱分离过程中各种柱现象，描述色谱流出曲线的形状以及评价柱效有关参数，色谱法的基本理论主要有塔板理论和速率理论。

（一）塔板理论

塔板理论把色谱柱看作精馏塔。假设色谱柱由许多塔板组成，每块塔板的间隔内，样品混合物在气液两相中达到分配平衡，经过多次平衡分配后，分配系数小的组分（挥发性大的组分）先达到塔顶，即先流出色谱柱。

假设色谱柱是直的，且柱长为L，每块塔板的高度为理论塔板高度（用H表示）。因此，理论塔板数为：$n=\frac{L}{H}$。

考虑峰宽、保留时间，理论塔板数经验式为：

$$n=5.54\left(\frac{t_R}{W_{1/2}}\right)^2=16\left(\frac{t_R}{W}\right)^2 \qquad (11-10)$$

理论塔板数和理论塔板高度是衡量柱效的指标。当L固定时，板高H越小，则理论塔

板数 n 越多，组分在该柱内被分配于两相间的次数越多，柱效越高。

由于理论塔板数经验公式中保留时间 t_R 包含了死时间 t_0，而 t_0 不参加柱内的分配，因此，理论塔板数很大，但实际分离效能不高。为此，提出了有效理论塔板数（n_{eff}）：

$$n_{eff} = \frac{L}{H_{eff}} = 5.54\left(\frac{t'_R}{W_{1/2}}\right)^2 = 16\left(\frac{t'_R}{W}\right)^2 \quad (11-11)$$

需要指出，塔板理论中用 n_{eff} 和 H_{eff} 对色谱柱柱效进行评价时，要注明色谱条件和针对的物质。塔板理论成功解释了色谱流出曲线的形状，比较满意的评价了色谱柱的柱效。

（二）速率理论

塔板理论不能解释不同流速下测得的理论塔板数不同的事实。1956 年，荷兰学者范第姆特（Van Deemter）等人在塔板理论的基础上，对影响板高的各种动力学因素进行了研究，导出了塔板高度与载气流速的关系，即速率理论方程式（也称范第姆特方程式）：

$$H = A + \frac{B}{\bar{u}} + C\bar{u} \quad (11-12)$$

式（11-12）中，A 为涡流扩散项；$B/\bar{u}$ 为分子扩散项；$C\bar{u}$ 为传质阻力项；$\bar{u}$ 为载气线速度；H 为塔板高度。

1. 涡流扩散 亦称多路效应项。当组分流动相向另一端柱出口流动时，由于受到固定项颗粒流动的障碍，不断改变流动的方向，形成类似于“涡流”的流动，如图 11-5 所示。因此，减少涡流扩散项的措施是使用直径小、粒度均匀的固定相，并尽量填充均匀；空心毛细管柱因中间无填充物，不存在涡流扩散项。

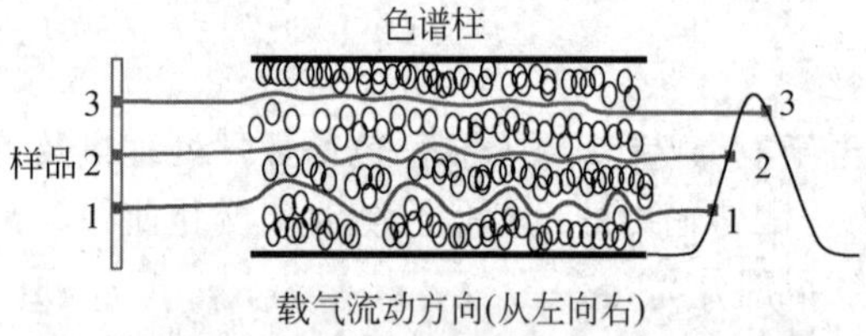

图 11-5 涡流扩散

2. 分子扩散项 亦称纵向扩散。组分进入色谱柱后，其浓度分布结构呈“塞子”状，随流动相向前推进，由于“塞子”前后存在浓度梯度，组分分子从高浓度向低浓度扩散，从而造成色谱峰扩张。如图 11-6 所示。

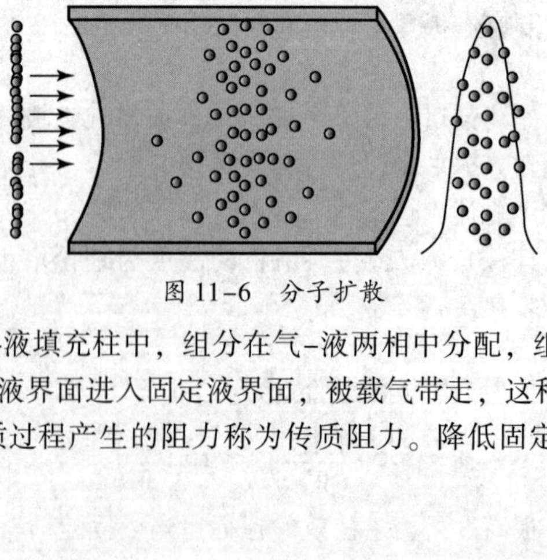

图 11-6 分子扩散

3. 传质阻力项 气-液填充柱中，组分在气-液两相中分配，组分分子与固定相分子间的作用力，使组分由气-液界面进入固定液界面，被载气带走，这种溶解、扩散、转移的过程称为传质过程。对传质过程产生的阻力称为传质阻力。降低固定液液膜厚度是减小传质阻力的主要方法。

三、 定量分析

气相色谱法定量分析是根据每个色谱峰的面积或峰高求出混合物中各组分的含量。在药物定量分析中，适用于药物杂质的限量检查和药物含量的测定。

（一）定量分析基础

1. 色谱峰面积 色谱峰与峰底所包围的面积。峰面积为色谱定量参数，实验条件恒定时，峰面积与组分的含量成正比。因此，利用峰面积可以计算组分的含量。

对称色谱峰峰面积的计算如下：

$$A = 1.065 \times h \times W_{1/2} \tag{11-13}$$

不对称色谱峰峰面积的计算如下：

$$A = 1.065 \times h \times \frac{(W_{0.15h} + W_{0.85h})}{2} \tag{11-14}$$

新型的色谱仪都带有数据处理机或色谱工作站，能自动积分并显示或打印出峰面积。

2. 校正因子 色谱定量分析是基于被测物质的质量与其峰面积成正比。同一检测器对不同的物质，具有不同的响应值。因此，用峰面积计算物质的含量时，需引入校正因子。

（1）绝对校正因子 f_i 单位峰面积的物质的质量称为该组分的绝对校正因子。即：

$$f_i = \frac{m_i}{A_i} \tag{11-15}$$

式（11-15）中，m_i表示被测组分的质量；A_i表示被测组分的峰面积。由于试样的准确进样量难以确定，而峰面积与色谱条件有关，故需要引入相对校正因子。

（2）相对校正因子 f'_i 被测组分 i 中加入标准物质 s，被测组分相对于标准物质的相对校正因子。即：

$$f'_i = \frac{f_i}{f_s} = \frac{m_i A_s}{m_s A_i} \tag{11-16}$$

式（11-16）中，A_i、A_s、m_i、m_s 分别表示被测组分 i 和标准物质 s 的峰面积和质量。m_i 与 m_s 的质量之比进样前可准确测定，峰面积虽与色谱条件有关，但 A_i 与 A_s 的比值消除了操作条件的影响，故相对校正因子可准确测得，也称作校正因子。

（二）定量分析方法

1. 面积归一化法 应用此方法的条件是样品中所有的组分都能流出色谱柱，并在色谱图上显示出色谱峰。计算如下：

$$\omega_i = \frac{m_i}{m_{试样}} \times 100\% = \frac{f'_i \times A_i}{f'_1 \times A_1 + f'_2 \times A_2 + \cdots + f'_n \times A_n} \times 100\% \tag{11-17}$$

式（11-17）中，A_i 为 i 组分的峰面积；f'_i 为 i 组分的校正因子。

面积归一化法的优点是简便，定量结果与进样量无关，不必称量和准确进样，操作条件的变化对结果影响较小，但不适合微量杂质的定量分析。

【例 11-1】 用气相色谱法分析测定含有甲醇、乙醇、正丙醇和丁醇的混合物，实验测得色谱峰面积分别为：5.3、26.8、3.0、24.0。按面积归一化法，分别求出各组分的含量。已知它们的相对校正因子分别为 0.64、0.70、0.78、0.79，求甲醇、乙醇和丁醇组分的含量。

解：由于所分析组分全部出峰，可据面积归一化法计算各组分含量如下，

$$\omega_{甲醇} = \frac{5.3\times0.64}{5.3\times0.64+26.8\times0.70+3.0\times0.78+24.0\times0.79}\times100\% = 7.8\%$$

$$\omega_{乙醇}=\frac{26.8\times0.70}{5.3\times0.64+26.8\times0.70+3.0\times0.78+24.0\times0.79}\times100\%=43.2\%$$

$$\omega_{丁酮}=\frac{24.0\times0.79}{5.3\times0.64+26.8\times0.70+3.0\times0.78+24.0\times0.79}\times100\%=43.6\%$$

2. 外标法 又称标准曲线法。此法用待测物的纯品作对照品，按各种药品测定方法的规定，精密称（量）取对照品配制成不同浓度的标准溶液。在一定色谱操作条件下，等体积准确进样，测量各峰的峰面积和峰高，绘制峰面积或峰高对浓度的标准曲线；在相同的色谱操作条件下将试样等体积进样分析，测量峰面积或峰高，在标准曲线上查出样品中组分的浓度。

可以用单点校正法进行定量，精密称（量）取对照品和供试品，配制成溶液，分别对标准溶液（对照品）和待测样品（供试品）等体积进样分析，测量对照品溶液和供试品溶液中待测成分的峰面积。计算如下：

$$c_i=c_R\times\frac{A_i}{A_R} \tag{11-18}$$

式（11-18）中，c_i为供试品溶液中被测组分的浓度；A_i为被测组分的峰面积；A_R为对照品溶液的峰面积；c_R为对照品溶液的浓度。

外标法操作简单，不需要校正因子，计算方便，但要求进样量准确，实验条件稳定。

由于微量注射器不易精确控制进样量，采用外标法测定供试品中某杂质或主成分含量时，使用定量环或自动进样器进样是最佳的选择。

3. 内标法 将纯物质作为内标物质，用待测物的纯品作为对照品的方法。按各种药品测定方法的规定，分别配成溶液，精密量取各溶液，配成校正因子测定所用标准溶液。取一定量注入仪器，记录色谱图，测量对照品和内标物质的峰面积，校正因子的计算为：

$$f'_i=\frac{m_R A_s}{m_s A_R} \tag{11-19}$$

式（11-19）中，A_R、A_s、m_R、m_s表示被测组分对照品和内标物质的峰面积和质量。

另取含内标物质的供试品溶液，注入仪器，记录色谱图，测量供试品中被测组分（或其杂质）和内标物质的峰面积，含量计算如下：

$$m_i=f'_i\times m'_s\times\frac{A_i}{A'_s} \tag{11-20}$$

式（11-20）中，f'_i为校正因子；m_i、A_i为供试品溶液中被测组分的质量和峰面积；m'_s、A'_s为含有内标物质供试品溶液中内标物质的质量和峰面积。

内标法中，常以内标物为基准，待测组分含量计算可简化为：

$$\omega_i=f'_i\times\frac{m'_s}{m_{试样}}\times\frac{A_i}{A'_s} \tag{11-21}$$

内标法是一种相对测量法，被测组分与内标物质同时进样，在同样条件下记录色谱图。进样量的准确程度和操作条件略有变化，均不影响测定结果，测量结果相对准确，但操作程序相对繁琐。

【例 11-2】 维生素 E 的含量测定。测定校正因子时，称取正三十二烷 150.20mg，加正己烷定容至 100ml，再称取维生素 E 对照品 20.24mg，加内标溶液定容至 10ml。取 1μl 进样，记录色谱图，测定维生素 E 对照品色谱峰面积和内标物色谱峰面积分别为 48.90 和 38.77。另称取维生素 E 供试品 10.68mg，内标物 10.0mg 照《中国药典》（2015 年版）配制供试品溶液，取 1μl 进样，记录色谱图，测定维生素 E 和内标物的峰面积，分别为 29.78

和30.36，求供试品中维生素E的含量。

解：由于加入了内标物，可据内标法计算维生素E含量。

已知 $m_R = 20.24\text{mg}$，$A_R = 48.90$，$A_s = 38.77$，$m_s = \dfrac{150.20}{100} \times 10 = 15.02\text{mg}$

所以，校正因子 $f'_i = \dfrac{m_R A_s}{m_s A_R} = \dfrac{38.77 \times 20.24}{48.90 \times 15.02} = 1.068$

已知 $m_{试样} = 10.68\text{mg}$，$m'_s = 10.0\text{mg}$，$A_i = 29.78$，$A'_s = 30.36$

$$维生素E\% = \frac{m_i}{m_{试样}} \times 100\% = \frac{f'_i \times m'_s \times \dfrac{A_i}{A'_s}}{m_{试样}} \times 100\% = \frac{1.068 \times 10.0 \times \dfrac{29.78}{30.36}}{10.68} \times 100\%$$

$$= 98.09\%$$

第四节　高效液相色谱法

高效液相色谱法（HPLC）是在经典液相色谱法的基础上，引入现代色谱理论和实验技术，以高压输送流动相，采用高效固定相及高灵敏度检测器，发展起来的现代液相色谱分析技术。高效液相色谱法广泛应用于各种原料药、制剂含量的测定及其食品添加剂的分析，成为色谱法中应用最广泛的一种分析方法。

一、高效液相色谱仪

高效液相色谱仪由高压输液系统、进样器、色谱柱、检测器、色谱工作站五大部分组成。

（一）高压输液系统

高压输液系统一般包括贮液器、高压输液泵、过滤器、梯度洗脱装置等。

1. 贮液器　有足够的容积贮存分析所用的流动相，脱气方便，耐一定压力，选用材质对所用溶剂都是惰性的。贮液器一般以不锈钢、玻璃、聚四氟乙烯或塑料聚醚醚酮（PEEK）衬里为材料，容积范围一般为0.5～2L。

2. 高压输液泵　仪器的关键部件。它将流动相以稳定的流速输送到色谱分离系统，流动相经过脱气后再输送到色谱柱。高压输液泵一般分为恒压泵和恒流泵，目前普遍采用往复式恒流泵。

3. 过滤器　设置在高压输液泵进、出口与进样阀之间。如果杂质进入色谱柱，在柱头上累积会造成柱压升高。常见的有溶剂过滤器和管道过滤器，过滤器滤芯是不锈钢烧结材料制造的，孔径2～3μm，若发现过滤器堵塞可将其浸入稀硝酸中用超声波清洗10分钟。

4. 梯度洗脱装置　在一个分析周期内，程序控制改变流动相的组成。如溶剂的极性、离子强度和pH等，可使所有组分在适宜条件下获得分离。适用于组分数目多、性质相差较大的复杂试样。

梯度洗脱有高压梯度和低压梯度两种装置。高压梯度装置是溶剂在高压状态下混合，通过程序控制每台泵的输出量来改变流动相的组成。低压梯度装置是常压下，通过一比例阀先将各种溶剂按程序混合，然后再用一台高压泵送入色谱柱。

梯度洗脱能缩短分析时间，提高分离度，改善峰形，提高检测灵敏度，但是可能引起基线漂移和重现性降低。

（二）进样器

进样器是将样品溶液准确送入色谱柱的装置，要求密闭性好，死体积小，重现性好。常用的进样器有六通阀进样器和自动进样器。

1. 六通阀进样器 目前最常用的进样器如图 11-7 所示。阀上有一个固定体积的管，称为定量管。用注射器将样品注入定量管内，多余的样品排出，转动手柄将样品用高压流动相冲入柱中并进行色谱分离。特点是很高的压力下无需停流即可进样，注射器和进样器的使用寿命较长。

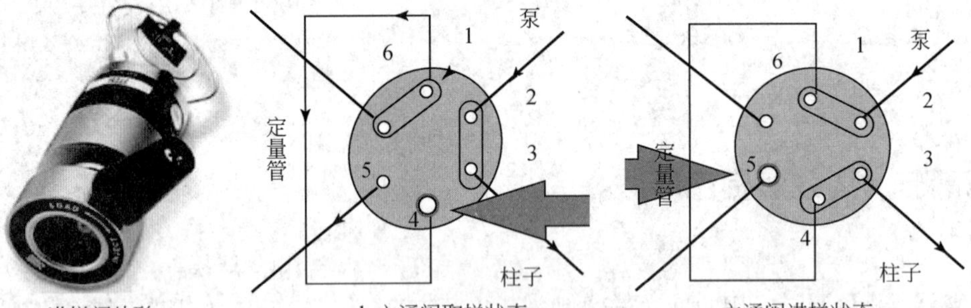

图 11-7 六通阀进样器

2. 自动进样器 由计算机自动控制定量阀，从取样、进样、复位、样品管路清洗和样品盘转动全部按照预先编制的程序进行工作，一次可以进行几十个或上百个样品的分析。自动进样器的进样量可连续调节，进样重复性高，适用于大批量样品的分析。

（三）色谱柱

色谱柱是色谱仪的最重要部件，由柱管和固定相组成。柱管多用不锈钢制成，管内壁要求有很高的光洁度。高效液相色谱柱几乎都是直行柱，按主要用途分为分析柱和制备柱两类。常用的液相色谱柱有 4. 6mm 和 3. 9mm 两种规格。药品检验中多半选用内径 4. 6mm，长度约 20cm 的分析柱。HPLC 与 GC 不同的是柱温较低，药典正文未指明具体温度时系指室温，为了提高分离度，可适当提高色谱柱温度，一般不超过 60℃。

（四）检测器

检测器主要是把色谱洗脱液中组分的质量（或浓度）转变成电信号。高效液相色谱仪中最常用的检测器为紫外检测器（UVD），UVD 的工作原理是基于朗伯-比耳定律，检测时需选择合适的灵敏度和检测波长。UVD 可以分为固定波长、可变波长和光电二极管阵列检测器。

（五）色谱工作站

色谱工作站主要由带操作系统的计算机和相应仪器厂商开发的仪器操作软件组成。常见的仪器操作软件有，waters 公司开发的 Empower 系统、岛津公司开发的 LabSolutions 系统和 Agilent 公司开发的 Chemstation 系统。

二、化学键合相色谱法

化学键合相色谱法是以化学键合相为固定相的色谱法，称为键合相色谱法。其固定相是化学键合相，通过化学反应将官能团键合在载体表面所形成的固定相，简称键合相。化学键合固定相非常稳定，且键合到载体表面的官能团极性不同，在 HPLC 中占有极其重要的位置。根据化学键合相与流动相极性的相对强弱，键合相色谱法可分为正相和反相键合相色谱法。

（一）正相键合相色谱法

正相键合相色谱的固定相极性大于流动相的极性，固定相采用极性键合相。常见的极性键合相有氨基键合相（—NH_2）和氰基键合相（—CN）。流动相一般采用非极性或弱极性有机溶剂，如烃类溶剂中加入一定量的极性调整剂（如氯仿、醇和乙腈等）。常用于分离极性较强且溶于有机溶剂的非离子性化合物，如脂溶性维生素、甾族、芳香醇、芳香胺、脂、有机氯农药等。

一般来说，正相键合相色谱中，组分的保留和分离的规律是：极性强的组分容量因子 k 大，后洗脱出柱。流动相的极性增强，洗脱能力增加，使组分 k 减小，t_R减小；反之，容量因子 k 增大，t_R增大。

（二）反相键合相色谱法

反相键合相色谱的固定相极性小于流动相，固定相大多采用非极性键合相，如十八烷基硅烷（用 ODS 或 C_{18}表示）、辛烷基硅烷（C_8）等，有的采用弱极性或中等极性的键合相。流动相以水为基础溶剂，再加入一定量与水混溶的极性调节剂，如甲醇-水，乙腈-水、水和无机盐的缓冲液等，用于分离非极性、中等极性的有机物。

反相键合相色谱法的流动相极性强于固定相。当水中含有非极性溶质时，溶质分子间的作用、溶质与水分子之间的作用远小于水分子间的作用，因此，溶质从水分子中被“挤”出。反相键合相色谱中，化合物疏水性越强，越容易从流动相中挤出，在色谱柱中滞留时间越长，洗脱出柱越慢。

课堂互动

正相键合相色谱法和反相键合相色谱法采用的流动相分别是什么？他们各自适于分析哪类物质？

三、HPLC 分离条件的选择

（一）正相键合相色谱法的分离条件

1. 固定相的条件 正相键合相色谱法一般以极性键合相为固定相，如氰基、氨基键合相等。分离含双键的化合物常用氰基键合相，分离多官能团化合物如甾体、强心苷以及糖类等常用氨基键合相。

2. 流动相的条件 正相键合相色谱法的流动相通常采用烷烃加适量极性调节剂，通过调节极性调节剂的浓度来改变溶剂强度，使试样组分的 k 值在 1～10 范围内。若二元流动相难以达到所需要的分离选择性，还可以使用三元或四元溶剂系统。

（二）反相键合相色谱法的分离条件

1. 固定相的条件 反相键合相色谱中，常选用非极性键合相。非极性键合相用于分离分子型化合物，也用于分离离子型或可离子化的化合物。十八烷基硅烷（ODS）是应用最广泛的非极性固定相。对于各种类型的化合物都有很强的适应能力。短链烷基键合相能用于极性化合物的分离，苯基键合相适用于分离芳香化合物以及多羟基化合物如黄酮苷类等。

2. 流动相的条件 反相键合相色谱法中，流动相一般以极性最强的水为基础溶剂，加入甲醇、乙腈等极性调节剂。极性调节剂的性质以及与水的混合比例对溶质的保留值和分离选择性有显著的影响。一般情况下，甲醇-水粘度小、价格低，能满足多数试样的分离要求，是反相键合相色谱法常用的流动相。乙腈的溶剂强度较高，且黏度较小，截止波长（190nm）比甲醇（205nm）的短，更适用于利用末端吸收进行的检测。

3. pH 的调节 选择弱酸（醋酸）、弱碱（氨水）或缓冲盐（磷酸盐或醋酸盐）作抑制剂，调节流动相的 pH，抑制组分的分离，增强其保留性。pH 的范围一般在 2 ~ 8 之间，否则可能损坏键合相。

4. 流动相离子强度的调节 调节流动相的离子强度也能改善分离效果。在流动相中加入 0.1% ~1% 的醋酸盐、磷酸盐等，可减弱固定相表面残余硅醇基的干扰作用，减少峰的拖尾，改善分离效果。

四、 定量分析

高效液相色谱定量方法与气相色谱定量方法完全相同，主要采用面积归一化法、标准曲线法与内标法，依据色谱峰面积、校正因子等数值来计算含量。

拓展阅读

色谱柱的保存与再生

色谱柱的保存 如色谱柱要长时间保存，必须保存于合适的溶剂中。反相柱储存于纯甲醇或乙腈中，正相柱可储存于严格脱水后的正己烷中，离子交换柱可以储存于水（含防腐剂叠氮化钠或柳硫汞）中，并将购买新色谱柱时附送的堵头堵上。储存的温度最好是室温。

色谱柱的再生 色谱柱是消耗品，随使用时间或进样次数的增加，将出现色谱峰高降低、峰宽加大或出现肩峰的现象，通常是因为柱效下降。反相柱的再生方法是：依次采用 20 ~ 30 倍的色谱柱体积的甲醇/水 =10/90（V/V）、乙腈、异丙醇作流动相冲洗色谱柱，再以相反顺序冲洗色谱柱。正相柱的再生方法是：依次以 20 ~ 30 倍色谱柱体积的正己烷、异丙醇、二氯甲烷、甲醇作为流动相冲洗色谱柱，再以相反的顺序冲洗色谱柱。上述溶剂使用过程必须严格脱水。

重点小结

1. 色谱法是一种物理分离方法，也称层析法。是根据物质的物理化学性质不同对多组分混合物进行分离的分析方法。

2. 色谱分析法中有相对运动的两相即固定相和流动相。固定不动的相称为固定相，常为固体或液体；携带组分经过固定相向前移动的相称为流动相，常为液体或气体。

3. 色谱分析中，分配系数是指在一定温度和压力下，组分在两相间达到分配平衡时，组分在固定相与流动相中浓度之比，用 K 表示，而分配比是指组分在固定相与流动相中质量之比，用 k 表示。

4. 色谱图中峰面积计算公式为 $A = 1.065 \times h \times W_{1/2}$，峰宽的计算公式 $W = 1.699W_{1/2}$

5. 保留时间用 t_R 表示，死时间用 t_0 表示，调整保留时间用 t'_R 表示，它们之间的关系为：$t'_R = t_R - t_0$。

6. 梯度洗脱有高压梯度和低压梯度两种装置。高压梯度装置即溶剂在高压状态下混合，通过程序控制每台泵的输出量来改变流动相的组成。低压梯度装置是在常压下通过一比例阀先将各种溶剂按程序混合，然后再用一台高压泵送入色谱柱。

7. 速率理论方程式也称范第姆特方程式，表达式为 $H = A + \frac{B}{\bar{u}} + C\bar{u}$，其中，$A$ 为涡流扩散项；$B/\bar{u}$ 为分子扩散项；$C\bar{u}$ 为传质阻力项；$\bar{u}$ 为载气线速度；H 为塔板高度。

8. 利用 $n_{eff} = \frac{L}{H_{eff}} = 5.54\left(\frac{t'_R}{W_{1/2}}\right)^2 = 16\left(\frac{t'_R}{W}\right)^2$ 来计算有效理论塔板数。

9. 硅胶吸附水分形成水合硅醇基而失去吸附能力，薄层板在使用前要进行活化；纸色谱法中的固定相实际为纸纤维中的水。

10. 常见典型气相色谱检测器有 TCD 和 FID。

11. GC 和 HPLC 定量方法主要有面积归一化法、外标法、内标法。

12. 气相色谱仪由气路系统、进样系统、分离系统、检测系统、数据处理系统和温度控制系统六大部分组成；高效液相色谱仪由高压输液系统、进样器、色谱柱、检测器、色谱工作站五大部分组成。

13. HPLC 中经常用的反相键合相色谱法的分离条件主要考虑：固定相的条件、流动相的条件、pH 的调节、流动相离子强度的调节。

目标检测

一、单选题

（一）单项选择题

1. 下列英文简写哪个表示薄层色谱（　　）。

A. GC　　B. HPLC　　C. TLC　　D. PC

2. 组分在色谱柱中分配到固定相中质量为 m_A，分配到流动相中质量为 m_B；在固定相中浓度为 c_A，分配到流动相中浓度为 c_B，则该组分分配系数为（　　）。

A. m_A/m_B　　B. c_A/c_B　　C. m_A+m_B　　D. m_B/m_A

3. 速率理论方程式中不包括哪项（　　）。

A. 涡流扩散项　　B. 分子扩散项　　C. 传质阻力项　　D. 调整保留时间项

4. 下列哪项属于平面色谱（　　）。

A. 气相色谱　　B. 经典液相色谱　　C. 高效液相色谱　　D. 纸色谱

5. 市售薄层板在使用前要进行活化，下列表述正确的是（　　）。

A. 放在烘箱中在 100℃ 活化 30 分钟　　B. 放在烘箱中在 110℃ 活化 30 分钟

C. 放在烘箱中在 100℃ 活化 10 分钟　　D. 纸色谱放在烘箱中在 80℃ 活化 30 分钟

（二）多项选择题

1. 气相色谱分析中，不要求所有组分全出峰就可以定量的方法是（　　）。

A. 面积归一化法　　B. 内标法　　C. 外标法　　D. 标准曲线法

2. 下列符号代表检测器是（　　）。

A. TCD　　B. FID　　C. TCL　　D. TLC

3. 有关色谱分配系数 K 描述不正确的是（　　）。

A. K 越大，出峰时间越短　　B. K 越大，出峰时间越长

C. K 是两种化合物在固定相中浓度比值　　D. K 值相差越大，越不容易分离

4. 关于塔板理论，下列说法正确的是（　　）。
   A. 解释了色谱流出曲线的形状
   B. 给出色谱峰位置的描述方法
   C. 说明了色谱峰扩张即柱效降低的影响因素
   D. 定量评价了柱效的高低

5. 色谱分析中，不能用来进行定性的色谱参数是（　　）。
   A. 峰面积　　B. 峰高　　C. 半峰宽　　D. 保留值

二、填空题

1. 气相色谱仪一般由__________、__________、__________、__________、__________、__________六大部分组成。

2. 气相色谱仪检测器常见的有____________和____________两种。

3. 纸色谱法的固定相为__________，流动相为与水__________的有机溶剂。

4. 气相色谱和液相色谱中常用的定量方法有________、__________、__________。

5. 正相键合相色谱法的固定相极性________流动相的极性，固定相采用极性键合相；反相键合相色谱法的固定相极性__________流动相的极性，固定相大多采用__________键合相，常用__________、__________、水和无机盐的缓冲液等，可分离非极性、中等极性的有机物。

三、简答题

1. 请分别写出分配系数、分配比、调整保留时间的公式。
2. 简述色谱法定量分析内标法中内标物选择的要求。
3. 简述反相键合相色谱法的分离条件应从哪几个方面考虑？

四、综合应用题

1. 用气相色谱法分析测定含有甲醇、乙醇、正丙醇和丁醇的混合物，测得数据如下：

	甲醇	乙醇	正丙醇	丁醇
测得峰面积（cm^2）	5.4	26.6	3.1	24.1
质量校正因子	0.57	0.63	0.73	0.75

请用面积归一化法计算甲醇、乙醇、正丙醇组分的含量。并说明面积归一化法应满足什么条件？

2. 测定无水乙醇的含水量时，内标物为甲醇，质量为0.4886g，无水乙醇试样质量为52.06g，测得水的峰高为16.30cm，半峰宽为0.158cm，甲醇峰高14.40cm，半峰宽0.238cm。以峰面积计算无水乙醇中的含水量。（峰面积相对质量校正因子$f_{H_2O}=0.55$，$f_{CH_3OH}=0.58$）

3. 测定麝香中麝香酮的含量，若对照品溶液浓度为1.50mg/ml，供试品溶液按生药质量计算出的浓度为107.8mg/ml。取同样体积进样，对照品和供试品的峰面积分别为867945和1652971，求供试品中麝香酮的含量。

实训二十二　维生素C片的鉴别

【实训目的】

1. 掌握薄层色谱法实验原理；薄层板活化。

2. 熟悉研磨及过滤操作。

3. 能按薄层色谱法操作规程进行实验，并对实验结果给出正确判断。

【实训原理】

根据薄层色谱法的分离原理，不同组分在吸附剂和展开剂之间反复进行吸附、解吸。易被吸附剂吸附的组分移动较慢，与吸附剂吸附作用弱的组分相对移动的较快，组分经过展开剂后，各组分间的斑点距离逐渐变大，组分相互分离。本实验中，斑点定位后按照规定方法检视，若供试品和对照品的斑点位置和颜色一致，则说明维生素 C 片中含有维生素 C。

【实训用品】

仪器：烘箱、研钵 1 只、钥匙、电子天平、扁形称量瓶、称量纸、量筒（10ml）、铁架台、铁圈、短颈漏斗、玻璃棒、烧杯、滤纸、点样毛细管或平头进样针、硅胶 GF_{254} 薄层板（10cm×20cm）、色谱缸（10cm×20cm×20cm）、喷雾瓶、烧杯。

试剂：维生素 C 片、维生素 C 对照品、乙酸乙酯、乙醇、蒸馏水。

【实训步骤】

（一）制备供试品溶液

取维生素 C 片细粉适量（约相当于维生素 C 10mg），加水 10ml，振摇使维生素 C 溶解，滤过，取滤液作为供试品溶液。

（二）制备对照品溶液

另取维生素 C 对照品，加水溶解并稀释制成 lml 中约含 1mg 溶质的溶液，作为对照品溶液。

（三）薄层色谱法试验

1. 薄层板准备 从干燥器中取在 110℃活化 30 分钟的硅胶 GF_{254} 薄层板，用铅笔画出点样基线（基线距离底边≥2. 0cm）。

2. 加展开剂 将事先配制好的展开剂用玻璃棒引流倒入色谱缸里。展开剂不能超过色谱缸内的中间棱，用直尺量高度<2cm。

3. 点样 用 2 支 10μl 平头微量注射器分别吸取供试品、对照品 2μl。再分别注射在样点基线上，针头垂直基线慢慢推注射器（样点间距 2cm 左右），可以同时用电吹风吹干，使点样斑点越小越好。

4. 展开 以乙酸乙酯-乙醇-水（5∶4∶1）为展开剂，先使溶剂预平衡，然后将点好样的薄层板浸入，深度为距离点样基线 0. 5cm，密封顶盖。待展开剂到达一定距离时取出薄层板，20cm 的薄层板展开距离一般为 8～15cm，10cm 的薄层板展开距离一般为 5～8cm 左右。

5. 确定前沿 取出薄板层后用铅笔迅速画出展开剂边缘位置，即为前沿。

【实训结果】

斑点定位：晾干，立即（1 小时内）置紫外光灯（254nm）下检视，供试品溶液所显主斑点的位置和颜色应与对照品溶液的主斑点相同。

【实训提示】

1. 薄层板展开时，展开剂不能没过样品圆点。

2. 展开剂为两种以上物质时，配制时要混合均匀再使用；展开剂不可重复使用。

【实训思考】

1. 薄层色谱显色方法主要有几种？

2. 在色谱缸中展开时，展开剂在薄层板不同位置前行速度不同，分析导致此现象的原因。

实训二十三 食醋中苯甲酸钠含量的测定

【实训目的】

1. 掌握岛津 LC-20AT 液相色谱仪测定食醋中苯甲酸钠的实验原理。
2. 熟悉高效液相色谱定量方法（外标法）。
3. 能按 HPLC 操作规程进行实验，并能利用色谱工作站对实验结果进行分析。

【实训原理】

液相色谱法是进入色谱柱中的各组分，由于在流动相和固定相之间溶解、吸附、渗透或离子交换等作用的不同，在两相间进行反复多次地分配，经过一定长度的色谱柱后，彼此分离，记录仪上显示出各组分的色谱峰。

本实验采用工作曲线法（即外标法）测定苯甲酸钠组分的含量，该法用待测物的纯品作为对照品，精密称（量）取对照品配制成不同浓度的标准溶液，等体积准确进样，测量各峰的峰面积，绘制峰面积对浓度的标准曲线；在相同的色谱操作条件下将试样等体积进样分析，测量色谱峰峰面积，在标准曲线上查出样品中该组分的浓度。

【实训用品】

仪器：岛津 LC-20AT 高效液相色谱仪、DGu-$20A_{5R}$ 在线脱气机、微量进样器或 SIL-20A 自动进样器、SPD-20A 紫外检测器、CTO-20A 柱温箱、LabSolutions 色谱工作站、电子天平（万分之一）、容量瓶（500ml；10ml、6 支）、胶头滴管、烧杯（50ml）、吸量管（10ml）。

试剂：乙腈、乙酸铵（0.04mol/L）、二次蒸馏水。

【实训步骤】

1. 标准溶液的配制 用万分之一天平精密称取 0.05g 苯甲酸钠，记录准确数值，溶解定容至 500ml 容量瓶（含量为 100μg/ml 储备溶液），分别移取储备溶液 0ml、2ml、4ml、6ml、8ml 稀释定容至 10ml 容量瓶，配制成含量为 0μg/ml、20μg/ml、40μg/ml、60μg/ml、80μg/ml、100μg/ml 的标准溶液。

2. 供试品溶液的配制 将市售普通陈醋准确移取 2ml 至 50ml 容量瓶，稀释定容为 25 倍的稀溶液作为供试品，平行配制 2 份。

3. 色谱条件 色谱柱：ODS-C18 柱（Inertsil^{R} ODS-SP 5μm，4.6 ×250mm）；流动相：5%乙腈+95%乙酸铵；四元泵模式：低压梯度（总流速 1.0ml/分钟，乙酸铵流量通道设为 95%来实现流动相比例）；泵压力限制（p_{max} 20.0MPa，p_{min} 0.5MPa）进样量：50μl（定量环规格：20μl）；检测波长：230nm（选择 D2 灯）；检测器池温 40℃。

4. 含量测定 分别准确吸取 0μg/ml、20μg/ml、40μg/ml、60μg/ml、80μg/ml、100μg/ml 的标准溶液 50μl 进样，测取各标样的保留时间及色谱峰面积，绘制工作曲线；然后量取 50μl 供试品进样，绘制色谱曲线，根据供试品的色谱曲线，确定被测组分苯甲酸钠的色谱峰，并计算其含量。

【实训结果】

1. 制作标准曲线 绘以制峰面积为纵坐标，浓度为横坐标的标准曲线。

2. 含量计算 通过测量出食醋中苯甲酸钠的色谱峰峰面积，在标准曲线上查出样品中该组分的浓度，再乘以 25 倍的稀释倍数即为食醋中苯甲酸钠的含量。

3. 判断依据 《食品添加剂使用卫生标准》GB2760—2003 规定苯甲酸钠在酱油、醋中最大使用量为 1.00g/kg（以苯甲酸计）。

【实训提示】

1. 制备所需的流动相，有机溶剂用0.45μm的有机滤膜过滤，水溶液用0.45μm的水滤膜过滤，超声脱气20分钟。

2. 配制的样品和标准溶液用0.45μm针孔式滤膜过滤后进入1.5ml样品瓶中，进样前要用擦镜纸轻轻擦净进样器表面，以免污染仪器。

3. 检测完毕，用甲醇或乙腈冲洗管道30分钟（具体来说冲洗柱子流动相的量应该是色谱柱体积量的10倍，可以根据流量就柱体积计算冲洗时间），以免有样品在管路和柱子残留，如果更换冲洗流动相贮液瓶后，仍然要进行排气操作。

【实训思考】

1. 用标准曲线法定量的优缺点是什么？

2. 能否借鉴本实验中的方法测定饮料中的苯甲酸钠含量？

（狄敬旭）

附录

附录 1　相对原子质量

元素	符号	相对原子质量	元素	符号	相对原子质量	元素	符号	相对原子质量
银	Ag	107.87	汞	Hg	200.59	铑	Rh	102.91
铝	Al	26.982	钬	HO	164.93	钌	Ru	101.07
氩	Ar	39.948	碘	I	126.90	硫	S	32.066
砷	As	74.922	铟	In	114.82	锑	Sb	121.76
金	Au	196.97	铱	Ir	192.22	钪	Sc	44.956
硼	B	10.811	钾	K	39.098	硒	Se	78.96
钡	Ba	137.33	氪	Kr	83.80	硅	Si	28.086
铍	Be	9.012 2	镧	La	138.91	钐	Sm	150.36
铋	Bi	208.98	锂	Li	6.941	锡	Sn	118.71
溴	Br	79.904	镥	Lu	174.97	锶	Sr	87.62
碳	C	12.011	镁	Mg	24.305	钽	Ta	180.95
钙	Ca	40.078	锰	Mn	54.938	铽	Tb	158.9
镉	Cd	112.41	钼	Mo	95.94	碲	Te	127.60
铈	Ce	140.12	氮	N	14.007	钍	Th	232.04
氯	Cl	35.453	钠	Na	22.990	钛	Ti	47.867
钴	Co	58.933	铌	Nb	92.906	铊	Tl	204.38
铬	Cr	51.996	钕	Nd	144.124	铥	Tm	168.93
铯	Cs	132.91	氖	Ne	20.180	铀	U	238.03
铜	Cu	63.546	镍	Ni	58.693	钒	V	50.942
镝	Dy	162.50	镎	Np	237.05	钨	W	183.84
铒	Er	167.26	氧	O	15.999	氙	Xe	131.29
铕	Eu	151.96	锇	Os	190.23	钇	Y	88.906
氟	F	18.998	磷	P	30.974	镱	Yb	173.04
铁	Fe	55.845	铅	Pb	207.2	锌	Zn	65.39
镓	Ga	69.723	钯	Pd	106.42	锆	Zr	91.224
钆	Gd	157.25	镨	Pr	140.91			
锗	Ge	72.61	铂	Pt	195.08			
氢	H	1.007 9	镭	Ra	226.03			
氦	He	4.002 6	铷	Rb	85.468			
铪	Hf	178.49	铼	Re	186.21			

附录2 常见化合物的相对分子质量

分子式	相对分子质量	分子式	相对分子质量
AgBr	187.77	$Ba(OH)_2$	171.34
AgCl	143.22	$BaSO_4$	233.39
AgI	234.77	BaC_2O_4	225.35
AgCN	133.89	$BaCrO_4$	253.32
Ag_2CrO_4	331.73	CaO	56.08
$AgNO_3$	169.87	$CaCO_3$	100.09
AgSCN	165.95	CaC_2O_4	128.10
Al_2O_3	101.96	$CaCl_2$	110.99
$Al(OH)_3$	78.00	$CaCl_2 \cdot H_2O$	129.00
$Al_2(SO_4)_3$	342.14	$CaCl_2 \cdot 6H_2O$	219.08
As_2O_3	197.84	$Ca(NO_3)_2$	164.09
As_2O_5	229.84	CaF_2	78.08
As_2S_3	246.02	$Ca(OH)_2$	74.09
As_2S_5	310.14	$CaSO_4$	136.14
CuSCN	121.62	$Ca_3(PO_4)_2$	310.18
$C_6H_{12}O_6 \cdot H_2O$(葡萄糖)	198.18	CO_2	44.01
$C_{10}H_{10}O_2N_4S$(磺胺嘧啶)	250.27	CCl_4	153.82
$C_{11}H_{12}O_2N_4S$(磺胺甲基嘧啶)	264.30	Cr_2O_3	151.99
$C_{11}H_{12}O_3N_4S$(磺胺甲氧嗪)	280.30	CuO	79.55
$C_7H_{10}O_2N_4S \cdot H_2O$(磺胺咪)	232.26	CuS	95.61
$C_9H_9O_2N_3S_2$(磺胺噻唑)	255.31	$CuSO_4$	159.60
$C_6H_7O_3NS$(对氨基苯磺酸)	173.19	$CuSO_4 \cdot 5H_2O$	249.68
$C_{15}H_{21}ON_3 \cdot 2H_3PO_4$(磷酸伯氨喹)	455.34	HI	127.91
$C_{13}H_{20}O_2N \cdot HCl$(盐酸普鲁卡因)	272.77	HBr	80.91
$C_{10}H_{13}O_2N$(非那西丁)	179.22	HCN	27.03
$C_{10}H_{15}ON \cdot HCl$(盐酸麻黄碱)	201.70	H_2SO_3	82.07
$C_6H_5O_7Na_3 \cdot 2H_2O$(枸橼酸钠)	294.10	H_2SO_4	98.07
$C_8H_9O_2N \cdot H_2O$(对羟基苄胺)	169.18	Hg_2Cl_2	472.09
$BaCl_2$	208.24	$HgCl_2$	271.50
$BaCl_2 \cdot 2H_2O$	244.27	$KAl(SO_4)_2 \cdot 12H_2O$	474.38
$BaCO_3$	197.34	$C_4H_6O_3$(醋酐)	102.09
BaO	155.33	$C_7H_6O_2$(苯甲酸)	122.12

续表

分子式	相对分子质量	分子式	相对分子质量
FeO	71.85	$KBrO_3$	167.09
Fe_2O_3	159.69	KCl	74.55
Fe_2O_4	231.54	$KClO_3$	122.55
$Fe(OH)_3$	106.87	$KClO_4$	138.55
$FeSO_4$	151.90	K_2CO_3	138.21
$FeSO_4 \cdot H_2O$	169.92	KCN	65.12
$FeSO_4 \cdot 7H_2O$	278.01	K_2CrO_4	194.19
$Fe_2(SO_4)_3$	299.87	$K_2Cr_2O_7$	294.18
$FeSO_4 \cdot (NH_4)_2SO_4 \cdot 6H_2O$	392.13	$KHC_2O_4 \cdot H_2O$	146.14
H_3BO_3	61.83	$KHC_2O_4 \cdot H_2C_2O_4 \cdot 2H_2O$	254.19
$HCOOH$	46.03	$KHC_8H_4O_4$(邻苯二甲酸氢钾)	204.22
$H_2C_2O_4$	90.04	$KHCO_3$	100.12
$H_2C_2O_4 \cdot 2H_2O$	126.07	KH_2PO_4	136.09
$HC_2H_3O_2$(HAc)	60.05	$KHSO_4$	136.16
HCl	36.46	KI	166.00
H_2CO_3	62.03	KIO_3	214.00
$HClO_4$	100.46	$KIO_3 \cdot HIO_3$	389.91
HNO_2	47.01	$KMnO_4$	158.03
HNO_3	63.01	K_2O	92.20
H_2O	18.02	KOH	56.11
H_2O_2	34.02	$KSCN$	97.18
H_3PO_4	98.00	K_2SO_4	174.26
H_2S	34.08	KNO_2	85.10
HF	20.01	KNO_3	101.10
MnO_2	86.94	$MgCl_2$	95.21
$Na_2B_4O_7 \cdot 10H_2O$	381.37	$MgCO_3$	84.31
$NaBr$	102.89	MgO	40.30
$NaBiO_3$	279.97	$Mg(OH)_2$	58.32
Na_2CO_3	105.99	$MgNH_4PO_4$	137.32
$Na_2C_2O_4$	134.00	$Mg_2P_2O_7$	222.55
$NaC_2H_3O_2$(NaAc)	82.03	$MgSO_4 \cdot 7H_2O$	246.47
$NaC_7H_5O_2$(苯甲酸钠)	144.13	MnO	70.94
KBr	119.00	SO_3	80.06

续表

分子式	相对分子质量	分子式	相对分子质量
NaCl	58.44	$(NH_4)_2SO_4$	132.14
NaCN	49.01	$(NH_4)_2C_2O_4 \cdot H_2O$	142.11
$Na_2H_2Y \cdot 2H_2O$(EDTA 钠盐)	372.24	$(NH_4)_2HPO_4$	132.06
$NaHCO_3$	84.01	$(NH_4)_3PO_4 \cdot 12MoO_3$	1876.35
NaI	149.89	P_2O_5	141.95
Na_2O	61.98	PbO	223.20
NaOH	40.00	PbO_2	239.20
Na_2S	78.04	$PbCl_2$	278.11
Na_2SO_3	126.04	$PbSO_4$	303.26
Na_2SO_4	142.04	$PbCrO_4$	323.19
$Na_2S_2O_3$	158.10	$Pb(CH_3COO)_2 \cdot 3H_2O$	379.34
$Na_2S_2O_3 \cdot 5H_2O$	248.17	SiO_2	60.08
$Na_2HPO_4 \cdot 12H_2O$	358.14	SO_2	64.06
$NaNO_2$	69.00	WO_3	231.85
$NaNO_3$	85.00	SnO_2	150.69
NH_3	17.03	$SnCl_2$	189.60
NH_4Cl	53.49	$SnCO_3$	178.71
$NH_4Fe(SO_4)_2 \cdot 12H_2O$	482.18	ZnO	81.38
$NH_3 \cdot H_2O$	35.05	$ZnSO_4$	161.44
NH_4SCN	76.12	$ZnSO_4 \cdot 7H_2O$	187.55

附录 3 常见弱酸弱碱的离解常数(298.15K)

化合物	电离常数
H_3AlO_3	$K_a = 6.3 \times 10^{-2}$
H_3AsO_4	$K_{a_1} = 6.3 \times 10^{-3}$; $K_{a_2} = 1.05 \times 10^{-7}$; $K_{a_3} = 3.15 \times 10^{-12}$
H_3AsO_3	$K_a = 6.0 \times 10^{-10}$
H_3BO_3	$K_a = 5.8 \times 10^{-10}$
H_2CO_3	$K_{a_1} = 4.4 \times 10^{-7}$; $K_{a_2} = 4.7 \times 10^{-11}$
HClO	$K_a = 3.2 \times 10^{-3}$
HCN	$K_a = 6.2 \times 10^{-10}$
H_2CrO_4	$K_{a_1} = 4.1$; $K_{a_2} = 1.3 \times 10^{-6}$
HF	$K_a = 6.6 \times 10^{-4}$
HNO_2	$K_a = 7.2 \times 10^{-4}$

续表

化合物	电离常数
H_2O_2	$K_a=2.2\times10^{-12}$
H_3PO_4	$K_{a_1}=7.1\times10^{-3}$；$K_{a_2}=6.3\times10^{-8}$；$K_{a_3}=4.2\times10^{-13}$
H_3PO_3	$K_{a_1}=6.3\times10^{-2}$；$K_{a_2}=2.0\times10^{-7}$
H_2SO_4	$K_{a_2}=1.0\times10^{-2}$
H_2SO_3	$K_{a_1}=1.3\times10^{-2}$；$K_{a_2}=6.1\times10^{-3}$
$H_2S_2O_3$	$K_{a_1}=2.5\times10^{-1}$；$K_{a_2}=2.0\times10^{-7}\sim3.2\times10^{-7}$
H_2SiO_3	$K_{a_1}=1.7\times10^{-10}$；$K_{a_2}=1.6\times10^{-12}$
H_2S	$K_{a_1}=1.32\times10^{-7}$；$K_{a_2}=7.10\times10^{-15}$
HCNS	$K_a=1.4\times10^{-1}$
$H_2C_2O_4$(草酸)	$K_{a_1}=5.4\times10^{-2}$；$K_{a_2}=5.4\times10^{-5}$
HCOOH(甲酸)	$K_a=1.77\times10^{-4}$
CH_3COOH(醋酸)	$K_a=1.76\times10^{-5}$
$ClCH_2COOH$(氯代醋酸)	$K_a=1.4\times10^{-3}$
$NH_3\cdot H_2O$	$K_b=1.8\times10^{-5}$
$NH_2\cdot NH_2$(联氨)	$K_b=9.8\times10^{-7}$
NH_2OH(羟胺)	$K_b=9.1\times10^{-9}$
$C_6H_5NH_2$(苯胺)	$K_b=4.0\times10^{-10}$
C_5H_5N(吡啶)	$K_b=1.5\times10^{-9}$
$(CH_2)_6N_4$(六次甲基四胺)	$K_b=1.4\times10^{-9}$

附录4 常用酸碱溶液的相对密度及浓度

项目	名称					
	浓 HCl	浓 HNO_3	浓 H_2SO_4	浓 H_3PO_4	浓 HAc	浓 $NH_3\cdot H_2O$
浓度/($mol\cdot L^{-1}$)(近似)	12.2	15.7	18	15	17	15
密度/($g\cdot cm^{-3}$)	1.19	1.42	1.84	1.7	1.05	0.90

附录5 国际单位制的基本单位

物理量名称	单位名称及符号	物理量符号
长度	米(m)	l
质量	千克(kg)	m
时间	秒(s)	t
电流	安[培](A)	I
物质的量	摩[尔](mol)	n
热力学温度	开[尔文](K)	T
发光强度	坎[德拉](cd)	I

附录 6　一些难溶电解质的溶度积常数（298.15K）

化合物	K_{sp}	化合物	K_{sp}	化合物	K_{sp}
AgAc	4.4×10^{-3}	$Ca_3(PO_4)_2$	2.0×10^{-29}	Hg_2S	1.0×10^{-47}
Ag_3AsO_4	1.0×10^{-22}	$CaSO_4$	9.1×10^{-6}	HgS(红)	4.0×10^{-53}
AgBr	5.0×10^{-13}	$CdCO_3$	5.2×10^{-12}	HgS(黑)	1.6×10^{-52}
AgCl	1.8×10^{-10}	$CdC_2O_4\cdot3H_2O$	1.1×10^{-10}	Hg_2SO_4	7.4×10^{-7}
$Ag_2C_2O_4$	8.1×10^{-11}	$Cd(OH)_2$	2.1×10^{-14}	$KHC_4H_4O_6$	3.0×10^{-4}
Ag_2CrO_4	1.1×10^{-12}	CdS	8.0×10^{-27}	$K_2NaCo(NO_2)_6\cdot H_2O$	2.2×10^{-11}
AgI	8.3×10^{-17}	$CoCO_3$	1.4×10^{-13}		
$AgIO_3$	3.0×10^{-8}	$Co(OH)_2$	1.6×10^{-15}	K_2PtCl_6	1.1×10^{-5}
$AgNO_2$	6.0×10^{-4}	$Co(OH)_3$	1.6×10^{-44}	MgF_2	6.4×10^{-9}
AgOH	2.0×10^{-8}	CoS, α^-	4.0×10^{-21}	$Mg(OH)_2$	1.8×10^{-11}
Ag_3PO_4	1.4×10^{-16}	β^-	2.0×10^{-25}	$MnCO_3$	1.8×10^{-11}
Ag_2S	6.3×10^{-50}	$Cr(OH)_3$	6.3×10^{-31}	$Mn(OH)_2$	1.9×10^{-13}
Ag_2SO_4	1.4×10^{-5}	CuBr	5.3×10^{-9}	MnS(无定形)	2.5×10^{-10}
AgSCN	1.0×10^{-12}	CuCl	1.2×10^{-6}	MnS(结晶)	2.5×10^{-13}
$Al(OH)_3$	1.3×10^{-33}	$CuCO_3$	1.4×10^{-10}	$NiCO_3$	6.6×10^{-9}
As_2S_3	2.1×10^{-22}	$CuCrO_4$	3.6×10^{-6}	$Ni(OH)_2$	2.0×10^{-15}
$BaCO_3$	5.1×10^{-9}	CuI	1.1×10^{-12}	NiS, α^-	3.2×10^{-19}
BaC_2O_4	1.6×10^{-7}			β^-	1.0×10^{-24}
$BaCrO_4$	1.2×10^{-10}	$Cu_3(PO_4)_2$	2.2×10^{-20}	γ^-	2.0×10^{-26}
BaF_2	1.0×10^{-6}	$Cu_2P_2O_7$	1.3×10^{-37}	$PbCl_2$	1.6×10^{-5}
$BaSO_3$	8.0×10^{-7}	$CU(OH)_2$	2.2×10^{-20}	$PbCO_3$	7.4×10^{-14}
$BaSO_4$	1.1×10^{-10}	CuS	6.3×10^{-36}		
BiOCl	1.8×10^{-31}	Cu_2S	2.5×10^{-48}	PbC_2O_4	4.8×10^{-10}
$Bi(OH)_3$	4.0×10^{-31}	$FeCO_3$	3.2×10^{-11}	$PbCrO_4$	2.8×10^{-13}
$BiO(NO_3)$	2.82×10^{-3}	$FeC_2O_4\cdot2H_2O$	3.2×10^{-7}	PbI_2	7.1×10^{-9}
$BiPO_4$	1.3×10^{-23}	$Fe_4[Fe(CN)_6]_3$	3.3×10^{-41}	$Pb(OH)_2$	1.2×10^{-15}
Bi_2S_3	1.0×10^{-91}	$Fe(OH)_2$	8.0×10^{-16}	$Pb(OH)_4$	3.2×10^{-66}
$CaCO_3$	2.8×10^{-9}	$Fe(OH)_3$	4.0×10^{-38}	$Pb_3(PO_4)_2$	8.0×10^{-43}
$CaC_2O_4\cdot H_2O$	4.0×10^{-9}	FeS	6.3×10^{-18}	PbS	8.0×10^{-28}
$CaCrO_4$	7.1×10^{-4}	Fe_2S_3	1.0×10^{-88}	$PbSO_4$	1.6×10^{-8}
CaF_2	5.3×10^{-9}	Hg_2Cl_2	1.3×10^{-18}	$Sb(OH)_3$	4.0×10^{-42}
$Ca(OH)_2$	5.5×10^{-6}	Hg_2CrO_4	2.0×10^{-9}	$Sn(OH)_2$	1.4×10^{-28}

续表

化合物	K_{sp}	化合物	K_{sp}	化合物	K_{sp}
$Sn(OH)_4$	1.0×10^{-56}	$SrCrO_4$	2.2×10^{-5}	ZnS, α⁻	1.6×10^{-24}
SnS	1.0×10^{-25}	$SrSO_4$	3.2×10^{-7}	β⁻	2.5×10^{-22}
$SrCO_3$	1.1×10^{-10}	$ZnCO_3$	1.4×10^{-11}		
$SrC_2O_4\cdot H_2O$	1.6×10^{-7}	$Zn(OH)_2$	1.2×10^{-17}		

附录7 常见配离子的稳定常数

配离子	$K_稳$	$\lg K_稳$	配离子	$K_稳$	$\lg K_稳$
1∶1			$[Ni(CN)_4]^{2-}$	1×10^{22}	22.0
$[NaY]^{3-}$	5.0×10	1.69			
$[AgY]^{3-}$	2.0×10^{7}	7.30	1∶2		
$[CuY]^{2-}$	6.8×10^{18}	18.79	$[Cu(NH_3)_2]^{+}$	7.4×10^{10}	10.87
$[MgY]^{2-}$	4.9×10^{8}	8.69	$[Cu(CN)_2]^{-}$	2.0×10^{38}	38.3
$[CaY]^{2-}$	3.7×10^{10}	10.56	$[Ag(NH_3)_2]^{+}$	1.7×10^{7}	7.24
$[SrY]^{2-}$	4.2×10^{8}	8.62	$[Ag(En)_2]^{+}$	7.0×10^{7}	7.84
$[BaY]^{2-}$	6.0×10^{7}	7.77	$[Ag(CNS)_2]^{-}$	4.0×10^{8}	8.60
$[ZnY]^{2-}$	3.1×10^{16}	16.49	$[Ag(CN)_2]^{-}$	1.0×10^{21}	21.0
$[CdY]^{2-}$	3.8×10^{16}	16.57	$[Au(CN)_2]^{-}$	2×10^{38}	38.30
$[HgY]^{2-}$	6.3×10^{21}	21.79	$[Cu(En)_2]^{2+}$	4.0×10^{19}	19.60
$[PbY]^{2-}$	1.0×10^{18}	18.0	$[Ag(S_2O_3)_2]^{3-}$	1.6×10^{13}	13.20
$[MnY]^{2-}$	1.0×10^{14}	14.00			
$[FeY]^{2-}$	2.1×10^{14}	14.32	1∶3		
$[CoY]^{2-}$	1.6×10^{16}	16.20	$[Fe(CNS)_3]$	2.0×10^{3}	3.30
$[NiY]^{2-}$	4.1×10^{18}	18.61	$[CdI_3]^{+}$	1.2×10	1.07
$[FeY]^{-}$	1.2×10^{25}	25.07	$[Cd(CN)_3]^{-}$	1.1×10^{4}	4.04
$[CoY]^{-}$	1.0×10^{36}	36.0	$[Ag(CN)_3]^{2-}$	5	0.69
$[CaY]^{-}$	1.8×10^{20}	20.25	$[Ni(En)_3]^{2+}$	3.9×10^{18}	18.59
$[InY]^{-}$	8.9×10^{24}	24.94	$[CuOH]^{+}$	1×10^{5}	5.00
$[TlY]^{-}$	3.2×10^{22}	22.51	$[AgNH_3]^{+}$	2.0×10^{3}	3.30
$[TlHY]^{-}$	1.5×10^{23}	23.17			
$[Hg(SCN)_4]^{2-}$	7.7×10^{21}	21.88	1∶4		
$[HgCl_4]^{2-}$	1.6×10^{15}	15.20	$[Cu(NH_3)_4]^{2+}$	4.8×10^{12}	12.68
$[HgI_4]^{2-}$	7.2×10^{29}	29.86	$[Zn(NH_3)_4]^{2+}$	5×10^{8}	8.69
$[Co(CNS)_4]^{2-}$	3.8×10^{2}	2.58	$[Cd(NH_3)_4]^{2+}$	3.6×10^{6}	6.55

续表

配离子	$K_{稳}$	$\lg K_{稳}$	配离子	$K_{稳}$	$\lg K_{稳}$
$[Zn(CNS)_4]^{2-}$	2.0×10	1.30	1∶6		
$[Zn(CN)_4]^{2-}$	1.0×10^{16}	16.0	$[Cd(NH_3)_6]^{2+}$	1.4×10^{6}	6.15
$[Cd(SCN)_4]^{2-}$	1.0×10^{3}	3.0	$[Co(NH_3)_6]^{2+}$	2.4×10^{4}	4.38
$[CdCl_4]^{2-}$	3.1×10^{2}	2.49	$[Ni(NH_3)_6]^{2+}$	1.1×10^{8}	8.04
$[CdI_4]^{2-}$	3.0×10^{6}	6.43	$[Co(NH_3)_6]^{3+}$	1.4×10^{35}	35.15
$[Cd(CN)_4]^{2-}$	1.3×10^{18}	18.11	$[AlF_6]^{3-}$	6.9×10^{19}	19.84
$[Hg(CN)_4]^{2-}$	3.3×10^{41}	41.51	$[Fe(CN)_6]^{3-}$	1×10^{42}	42.0
$[Al(C_2O_4)_3]^{3-}$	2.0×10^{16}	16.30	$[Fe(CN)_6]^{4-}$	1×10^{35}	35.0
$[Fe(C_2O_4)_3]^{3-}$	1.6×10^{20}	20.20	$[Co(CN)_6]^{3-}$	1×10^{64}	64.0
			$[FeF_6]^{3-}$	1.0×10^{16}	16.0

附录 8 标准缓冲溶液的 pH

t,℃	草酸三氢钾标准缓冲液（0.05mol/L）	邻苯二甲酸氢钾标准缓冲液（0.05mol/L）	磷酸盐标准缓冲液（pH,6.8）KH_2PO_4（0.025mol/L）Na_2HPO_4（0.025mol/L）	磷酸盐标准缓冲液（pH,7.4）KH_2PO_4（0.08695mol/L）Na_2HPO_4（0.03043mol/L）	硼砂标准缓冲液（0.01mol/L）	25℃饱和氢氧化钙
0	1.67	4.01	6.98	7.52	9.46	13.42
5	1.67	4.00	6.95	7.49	9.39	13.21
10	1.67	4.00	6.92	7.47	9.33	13.01
15	1.67	4.00	6.90	7.44	9.28	12.82
20	1.68	4.00	6.88	7.43	9.23	12.63
25	1.68	4.00	6.86	7.41	9.18	12.46
30	1.68	4.01	6.85	7.40	9.14	12.29
35	1.69	4.02	6.84	7.39	9.07	12.13
40	1.69	4.03	6.84	7.38	9.07	11.98
45	1.70	4.04	6.83	7.38	9.04	11.84
50	1.71	4.06	6.83	7.38	9.02	11.70

附录 9 部分电对的标准电极电势（298.15K）

1. 在酸性溶液中

电极反应	$E^\ominus$,V
$Li^+ + e = Li$	-3.045
$K^+ + e = K$	-2.925
$Ba^{2+} + 2e = Ba$	-2.912

续表

电极反应	$E^{\ominus}$,V
$Sr^{2+}+2e = Sr$	-2.89
$Ca^{2+}+2e = Ca$	-2.87
$Na^{+}+e = Na$	-2.714
$Ce^{3+}+3e = Ce$	-2.48
$Mg^{2+}+2e = Mg$	-2.37
$\frac{1}{2}H_2+e = H^{-}$	-2.25
$AlF_6^{3-}+3e = Al+6F^{-}$	-2.07
$Ba^{2+}+2e = Be$	-1.85
$Al^{3+}+3e = Al$	-1.66
$Ti^{2+}+2e = Ti$	-1.63
$V^{2+}+2e = V$	-1.18
$Te+2e = Te^{2-}$	-1.14
$SiF_6^{2+}+4e = Si+6F^{-}$	-1.2
$Mn^{2+}+2e = Mn$	-1.182
$Se+2e = Se^{2-}$	-0.92
$Cr^{2+}-2e = Cr$	-0.91
$Bi+3H^{+}+3e = BiH_3$	-0.8
$Zn^{2+}+2e = Zn$	-0.763
$Cr^{3+}+3e = Cr$	-0.74
$Ag_2S+2e = 2Ag+S^{2-}$	-0.69
$Sb+3H^{+}+3e = SbH_3$	-0.51
$H_3PO_3+2H^{+}+2e = H_3PO_2+H_2O$	-0.50
$2CO_2+2H^{+}+2e = H_2C_2O_4$	-0.49
$H_3PO_3+3H^{+}+3e = P+3H_2O$	-0.49
$S+2e = S^{2-}$	-0.48
$Fe^{2+}+2e = Fe$	-0.440
$Cr^{3+}+e = Cr^{2+}$	-0.41
$Cd^{2+}+2e = Cd$	-0.403
$As+3H^{+}+3e = AsH_3$	-0.38
$PbSO_4+2e = Pb+SO_4^{2-}$	-0.3553
$Cd^{2+}+2e = Cd(Hg)$	-0.352
$Ag(CN)_2^{-}+e = Ag+2CN^{-}$	-0.31

续表

电极反应	$E^\ominus$, V
$Co^{2+}+2e=Co$	-0.277
$H_3PO_4+2H^++2e=H_3PO_3+H_2O$	-0.276
$HCNO+H^++e=\frac{1}{2}C_2N_2(g)+H_2O$	-0.27
$PbCl_2+2e=Pb(Hg)+2Cl^-$	-0.262
$V^{3+}+e=V^{2+}$	-0.255
$Ni^{2+}+2e=Ni$	-0.246
$SnCl_4^{2-}+2e=Sn+4Cl^-$(1mol/L HCl)	-0.19
$AgI+e=Ag+I^-$	-0.152
$CO_2(g)+2H^++2e=HCOOH$	-0.14
$Sn^{2+}+2e=Sn$	-0.136
$CH_3COOH+2H^++2e=CH_3CHO+H_2O$	-0.13
$Pb^{2+}+2e=Pb$	-0.126
$2H_2SO_3+H^++2e=HSO_4^-+2H_2O$	-0.08
$P+3H^++3e=PH_3(g)$	-0.04
$Ag_2S+2H^++2e=2Ag+H_2S$	-0.0366
$Fe^{3+}+3e=Fe$	-0.036
$2H^++2e=H_2$	0.0000
$AgBr+e=Ag+Br^-$	0.0713
$S_4O_6^{2-}+2e=2S_2O_3^{2-}$	0.08
$SnCl_6^{2-}+2e=SnCl_4^{2-}+2Cl^-$(1mol/L HCl)	0.14
$S+2H^++2e=H_2S(g)$	0.141
$Sb_2O_3+6H^++6e=2Sb+3H_2O$	0.152
$Sn^{4+}+2e=Sn^{2+}$	0.154
$Cu^{2+}+e=Cu^+$	0.159
$SO_4^{2-}+4H^++2e=SO_2(aq)+H_2O$	0.17
$SbO^++2H^++3e=Sb+2H_2O$	0.212
$AgCl+e=Ag+Cl^-$	0.2223
$HCHO+2H^++2e=CH_3OH$	0.24
$HAsO_2+3H^++3e=As+2H_2O$	0.248
$Hg_2Cl_2(s)+2e=2Hg+2Cl^-$	0.2676
$\frac{1}{2}C_2N_2(g)+H^++e=HCN$	0.33
$Cu^{2+}+2e=Cu$	0.337

续表

电极反应	$E^{\ominus}$,V
$Fe(CN)_6^{3-}+e=Fe(CN)_6^{4-}$	0.36
$\frac{1}{2}(CN)_2+H^++e=HCN$	0.37
$Ag(NH_3)_2^++e=Ag+2NH_3$	0.373
$2SO_2(aq)+2H^++4e=S_2O_3^{2-}+H_2O$	0.40
$H_2N_2O_2+6H^++4e=2NH_3OH^+$	0.44
$Ag_2CrO_4+2e=2Ag+CrO_4^{2-}$	0.447
$H_2SO_3+4H^++4e=S+3H_2O$	0.45
$4SO_2(aq)+4H^++6e=S_4O_6^{2-}+2H_2O$	0.51
$Cu^++e=Cu$	0.52
$I_2(s)+2e=2I^-$	0.5345
$H_3AsO_4+2H^++2e=HAsO_2+2H_2O$	0.559
$Sb_2O_5(s)+6H^++4e=SbO^++3H_2O$	0.58
$CH_3OH+2H^++2e=CH_4(s)+H_2O$	0.58
$2NO+2H^++2e=H_2N_2O_2$	0.60
$2HgCl_2+2e=Hg_2Cl_2+2Cl^-$	0.63
$Ag_2SO_4+2e=2Ag+SO_4^{2-}$	0.653
$O_2+2H^++2e=H_2O_2$	0.682
$Fe(CN)_6^{3-}+e=Fe(CN)_6^{4-}(0.05mol/L\ H_2SO_4)$	0.71
$PtCl_4^{2-}+2e=Pt+4Cl^-$	0.73
$H_2SeO_3+4H^++4e=Se+3H_2O$	0.740
$PtCl_6^{2-}+2e=PtCl_4^{2-}+2Cl^-$	0.76
$(CNS)_2+2e=2SCN^-$	0.77
$Fe^{3+}+e=Fe^{2+}$	0.771
$Hg_3^{2+}+2e=2Hg$	0.793
$Ag^++e=Ag$	0.7995
$2HNO_2+4H^++4e=H_2N_2O_2+2H_2O$	0.80
$NO_3^-+2H^++e=NO_2+H_2O$	0.80
$OsO_4+8H^++8e=Os+4H_2O$	0.85
$Hg^{2+}+2e=Hg$	0.854
$Cu^{2+}+I^-+e=CuI$	0.86
$2Hg^{2+}+2e=Hg_2^{2+}$	0.920
$NO_3^-+3H^++2e=HNO_2+H_2O$	0.94

续表

电极反应	$E^\ominus$,V
$NO_3^- + 4H^+ + 3e = NO + 2H_2O$	0.96
$HIO + H^+ + 2e = I^- + H_2O$	0.99
$HNO_2 + H^+ + e = NO + H_2O$	1.00
$NO_2 + 2H^+ + 2e = NO + H_2O$	1.03
$ICl_2^- + e = \frac{1}{2}I_2 + 2Cl^-$	1.06
$Br(l) + 2e = 2Br^-$	1.065
$NO_2 + H^+ + e = HNO_2$	1.07
$IO_3^- + 6H^+ + 6e = I^- + 3H_2O$	1.085
$Br_2(aq) + 2e = 2Br^-$	1.037
$Cu^{2-} + 2CN^- + 2e = Cu(CN)_2^-$	1.12
$IO_3^- + 5H^+ + 4e = HIO + 2H_2O$	1.14
$SeO_4^{2-} + 4H^+ + 2e = H_2SeO_3 + H_2O$	1.15
$ClO_3^- + 2H^+ + e = ClO_2 + H_2O$	1.15
$ClO_4^- + 2H^+ + e = ClO_3 + H_2O$	1.19
$IO_3^- + 6H^+ + 5e = \frac{1}{2}I_2 + 3H_2O$	1.20
$ClO_3^- + 3H^+ + 2e = HClO_2 + H_2O$	1.21
$O_2 + 4H^+ + 4e = 2H_2O$	1.229
$MnO_2 + 4H^+ + 2e = Mn^{2+} + 2H_2O$	1.23
$2HNO_2 + 4H^+ + 4e = N_2O + 3H_2O$	1.27
$HBrO + H^+ + 2e = Br^- + H_2O$	1.33
$Cr_2O_7^{2-} + 14H^+ + 6e = 2Cr^{3-} + 7H_2O$	1.33
$ClO_4^- + 8H^+ + 7e = \frac{1}{2}Cl_2 + 4H_2O$	1.34
$Cl_2(g) + 2e = 2Cl^-$	1.3595
$ClO_4^- + 8H^+ + 8e = Cl^- + 4H_2O$	1.37
$BrO_3^- + 6H^+ + 6e = Br^- + 3H_2O$	1.44
$Ce^{4+} + e = Ce^{3+}$(0.025mol/L H_2SO_4)	1.44
$ClO_3^- + 6H^+ + 6e = Cl^- + 3H_2O$	1.45
$HIO + H^+ + e = \frac{1}{2}I_2 + H_2O$	1.45
$PbO_2 + 4H^+ + 2e = Pb^{2+} + 2H_2O$	1.455
$2NH_3OH^+ + H^+ + 2e = N_2H_5^+ + 2H_2O$	1.46

续表

电极反应	$E^{\ominus}$,V
$ClO_3^- + 6H^+ + 5e = \frac{1}{2}Cl_2 + 3H_2O$	1.47
$Mn^{3+} + e = Mn^{2+}$(3.75mol/L H_2SO_4)	1.488
$HClO + H^+ + 2e = Cl^- + H_2O$	1.49
$MnO_4^- + 8H^+ + 5e = Mn^{2+} + 4H_2O$	1.51
$BrO_3^- + 6H^+ + 5e = \frac{1}{2}Br_2 + 3H_2O$	1.52
$HClO_2 + 3H^+ + 4e = Cl^- + 2H_2O$	1.56
$HBrC + H^+ + e = \frac{1}{2}Br_2 + H_2O$	1.59
$2NO + 2H^+ + 2e = N_2O + H_2O$	1.59
$H_5IO_5 + H^+ + 2e = IO_3^- + 3H_2O$	1.60
$HClO_2 + 3H^+ + 3e = \frac{1}{2}Cl_2 + 2H_2O$	1.63
$HClO_2 + 2H^+ + 2e = HClO + H_2O$	1.64
$PbO_2 + SO_4^{2-} + 4H^+ + 2e = PbSO_4 + 2H_2O$	1.685
$MnO_4^- + 4H^+ + 3e = MnO_2 + 2H_2O$	1.695
$NO_2 + 2H^+ + 2e = N_2 + H_2O$	1.77
$H_2O_2 + 2H^+ + 2e = 2H_2O$	1.77
$Co^{2+} + e = Co^{2+}$(3mol/L HNO_2)	1.84
$Ag^{2+} + e = Ag^-$(4mol/L $HClO_2$)	1.927
$S_2O_3^{2-} + 2e = 2SO_4^{2-}$	2.01
$O_3 + 2H^+ + 2e = O_2 + H_2O$	2.07
$F_2 + 2e = 2F^-$	2.87
$F_2 + 2H^+ + 2e = 2HF$	3.06

2. 在碱性溶液中

电极反应	$E^{\ominus}$,V
$Ca(OH)_2 + 2e = Ca + 2OH^-$	-3.02
$Sr(OH)_3 \cdot 8H_2O + 2e = Sr + 2OH^- + 8H_2O$	-2.99
$Ba(OH)_2 \cdot 8H_2O + 2e = Ba + 2OH^- + 8H_2O$	-2.97
$Mg(OH)_2 + 2e = Mg + 2OH^-$	-2.69
$H_2AlO_3^- + H_2O + 3e = Al + 4OH^-$	-2.35
$HPO_3^{2-} + 2H_2O + 2e = H_2PO_2^- + 3OH^-$	-1.65
$Mn(OH)_2 + 2e = Mn + 2OH^-$	-1.55

续表

电极反应	$E^{\ominus}$, V
$Cr(OH)_3+3e=Cr+3OH^-$	-1.3
$ZnO_2^{2-}+2H_2O+2e=Zn+4OH^-$	-1.216
$As+3H_2O+3e=AsH_3+3OH^-$	-1.21
$HCOO^-+2H_2O+2e=HCHO$	-1.14
$2SO_3^{2-}+2H_2O+2e=S_2O_4^{2-}+4OH^-$	-1.12
$PO_4^{2-}+2H_2O+2e=HPO_3^{2-}+3OH^-$	-1.05
$Zn(NH_3)_4^{2+}+2e=Zn+4NH_3$	-1.04
$CNO^-+H_2O+2e=CN^-+2OH^-$	-0.97
$CO_3^{2-}+2H_2O+2e=HCOO^-+3OH^-$	-0.95
$Sn(OH)_6^{2-}+2e=HSnO_2+3OH^-+H_2O$	-0.93
$SO_4^{2-}+H_2O+2e=SO_3^{2-}+2OH^-$	-0.93
$HSnO_2^-+H_2O+2e=Sn+3OH^-$	-0.91
$P+3H_2O+3e=PH_3(g)+3OH^-$	-0.87
$2NO_3^-+2H_2O+2e=N_2O_4+4OH^-$	-0.85
$2H_2O+2e=H_2+2OH^-$	-0.8277
$N_2O_2^{2-}+6H_2O+4e=2NH_2OH+6OH^-$	-0.73
$Ag_2S+2e=2Ag+S^{2-}$	-0.69
$AsO_2^-+2H_2O+3e=As+4OH^-$	-0.68
$SbO_2^-+2H_2O+3e=Sb+4OH^-$(10mol/L KOH)	-0.675
$AsO_4^{3-}+2H_2O+2e=AsO_2^-+4OH^-$	-0.67
$SO_3^{2-}+3H_2O+4e=S+6OH^-$	-0.66
$HCHO+2H_2O+2e=CH_3OH+2OH^-$	-0.59
$SbO_3+H_2O+2e=SbO_2^-+2OH^-$(10mol/L NaOH)	-0.589
$2SO_3^{2-}+3H_2O+4e=S_2O_6^{2-}+6OH^-$	-0.58
$Fe(OH)_3+e=Fe(OH)_2+OH^-$	-0.56
$HPbO_2^-+H_2O+2e=Pb+3OH^-$	-0.54
$S+2e=S^{2-}$	-0.48
$NO_2^-+H_2O+e=NO+2OH^-$	-0.46
$Bi_2O_3+H_2O+3e=2Bi+6OH^-$	-0.46
$CH_3OH+H_2O+2e=CH_4(g)+2OH^-$	-0.85
$CrO_4^{2-}+2H_2O+3e=CrO_2^-+4OH^-$(1mol/L NaOH)	-0.12
$CrO_4^{2-}+4H_2O+3e=Cr(OH)_3+5OH^-$	-0.13
$2Cu(OH)_2+2e=Cu_2O+2OH^-+H_2O$	-0.09

续表

电极反应	$E^\ominus$,V
$O_2+H_2O+2e=HO_2^-+OH^-$	-0.076
$AgCN^-+e=Ag+CN^-$	-0.017
$NO_3^-+H_2O+2e=NO_2^-+2OH^-$	0.01
$SeO_4^{2-}+H_2O+2e=SeO_3^{2-}+2OH^-$	0.05
$HgO+H_2O+2e=Hg+2OH^-$	0.098
$Mn(OH)_3+e=Mn(OH)_2+OH^-$	0.1
$Co(NH_3)_6^{3+}+e=Co(NH_3)_6^{2+}$	0.1
$2NO_2^-+3H_2O+4e=N_2O+6OH^-$	0.15
$ClO_4^-+H_2O+2e=ClO_3^-+2OH^-$	0.17
$Co(OH)_3+e=Co(OH)_3+OH^-$	0.17
$IO_3^-+3H_2O+6e=I^-+6OH^-$	0.26
$PbO_2+H_2O+2e=PbO+2OH^-$	0.28
$Ag_2O+H_2O+2e=2Ag+2OH^-$	0.342
$ClO_3^-+H_2O+2e=ClO_2^-+2OH^-$	0.35
$O_2+2H_2O+4e=4OH^-$(1mol/L NaOH)	0.41
$IO^-+H_2O+2e=I^-+2OH^-$	0.49
$IO_3^-+2H_2O+4e=IO^-+4OH^-$	0.56
$MnO_4^-+e=MnO_4^{2-}$	0.564
$MnO_4^-+2H_2O+3e=MnO_2+4OH^-$	0.588
$ClO_2^-+H_2O+2e=ClO^-+2OH^-$	0.59
$BrO_3^-+3H_2O+6e=Br^-+6OH^-$	0.61

参考文献

[1] 伍伟杰．药用基础化学（二）——分析化学［M］．北京：中国医药科技出版社，2009
[2] 伍伟杰．药用无机化学［M］．第2版．北京：中国医药科技出版社，2009
[3] 赵晓华，牛洪波．化学基础与分析技术［M］．北京：中国轻工业出版社，2015
[4] 牛秀明，林珍．无机化学［M］．第2版．北京：人民卫生出版社，2013
[5] 刘金权．化学实验技能［M］．北京：化学工业出版社，2010
[6] 傅春华，黄月君．基础化学［M］．第2版．北京：人民卫生出版社，2013
[7] 吕以仙，李荣昌．医用基础化学［M］．第3版．北京：北京大学医学出版社，2008
[8] 朱明华，胡坪．仪器分析［M］．第4版．北京：高等教育出版社，2010
[9] 阚健全．食品化学［M］．第2版．北京：中国农业大学出版社，2008

目标检测参考答案

第一章

一、选择题

（一）单选题

1. A　2. A　3. B　4. B　5. B

（二）多选题

1. BCD　2. ABC　3. BCD　4. BD　5. AD

二、简答题

1. 294. 7ml　2. 18. 4mol/L　3. 略

第二章

一、选择题

（一）单选题

1. C　2. D　3. B　4. A　5. B

（二）多选题

1. ABC　2. ABD　3. AB　4. AD　5. CD

二、填空题

1. 2 ~4　2. $v=kc(O_2)$　3. 温度浓度

三、简答题

1. （1）加压；升温；催化剂；增大反应物浓度。（2）升温；催化剂；增大反应物浓度。

2. （1）错；升高温度，正反应速率增大，逆反应速率也增大，因为反应是放热反应，所以平衡向左移动。

（2）错；由于反应前气体分子数小于反应后气体分子数，所以增大压力平衡向左移动。

（3）错；因为未知初始状态条件，达到平衡时各反应物和生成物的分压不一定相等。

（4）错；加入催化剂，只增大反应速率，不影响化学平衡移动。

四、计算题

1. 0. 0073

2. $[H_2] = [I_2] = 3.12mol/L$；　I_2转化率：$\alpha=78\%$

3. $[SO_2] = [NO_2] = 7.5\times10^{-4}$ mol/L；$[SO_3] = [NO] = 2.25\times10^{-3}$mol/L

第三章

一、选择题

（一）单选题

1. C　2. A　3. C　4. D　5B

（二）多选题

二、综合应用题

1. AB　2. AC　3. ACD　4. ABCD　5. BC

1. （1）错。有两条原子轨道。

（2）错。共有 9 条原子轨道。

（3）错。说明 s 原子轨道只有一个伸展方向。

2. （1）违背了能量最低原理。

正确的$_{20}$Ca：$1s^2 2s^2 2p^6 3s^2 3p^6 4d^2$

（2）违背了洪特规则。 $_{24}$Cr：$1s^2 2s^2 2p^6 3s^2 3p^6 3d^5 4s^1$

（3）违背了洪特规则特例。 $_7$N：$1s^2 2s^2 2p_x^1 2p_y^1$

3.

原子序数	核外电子排布式	价电子构型	元素所在周期	元素所在族	元素所在区
17	$1s^2 2s^2 2p^6 3s^2 3p^5$	$3s^2 3p^5$	3	ⅦA	p
19	$1s^2 2s^2 2p^6 3s^2 3p^5 4s^2$	$4s^2$	4	ⅠA	s
22	$1s^2 2s^2 2p^6 3s^2 3p^5 4s^2 4p^3$	$4s^2 4p^3$	4	ⅤB	p
29	$1s^2 2s^2 2p^6 3s^2 3p^5 3d^{10} 4s^1$	$4s^1$	4	ⅠB	ds

第四章

一、选择题

（一）单选题

1. A　2A　3B　4C　5 A

（二）多选题

1. DB　2. BC　3. ABCD　4. BC　5. CD

二、填空题

1. 0.2g　2. 0.1%　3. 相对误差　4. 标准偏差　5. 偶然

三、判断题

1. √　2. √　3. ×　4. √　5. ×　6. ×

四、综合应用题

1. 0.09728mol/L　2. 93.93%　3. 0.09472mol/L　4. 0.4 ~ 0.5g

第五章

一、选择题

（一）单项选择题

1. C　2. D　3. D　4. A　5. B

（二）多项选择题

1. ABCD　2. ABC　3. ACD　4. ABCD　5. BD

二、填空题

1. 酸碱

2. 共轭酸碱对两性物质

3. 酸>7；　中强碱性

4. $c \cdot K_a \geqslant 10^{-8}$

5. 无水碳酸钠

三、综合应用题

1. 解：

测定次数	1	2	3
无水碳酸钠质量（g）	0.1204	0.1212	0.1226
消耗盐酸体积（ml）	21.87	21.97	22.28
盐酸浓度（$mol \cdot L^{-1}$）	0.1039	0.1040	0.1038
平均浓度（$mol \cdot L^{-1}$）	0.1039		

2. 99.2%

第六章

一、选择题

（一）单选题

1. A 2. A 3. B 4. A 5. A

（二）多选题

1. ABD 2. BCD 3. ABC 4. ACD 5. ABCD

二、填空题

1. $AgNO_3$；K_2CrO_4；6.5～10.5；砖红色
2. 直接滴定法；NH_4SCN；NH_4；$Fe(SO_4)_2$；酸红色
3. 返滴定法；$AgCl\downarrow + SCN^- = AgSCN\downarrow + Cl^-$
4. 酸性染料；阴离子；阳离子；碱性
5. 体系的酸度；指示剂的吸附性能；沉淀的大小

三、综合应用题

0.00816g/ml

第七章

一、选择题

（一）单选题

1. D 2. C 3. B 4. D 5. C

（二）多选题

1. ABD 2. BC 3. ABD 4. ABCD 5. BCD

二、简答题（略）

三、综合应用题

1. $[NH_3] = 1.2mol/L$，$[Ag(NH_3)_2^+] = 5.60 \times 10^{-8} mol/L$
2. 葡萄糖酸钙 99.32%
3. 5.31 度

第八章

一、选择题

（一）单选题

1. C 2. B 3. D 4. C 5. D

（二）多选题

1. ACD 2. ACD 3. AB 4. ABC 5. CD

二、填空题

1. 降低；得；还原；升高；失；氧化

2. $p^{\ominus}$；$c=1\text{mol/L}$；纯液；纯固体；氧化；氧化；还原；还原

三、简答题（1.2.3 略）

4. $Cr_2O_7^{2-} + 6I^- + 14H^+ = 2Cr^{3+} + 3I_2 + 7H_2O$

$2Mn^{2+} + 5BiO_3^- + 14H^+ = 2MnO_4^- + 5Bi^{3+} + 7H_2O$

$2MnO_4^- + 5Fe^{2+} + 16H^+ = 2Mn^{2+} + 5Fe^{3+} + 8H_2O$

四、综合应用题

1. 解：（1）$(-)Ni \mid Ni^{2+}(0.1\text{mol/L}) \parallel Cu^{2+}(0.02\text{mol/L}) \mid Cu(+)$

（2）$E=0.55\text{V}$

2. $c_{Na_2S_2O_3}=0.09399\text{mol/L}$

3. 有效氯的含量 31.7 %

第九章

一、选择题

（一）单选题

1. D　2. C　3. C　4. D　5. A

（二）多选题

1. ABC　2. BCD　3. ABD　4. CD　5. AB

二、简答题（略）

三、计算题

1. pH=4.60

第十章

一、选择题

（一）单选题

1. B　2. D　3. C　4. B　5. D

（二）多选题

1. BCD　2. ABD　3. BCD 4. ABC　5. ABCD

二、填空题

1. 朗伯-比尔定律；$A = E_{1cm}^{1\%}cL$

2. 光源；单色器；吸收池；检测器；显示和数据处理系统

3. $\lambda_{max}\pm2\text{nm}$

4. 远红外区、中红外区、近红外区；中红外区

5. 特征区；指纹区

三、综合应用题

1. 112.3；2.65×10^4　2. 98.6%

第十一章

一、选择题

（一）单选题

1. C　2. B　3. D　4. D　5. B

（二）多选题

1. BCD 2. AB 3. ACD 4. ABD 5. ABC

二、填空题

1. 气路系统；进样系统；分离系统；检测系统；数据处理系统；温度控制系统
2. 氢火焰离子化检测器（FID）；热导池检测器（TCD）
3. 纸纤维上吸附的水；不相混溶
4. 面积归一化法；外标法；内标法
5. 大于；小于；非极性键合相；甲醇-水；乙腈-水

三、简答题（略）

四、综合应用题

1. $\omega_{甲醇}=7.66\%$；$\omega_{乙醇}=41.71\%$；$\omega_{正丙醇}=5.63\%$
2. $\omega_i=0.67\%$
3. $\omega_i=2.65\%$

教学大纲

(供食品药品类专业用)

一、课程任务

《化学基础与分析技术》是高职高专院校食品药品类相关专业一门重要的基础课程。本课程的主要内容包括食品药品类相关专业所需的无机及分析化学的基础知识、基本理论及滴定分析的操作技能，与食品、药品有关理论知识的应用。本课程的任务是使学生掌握无机化学和分析化学的基础知识、基本理论及基本实验操作技能，为学习专业课程奠定良好的基础。

二、课程目标

1. 掌握无机及分析化学的基础知识、基本理论，常用滴定分析法和仪器分析法对有关物质含量的测定。
2. 熟悉、了解无机及分析化学在食品、药品中的应用。
3. 学会滴定分析法、仪器分析法测定物质含量的操作。
4. 熟练掌握无机及分析化学基础实验的一般知识和基本操作技能。
5. 能认真观察、记录实验现象，会分析实验结果，并写出实验报告。
6. 具有食品、药品专业所应有的良好职业道德，科学工作态度，严谨细致的专业学风。

三、教学时间分配

教学内容	学时数		
	理论	实践	合计
绪论	1	0	1
一、分散体系	6	4	10
二、化学反应速率与化学平衡	3	4	7
三、物质结构	5	0	5
四、定量分析基础	5	4	9
五、酸碱平衡与酸碱滴定	8	5	12
六、沉淀平衡与沉淀滴定	4	4	8
七、配位化合物与配位滴定	4	4	8
八、氧化还原平衡与氧化还原滴定	6	4	8
九、电化学分析法	4	4	6
十、光谱分析法	6	6	10
十一、色谱分析法	8	4	12
合计	60	43	113

四、教学内容与要求

单元	教学内容	教学要求	教学活动建议	参考学时	
				理论	实践
绪论	（一）化学研究的对象 （二）化学在药学和食品中的应用 （三）化学基础与分析技术课程的学习内容 （四）化学基础与分析技术课程的学习要求	熟悉 熟悉 熟悉 了解	理论讲授 讨论	1	
一、分散体系	（一）分散体系 1. 分散体系 2. 溶液 （二）非电解质稀溶液的依数性 1. 溶液蒸气压的下降 2. 溶液沸点的升高 3. 溶液凝固点的降低 4. 溶液的渗透压	熟悉 掌握 熟悉	多媒体演示 多媒体演示 讨论	4	
	实训1：化学实训基本知识	学会	技能实践		2
	（三）胶体 1. 溶胶的性质 2. 溶胶的稳定性与聚沉 3. 高分子化合物溶液 4. 凝胶 （四）界面现象 1. 表面张力与表面能 2. 表面活性剂 3. 铺展与润湿	掌握 熟悉 了解 掌握	理论讲授 讨论 多媒体演示	2	
	实训2：溶液的配制	学会	技能实践		2
二、化学反应速率与化学平衡	（一）化学反应速率 1. 化学反应速率的表示 2. 化学反应速率理论 3. 影响化学反应速率的因素 （二）化学平衡 1. 化学平衡 2. 化学平衡常数 3. 化学平衡的有关计算 4. 化学平衡的移动	了解 掌握 熟悉 掌握	理论讲授 讨论 多媒体演示 示教	3	
	实训3：化学反应速率与化学平衡 实训4：药用氯化钠的制备	学会	技能实践		4
三、物质结构	（一）原子核外电子的运动状态 1. 电子云 2. 原子核外电子的运动状态 3. 原子核外电子的排布规律 （二）原子的电子层结构与元素周期律 1. 原子的电子层结构与元素周期表 2. 元素性质的变化规律 （三）分子结构	掌握 熟悉 掌握	理论讲授 讨论 讨论	5	

续表

单元	教学内容	教学要求	教学活动建议	参考学时	
				理论	实践
三、物质结构	1. 离子键 2. 共价键 3. 杂化轨道理论 4. 分子间作用力	熟悉 掌握	多媒体演示 理论讲授		
四、定量分析基础	（一）概述 1. 定量分析方法的分类 2. 定量分析的程序	 熟悉 了解	理论讲授 示教 多媒体演示	5	
	（二）数据记录与处理 1. 系统误差与偶然误差 2. 准确度与精密度 3. 提高分析结果准确度的方法 4. 有效数字及其运算规则 5. 可疑值的取舍	 熟悉 掌握 熟悉 了解	讨论		
	（三）滴定分析法概述 1. 滴定分析法 2. 滴定方式 3. 滴定剂	 了解 掌握			
	实训5：电子天平的使用和标准溶液的配制 实训6：滴定分析常用仪器操作练习	学会	技能实践		2 2
五、酸碱平衡与酸碱滴定	（一）酸碱理论 1. 酸碱电离理论 2. 酸碱质子理论	 熟练 掌握	理论讲授 讨论	8	
	（二）溶液的酸碱平衡 1. 水的解离与溶液酸碱性 2. 弱酸、弱碱溶液 pH 的计算 3. 同离子效应和盐效应	掌握 掌握 了解			
	（三）缓冲溶液 1. 缓冲溶液的组成和原理 2. 缓冲溶液 pH 的计算 3. 缓冲容量和缓冲范围 4. 缓冲溶液的选择和配制	 熟悉 了解 掌握			
	（四）酸碱滴定 1. 酸碱指示剂 2. 酸碱滴定类型 3. 滴定液的配制和标定 4. 实例分析	 熟悉 掌握 掌握	多媒体演示		
	（五）非水溶液的酸碱滴定 1. 溶剂的类型 2. 溶剂的性质与溶剂的选择 3. 滴定的类型 4. 实例分析	 掌握 熟悉 掌握 了解	讨论		

续表

单元	教学内容	教学要求	教学活动建议	参考学时	
				理论	实践
	实训7：盐酸滴定液的配制和标定 实训8：氢氧化钠滴定液的配制和标定 实训9：食用白醋中总酸含量的测定 实训10：药用硼砂含量的测定	学会	技能实践		1 1 1 2
六、沉淀平衡与沉淀滴定	（一）沉淀平衡 1. 溶度积原理 2. 沉淀的生成与溶解 （二）沉淀滴定 1. 指示终点的方法 2. 滴定液 3. 实例分析	 掌握 熟悉 掌握 熟悉	理论讲授 多媒体演示	4	
	实训11：硝酸银溶液的配制与标定 实训12：自来水中氯离子含量的测定	学会	技能实践		2 2
七、配位化合物与配位滴定	（一）配位化合物 1. 配位化合物的组成及命名 2. 螯合物 （二）配位平衡 1. 配合物的稳定性 2. 配位平衡的移动 （三）配位滴定 1. EDTA及其配位特性 2. 影响EDTA配合物稳定性的因素 3. 滴定条件的选择 4. 金属指示剂 5. 滴定液 6. 实例分析	 熟悉 熟悉 掌握 熟悉 掌握 熟悉 了解	理论讲授 讨论 多媒体演示 讨论	4	
	实训13：EDTA滴定液的配制和标定 实训14：自来水中钙镁离子含量的测定	学会	技能实践		2 2
八、氧化还原平衡与氧化还原滴定	（一）氧化还原反应 1. 氧化还原反应 2. 氧化还原反应方程式的配平 （二）原电池与电极电势 1. 原电池 2. 电极电势 3. 能斯特方程式 （三）氧化还原滴定 1. 概述 2. 高锰酸钾法 3. 碘量法 4. 亚硝酸钠法	 了解 熟悉 掌握 熟悉 掌握 掌握	理论讲授 讨论 多媒体演示	6	

续表

单元	教学内容	教学要求	教学活动建议	参考学时	
				理论	实践
	实训15：食用盐中碘含量的测定（间接碘量法） 实训16：药用硫酸亚铁铵含量的测定（高锰酸钾法）	学会	技能实践		2 2
九、电化学分析法	（一）基本原理 1. 参比电极 2. 指示电极 （二）直接电位法 1. 溶液pH的测定 2. 其它离子浓度的测定 （三）电位滴定法 1. 测定原理 2. 确定终点的方法 3. 电位滴定法的应用 （四）永停滴定法 1. 测定原理 2. 测定类型 3. 实例分析	掌握 熟悉 了解 掌握 了解 掌握 熟悉 了解	理论讲授 讨论 多媒体演示	4	
	实训17：饮用水pH的测定 实训18：酱油中氨基酸总量的测定（电位滴定法）	学会	技能实践		2 2
十、光谱分析法	（一）光谱分析法基础 1. 光学分析法特点 2. 物质对光的选择吸收 （二）紫外-可见分光光度法 1. 紫外-可见分光光度法基本原理 2. 紫外-可见分光光度计的基本结构 3. 测量条件的选择 4. 紫外-可见分光光度计的类型 5. 紫外-可见分光光度计的应用	了解 掌握 掌握 熟悉 掌握 了解	理论讲授 讨论 多媒体演示	4	
	实训19：维生素B_{12}注射液含量的测定 实训20：食品中亚硝酸盐含量的测定	学会	技能实践		2 2
	（三）红外光谱分析法 1. 红外线及红外吸收光谱 2. 红外光谱和紫外-可见光谱的区别 3. 基本原理 4. 红外分光光度计 5. 样品的制备	掌握 熟悉 了解	理论讲授 讨论 多媒体演示	2	

续表

单元	教学内容	教学要求	教学活动建议	参考学时	
				理论	实践
	6. 红外分光光度计的应用				
	实训21：阿司匹林原料药的红外鉴别	学会	技能实践		2
十一、色谱分析法	（一）色谱分析法基础		理论讲授	3	
	1. 色谱分析法分类	熟悉	讨论		
	2. 色谱分离原理	掌握	多媒体演示		
	3. 色谱法常用术语	熟悉	理论讲授		
	（二）平面色谱法				
	1. 薄层色谱法	掌握			
	2. 纸色谱法				
	实训22：维生素C片的鉴别	学会	技能实践		2
	（三）气相色谱法				
	1. 气相色谱仪	熟悉			
	2. 色谱法基本理论				
	3. 定量分析		多媒体演示		
	（四）高效液相色谱法		理论讲授	5	
	1. 高效液相色谱仪	掌握			
	2. 化学键合相色谱法	了解			
	3. HPLC分离条件的选择	掌握			
	4. 定量分析	了解			
	实训23：食醋中苯甲酸钠含量的测定	学会	技能实践		2

五、大纲说明

（一）适应专业及参考学时

本教学大纲主要供高职高专院校食品药品类相关专业教学使用，要求掌握无机及分析化学的基础知识、基本理论，能熟练进行滴定分析的基本操作，完成一般物质的含量测定。总学时为113学时，其中理论教学为60学时，实践教学43学时。

（二）教学要求

1. 理论教学部分具体要求分为三个层次，分别是：了解，要求学生能够记住所学过的知识要点，并能够根据具体情况和实际材料识别是什么。熟悉，要求学生能够领会概念的基本含义，能够运用上述概念解释有关规律和特征等。掌握，要求在掌握基本概念、理论和规律的基础上，通过分析、归纳、比较等方法解决所遇到的实际问题，做到学以致用，融会贯通。

2. 实践教学部分具体要求分为两个层次，分别是：熟练掌握，能够熟练运用所学会的技能，合理应用理论知识，独立进行专业技能操作和实验操作，并能够全面分析实验结果和操作要点，正确书写实验或见习报告。学会，在教师的指导下，能够正确地完成技能操作，说出操作要点和应用目的等，并能够独立写出实验报告或见习报告。

（三）教学建议

1. 本大纲遵循了职业教育的特点，降低了理论难度，突出了技能实践的特点，并强化与专业课的联系。

2. 教学内容上要注意无机及分析化学的基本知识、基本理论及基本技能与专业实践相结合，要重视理论联系实际，要有重点的介绍无机及分析化学的“三基”在现代医药卫生、日常生活和科学技术中的应用。

3. 教学方法上要充分把握无机及分析化学的学科特点和学生的认知特点，建议采用“互动式”等教学方法，通过通俗易懂的讲解、课堂讨论和实验，引导学生通过观察、分析、比较、抽象、概括得出结论，并通过运用不断加深对知识的熟悉和理解。合理运用实物、标本、录像、多媒体课件等加强直观教学，以培养学生的正确思维能力、观察能力和分析归纳能力。同时教学中要注意结合教学内容，对学生进行环境保护、保健、防火防毒安全意识等教育。

4. 考核方法可采用知识考核与技能考核，集中考核与日常考核相结合的方法，具体可采用：考试、提问、作业、测验、讨论、实验、实践、综合评定等多种方法。

元素周期表

常见氧化态（单质氧化态为0，不列出）

原子序数 → 19；元素符号（红色指放射性元素）→ K；元素名称（注 * 的是人造元素）→ 钾；+1 ← 常见氧化态；39 <u>40</u> 41 ← 稳定同位素的质量数（底线指丰度最大的同位素）；放射性同位素的质量数；$4s^1$ ← 外围电子的构型（加括号的是指可能的构型）；39.0983(1) ← 以 ^{12}C=12 为基准的相对原子质量（末位数的准确度加注在其后括号内；放射性元素以最长寿命同位素的质量数并加括号）

图例：主族金属、过渡金属、内过渡金属、准金属、非金属

注：
1. 除氢、锂、硼、碳、氮、氧、硅、硫、氯、铊十种元素录自 2007 年国际相对原子质量外，其余元素均录自 2009 年国际相对原子质量。上述十种元素 2009 年国际相对原子质量第一次用范围而非平均值来表示，它们的相对原子量范围如下：氢 1.00784~1.00811、锂 6.938~6.997、硼 10.806~10.821、碳 12.0096~12.0116、氮 14.00643~14.00728、氧 15.99903~15.99977、硅 28.084~28.086、硫 32.059~32.076、氯 35.446~35.457、铊 204.382~204.385
2. 稳定元素列有天然丰度的同位素；天然放射性元素和人造元素同位素的选列与国际相对原子质量标的有关文章一致。

s 区 | d 区 | ds 区 | p 区

族/周期	IA (1)	IIA (2)	IIIB (3)	IVB (4)	VB (5)	VIB (6)	VIIB (7)	VIIIB (8)	VIIIB (9)	VIIIB (10)	IB (11)	IIB (12)	IIIA (13)	IVA (14)	VA (15)	VIA (16)	VIIA (17)	VIIIA (18)	电子层	18族电子数
1	1 H 氢 +1 -1 $1s^1$ 1.00794(7)																	2 Ne 氦 $1s^2$ 4.002602(2)	K	2
2	3 Li 锂 +1 $2s^1$ 6.941(2)	4 Be 铍 +2 $2s^2$ 9.012182(3)											5 B 硼 +3 $2s^22p^1$ 10.811(7)	6 C 碳 +2 +4 -4 $2s^22p^2$ 12.0107(8)	7 N 氮 +1 +2 +3 +4 +5 -1 -2 -3 $2s^22p^3$ 14.0067(2)	8 O 氧 -1 -2 $2s^22p^4$ 15.9994(3)	9 F 氟 -1 $2s^22p^5$ 18.9984032(5)	10 Ne 氖 $2s^22p^6$ 20.1797(6)	L K	8 2
3	11 Na 钠 +1 $3s^1$ 22.98976928(2)	12 Mg 镁 +2 $3s^2$ 24.3050(6)											13 Al 铝 +3 $3s^23p^1$ 26.9815386(8)	14 Si 硅 +2 +4 -4 $3s^23p^2$ 28.0855(3)	15 P 磷 +3 +5 -3 $3s^23p^3$ 30.973762(2)	16 S 硫 +4 +6 -2 $3s^23p^4$ 32.065(5)	17 Cl 氯 +1 +3 +5 +7 -1 $3s^23p^5$ 35.453(2)	18 Ar 氩 $3s^23p^6$ 39.948(1)	M L K	8 8 2
4	19 K 钾 +1 $4s^1$ 39.0983(1)	20 Ca 钙 +2 $4s^2$ 40.078(4)	21 Sc 钪 +3 $3d^14s^2$ 44.955912(6)	22 Ti 钛 +2 +3 +4 $3d^24s^2$ 47.867(1)	23 V 钒 +2 +3 +4 +5 $3d^34s^2$ 50.9415(1)	24 Cr 铬 +2 +3 +6 $3d^54s^1$ 51.9961(6)	25 Mn 锰 +2 +3 +4 +6 +7 $3d^54s^2$ 54.938045(5)	26 Fe 铁 +2 +3 $3d^64s^2$ 55.845(2)	27 Co 钴 +2 +3 $3d^74s^2$ 58.933195(5)	28 Ni 镍 +2 +3 $3d^84s^2$ 58.6934(4)	29 Cu 铜 +1 +2 $3d^{10}4s^1$ 63.546(3)	30 Zn 锌 +2 $3d^{10}4s^2$ 65.38(2)	31 Ga 镓 +3 $4s^24p^1$ 69.723(1)	32 Ge 锗 +2 +4 $4s^24p^2$ 72.63(1)	33 As 砷 +3 +5 -3 $4s^24p^3$ 74.92160(2)	34 Se 硒 +4 +6 -2 $4s^24p^4$ 78.96(3)	35 Br 溴 +1 +5 +7 -1 $4s^24p^5$ 79.904(1)	36 Kr 氪 +2 +4 $4s^24p^6$ 83.798(2)	N M L K	8 18 8 2
5	37 Rb 铷 +1 $5s^1$ 85.4678(3)	38 Sr 锶 +2 $5s^2$ 87.62(1)	39 Y 钇 +3 $4d^15s^2$ 88.90585(2)	40 Zr 锆 +4 $4d^25s^2$ 91.224(2)	41 Nb 铌 +3 +5 $4d^45s^1$ 92.90638(2)	42 Mo 钼 +6 $4d^55s^1$ 95.96(2)	43 Tc 锝 +4 +6 +7 $4d^55s^2$ (98)	44 Ru 钌 +3 $4d^75s^1$ 101.07(2)	45 Rh 铑 +3 $4d^85s^1$ 102.90550(2)	46 Pd 钯 +2 +4 $4d^{10}$ 106.42(1)	47 Ag 银 +1 $4d^{10}5s^1$ 107.8682(2)	48 Cd 镉 +2 $4d^{10}5s^2$ 112.411(8)	49 In 铟 +3 $5s^25p^1$ 114.818(3)	50 Sn 锡 +2 +4 $5s^25p^2$ 118.710(7)	51 Sb 锑 +3 +5 -3 $5s^25p^3$ 121.760(1)	52 Te 碲 +4 +6 -2 $5s^25p^4$ 127.60(3)	53 I 碘 +1 +5 +7 -1 $5s^25p^5$ 126.90447(3)	54 Xe 氙 +2 +4 +6 +8 $5s^25p^6$ 131.293(6)	O N M L K	8 18 18 8 2
6	55 Cs 铯 +1 $6s^1$ 132.9054519(2)	56 Ba 钡 +2 $6s^2$ 137.327(7)	57 La 镧 +3 $5d^16s^2$ 138.90547(7)	72 Hf 铪 +4 $5d^26s^2$ 178.49(2)	73 Ta 钽 +5 $5d^36s^2$ 180.94788(2)	74 W 钨 +6 $5d^46s^2$ 183.84(1)	75 Re 铼 +4 +6 +7 $5d^56s^2$ 186.207(1)	76 Os 锇 +3 +4 $5d^66s^2$ 190.23(3)	77 Ir 铱 +3 +4 $5d^76s^2$ 192.217(3)	78 Pt 铂 +2 +4 $5d^96s^1$ 195.084(9)	79 Au 金 +1 +3 $5d^{10}6s^1$ 196.966569(4)	80 Hg 汞 +1 +2 $5d^{10}6s^2$ 200.59(2)	81 Tl 铊 +1 +3 $6s^26p^1$ 204.3833(3)	82 Pb 铅 +2 +4 $6s^26p^2$ 207.2(1)	83 Bi 铋 +3 +5 $6s^26p^3$ 208.98040(1)	84 Po 钋 +2 +4 $6s^26p^4$ (209)	85 At 砹 $6s^26p^5$ (210)	86 Rn 氡 +2 $6s^26p^6$ (222)	P O N M L K	8 18 32 18 8 2
7	87 Fr 钫 +1 $7s^1$ (223)	88 Ra 镭 +2 $7s^2$ (226)	89 Ac 锕 +3 $6d^17s^2$ (227)	104 Rf 𬬻* +4 $(6d^27s^2)$ (265)	105 Db 𬭊* $(6d^37s^2)$ (268)	106 Sg 𬭳* (271)	107 Bh 𬭛* (270)	108 Hs 𬭶* (277)	109 Mt 鿏* (276)	110 Ds 𫟼* (281)	111 Rg 𬬭* (280)	112 Cn 鿔* (285)	113 Nh * (284)	114 Fl 𫓧* (289)	115 Mc * (288)	116 Lv 𫟷* (293)		118 Og * (294)	Q P O N M L K	8 18 32 32 18 8 2

f 区

镧系	58 Ce 铈 +3 +4 $4f^15d^16s^2$ 140.116(1)	59 Pr 镨 +3 $4f^36s^2$ 140.90765(2)	60 Nd 钕 +3 $4f^46s^2$ 144.242(3)	61 Pm 钷 +3 $4f^56s^2$ (145)	62 Sm 钐 +2 +3 $4f^66s^2$ 150.36(2)	63 Eu 铕 +2 +3 $4f^76s^2$ 151.964(1)	64 Gd 钆 +3 $4f^75d^16s^2$ 157.25(3)	65 Tb 铽 +3 $4f^96s^2$ 158.92535(2)	66 Dy 镝 +3 $4f^{10}6s^2$ 162.500(1)	67 Ho 钬 +3 $4f^{11}6s^2$ 164.93032(2)	68 Er 铒 +3 $4f^{12}6s^2$ 167.259(3)	69 Tm 铥 +3 $4f^{13}6s^2$ 168.93421(2)	70 Yb 镱 +2 +3 $4f^{14}6s^2$ 173.054(5)	71 Lu 镥 +3 $4f^{14}5d^16s^2$ 174.9668(1)
锕系	90 Pa 钍 +4 $6d^27s^2$ 232.03806(2)	91 Pa 镤 +4 +5 $5f^26d^17s^2$ 231.03588(2)	92 U 铀 +3 +4 +5 +6 $5f^36d^17s^2$ 238.02891(3)	93 Np 镎 +3 +4 +5 +6 $5f^46d^17s^2$ (237)	94 Pu 钚 +3 +4 +5 +6 $5f^67s^2$ (244)	95 Am 镅* +3 +4 +5 +6 $5f^77s^2$ (243)	96 Cm 锔* +3 $5f^76d^17s^2$ (247)	97 Bk 锫* +3 +4 $5f^97s^2$ (247)	98 Cf 锎* +3 $5f^{10}7s^2$ (251)	99 Es 锿* +3 $5f^{11}7s^2$ (252)	100 Fm 镄* +3 $5f^{12}7s^2$ (257)	101 Md 钔* +2 +3 $(5f^{13}7s^2)$ (258)	102 No 锘* +2 +3 $(5f^{14}7s^2)$ (259)	103 Lr 铹* +3 $(5f^{14}6d^17s^2)$ (262)